U0828423

高职高专“十二五”规划教材

# 重有色金属冶金

宋兴诚　主　编
潘　薇　副主编

北　京
冶 金 工 业 出 版 社
2022

## 内 容 提 要

全书共分5篇。第一篇铜冶金的主要内容包括:铜冶金一般知识;铜精矿造锍熔炼的基本原理;闪速熔炼;诺兰达熔池熔炼;顶吹浸没熔炼法;白银炼铜法;其他熔炼新方法;铜锍的吹炼;炉渣的贫化处理;粗铜的火法精炼;铜的电解精炼。第二篇铅冶金的主要内容包括:硫化铅精矿的烧结焙烧;硫化矿铅精矿的直接熔炼;铅的顶吹浸没熔炼工艺;粗铅精炼;从废铅蓄电池生产再生铅;铅冶金技术发展。第三篇锌冶金的主要内容包括:硫化锌精矿的焙烧;湿法炼锌;火法炼锌;锌冶金的发展。第四篇镍冶金的主要内容包括:镍冶金的一般知识;造锍熔炼;低镍锍的吹炼;高镍(铜)锍的磨浮分离;镍的精炼;镍电解液的净化;高冰镍的湿法精炼;羰基法制取高纯镍;从红土矿提取镍的方法。第五篇锡冶金的主要内容包括:锡精矿的炼前处理;锡精矿的还原熔炼;炼锡炉渣及低锡物料的处理;粗锡的精炼;锡冶炼过程中间产物的处理。

本书可供高职高专冶金工程专业教学使用,也可供从事相关专业的技术人员参考。

**图书在版编目(CIP)数据**

重有色金属冶金/宋兴诚主编. —北京:冶金工业出版社,2011.4(2022.1重印)
高职高专“十二五”规划教材
ISBN 978-7-5024-5521-7

Ⅰ.①重… Ⅱ.①宋… Ⅲ.①重有色金属—有色金属冶金—高等职业教育—教材 Ⅳ.①TF81

中国版本图书馆CIP数据核字(2011)第042093号

**重有色金属冶金**

**出版发行** 冶金工业出版社　**电　话** (010)64027926
**地　址** 北京市东城区嵩祝院北巷39号　**邮　编** 100009
**网　址** www.mip1953.com　**电子信箱** service@mip1953.com

责任编辑 郭冬艳　美术编辑 彭子赫　版式设计 葛新霞
责任校对 王永欣　责任印制 禹 蕊
北京虎彩文化传播有限公司印刷
2011年4月第1版,2022年1月第2次印刷
787mm×1092mm 1/16;21.5印张;519千字;325页
**定价 43.00元**

**投稿电话 (010)64027932 投稿信箱 tougao@cnmip.com.cn**
**营销中心电话 (010)64044283**
**冶金工业出版社天猫旗舰店 yjgycbs.tmall.com**
(本书如有印装质量问题,本社营销中心负责退换)

# 前 言

《重有色金属冶金》是冶金技术专业的主要专业教学用书之一。

进入21世纪以来，我国有色金属工业持续稳定地发展，铜、铅、锌、镍、锡等重有色金属的产量占有色金属总产量的一半以上，稳居世界第一，随着环保、能源形势日趋严峻和科学技术及冶炼工艺的不断进步，重有色金属冶炼企业广泛采用新工艺、新技术、新设备，其发展趋势迫切需要专业理论知识强、动手能力强、技术娴熟的高技能型人才。

同时，随着环保、能源形势日趋严峻，科学技术及冶炼工艺的不断进步，由于传统炼铜方法能耗高，劳动生产率低，环保治理难度大，污染严重，已不能满足社会发展的需要。因此已逐渐被闪速熔炼和熔池熔炼方法所取代，本书着重介绍了这两种方法。

根据云南锡业集团职业技术学院冶金技术专业教学计划、教学大纲的要求和云南锡业集团的冶金生产方法，编者编写了本教材。本书共分5篇，分别介绍了铜、铅、锌、镍、锡共5种重有色金属冶金的基本知识，其内容包括金属的自然分布状况、性质和用途、冶炼的理论和方法，并综合了近年来国内外重有色金属冶金技术的新成果。全书内容丰富，注重基本理论和基本知识的要求，充实了新设备、新技术、新工艺的内容，注重实践，适合高职高专、技校、中专的师生使用。

本书由宋兴诚任主编，潘薇任副主编，编委有彭林、白家富、许洪文、张勇、楚斌、韩茂昌。由于编写本书时间仓促以及编者水平所限，本书中的错误和缺点，敬请读者批评指正，编者将不胜感激。

编 者

2010年10月

# 前言

# 目　录

## 第一篇　铜　冶　金

# 第二篇　铅　冶　金

# 第三篇 锌 冶 金

## 第四篇 镍 冶 金

## 第五篇　锡　冶　金

# 第一篇

# 铜 冶 金

## 1 铜冶金一般知识

铜是人类最早发现和应用的金属材料之一。据考证，西亚地区是世界上最早应用铜并掌握炼铜技术的地区。在土耳其南部靠近西亚的查塔尔萤克发现含有铜粒的炉渣距今已有8000~9000年的历史。我国是世界四大文明古国之一，大批出土文物表明，我国在夏代就进入了青铜时代，在甘肃马家窑文化遗址发现的青铜刀，距今已有5000年，湖北大冶铜绿山矿附近的古矿冶遗址距今已有2500~2700年。湿法炼铜更是源于我国。1698年英国开始采用反射炉炼铜，真正引起炼铜工艺大变革的是19世纪后期即1880年出现转炉以后，用转炉吹炼铜锍，简化了流程，缩短了冶炼周期。1865年欧洲出现了电解精炼，从而使铜的纯度大大提高，从19世纪末到20世纪20年代，鼓风炉熔炼占主导地位。而20世纪20年代到20世纪70年代则以反射炉熔炼为主。自20世纪60年代以来，以闪速熔炼为代表的一批强化冶炼新工艺，逐渐取代了反射炉熔炼。

我国虽然很早就生产和应用铜，但新中国成立以前我国炼铜工业一直处于落后地位，全国仅有几个小再生铜冶炼厂。自新中国成立后我国整个工业水平迅速提高，从20世纪50年代后期开始，我国逐渐建立起几座现代化炼铜厂，近20年来，几乎世界上的各种先进炼铜工艺都在我国得到了应用，近年来我国的铜产量已跃居世界前列。

### 1.1 铜及其主要化合物的性质

#### 1.1.1 铜及其主要合金的性质

铜是一种具有金属光泽、组织致密、磨光时呈红色、柔性和可锻性很好的金属，铜的导电性仅次于银，表1-1-1列出了铜的一些物理性质。

表1-1-1 铜的物理性质

| | |
|---|---|
| 相对原子质量 | 63.54 |
| 熔点/℃ | 1083.6 |
| 熔化热 $Q$/kJ · mol$^{-1}$ | 13.0 |
| 沸点/℃ | 2567 |

续表 1-1-1

| | |
|---|---|
| 铜液的蒸气压/Pa<br>1141～1142℃<br>1272～1273℃<br>2207℃ | <br>$1.3\times10^{-1}$<br>1.3<br>$1.3\times10^{4}$ |
| 汽化热 $Q$/kJ · $mol^{-1}$ | 306.7 |
| 比热容/J · $g^{-1}$ · $℃^{-1}$ | $c_p=0.3895+9100\times10^{-5}T$($T$=100～600℃) |
| 铜液密度/g · $cm^{-3}$ | $(9.351-0.996)\times10^{-3}T$($T$=1250～1650℃) |
| 线膨胀系数 $\alpha_l$/$K^{-1}$ | $16.5\times10^{-6}$(293K) |
| 电阻率 $\mu$/Ω · m | $1.673\times10^{-8}$(293K) |
| 热导率 $\lambda$/W · $m^{-1}$ · $K^{-1}$ | 401(300K) |
| 莫氏硬度/MPa(kgf · $mm^{-2}$) | 420～500(42～50) |

铜在熔点(1083℃)时的蒸气压低于0.13 Pa,因此,在冶炼温度下,铜几乎不挥发。铜液能溶解很多气体,如 $H_2$、$O_2$、$SO_2$、水蒸气等,这些气体对铜的力学性能和电气性能均有影响。

铜在干燥的空气中不起变化,但在含有 $CO_2$ 的潮湿空气中表面会氧化生成碱性碳酸铜薄膜,俗称铜绿,这层薄膜能阻止铜的进一步腐蚀,铜绿有毒。铜在空气中加热至185℃以上时开始氧化,表面生成一层暗红色的铜的氧化物,当温度高于350℃时,铜表面的颜色变成黑色。外层为 CuO,中间层为 $Cu_2O$,内层则仍为金属铜。铜的电位比氢的电位正,属正电性元素,故不能从酸中置换出氢,因此不溶于盐酸,但能溶于硝酸或有氧化剂存在的硫酸中。铜能溶于氨水中。铜能与氧、硫及卤素等元素直接化合,铜及其化合物与各种溶剂的作用情况如表 1-1-2 所示。

**表 1-1-2 铜及其主要化合物与各种溶剂的作用**

| 铜及其化合物 | HCl | $HNO_3$ | $H_2SO_4$ | HCN | $H_2SO_3$ | $NH_3$ | $Fe_2(SO_4)_3$ | $FeCl_3$ |
|---|---|---|---|---|---|---|---|---|
| Cu | +(有 $O_2$ 存在时) | + | +(有 $O_2$ 存在时) | + | +(有 $O_2$ 存在时) | +(有 $O_2$ 存在时) | + | + |
| CuO | + | + | + | + | + | + | + | + |
| $Cu_2O$ | + | + | + | + | + | + | + | + |
| $Cu_2O\cdot SiO_2$ | + | + | + | ± | ± | ± | – | – |
| $Cu_2O\cdot Fe_2O_3$ | +(加热) | + | +(加热) | + | – | – | – | – |
| CuS | – | + | – | + | – | – | + | + |
| $Cu_2S$ | – | + | – | + | – | – | + | + |
| $CuFeS_2$ | – | + | – | + | – | – | ± | ± |
| $Cu_5FeS_4$ | – | + | – | + | – | – | ± | ± |

注:+表示溶解,-表示不溶解,±表示部分不溶解。

铜能与多种元素形成合金,从而大大改善铜的性质,使之易于进行冷、热加工,并增加抗疲劳强度和耐磨性能。目前已能制备1600种铜合金,主要的铜合金系列有:

黄铜为铜锌合金,含 Zn 5%～50%,若黄铜含 Sn 为1%、含 Zn 30%～40%,则称为锡黄铜,这种合金抗蚀能力强,广泛用于船舶制造。

青铜为铜锡合金,含 Sn 1%～20%,常含 Zn 1%～3%,若合金中含一定量的 P 或 Si,则可称为磷青铜、硅青铜。青铜在机械制造、电器等各行业中有广泛的用途。

此外，还有白铜（铜镍合金）、锰铜（锰铜合金）、铍铜合金等。

### 1.1.2　铜的硫化物、氧化物及其性质

#### 1.1.2.1　铜的主要硫化物

A　硫化铜（CuS）

硫化铜呈墨绿色，以铜蓝矿物形态存于自然界中，纯固体硫化铜密度为 4.68 $g/cm^3$，熔点为 1110℃，比热容为 0.5204 J/(g·℃)(25℃)。硫化铜为不稳定的化合物，在中性或还原性气氛中加热时，按下式分解：$4CuS = 2Cu_2S + S_2$。

在熔炼过程中，炉料受热时 CuS（铜蓝）即可完全分解，生成的 $Cu_2S$ 进入锍中，CuS 与各种溶剂的作用见表 1-1-2。

B　硫化亚铜（$Cu_2S$）

硫化亚铜是一种蓝黑色物质，在自然界中以辉铜矿形态存在，固态硫化亚铜的密度为 5.785 $g/cm^3$，熔点为 1130℃，比热容为 0.066 J/(g·℃)(25℃)。在常温下，$Cu_2S$ 稳定，几乎不被空气氧化，但加热到 200～300℃时，可氧化成 CuO 和 $CuSO_4$，加热到 330℃以上时，可氧化成 CuO 和 $SO_2$，在高温（1150℃）下，向熔融 $Cu_2S$ 中吹入空气时，$Cu_2S$ 可强烈氧化，最终产出金属铜和二氧化硫：$Cu_2S + O_2 = Cu + SO_2$。

$H_2$ 可以使 $Cu_2S$ 缓慢还原，在 CaO 存在下，可加速 $Cu_2S$ 的还原，$Cu_2S$ 与 FeS 及其他硫化物共熔时形成锍。

#### 1.1.2.2　铜的主要氧化物

A　氧化铜

氧化铜是黑色无光泽的物质，在自然界以黑铜矿形态存在，固态氧化铜的密度为 6.3～6.48 $g/cm^3$，熔点为 1447℃，比热容为 0.54 J/(g·℃)(25℃)。在高温（超过 1000℃）下，CuO 可分解成暗红色的氧化亚铜和氧气：$4CuO = 2Cu_2O + O_2$。

在高温下 CuO 易被 $H_2$、C、CO 等还原成 $Cu_2O$ 或 Cu。CuO 呈碱性，不溶于水，但能溶于硫酸、盐酸等酸中。

B　氧化亚铜（$Cu_2O$）

致密的氧化亚铜呈缨红色，有金属光泽。粉状 $Cu_2O$ 呈浅红色，在自然界 $Cu_2O$ 以赤铜矿形态存在。固态 $Cu_2O$ 的密度为 5.71～6.10 $g/cm^3$，熔点为 1230℃，比热容随温度变化而变化，存在如下关系式：$c - 2P = 14.34 + 62T$（$T = 77 \sim 1227$℃，J/(g·℃)），熔化热为 391.69 J/g。

#### 1.1.2.3　铜的主要盐类化合物

A　硫酸铜（$CuSO_4$）

硫酸铜在自然界以胆矾（$CuSO_4 \cdot 5H_2O$）形态存在，纯胆矾为天蓝色三斜晶系结晶，失去结晶水后为白色粉末。硫酸铜易溶于水，用铁、锌等物质可从硫酸铜溶液中置换出金属铜。

B　铜的硅酸盐

自然界中铜的硅酸盐有孔雀石（$CuSiO_3 \cdot 2H_2O$）和透视石（$CuSiO_3 \cdot H_2O$），它们在高温下分解成稳定的氧化亚铜硅酸盐（$2Cu_2O \cdot SiO_2$），这种硅酸盐易被 $H_2$，C 或 CO 还原。

## 1.2 铜的产量及用途

### 1.2.1 近20年世界各国的铜产量

#### 1.2.1.1 矿铜产量

据统计,全世界有40多个国家和地区生产铜,1994~2002年9年来铜的产量完全呈持续增长趋势,表1-1-3列出了1994~2002年世界的铜产量统计情况。

**表1-1-3 1994~2002年全世界的铜产量** (kt)

| 年份 | 1994 | 1995 | 1996 | 1997 | 1998 | 1999 | 2000 | 2001 | 2002 |
|---|---|---|---|---|---|---|---|---|---|
| 矿铜产量 | 9727.5 | 9726.9 | 10426.7 | 10811.0 | 12284 | 12787 | 13312 | 13745 | 13518 |
| 精铜产量 | 1196.0 | 11849.7 | 12709.2 | 13384.4 | 14141 | 14467 | 14819 | 15686 | 15336 |

#### 1.2.1.2 再生铜产量

从二次铜资源生产出的铜称为再生铜,当今,随着地球资源的大量消耗,矿铜资源越来越少,因此从二次铜资源回收铜变得更加重要。

### 1.2.2 铜的用途

铜的用途十分广泛,一直是电气、轻工、机械制造、交通运输、电子通讯、军工等行业不可缺少的重要原材料。

在化学等工业中用来制造真空器、阀门等。实际上应用最多的还是铜的各种合金,如黄铜、青铜等。铜的化合物是电镀、原电池、农药、颜料等工业不可缺少的重要原料。

据统计,目前铜在各领域的应用情况大致为:电气工业48%~49%,通信工程19%~20%,建筑行业14%~16%,运输行业7%~10%,家用及其他机具7%~9%。

## 1.3 铜冶金原料

### 1.3.1 铜的矿物、矿石与精矿

自然界已发现的含铜矿物有200多种,但重要的矿物仅20种左右,除了少量的自然铜外,主要有原生硫化铜矿物和次生氧化铜矿物。工业上可应用的铜矿中,铜的最低含量已由2%~3%降至0.4%~0.5%。

硫化铜矿中常见的伴生金属矿物是黄铁矿,其次为镍黄铁矿、闪锌矿、方铅矿。依伴生矿物的种类及数量不同,分别称为铜锌矿、铜铅矿、铜镍矿等。氧化铜矿中常见的伴生矿为褐铁矿、赤铁矿、菱铁矿等。

铜矿中伴生的脉石矿物常见的是石英、石灰石、方解石等。原矿中含铜量一般都很低,不宜直接用于提取铜,需经选矿处理得到含铜量较高的铜精矿。

### 1.3.2 铜精矿的组成与冶炼工艺的关系

铜精矿的组成对冶炼工艺的选择极为重要。可以说是关键性因素。硫化铜矿可选性

好,易于富集,选矿后产出的铜精矿大多采用火法冶炼工艺处理。氧化铜矿可选性差,不经选别常直接采用湿法冶金处理。

如果铜精矿中 MgO 等高碱性脉石成分含量高,产出的炉渣则熔点高,常用电炉处理。

高砷铜精矿(As 含量大于 0.3%),适于用强化冶炼新工艺(如浸没顶吹熔炼等)处理,所产高砷细尘应开路单独进行脱砷处理,或在制酸过程中经洗涤使砷进入酸泥而脱除。

复杂铜矿如果含 Pb,Zn 伴生元素高,原则上应通过选矿分离,分别产出单一的铜、铅、锌精矿送不同的冶炼厂处理。如果分选效果不理想,则在处理高锌或高铅铜矿时,应尽量创造条件使矿中的铅锌或造渣或挥发分别从炉渣和烟尘中排出,然后再分别处理烟尘和渣来回收。

对于氧化铜矿,常用硫酸浸出法处理。对于一些铜品位很低的硫化铜矿可用细菌浸出或实行堆浸法处理等。

近年来,由于对环境保护提出了更高的要求,大多数工厂用火法处理硫化铜矿时,都遇到含 $SO_2$ 烟气的逸散问题。所以试图用湿法来处理硫化铜矿。

总之,铜精矿成分千差万别,在确定冶炼工艺前必须进行充分论证。首先要看精矿的组成,同时要从经济、地域条件等多种因素加以综合考虑。

### 1.3.3 再生铜原料

#### 1.3.3.1 再生原料来源

二次铜资源主要来自两个方面,一方面来自报废的含铜料,如电线电缆、废电子器件、废设备部件、废军用品等;另一方面来自铜及铜合金、铜材加工中产生的弃渣、垃圾、浮渣、铜屑,在铜件铸造中产生的浇口、浮渣等,在电线电缆生产中产生的线头、乱线团等。

#### 1.3.3.2 再生铜原料的预处理

由于再生原料来自四面八方,化学成分和外形结构很复杂。一般在冶炼前均要进行预处理作业,主要包括:(1)废件的解体、分类、切割、打包、破碎等;(2)废屑的筛选、干燥、破碎、磁选、压块;(3)含易爆物废件的火检验和无害处理等。

经过预处理分类的物料,有的可直接利用,有的可以简化处理工艺,从而为经济、有效地处理铜再生料创造了有利条件。

预处理方法的选择视含铜废料的品种而定,像大型设备、部件,要进行拆卸、切割解体,对废电缆则要用各种方法(机械法、化学法、冶炼法、高温法等)先去除包裹的绝缘物等。

## 1.4 铜冶金方法

用铜矿石或铜精矿生产铜的方法较多,概括起来有火法和湿法两大类。

火法冶金是生产铜的主要方法,目前世界上 80% 的铜是用火法冶金生产的。特别是硫化铜矿,基本上全是用火法处理。

火法处理硫化铜矿的主要优点是适应性强,冶炼速度快,能充分利用硫化矿中的硫,能耗低,特别适于处理硫化铜矿和富氧化矿。图 1-1-1 示出了用火法处理硫化铜矿提取铜的原则工艺流程。

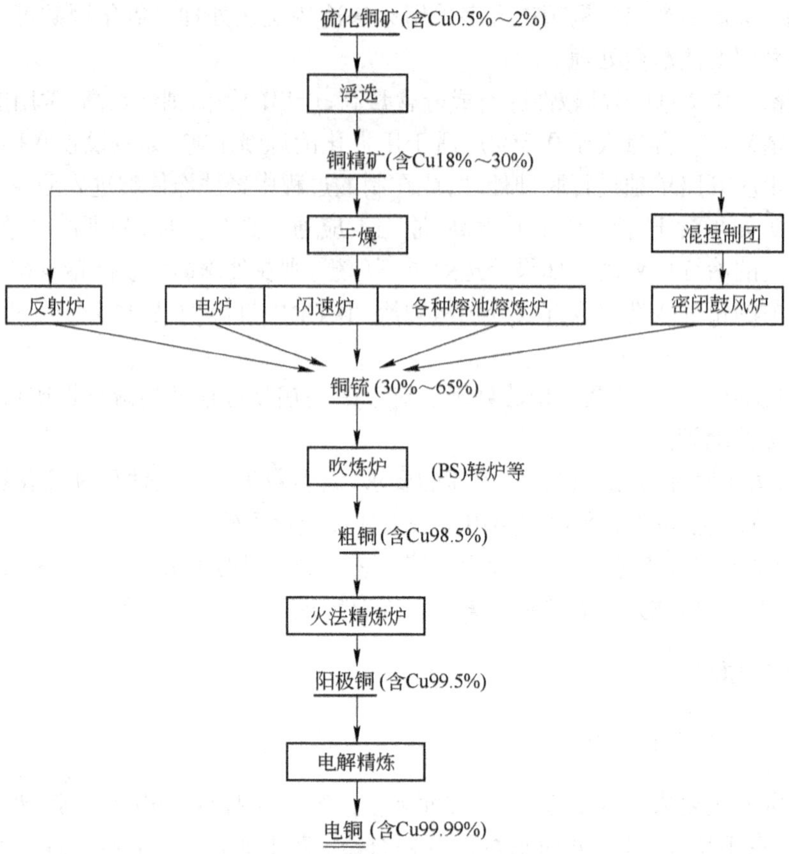


图 1-1-1 硫化铜矿火法冶炼原则流程

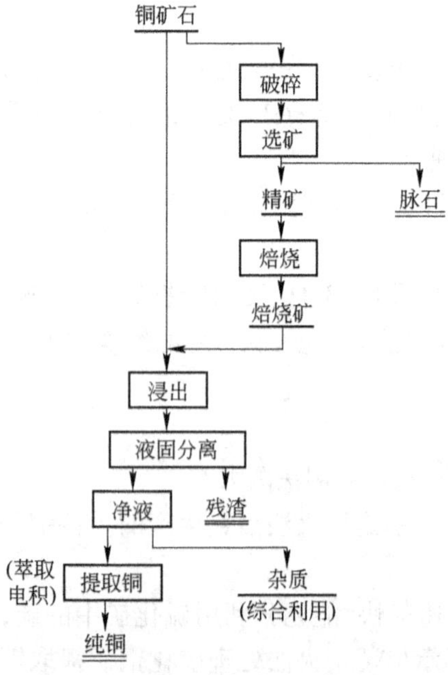


图 1-1-2 铜矿石湿法冶炼原则流程

目前世界上 20% 左右的铜是用湿法提取的。该法是在常温常压或高压下,用溶剂浸出矿石或焙烧矿中的铜,经过净液,使铜和杂质分离,而后用萃取—电积法,将溶液中的铜提取出来。对氧化矿和自然铜矿,大多数工厂用溶剂直接浸出;对硫化矿,一般先经焙烧,而后浸出。湿法生产铜的原则流程如图 1-1-2 所示。

前已述及废杂铜已成为生产阴极铜的重要原料之一。由于废杂铜来源各异,化学成分与物理规格各不相同,因而处理的工艺也不同。

用废杂铜生产阳极铜一般都用火法。火法处理废杂铜的工艺有三种,即一段法,二段法和三段法。

一段法是将经过选分的黄杂铜与紫杂铜直接投入到反射炉或倾动炉或回转炉中进行火法熔炼(实际上是进行精炼),一步产出阳极铜,此法的优点是工艺流程短,建厂快,投资少,但该法仅能处理成分不复杂的废杂铜。

二段法分两步进行。第一步,将废杂铜投入到鼓风炉中进行还原熔炼,或投入到转炉中进行吹炼,产出粗铜。第二步,在反射炉或其他精炼炉中精炼粗铜,产出阳极铜。鼓风炉熔炼和转炉吹炼产出的是呈黑色的铜,亦称黑铜,为了与矿粗铜相区别,我们称它为次粗铜。含锌高的黄杂铜、白杂铜适用于鼓风炉熔炼—反射炉精炼流程处理,而含铅、锡高的杂铜宜在转炉中进行吹炼,使铅和锡进入炉渣。鼓风炉熔炼时,铜的直收率可达96%,锌入烟尘率可达80%。

三段法是将杂铜先经鼓风炉熔炼,产出黑铜,将黑铜送转炉吹炼成次粗铜,然后在反射炉进行精炼,产出阳极铜。鼓风炉熔炼主要是脱锌,转炉吹炼主要是除铅、锡等杂质。三段法虽然工艺流程长,但它能处理成分复杂的再生铜料,而且能很好地综合回收原料中的有价成分,所以很多大型再生铜厂应用三段法处理废杂铜。

## 1.5 近30年来国内外铜冶金技术的发展

自20世纪60年代以来,世界铜冶金技术有了长足的进展,主要表现是:(1)传统的冶炼工艺正迅速被新的强化冶炼工艺所取代。现在,奥托昆普闪速熔炼和各种熔池熔炼工艺(澳斯麦特/艾萨法、诺兰达法、特尼恩特法、瓦纽柯夫法等)已成为主流炼铜工艺;(2)氧气的利用更为广泛,富氧浓度已大大提高;(3)各炼铜厂的装备水平和自动化程度都有较大的提高;(4)以计算机为基础的DCS集散控制系统已为更多的炼铜厂采用,使冶炼工艺的控制更为精确;(5)冶金工艺参数(如温度、加料量等)的测定手段更为先进,测得的数据也更可靠;(6)有价金属的综合回收率进一步提高,综合能耗进一步降低,劳动生产率进一步提高,冶金环境进一步改善;(7)湿法炼铜工艺有了更大的发展,现在世界上已有20%的铜用湿法生产。

闪速熔炼技术经过60多年的改进,在技术装备上更加完善,近30年来,最大的改进是鼓风中富氧浓度大大提高,现在最高已达90%,其次是炉体强化冷却结构更加先进,越来越多的工厂采用中央精矿喷嘴,实行“四高”(高投料量、高富氧浓度、高热强度、高锍品位)操作,使单炉生产能力大大提高。

近30年来,新开发的浸没顶吹熔池熔炼工艺(包括艾萨法和澳斯麦特法),迅速被世界上很多工厂采用,其推广速度超过了原有的诺兰达法和特尼恩特法的推广速度。特别是艾思达(Xstrata)公司的艾萨法更为成熟、可靠,受到大家的重视。除艾萨熔炼外,澳斯麦特法近几年也在炼铜方面有较大进展,推广速度很快。

三菱法是世界上唯一的真正的连续炼铜法,虽然早在20世纪70年代已开发成功,但是由于多种原因,始终推广不开,只是在近几年才有了惊人的变化,特别是1998年在印度尼西亚投产了一座年产$20\times10^4$ t铜的设备,使人们对三菱法有了新的认识。

至于诺兰达法、瓦纽柯夫法、特尼恩特法,近几年都无太大变化,起色不大。

近30年来,国内的铜工业发生了很大的变化。贵溪冶炼厂(以下简称贵冶)和金隆公司的闪速炉熔炼经过改造,技术水平有了更大的提高。如贵冶的闪速炉熔炼已采用中央精矿喷嘴,实行常温富氧熔炼和“四高”操作,锍品位从50%提高到63%,富氧浓度从50%提高到70%,精矿投入量已从1128 t/天提高到3488 t/天,矿铜生产能力已达$30\times10^4$ t/a。云铜采用艾萨法取代了电炉熔炼,且一次投产成功,各项指标均达到世界同类工艺先进水平。

金昌冶炼厂和山西中条山侯马冶炼厂采用澳斯麦特法生产铜,葫芦岛东方铜业公司也正用浸没顶吹熔炼工艺取代密闭鼓风炉熔炼工艺。我国自己开发的白银炼铜法,也取得了较大的进展,正准备进一步改造,优化工艺,以求得创新发展;大冶的诺兰达炉自投产以来,运转一直正常。

近30年来,除上述火法炼铜工艺外,湿法炼铜工艺也取得了长足的进步,湿法工艺不仅可以处理一些难选的氧化矿和表外矿、铜矿废石等,而且随着细菌浸出和加压浸出的发展,亦可以处理硫化铜矿石,并能获得较好的经济效益,从而大大拓宽了铜资源的综合利用。现在西方国家采用萃取电积工艺生产的铜已达 $200\times10^{4}$ t/a 以上,约占世界铜产量的20%。智利是世界上最大的湿法炼铜生产国,其年产量在1169kt以上。湿法炼铜在我国虽然规模还不大,但是近30年来也有了较快的发展,从1983年我国建成第一座萃取电积工厂以来,现在已有约200个工厂采用萃取电积工艺处理铜矿或铜精矿生产阴极铜,生产能力已达到20kt/a。德兴铜矿用细菌浸出废铜矿石产出高纯阴极铜,为我国低品位硫化铜矿的处理闯出了一条新路。

# 2　铜精矿造锍熔炼的基本原理

## 2.1　概述

造锍熔炼是目前世界上广泛采用的生产工艺。

该工艺是在1150～1250℃的高温下，使硫化铜精矿和熔剂在熔炼炉内进行熔炼，炉料中的铜、硫与未氧化的硫化亚铁形成以 $Cu_2S-FeS$ 为主，并溶有Au，Ag等贵金属和少量其他金属硫化物和微量铁氧化物的共熔体（铜锍），炉料中的 $SiO_2$，$Al_2O_3$ 和CaO等脉石成分与FeO一起形成液态炉渣，炉渣是以铁橄榄石 $2FeO \cdot SiO_2$ 为主的氧化物熔体。铜锍与炉渣基本不互溶，且炉渣的密度比锍的密度小，从而达到分离。

造锍熔炼的基本原则是：（1）在适当的温度和气氛（氧势）下，使铜尽量富集到铜锍中，而铁和精矿中的脉石成分则富集到炉渣中，使炉料中的有价元素依其物理化学性质不同分别富集到铜锍、炉渣和烟尘中，以利于进一步利用。（2）要确保烟气中有足够的 $SO_2$ 浓度，以利于硫的回收利用。（3）保持适当的熔体温度，既要使熔体适当过热，又不能太高。

造锍熔炼的原则流程参见图1-1-2。

造锍熔炼用的原料以硫化铜精矿为主，其他原料为渣精矿、返料、再生铜料等。由于各种含铜炉料成分相差较大，为确保冶金过程顺利进行，通常需将多种精矿及杂料配合使用。

## 2.2　造锍熔炼的基本原理

### 2.2.1　主要物理化学变化

造锍熔炼过程的主要物理化学变化为：水分蒸发，高价硫化物分解，硫化物直接氧化，造锍反应，造渣反应。

#### 2.2.1.1　水分蒸发

目前除闪速熔炼、三菱法等处理干精矿外，其他方法的入炉精矿，水分都较高（为6%～14%）。这些精矿进入高温区后，矿中的水分将迅速挥发，进入烟气。

#### 2.2.1.2　高价硫化物的分解

铜精矿中高价硫化物主要有黄铁矿（$FeS_2$）和黄铜矿（$CuFeS_2$），在炉中它们将按下式分解：

$$2FeS_2 = 2FeS + S_2$$

$$2CuFeS_2 = Cu_2S + 2FeS + \frac{1}{2}S_2$$

在中性或还原性气氛中，$FeS_2$ 于 300℃ 以上分解，$CuFeS_2$ 于 550℃ 以上分解。在大气中，$FeS_2$ 于 565℃开始分解。分解产出的 $Cu_2S$ 和 FeS 将继续氧化或形成铜锍，分解出的 $S_2$ 将继续氧化成 $SO_2$ 进入烟气中：

$$S_2 + 2O_2 = 2SO_2$$

2.2.1.3 硫化物直接氧化

在现代强化熔炼中，炉料往往很快进入高温强氧化气氛中，所以高价硫化物除发生分解外，还可能被直接氧化。

$$2CuFeS_2 + \frac{5}{2}O_2 = Cu_2S \cdot FeS + FeO + 2SO_2$$

$$2FeS_2 + \frac{11}{2}O_2 = Fe_2O_3 + 4SO_2$$

$$3FeS_2 + 8O_2 = Fe_3O_4 + 6SO_2$$

$$2CuS + O_2 = Cu_2S + SO_2$$

$$2Cu_2S + 3O_2 = 2Cu_2O + 2SO_2$$

在高氧势下，FeO 可继续氧化生成 $Fe_3O_4$：

$$3FeO + \frac{1}{2}O_2 = Fe_3O_4$$

2.2.1.4 造锍反应

上述反应产生的 FeS 和 $Cu_2O$ 在高温下将发生下列反应：

$$FeS + Cu_2O = FeO + Cu_2S$$

一般说来，在熔炼炉中只要有 FeS 存在，$Cu_2O$ 就会变成 $Cu_2S$，进而与 FeS 形成锍。这是因为 Fe 和 $O_2$ 的亲和力远远大于 Cu 和 $O_2$ 的亲和力，而 Fe 和 $S_2$ 的亲和力又小于 Cu 和 $S_2$ 的亲和力。

2.2.1.5 造渣反应

炉料中产生的 FeO 在有 $SiO_2$ 存在时，将按下式反应形成铁橄榄石炉渣：

$$2FeO + SiO_2 = (2FeO \cdot SiO_2)$$

此外，炉内的 $Fe_3O_4$ 在高温下也能与 FeS 和 $SiO_2$ 作用生成炉渣。

$$FeS + 3Fe_3O_4 + 5SiO_2 = 5(2FeO \cdot SiO_2) + SO_2$$

### 2.2.2 铜熔炼有关反应的 $\Delta G^\ominus - T$ 图

在造锍熔炼等一系列冶金作业中，都会发生许多化学反应，作为冶金工作者很希望知道，在一定条件下，哪些反应可以进行，哪些反应不能进行，反应能进行到什么程度，反应在进行过程中有无热量的变化（是吸热，还是放热），改变条件对化学反应有什么影响，这类问题正是化学热力学要探讨的范围。化学热力学就是研究化学反应中能量的转化、化学反应的方向和限度，以及外界条件对化学反应方向和限度的影响。

热力学中反应的吉布斯标准自由能变化是等温等压下过程能否自发进行的判据。如果过程自发进行，则过程的吉布斯自由能变化 $\Delta G<0$；反之，如果过程的吉布斯自由能变化 $\Delta G>0$，则过程不可能自发进行；当 $\Delta G=0$ 时，则过程正反两个方向进行的速度相等，也即过程达到平衡状态。实际冶金反应多在等温等压条件下进行，所以讨论 $\Delta G$ 对我们极为重要。

设反应为：

$$aA+bB=dD+hH$$

则反应的吉布斯自由能变化与温度存在下列关系：

$$\Delta G=\Delta G^{\ominus}+\Delta G_p$$

此式称为反应的等温方程式。

式中
$$\Delta G^{\ominus}=-RT\ln K_p$$

$$K_p=\frac{p_D^d\cdot p_H^h}{p_A^a\cdot p_B^b}\quad（称平衡常数表达式）$$

$$\Delta G_p=-RT\ln J_p$$

$$J_p=\frac{p_D'^d\cdot p_H'^h}{p_A'^a\cdot p_B'^b}\quad（称压力商）$$

$\Delta G^{\ominus}$ 为反应的标准吉布斯自由能变化，即反应在标准状态下进行时的自由能变化。所谓标准状态，在热力学中定义为：反应体系中原始物（A 和 B）和产物（D 和 H）的分压各为 101 kPa 的情况。在此状态下，$p'_A=p'_B=p'_D=p'_H=101$ kPa，所以 $\Delta G_p=RT\ln\frac{1}{1}=0$。从而有

$$\Delta G=\Delta G^{\ominus}=-RT\ln K_p$$

或
$$\Delta G^{\ominus}=-RT\ln K_p$$

在恒温下，$K_p$ 是一个定值。

等温方程将恒温下反应的自由能变化与反应的平衡常数，以及实际阶段体系中各物质的分压联系了起来。从反应的 $K_p$ 和 $J_p$ 值对比就可判断反应进行的方向：

若　$J_p<K_p$，则 $\Delta G<0$，反应自发向右进行；

$J_p>K_p$，则 $\Delta G>0$，反应不能自发向右进行；

$J_p=K_p$，则 $\Delta G=0$，反应向左和向右进行的速度相等，即反应达平衡状态。

从上述分析即可看出，要想使化学反应向右进行，可以采取以下措施：(1)减小产物分压或增大反应物分压，使 $J_p<K_p$；(2)改变温度，使 $K_p$ 值增大，从而使 $J_p<K_p$。当然也可同时采用这两种措施，使 $J_p<K_p<0$。

图 1-2-1 示出了铜熔炼过程中有关反应的 $\Delta G^{\ominus}-T$ 关系，由图 1-2-1 可以看出，有关造锍熔炼反应，例如 FeS 氧化成 FeO，$Fe_3O_4$；$Cu_2S$ 氧化成 $Cu_2O$，以及 $Cu_2O+FeS = Cu_2S+FeO$ 等向右进行反应的趋势大小；有关铜锍吹炼过程 $Cu_2S+2Cu_2O = 6Cu+SO_2$，$Cu_2S+O_2 = 2Cu+SO_2$ 向右进行反应的趋势大小；有关 $SO_2$ 被 C，CO 还原制取元素硫的趋势；有关 FeS 还原 $Fe_3O_4$ 的困难程度等。

### 2.2.3　M－S－O 系化学势图

M－S－O 系化学势图是用于表征金属硫化物 MS 在有 $O_2$ 参与的化学平衡状态的一种热力学平衡状态图，广泛用于硫化矿冶金过程，如硫化精矿的焙烧、硫化精矿的造锍熔炼和锍的吹炼等，可用于指导选择有关过程的技术条件。

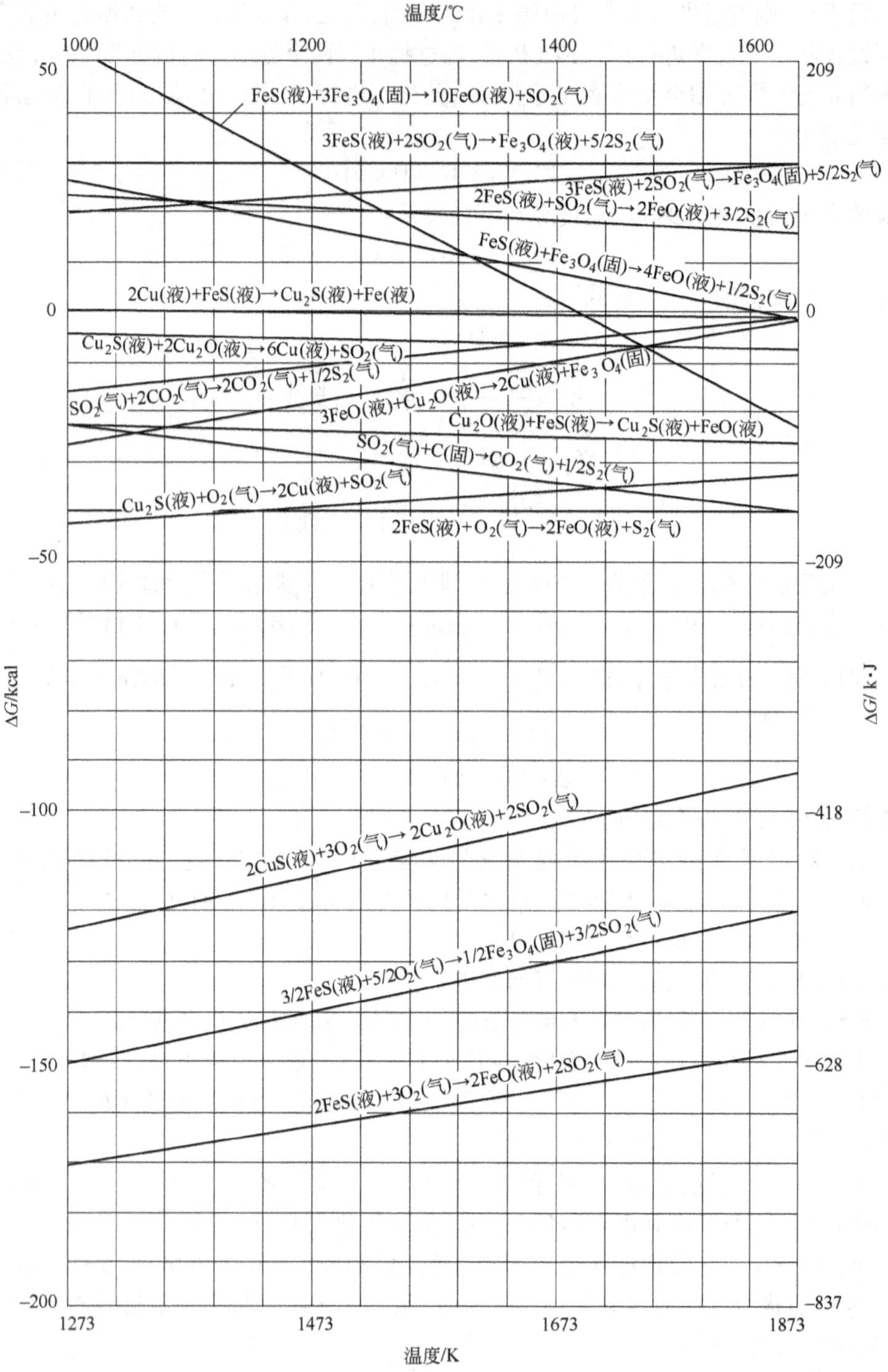


图 1-2-1　铜熔炼条件下有关反应的 $\Delta G^{\ominus}-T$ 图

（反应物摩尔数见反应式）

在硫化物冶金过程中，当 M－S－O 系达到平衡时，各相中氧的化学势必须相等。在一定的温度下氧势与气相中氧的平衡分压的对数 $\ln p_{O_2}$ 成正比。同样可知 M－S－O 系平衡时的硫势是与气相中硫的平衡分压的对数 $\ln p_{S_2}$ 成正比。在一定的温度下，当 M－S－O 系平衡时，气相和凝聚相中各组分的稳定性与其化学势有关，也就是说与气相中的氧势（$\ln p_{O_2}$）和硫势（$\ln p_{S_2}$）有关。于是可以作出以 $\ln p_{S_2}-\ln p_{O_2}$ 为坐标的 M－S－O 系平衡状态图，亦称为硫势氧势图。

在一定的温度下 M－S－O 系以 $\ln p_{S_2}-\ln p_{O_2}$ 表示的化学势图如图 1-2-2 所示。图上的每一条线表示一平衡反应的平衡条件，如 2 线表示下面的平衡反应式：

$$M + O_2 = MO_2$$

$$K=\frac{1}{p_{O_2}},\quad \lg K=-\lg p_{O_2}$$

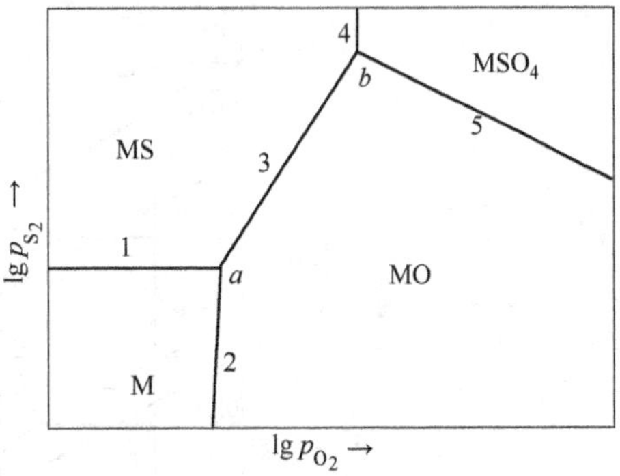

图 1-2-2　在一定温度下的 M－S－O 系化学势图

图 1-2-2 上的每一个区域表示体系中各种物相的热力学稳定区。1 线和 2 线与横轴、纵轴所包围的区域是 M－S－O 系中 M 相稳定存在的区域。1，2，3 线相交的 $a$ 点是 MS，M，MO 三凝聚相共存的不变点。

平衡状态图的坐标，根据需要可以用 $SO_2$ 和 $SO_3$ 的分压或者 $V(H_2S)/V(H_2)$ 的比值来代替 $S_2$ 的分压，也可用 $V(CO_2)/V(CO)$ 或 $V(H_2O)/V(H_2)$ 的比值来代替 $O_2$ 的分压。当有两种以上的金属硫化物同时参与同类反应时，便可将其叠加成四元系如 Cu－Fe－S－O 系、Cu－Ni－S－O 系等。如在 MS 的氧化熔炼过程中还有 $SiO_2$ 参与熔炼造渣反应，则硫化铜精矿的造锍熔炼也可作出 Cu－Fe－S－O－$SiO_2$ 五元系的硫势氧势图。

### 2.2.4　矢泽彬的铜熔炼硫势－氧势图

20 世纪 60 年代，矢泽彬（Yazawa）提出的铜熔炼硫势－氧势状态图，一直是火法炼铜热力学分析的基本工具。

图 1-2-3 中 $pqrstp$ 区为锍、炉渣和炉气平衡共存区，斜线 $pt$ 为 $p_{SO_2}=10^5$ Pa 的等压线，它是造锍熔炼中的 $SO_2$ 分压的极限值。$rq$ 线是造锍熔炼中 $SO_2$ 分压的最小值，即 $p_{SO_2}=0.1$ Pa。当进行空气熔炼时，$p_{SO_2}$ 约为 $10^4$ Pa，硫化铜精矿氧化过程可视为沿 $ABCD$ 线（$p_{SO_2}=10^4$ Pa）进行，即炉气中 $p_{SO_2}$ 恒定，但 $p_{O_2}$ 逐渐升高，$p_{S_2}$ 逐渐降低。$A$ 点是造锍熔炼的起点，从理论上讲，在 $A$ 点处，锍的品位为零，随着炉中氧势（$\lg p_{O_2}$）升高，硫势（$\lg p_{S_2}$）降低，锍的品位升高，当过程进行到 $B$ 点位置时，锍的品位升高到 70%，显然 $AB$ 段即为造锍阶段。从图 1-2-3中可看出，在 $AB$ 段，炉中氧势升高幅度虽然不太大，但锍的品位升高幅度大，从 $B$ 点开始，随着氧势的继续升高，锍的品位虽然也升高，但升高的幅度不大，可以认为从 $B$ 点开始过程转入锍吹炼第二周期（造铜期），当氧势升高到 $C$ 点时炉中开始产出金属铜。这时粗铜、锍、炉渣和烟气四相共存，直到锍全部转为金属铜，即造铜期结束。当氧势进一步升高时，超过 $C$ 点，过程进入粗铜火法精炼的氧化期，由此可见，$ABCD$ 这条直线能表示从铜精矿到精铜的全过程。图 1-2-3 中的 $st$ 线相当于铁硅酸盐炉渣为 $SiO_2$ 和 $Fe_3O_4$ 所饱和，其中 $a_{FeO}$ 为 0.31。高于此线，铁硅酸盐炉渣不再是稳定的，便会析出固体的 $Fe_3O_4$ 来。$qr$ 线表示铜锍、炉渣与 $SiO_2$ 和 $\gamma$－Fe 的平衡，相当于造锍熔炼的极限情况，是在低的 $p_{S_2}$，$p_{O_2}$ 和 $p_{SO_2}$ 还原条件下进行的，可以看作是炉渣的贫化过程。$rs$ 线表示 $Cu_2S$ 脱硫转变为液态铜，即铜锍

的吹炼阶段，渣层上氧压的变化范围很大，从与 $\gamma-Fe$ 平衡的 $r$ 点 $p_{O_2}=10^{-6.6}$ Pa 变化到 $s$ 点的 $p_{O_2}=10^{-0.8}$ Pa，同时渣中饱和了 $Fe_3O_4$。

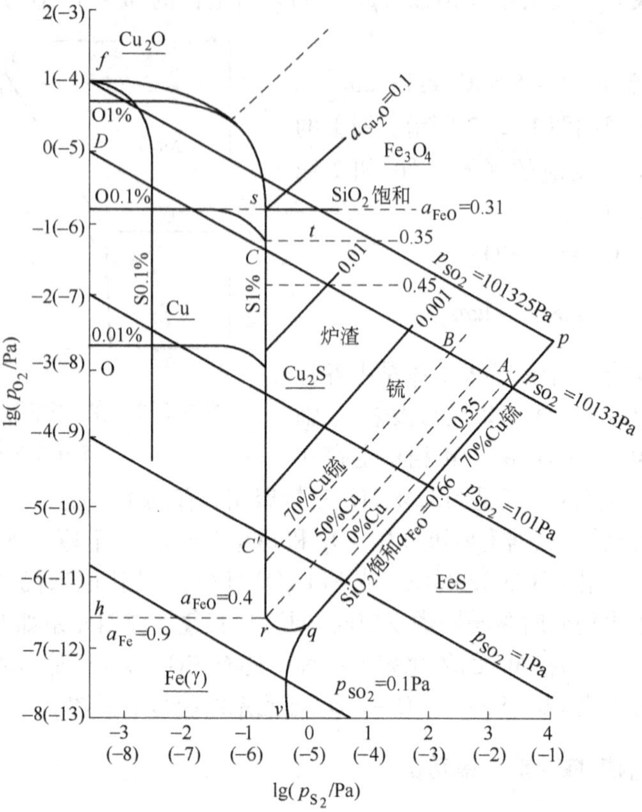


图 1-2-3　矢泽彬的铜熔炼氧势－硫势状态图(1573K)

### 2.2.5　斯吕德哈、托格里和斯米尔诺夫的铜熔炼氧势－硫势图

应用图 1-2-3 氧势－硫势图来分析铜熔炼过程的热力学是简明的。但是用它来分析一些实际生产现象时也遇到了一些难以说清楚的问题。例如各炼铜厂进行熔炼时，虽然硫的分压变化很大，而产出的铜锍品位相同，其中硫含量应该不同，但在生产实际中，硫含量差别不大。又如图 1-2-3 表示当氧势相同时，可以产出不同品位的锍，这就意味着产出的平衡炉渣相中 $Fe_3O_4$ 含量相同时，可以产出相同品位的锍；可是生产数据表明，锍的品位不同时，渣含 $Fe_3O_4$ 的量也不同。鉴于这些问题，斯吕德哈等人对世界上 42 家炼铜厂的生产数据，铜锍中铁含量与硫含量、铁含量与氧势、炉渣中的 $Fe_3O_4$ 含量与氧势，以及渣含铜与铜锍含铁的关系，并结合有关热力学数据与实验室测定数据进行分析整理，提出了一种新型的比较实用的氧势－硫势图，又称 STS 图(图 1-2-4)。

图 1-2-4 表示了各冶炼厂进行铜精矿造锍熔炼生产时，产出的铜锍品位与过程进行的硫势、氧势的关系，以及产出相应的炉渣中 $Fe_3O_4$，Cu，S 的含量。图中标示的熔炼区，硫势的变化范围很窄，$\lg p_{S_2}$ 值为 2.5～3.0，而氧势的变化范围很大，$\lg p_{O_2}$ 值为 －5.2～－4.2。熔炼区中的符号标示了几种熔炼方法所处的硫势与氧势的位置。利用此图可以方便且较准确

地预测和评价造锍熔炼过程。在应用这个图来评估生产结果时，其偏差在工业应用允许的范围内。

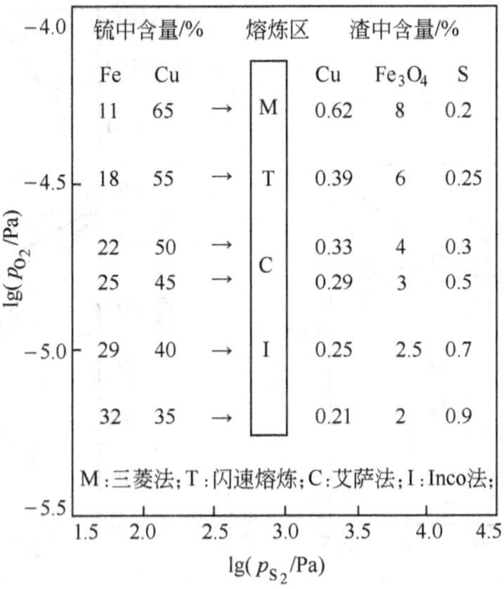


图 1-2-4　铜熔炼的氧势－硫势图（STS）

（$t=1300℃$）

## 2.3　熔炼产物

造锍熔炼主要有四种产物：铜锍、炉渣、烟尘和烟气。

### 2.3.1　铜锍的形成及其特性

在高温熔炼条件下造锍反应可表示如下：

$$[FeS]+(Cu_2O)=\!=\!=(FeO)+[Cu_2S]$$

$$\Delta G^{\ominus}=-144750+13.05T \quad (J)$$

$$K=\frac{a_{(FeO)}\cdot a_{[Cu_2S]}}{a_{[FeS]}\cdot a_{(Cu_2O)}}$$

该反应的平衡常数在1250℃时 lg$K$ 为 9.86，说明反应在熔炼温度下急剧地向右进行。一般来说只要体系中有 FeS 存在，$Cu_2O$ 就将转变为 $Cu_2S$，而 $Cu_2S$ 和 FeS 便会互溶形成铜锍（$FeS_{1.08}-Cu_2S$）。两者的相平衡关系如图 1-2-5 所示。该二元系在熔炼高温下（1200℃），两种硫化物均为液相，完全互溶为均质溶液，并且是稳定的，不会进一步分解。

FeS 能与许多金属硫化物形成共熔体的重叠液相线，其简图见图 1-2-6。FeS－MS 共熔的这种特性，就是重金属矿物原料造锍熔炼的重要依据。

Cu－Fe－S 三元系状态图如图 1-2-7 所示。

Cu－Fe－S 三元系状态图的另一特点是，存在一个大面积二液相分层区 *EFKGH*，$L_1$ 代表 $Cu_2S-FeS$ 二元系均匀熔体铜锍，$L_2$ 为含有少量硫的 Cu－Fe 合金。当熔锍中硫含量减少到分层区时，便会出现金属 Cu－Fe 固溶体相，这是造锍熔炼过程中所不希望发生的。所以造锍熔炼产出的铜锍组成位于 $Cu_2S-FeS$ 连线与分层区之间，才会得到单一均匀的液相。

所以工业生产上产出的铜锍组成应该是位于此单一均匀的液相区，既不会发生液相分层或析出固相铁，也不会发生分解挥发出硫。

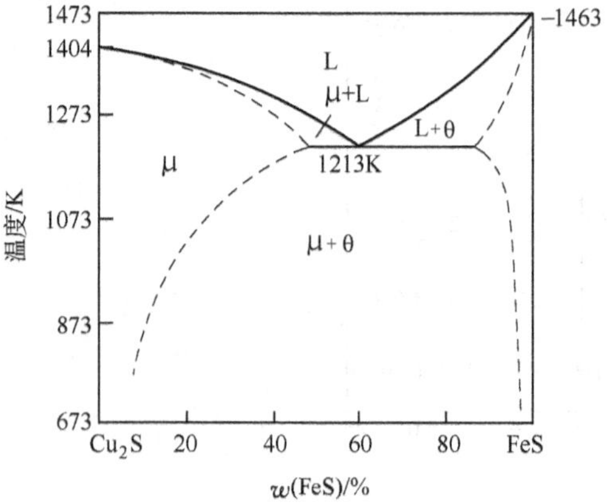


图 1-2-5　$Cu_2S$ - FeS 二元系相图

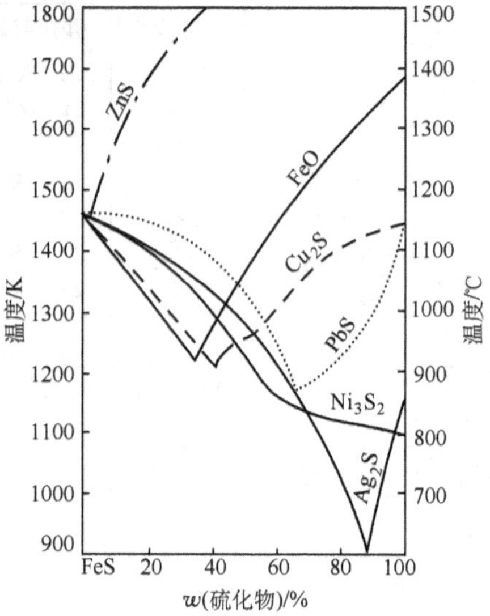


图 1-2-6　FeS - MS 二元系的液相线

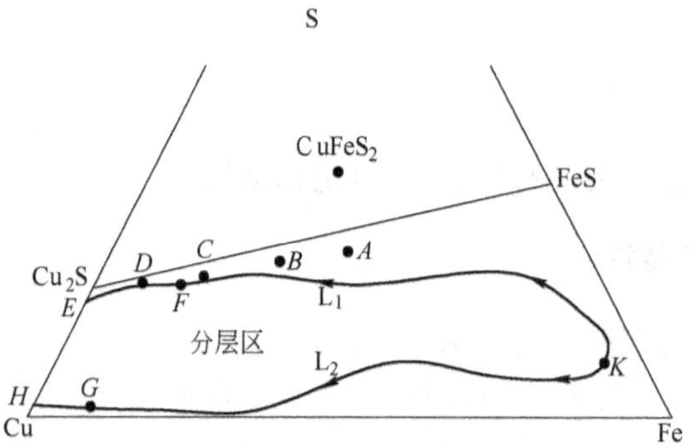


图 1-2-7　Cu - Fe - S 系简化状态图

工业生产中产出的铜锍中溶解有铁的氧化物，铜锍中部分硫会被氧取代，故工业铜锍中硫的含量应低于理论硫含量。当闪速熔炼产出品位为 50% 的铜锍时，铜锍中的 FeS 大部分被氧化造渣，则铜锍组成会向 *B* 点变化，FeS 继续被氧化，铜锍品位可提高到 *C* 点（Cu65%），以至 *D* 点（Cu75%），当 *D* 点铜锍进一步氧化脱硫至 *E* 点便会产出粗铜来。各种品位的铜锍吹炼是沿着 *A*—*B*—*C*—*D*—*E* 的途径，使铜锍中的 FeS 优先氧化后形成硅酸盐炉渣，这一自发反应为：

$$[FeS]_{锍} + (Cu_2O)_{渣} = (FeO)_{渣} + [Cu_2S]_{锍}$$

上述反应的进行并不会使 $Cu_2S$ 氧化。只有当锍中 FeS 含量很少，接近 *E* 点白铜锍组成时，铜才会被大量氧化。

在 Cu - Fe - S 三元系中可以形成 CuS，$FeS_2$ 或 $CuFeS_2$ 等，所有这些高价硫化物在造锍熔炼高温（1200～1300℃）下都会分解，而稳定存在的只有低价硫化物 $Cu_2S$ 与 FeS。所以在 Cu - Fe - S 三元系状态图中，位于 $Cu_2S$ - FeS 连线以上的区域，对于铜精矿造锍熔炼是没有意义的。因此，铜锍的理论组成只会在 $Cu_2S$ - FeS 连线上变化，即铜锍中 Cu，Fe，S 的百分含量变化可在连线上确定。

铜锍是金属硫化物的共熔体，工业产出的铜锍主要成分除 Cu，Fe，S 外，还含有少量 Ni，Co，Pb，Zn，Sb，Bi，Au，Ag，Se 等及微量 $SiO_2$，此外还含有 2% ~4% 的氧，一般认为熔融铜锍中的 Cu，Pb，Zn，Ni 等重有色金属是以硫化物形态存在，而 Fe 除以 FeS 存在外，还以 FeO、$Fe_3O_4$形态存在。

统计表明，铜锍中 Cu + Fe + S + Ni + Pb + Zn 的总量占铜锍总量的 95% ~98%。随着铜锍品位的不同，铜锍的断面组织、颜色、光泽和硬度也发生变化，见表 1-2-1。

**表 1-2-1　不同品位的铜锍断面性质**

| 铜锍品位/% | 颜　色 | 组　织 | 光　泽 | 硬　度 |
|---|---|---|---|---|
| 25 | 暗灰色 | 坚　实 | 无光泽 | 硬 |
| 30 ~ 40 | 淡红色 | 粒　状 | 无光泽 | 稍　硬 |
| 40 ~ 50 | 青黄色 | 粒柱状 | 无光泽 | |
| 50 ~ 70 | 淡青色 | 柱　状 | 无光泽 | |
| 70 以上 | 青白色 | 贝壳状 | 金属光泽 | |

铜锍的一些物理性质：

熔点：950 ~ 1130℃（Cu30%，1050℃；Cu50%，1000℃；Cu80%，1130℃）

比热容：0.586 ~0.628 J/(g·℃)

熔化热：125.6 J/g（$Cu_2S$ 58.2%）；117 J/g（$Cu_2S$ 32%）

热焓：0.93 MJ/kg（Cu60%，1300℃）

密度（固态、液态）见表 1-2-2。

**表 1-2-2　铜锍的密度**

| 铜锍品位/% | | 30 | 40 | 50 | 70 | 80 | 粗铜 |
|---|---|---|---|---|---|---|---|
| 密度/$g\cdot cm^{-3}$ | 20℃ | 4.96 | 4.99 | 5.05 | 5.46 | 5.77 | 8.61 |
| | 1200℃ | 4.13 | 4.28 | 4.44 | 4.93 | 5.22 | 7.87 |

注：粗铜含 Cu 98.3%。

黏度：约 0.004 Pa·s 或由 $3.36\times10^{-4}\exp(5000/T_m)$ 计算

表面张力：约为 $330\times10^{-3}$ Pa（Cu53.3%，1200 ~ 1300℃）

电导率：$(3.2\sim4.5)\times10^2(\Omega\cdot m)^{-1}$（Cu51.9%，1100 ~ 1400℃）

FeS - $Cu_2S$ 系铜锍与 $2FeO\cdot SiO_2$ 熔体间的界面张力约为 0.02 ~ 0.06 N/m，其值很小，故铜锍易悬浮于熔渣中。

铜锍除上述性质外，还有两个特别突出的性质，一是对贵金属有良好的捕集作用，二是熔融铜锍遇水会爆炸。

铜锍对贵金属的捕集主要是由于铜锍中的 $Cu_2S$ 和 FeS 对 Au，Ag 都具有溶解作用，在 1200℃，每吨 $Cu_2S$ 可溶解金 74 kg，而 FeS 能溶解金 52 kg。一般来说，铜锍品位只要为 10% 左右，就可完全吸收 Au，Ag，但研究也发现，当铜锍品位超过 40% 时，铜锍吸收 Au，Ag 的能力增长不大。

铜锍遇水会爆炸，主要是发生了下列化学反应：

$$Cu_2S + 2H_2O \xlongequal{\quad} 2Cu + 2H_2 + SO_2$$

$$FeS + H_2O \xlongequal{\quad} FeO + H_2S$$

反应产生的 $H_2$，$H_2S$ 等气体与 $O_2$ 作用，很剧烈，从而引起爆炸。在操作中，要特别注意防止铜锍的爆炸。

### 2.3.2　炉渣的组成及其性质

造锍熔炼所产炉渣是炉料和燃料中各种氧化物相互熔融而成的共熔体，主要的氧化物是 $SiO_2$ 和 FeO，其次是 CaO，$Al_2O_3$ 和 MgO。固态炉渣主要由 $2FeO \cdot SiO_2$，$2CaO \cdot SiO_2$ 等硅酸盐复杂分子组成。熔渣由各种离子（$Na^+$，$Ca^{2+}$，$Mg^{2+}$，$Mn^{2+}$，$Fe^{2+}$，$O^{2-}$，$S^{2-}$，$F^-$ 等）和 $SiO_2$ 等组成。

$FeO - SiO_2 - CaO$ 系状态图见图 1-2-8。从图 1-2-8 可以确定某组成的炉渣的熔化温度是多少。

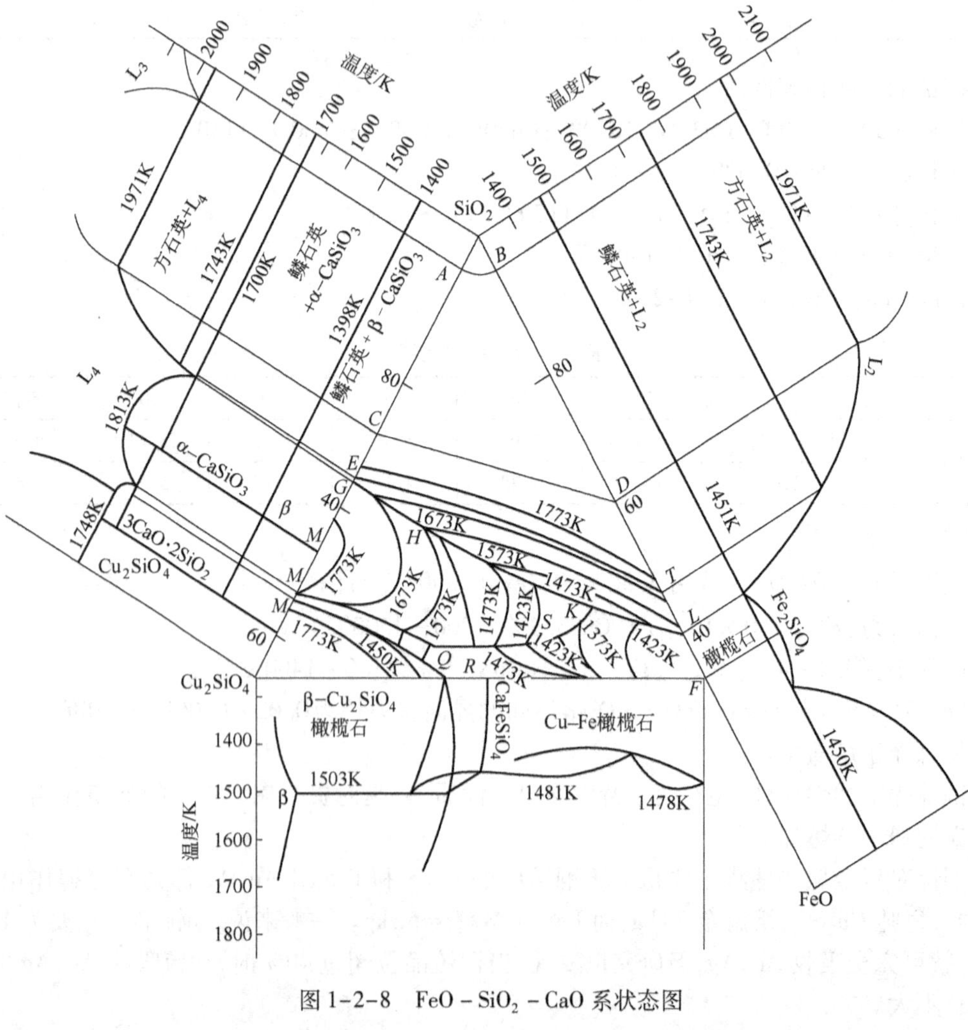


图 1-2-8　$FeO - SiO_2 - CaO$ 系状态图

利用这些氧化物的共晶组成，可以得到熔点最低的炉渣组成。例如 $FeO-SiO_2$ 系中 $Fe_2SiO_4$ 铁橄榄石附近的熔点比较低，约1200℃。加入 CaO 后，熔点有所降低，降至图 1-2-8 中的 $S-K$ 点附近，熔化温度降至1100℃左右。

图 1-2-9 表明，在 1300℃下，实线表示的 $FeO-Fe_2O_3-CaO$ 系液相区比虚线表示的 $FeO-Fe_2O_3-CaO$ 系液相区范围要宽得多，可见 $FeO-Fe_2O_3-CaO$ 系炉渣具有很大的容纳铁氧化物的能力，从而可避免高氧势下 $Fe_3O_4$ 的麻烦问题。

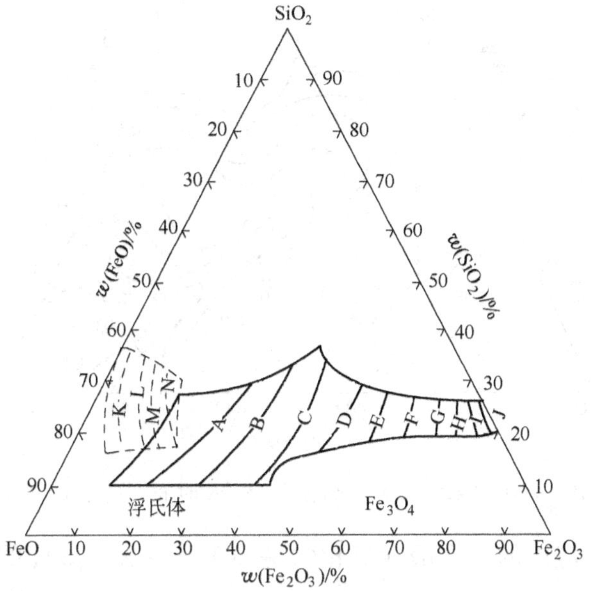


图 1-2-9 1573K 时 $FeO-Fe_2O_3-SiO_2$ 系(虚线)和 $FeO-Fe_2O_3-CaO$ 系(实线)的液相区和等氧势线(Pa)

A—(-5);B—(-4);C—(-3);D—(-2);E—(-1);F—0;G—1;
H—2;I—3;J—4;K—(-5);L—(-4);M—(-3);N—(-2)

炉渣的性质对熔炼作业的进行有着十分重要的意义。熔炼过程都希望得到流动性好即黏度小的炉渣。随着炉渣中 $SiO_2$ 含量的增加，其黏度也增加。因此应加入碱性氧化物 CaO 及 FeO 等来破坏炉渣的网状结构，使其黏度降低。图 1-2-10 表示 1573K 时 $FeO-SiO_2-CaO$ 系熔体的等黏度线。一般有色冶金炉渣的黏度在 0.5 Pa · s(5 泊)以下便认为是流动性良好的炉渣，1 Pa · s(10 泊)以上其流动性便很差。

结合炉渣的熔点与黏度来分析，$FeO \cdot SiO_2-2FeO \cdot SiO_2$ 组成附近的炉渣具有较低的熔点和较小的黏度。在此基础上增加过多的 FeO 量，虽可降低黏度，但熔点升高了。再提高 $SiO_2$ 的含量更是不利，不仅熔点升高，黏度也增大。炉渣的黏度随固相成分的析出而显著增大。所以应调整炉渣的组分以得到低熔点的炉渣，使其在熔炼温度下得到均一的熔体。添加氟化物(例如 $CaF_2$)对降低黏度非常有效。MgO，ZnS 在炉渣中的含量虽然不高，但也能升高熔点，增大黏度。少量的 ZnO 和 $Fe_2O_3(Fe_3O_4)$ 存在使炉渣有降低黏度的趋势，过多的含量则会显著提高黏度。

炉渣的酸碱性过去多用硅酸度表示，它的含义是：

炉渣硅酸度 = 渣中酸性氧化物中氧的质量和/渣中碱性氧化物中氧的质量和

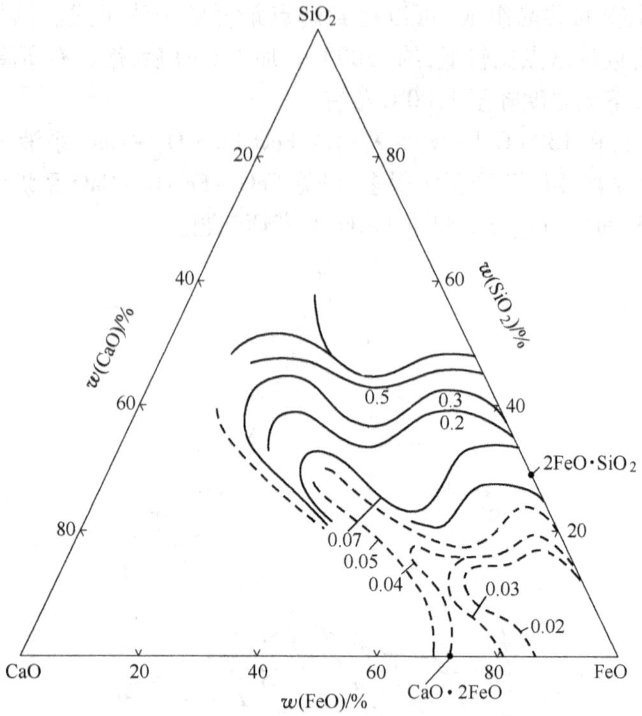


图 1-2-10　FeO - CaO - $SiO_2$ 系熔体在 1573K 时的等黏度线(单位 Pa · s)

考虑造锍熔炼炉渣中的主要酸性氧化物是 $SiO_2$，所以，硅酸度的计算方式也可表示如下：

$$硅酸度 = \frac{O_{SiO_2}}{O_{(CaO + FeO + MgO)}}$$

工厂为了方便，常用所谓硅铁比 $m(SiO_2)/m(Fe)$ 来反映炉渣的酸碱性：

$$硅铁比 = \frac{渣中\ SiO_2\ 的质量(\%)}{渣中\ FeO\ 的质量(\%)}$$

硅铁比愈高，表示渣的酸性愈强。近年来国外许多冶金学家认为不能只考虑 $SiO_2$，实际 $Al_2O_3$ 也应归入酸性氧化物，所以建议用碱度来表示炉渣的酸碱性。渣的碱度计算式如下：

$$渣的碱度(K_v) = \frac{(FeO) + b_1(CaO) + b_2(MgO) + (Fe_2O_3)}{(SiO_2) + a_1(Al_2O_3)}$$

式中，(FeO)，(CaO)等是渣中各氧化物的含量(%)；$a_1$，$b_1$ 等是各氧化物的系数。在工厂中常把 CaO，MgO 等分别简化为 FeO 和 $SiO_2$，则碱度简化为铁硅比：$m(Fe)/m(SiO_2)$ 比[或 $m(FeO)/m(SiO_2)$ 比]。该比值是铜冶金炉渣性质的重要参数。$K_v = 1$ 的渣称为中性渣，$K_v > 1$ 的渣称碱性渣，$K_v < 1$ 的渣称为酸性渣，在 1200℃，1300℃下，碱度 $K_v > 1.5$ 时，工业炉渣黏度都低于 0.2 Pa · s(见图 1-2-11)。

炉渣的电导率对电炉作业有很大的意义。炉渣的电导率与黏度有关。一般来说，黏度小的炉渣具有良好的电导性。含 FeO 高的炉渣除了有离子传导以外，还有电子传导而具有很好的电导性。铜炉渣的热导率为 2.09 W/(m · K)。铜炉渣的表面张力可由 0.7148 ×

$10^{-4} \sim 3.17 \times 10^{-4}(T_s - 273)$求得，其单位为N/m。实测的熔锍－熔渣系的界面张力依铜锍品位而异，在0.05～0.2N/m之间变化，远远小于铜－渣系的界面张力(0.90N/m)。这表明熔锍易分散在熔渣中，这也就是炉渣中金属损失的原因之一。一般硅酸盐渣熔体的比热容为：1.2kJ/(kg·K)(酸性渣)或1.0kJ/(kg·K)(碱性渣)。熔渣的热焓为：1250(1373K)～1800(1673K)kJ/kg，熔化热为420kJ/kg。

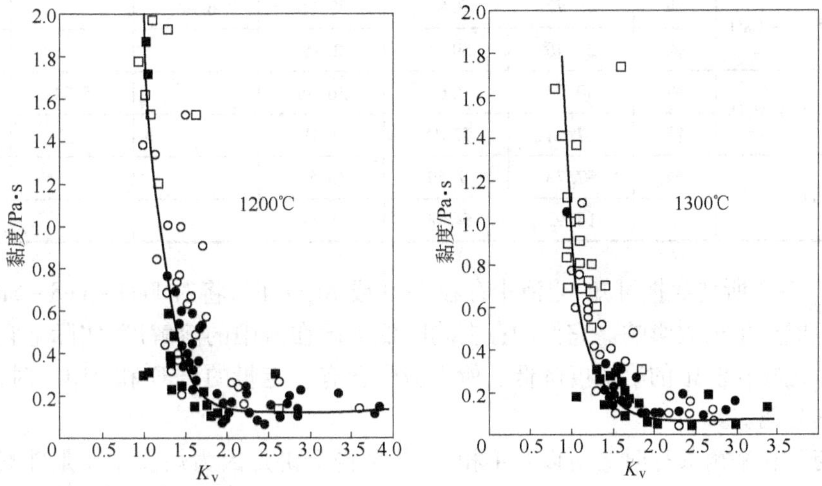


图1-2-11 不同温度下工业炉渣黏度与碱度的关系

炉渣成分的变化(即常称的渣型变化)对炉渣的性质有重要影响。但各成分对炉渣性质的影响情况非常复杂，某些成分的影响仍未弄清楚。

### 2.3.3 炉渣－铜锍间的相平衡

在造锍熔炼中，炉渣的主要成分为FeO和$SiO_2$，铜锍的主要成分为$Cu_2S$和FeS。所以当炉渣与铜锍共存时，最重要的相间的关系为FeS－FeO－$SiO_2$和$Cu_2S$－FeS－FeO。图1-2-12为FeS－FeO－$SiO_2$三元相图(富FeO相)。

从图1-2-12可看出，无$SiO_2$存在时，FeO和FeS完全互溶，但当加入$SiO_2$时，均相溶液出现分层，两层熔体的组成用ABC分层线上的共轭线$a, b, c, d$表示。随着$SiO_2$加入量的增多，两相分层愈显著，当$SiO_2$达饱和时两分层相达最大。$SiO_2$饱和时，两相的组成分别用A(渣相)和B(锍相)表示。表1-2-3示出了$SiO_2$饱和时A，B两相的组成。

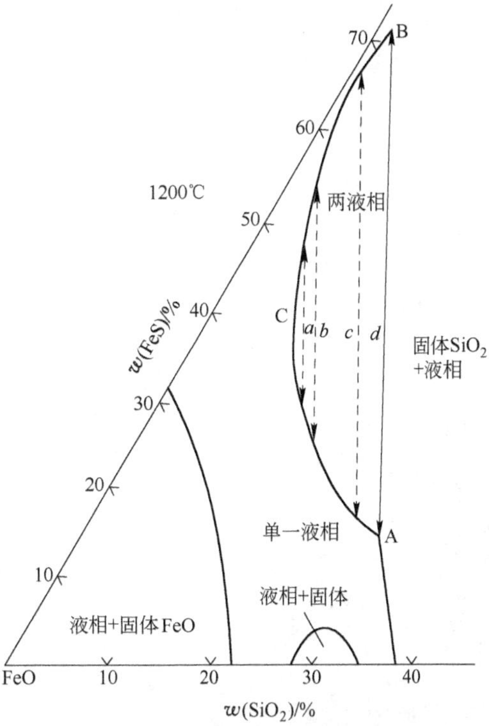


图1-2-12 FeS－FeO－$SiO_2$系相平衡图

**表 1-2-3　饱和时 Fe－O－S 系两层液相的组成(1200℃)**

| 体 系 | 相 | 组成(质量分数)/% | | | | | |
|---|---|---|---|---|---|---|---|
| | | FeO | FeS | $SiO_2$ | CaO | $Al_2O_3$ | $Cu_2S$ |
| $FeS-FeO-SiO_2$ | 渣 | 54.82 | 17.90 | 27.28 | | | |
| | 锍 | 27.42 | 72.42 | 0.16 | | | |
| $FeS-FeO-SiO_2+CaO$ | 渣 | 46.72 | 8.84 | 37.80 | 6.64 | | |
| | 锍 | 28.46 | 69.39 | 2.15 | | | |
| $FeS-FeO-SiO_2+Al_2O_3$ | 渣 | 50.05 | 7.66 | 36.35 | | 5.94 | |
| | 锍 | 27.54 | 72.15 | 0.31 | | | |
| $Cu_2S-FeS-FeO-SiO_2$ | 渣 | 57.73 | 7.59 | 33.83 | | | 0.85 |
| | 锍 | 14.92 | 54.69 | 0.25 | | | 30.14 |

由表 1-2-3 所列数据可知,当渣中存在 CaO 或 $Al_2O_3$ 时,将对 $FeO-FeS-SiO_2$ 系的互溶区平衡组成产生很大影响。它们的存在均降低 FeS 在渣中的溶解度,实际上它们的存在也使其他硫化物在渣中的溶解度降低。所以渣中含有一定量的 CaO 和 $Al_2O_3$ 时,可改善炉渣与锍相的分离。

炉渣与锍相平衡共存时之所以互不相溶,从结构上讲是因为炉渣主要是硅酸盐聚合的阴离子,其键力很强。而锍相保留明显的共价键,两者差异甚大,从而为形成互不相溶创造了条件。向硅酸铁渣系中加入少量 CaO 或 $Al_2O_3$ 时,它们也几乎完全与渣相聚合,因而它们的存在使渣相与锍相的不溶性加强。

# 3 闪速熔炼

## 3.1 铜精矿闪速熔炼的工艺流程及生产过程

将硫化精矿悬浮在氧化气氛中，通过精矿中部分硫和铁的氧化以实现闪速熔炼，其方式与粉煤的燃烧十分相似。将精矿和熔剂用工业氧或富氧空气或预热空气喷入专门设计的闪速炉中，用硫和铁的闪速燃烧获得熔炼温度，精矿在闪速燃烧过程中完成焙烧与熔炼反应。

获得工业应用的闪速炉有加拿大国际镍公司的因科(氧气)闪速炉和芬兰奥托昆普公司的奥托昆普闪速炉。

奥托昆普闪速炉，是一种直立的U形炉，包括垂直的反应塔、水平的沉淀池和垂直的上升烟道(图1-3-1)。干燥的铜精矿和石英熔剂与精矿喷嘴内的富氧空气或预热空气混合并从上向下喷入炉内，使炉料悬浮并充满于整个反应塔中，当达到操作温度时，立即着火燃烧。精矿中的铁和硫与空气中的氧的放热反应提供熔炼所需的全部热量(当热量不足时喷油补充)。精矿中的有色金属硫化物熔化生成铜锍，氧化亚铁和石英熔剂反应生成炉渣。燃烧气体中的熔融颗粒在气体从反应塔中以90°角拐入水平的沉淀池炉膛时从烟气中分离出来落入沉淀池内，进而完成造锍和造渣反应，并澄清分层，铜锍和炉渣分别由放锍口和放渣口排出，烟气通过上升烟道排出。放出的铜锍由溜槽流入铜锍包子并由吊车装入转炉吹炼，炉渣通过溜槽进入贫化炉处理，或经磨浮法处理以回收渣中的大部分铜。

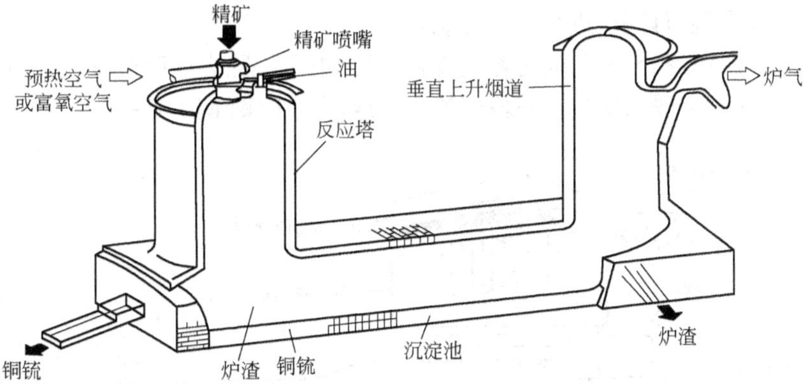


图1-3-1 奥托昆普闪速熔炼炉剖视图

闪速熔炼工艺流程如图1-3-2所示。

闪速熔炼要求在反应塔内以极短的时间(1～2 s)基本完成熔炼过程的主要反应，因此炉料必须事先干燥使其水分小于0.3%。干燥时不应使硫化物氧化和颗粒黏结。

配料干燥系统是闪速熔炼的准备工序，可采用仓式配料法和气流三段式干燥或蒸汽干燥。

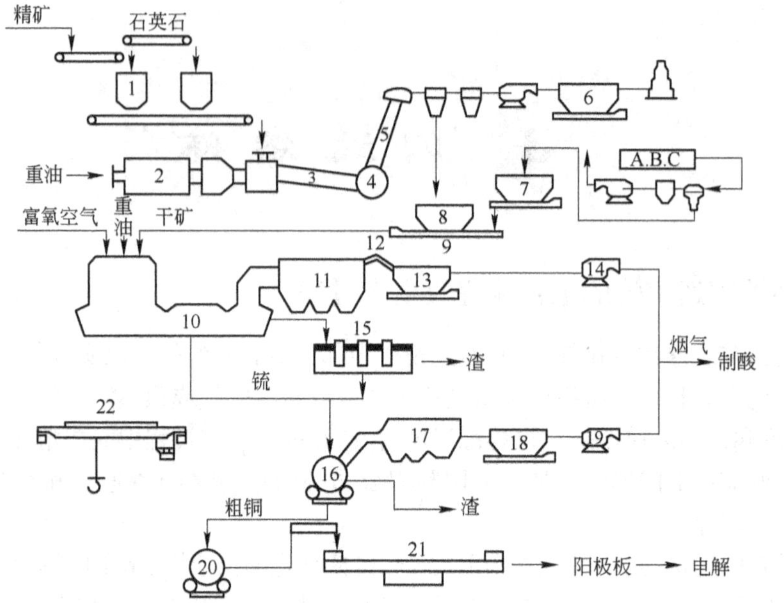


图 1-3-2　闪速熔炼工艺流程图

1—配料仓;2—热风炉;3—回转窑;4—鼠笼;5—气流干燥管;6—干燥电收尘;7—烟尘仓;8—干矿仓;9—埋链刮板;10—闪速炉;11—闪速炉余热锅炉;12—烟道;13—闪速炉电收尘;14—闪速炉排烟机;15—贫化电炉;16—转炉;17—转炉余热锅炉;18—转炉电收尘;19—转炉排烟机;20—阳极炉;21—圆盘浇铸机;22—吊车

干燥的工艺过程是配料仓按配料单指定的矿种,加入经预干燥水分小于 10% 的铜精矿和熔剂。仓内各种不同的铜精矿按指定的比例同步从各矿仓排出并计量。熔剂比率根据计划的铜锍品位、目标铁硅比、混合矿成分、石英熔剂比率反馈修正值等由计算机计算出来,并自动设定到熔剂仓调节计上,进行自动控制。

从配料仓给出的混合炉料,通过输送皮带,经过电磁铁除去铁质杂质和振动筛除去块状物料等杂物后,送到干燥系统进行三段气流干燥或蒸汽干燥(图 1-3-3)。

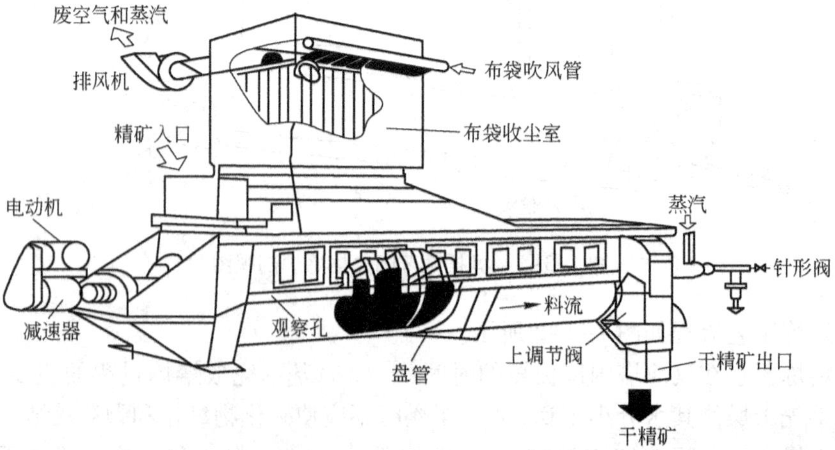


图 1-3-3　蒸汽干燥机剖视图

三段气流干燥的工艺流程是，炉料首先用回转干燥窑进行干燥，其次通过鼠笼破碎机把由于附着水分结成块状物的炉料进行破碎，同时被干燥，再由气流输送到气流干燥管内，将水分干燥到0.3%以下。三段气流干燥的干燥率大致是：回转干燥窑20%～30%，鼠笼破碎机50%～60%，气流干燥管20%～30%，炉料水分由10%降至0.3%以下。

蒸汽干燥机是由一个多盘管机组构成的转子（或固定）及一个固定（转动）的壳体组成的，干燥机由设置在一侧的一台大功率马达驱动，另一侧是蒸汽进、出口的连接器，蒸汽从转子的中心管进入，穿过辐射状的联箱，然后分配给盘管所有环路，加热盘管后，由盘管外壁与精矿接触，将热量传递给精矿，使精矿干燥。蒸汽中的冷凝水在转子离心力的作用下，流向每组盘管的最低点，当冷凝水到达最低点时，汇集进入中心集水管，冷凝水通过虹吸管及疏水阀排出回收利用。干矿温度一般控制在120℃，炉料水分由10%降至0.3%以下。炉料经过加料阀进入干燥机内进行蒸汽干燥，干燥后的炉料经过出料阀储存于中间仓内。干燥机内炉料蒸发的含尘水蒸气经过顶部布袋收尘器由排气风机排至大气，中间仓内的干炉料经两套交替运行的正压输送系统，将干炉料输送至干矿仓内，输送空气经布袋收尘器由排风机排放大气。

## 3.2 闪速炉反应塔内的主要氧化反应

熔炼铜精矿一般发生的主要氧化反应有：

对于 $CuFeS_2$：
$$CuFeS_2 + \frac{3}{2}O_2 = \frac{1}{2}(Cu_2S \cdot FeS) + \frac{1}{2}FeO + SO_2$$
$$\Delta H^{\ominus}_{298} = -3.3 \times 10^5\ \text{kJ/(kg} \cdot \text{mol)}$$

对于 FeS：
$$FeS + \frac{3}{2}O_2 = FeO + SO_2$$
$$\Delta H^{\ominus}_{298} = -4.8 \times 10^5\ \text{kJ/(kg} \cdot \text{mol)}$$

对于 $SiO_2$：
$$2FeO + SiO_2 = 2FeO \cdot SiO_2$$
$$\Delta H^{\ominus}_{298} = -0.42 \times 10^5\ \text{kJ/(kg} \cdot \text{mol)}$$

这些反应放出大量的热以加热、熔化和过热炉料。由图1-3-4看出，在距入口0.5m附近有燃烧峰面（与现场观察到的明亮峰面一致），反应一般在离喷嘴1.5m以内迅速进行。从半工业试验闪速炉反应塔中心线处气相和颗粒温度的分布（图1-3-5）表明，硫化矿粒子的反应大部分在距入口1.5m以内进行，反应塔上部颗粒温度比气相温度高，提高鼓风温度和富氧浓度可以加速反应。由于氧化反应迅速，单位时间内放出的热量多，加快了炉料的熔化速度，强化了生产，使熔炼的生产率提高到8～12t/($m^2$·d)，提高富氧浓度后，有的工厂达到了15～21t/($m^2$·d)。

由于硫化物粒子的氧化反应非常迅速，有一部分FeS氧化为FeO后可进一步氧化为$Fe_2O_3$和$Fe_3O_4$，不可避免地有一部分铜要被氧化为$Cu_2O$。氧化产物中$Fe_3O_4$，$Fe_2O_3$和$Cu_2O$的数量，取决于铜锍品位与原料中$SiO_2$的含量。生成的$Fe_2O_3$在有硫化物存在时容易转化为磁性氧化铁：

$$10Fe_2O_3 + FeS = 7Fe_3O_4 + SO_2$$
$$16Fe_2O_3 + FeS_2 = 11Fe_3O_4 + 2SO_2$$

在温度达1300～1500℃的反应塔内，$Fe_3O_4$很快被$SiO_2$和FeS所分解：

$$3Fe_3O_4 + FeS + 5SiO_2 = 5(2FeO \cdot SiO_2) + SO_2 - 381.4\ \text{kJ}$$

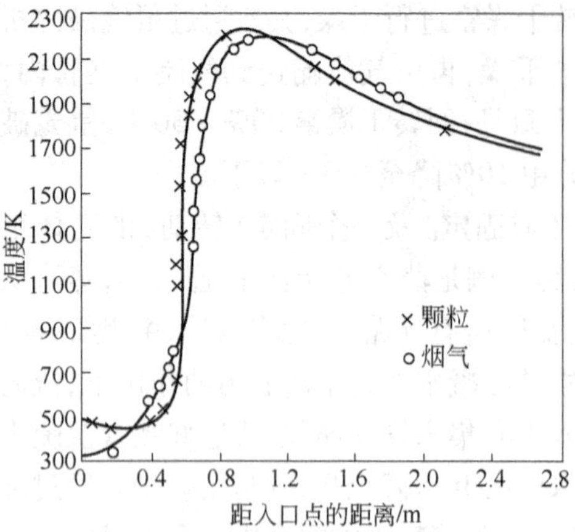


图 1-3-4　颗粒和气相的温度沿反应塔高度的变化

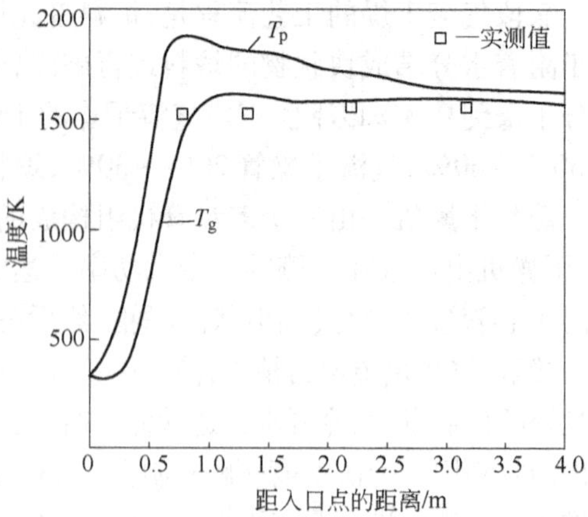


图 1-3-5　反应塔中心线气相和颗粒温度的分布

在反应塔内由于氧化反应剧烈，炉料在炉内停留的时间很短，各组分之间的接触不良，$Fe_3O_4$不能完全被还原，而溶解于炉渣和铜锍中，一同进入沉淀池。

少量的硫化亚铜依下列反应氧化：

$$2Cu_2S + 3O_2 = 2Cu_2O + 2SO_2$$

当有足量的 FeS 存在时，$Cu_2O$ 会与 FeS 反应生成 $Cu_2S$ 进入铜锍。

由上述反应可看出，炉料中 FeS 的存在能阻止铜进入炉渣。但正如同前述的 $Fe_3O_4$ 一样，由于反应塔内氧化反应剧烈，因此，仍有少量的 $Cu_2O$ 熔于炉渣。由反应塔降落到沉淀池表面的产物是铜锍与炉渣的混合物，在沉淀池内进行澄清和分离，在分离过程中铜锍中的硫化物与炉渣中的金属氧化物还进行如下反应，从而完成造铜锍和造渣过程。

$$Cu_2O + FeS = Cu_2S + FeO$$

$$2FeO + SiO_2 = 2FeO \cdot SiO_2$$

$$3Fe_3O_4 + FeS + 5SiO_2 = 5(2FeO \cdot SiO_2) + SO_2$$

闪速炉炉渣中含铜高的原因是由于：

(1) 反应塔内氧势较高，熔炼脱硫率高，产出的铜锍品位高，铜锍品位愈高，渣含铜量也愈高。

(2) 闪速熔炼，原料多为高硫高铁精矿，而配加的石英熔剂少，渣中铁硅比高，这种炉渣密度较大且对硫化物有较大的溶解能力。

(3) 闪速炉烟尘率高，熔池表面难免有烟尘夹带，这无疑也会增加渣中含铜量。

## 3.3　奥托昆普闪速炉的炉体结构和精矿喷嘴类型

奥托昆普闪速炉由反应塔、沉淀池和上升烟道三部分组成，内衬耐火材料。最初的闪速炉耐火材料因没有冷却装置，其寿命仅 8 周左右。随着水冷的应用，闪速炉炉期已达 10 年左右。

贵溪冶炼厂奥托昆普闪速炉的外形结构及尺寸如图 1-3-6 所示。

贵冶闪速炉的主要结构特点是：反应塔顶为平斜结合拱顶，沉淀池为吊挂拱顶，上升烟道为吊挂顶，由平顶和斜顶组成；反应塔壁立体冷却，反应塔与沉淀池的连接部为直筒形。

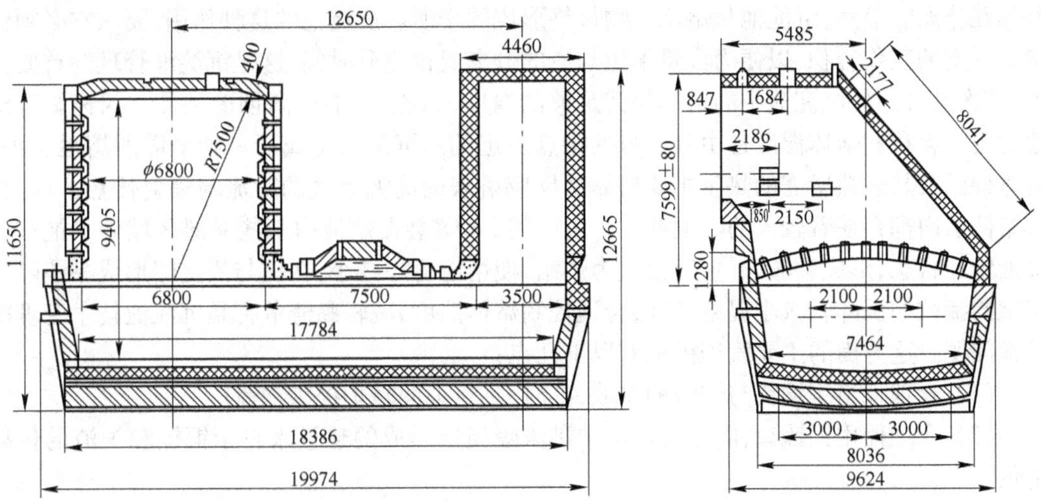


图 1-3-6 贵溪冶炼厂闪速炉的结构及主要尺寸

## 3.4 闪速熔炼作业的技术管理

闪速熔炼生产的正常运行和良好指标的取得依赖于设备完好状态和各种条件的精确控制,而生产技术管理则是这两个关键的保障基础。与传统工艺相比,闪速熔炼要复杂和严格得多。

### 3.4.1 闪速炉熔炼过程的管理

#### 3.4.1.1 精矿喷嘴的管理

精矿喷嘴是闪速炉的核心设备。生产实践表明,如果喷嘴的参数控制不当,如氧料比($O_2$/料)变化,会产生一系列问题,表现为反应不充分,生料堆积在沉淀池,喷嘴下部结瘤,熔体温度、铜锍品位、渣型和烟尘率等出现异常,反应塔异常高温,塔顶耐火材料损耗严重,甚至外部钢支架也产生变形。这些情况严重困扰着生产。针对这种状况,多数厂家都在摸索符合本厂情况的精矿喷嘴的管理经验。涉及的因素有工艺风速、分布风流量与中央氧枪氧气流量。

工艺风速是使物料在塔内轴向上尽量分布均匀的动力。它受投矿量的制约。投矿量大时,风速应大些,反之可小些。对于一个给定的喷嘴,也可以把分布风流量看作为分布风速的等效参数。它是使物料在塔内呈径向分布的主要动力。该参数的选定要考虑投矿量与工艺风速的变化。分布风流量主要影响着反应时间和反应的完全性。参数值若过大,则使反应高温区过度上移,对塔顶的热辐射较严重。但若过小,则会产生反应不充分而造成下生料。

中间氧枪的氧是工业氧(95%左右)。其主要作用是防止塔体中心轴区域由于过密的物料而得不到充足的反应氧。中间氧枪的氧量主要受投矿量的制约,应保持一定氧料比。

#### 3.4.1.2 沉淀池的管理

反应塔连续产出的大量熔体落入沉淀池内,在继续进行反应的同时,渣与锍借助于密度差相互分离。显然,沉淀池是熔炼产物最终形成的场所。沉淀池的这种作用,要求它必须保持有一定的工作容积,以便为大量铜锍与渣的分离提供充分时间,这是沉淀池管理的首要任务;其次是必须使沉淀池中的熔体保持足够的温度,为渣、锍的分离创造条件。闪速炉沉淀池的工作容积和熔体温度是由其自身的特点决定的。沉淀池是属于一种平静的熔池类型。熔体保温及其过热所需的热量主要依靠从反应塔来的高温烟气的对流与辐射传热。因此,在熔体层内都存在着较大的温度梯度。渣中的 $Fe_3O_4$ 会在熔池内某些局部区域处于饱和或接近饱和状态,形成黏渣,严重时会成为炉结,使熔池容积减小;在锍与渣之间形成黏渣隔膜层阻碍锍粒的沉降。减小温度梯度,合理控制熔体温度,减轻黏渣危害是沉淀池技术管理的关键问题。这方面的主要管理措施有以下几点:

(1) 合理地组织铜锍与炉渣的排放,准时、足量地向转炉提供铜锍。

(2) 合理使用铜锍口,防止沉淀池中黏渣隔膜层形成的热量来自于铜锍和炉渣的传导传热。

(3) 当熔体从反应塔带来的热量不够时,向沉淀池烧油补充热量,这就要求闪速炉采用薄渣层操作,以使燃烧火焰的辐射热尽量多地传给熔体。再者,薄渣层有利于隔膜层减薄或消失。

(4) 正确的渣口操作。

(5) 在沉淀池燃烧重油为熔体保温时,重油喷嘴的工作配置,即某个位置的喷嘴在何时烧是十分重要的。

#### 3.4.1.3　重油的管理

一般闪速炉都要燃烧一定量的重油以补充不足的热量,重油的品质对炉况的控制有重要意义。

首先是重油脱水问题是生产运行的必要前提。

其次是重油雾化不良影响燃烧效果,一般要求雾化风压高于油压 0.05MPa,雾化风温度控制在 180~220℃。

#### 3.4.1.4　冷却水管理

冷却水为闪速炉的长寿命提供了可靠保证。冷却水给水温度最好控制在 25℃以上,生产中给水温度定在 30~40℃。工厂将排水温度控制在 60℃以下,给水、排水温度差依炉内挂渣状况而波动,一般温度差控制在 3~8℃。

#### 3.4.1.5　炉内压管理

闪速炉的炉内压是靠排烟机的转速和沉降室前的压力调节阀开启度来控制的。正常生产时,是将风机转速调节到使调节阀开启度为 70%左右的情况下运行。

炉内压的设定是在不使烟气外逸的前提下,尽量减少环境空气的吸入。

#### 3.4.1.6　闪速炉的保温

闪速炉保温期前,即闪速炉停料之前一周,其控制参数应做以下的变化:降低铜锍品位最低达 45%左右;提高铜锍温度到 1215~1220℃;提高渣中 $m(Fe)/m(SiO_2)$ 比例至 1.25~

1.30。改变参数的目的是使炉壁挂渣变薄,不至于在降温时由于较厚的挂渣脱落而带下来耐火材料。此期间沉淀池内需加入生铁,让炉底沉积物尽量溶解,以便在最末一次排铜锍时,尽可能多地排出炉内残余物,保持熔池有效容积。

保温期间的重点是防止炉温较大的波动,保护好耐火材料,不致由于剧烈热胀冷缩造成炉体损伤。

### 3.4.2 贫化电炉的管理

贫化电炉的作用是降低渣中含铜量使之达到排放的要求;此外也可以处理一些生产中产生的固体物料,调节铜锍的排放。贫化电炉的技术管理任务有:

(1) 控制渣层厚度与锍层厚度;

(2) 分批加入冷料;

(3) 调节电炉功率。

## 3.5 闪速熔炼的主要技术经济指标

### 3.5.1 干矿水分

一般来说,炉料从精矿喷嘴加入到落入沉淀池,在反应塔内的停留时间大约为2s左右,如果炉料含水分高,炉料中的水分从物料颗粒内部运行到颗粒表面,进而从表面蒸发出去,此时,炉料尚未及时与空气或富氧空气反应就已经落入沉淀池内,造成生料堆积。所以,在生产中常把干矿的水分控制在0.3%以下。但是,干矿水分太低时(低于0.1%),精矿中的硫会在干燥过程中与氧反应造成燃烧着火。

### 3.5.2 铜锍品位

一般冶炼厂闪速炉铜锍品位控制在50%~65%之间。某一特定熔炼作业条件下的铜锍品位,可根据以下要求来确定:

(1) 最大限度地利用 Fe 和 S 在闪速炉内氧化所放出的热量。

(2) 冶炼厂要最大限度地回收 $SO_2$。

(3) 下道工序转炉作业要求铜锍保留足够的“燃料”——Fe 和 S。

(4) 避免生成过多的 $Cu_2O$ 和高熔点 $Fe_3O_4$ 炉渣。

S 和 Fe 在闪速炉大量氧化有利于满足(1)、(2)两项要求(稳定的闪速炉烟气流与间断的转炉烟气流相比,$SO_2$的回收率要高些)。

在闪速炉铜锍中保留适量的 FeS,有利于满足(3)、(4)两项要求。铜锍中的 FeS 既是转炉吹炼的“燃料”,也能抑制 $Cu_2O$ 的生成。

### 3.5.3 炉渣含铜

闪速炉炉渣是金属氧化物和硅酸盐的熔体,含有少部分硫化物、硫酸盐。主要成分有 Fe 和 $SiO_2$,$m(Fe)/m(SiO_2)$一般为1.15~1.25,渣中含 Cu 0.8%~1.5%,须经贫化处理后方可废弃。

## 3.6　铜闪速熔炼的配料计算

闪速炉的稳定作业，是建立在物料和热量的基本平衡方程基础上的，即：

（1）在稳定状态下，各种元素的装入量和产出量平衡；

（2）炉子在稳定状态下总的热量平衡。

闪速熔炼最重要的物料是精矿、熔剂、鼓风和矿物燃料（可选择）。精矿、熔剂的化学成分、矿物组成是已知的，闪速炉鼓风是空气和工业氧气组成的 $N_2$ 和 $O_2$ 的混合气体，鼓风的成分和温度是闪速熔炼的重要作用参数和控制参数。

闪速熔炼的主要产物是铜锍、炉渣和烟气。

烟气是由 $N_2$，$SO_2$，$CO_2$ 和 $H_2O$ 按任意比例混合的混合气体，闪速炉烟气中的 CO，$H_2$，NO，$O_2$，$SO_3$ 都可忽略不计。

入炉物料温度既可以测得，也可以按照计算要求规定。另一方面，各种产物的温度取决于入炉物料及其装入量以及炉子的炉体几何尺寸和隔热性能。工业闪速炉的正常操作温度一般为(1500 ± 50) K。

对铜精矿的闪速熔炼而言，元素 i 的装入量 = 元素 i 的产出量，其主要元素的物料平衡方程为：

装入 Cu 量 = 产出 Cu 量

装入 Fe 量 = 产出 Fe 量

装入 S 量 = 产出 S 量

装入 O 量 = 产出 O 量

装入 $SiO_2$ 量 = 产出 $SiO_2$ 量

其他元素的物料平衡方程可根据需要列出。在物料平衡的基础上方能计算出相关的热量平衡结果。

要使炉子稳定地运行，必须保持相应的热量平衡，即：

炉子的热收入 = 炉子的热支出 + 炉子的热损失

热量平衡方程可表示为：

$$\Sigma H_{反应物} = \Sigma H_{产物} + 炉子的传导、对流和辐射热损失$$

式中　$\Sigma H_{反应物}$——各种入炉物料热焓的总和；

$\Sigma H_{产物}$——各种产物热焓的总和。

热损失包括各种途径损失的热量，如热量通过炉壁向炉子周围的散热，热量通过炉壁和炉顶的一些开口处直接向外辐射散热。此项数值大小，与炉子的尺寸、形状以及炉子的传热特性（包括水冷构件和炉内温度）有关。对于某一特定的闪速炉来说，其热损失往往是已知的并可由热量平衡方程求得。

求解物料平衡和热量平衡方程有多种方法，诸如本书介绍的计算机法是从日本引进的软件包，基于矩阵计算方法的软件包有的是美国开发的。此外，还有列线图法、手算法等。其中手算法通俗易懂，但较为繁琐，是各种方法的基础，是初学者的入门训练。本节将重点介绍物料平衡计算的基础——配料计算。

**[实例]**　铜精矿成分：Cu 28%，Fe 27%，S 30%，$SiO_2$ 7%。石英熔剂含 $SiO_2$ 95%。熔炼 1000 kg 铜精矿，产出品位 60% 的铜锍（含 Fe 15.5%，S 22.7%）和含 $SiO_2$ 33% 的炉渣。假定

铜锍、炉渣和烟气在1573K离炉，求其热平衡。

**解**：以表格形式（表1-3-1）表示1000 kg铜精矿闪速熔炼时的主要物质的收支平衡。

**表1-3-1 1000 kg铜精矿闪速熔炼时的物料平衡**

| 物料及配比 | | | Cu | Fe | S | $SiO_2$ |
|---|---|---|---|---|---|---|
| 装入 | 铜精矿 | 含量/% | 28.0 | 27.0 | 30.0 | 7.0 |
| | | 装入1000 kg时的质量/kg | 280 | 270 | 300 | 70 |
| | 熔剂 | 含量/% | — | — | — | 95.0 |
| | | 装入100 kg时的质量/kg | — | — | — | 95.0 |
| 产出 | 铜锍 | 含量/% | 60.0 | 15.5 | 22.7 | — |
| | | 装入462 kg时的质量/kg | 约277 | 约72 | 约105 | — |
| | 炉渣 | 含量/% | 0.58 | 40.0 | — | 33.0 |
| | | 装入500 kg时的质量/kg | 3 | 198 | | 165 |
| | 烟气 | kg | | | 195 | |

在铜精矿中Fe的含量为27%（270 kg），其中未被氧化进入铜锍中的Fe（占锍的15.5%）约为72 kg。当熔剂和炉渣中的Fe以FeO形态存在，则熔炼时被氧化的铁约为：270 − 72 = 198 kg。

在铜精矿中S含量为30%（300 kg），未氧化进入铜锍中的硫占锍的22.7%，约为105 kg，其余的硫约为300 − 105 = 195 kg全被氧化。

当铁氧化成FeO，硫氧化成$SO_2$时，需理论氧量为：

对198 kgFe为：$198 \times 22.4/(56 \times 2) = 40\ m^3$

对198 kgS为：$198 \times 22.4/32 = 137\ m^3$

合计：$177\ m^3$

反应需空气量为：$177 \times 100/20.9 = 847\ m^3$

所得烟气量为：$SO_2$ $137\ m^3$（占17%）

$N_2$ $670\ m^3$（占83%）

合计：$807\ m^3$

假定精矿中的Cu，Fe，S全部以$CuFeS_2$形态存在，受热离解析出1/4的S。由反应

$$CuFeS_2 = \frac{1}{2}Cu_2S + FeS + \frac{1}{2}S$$

$$\Delta H = 38.98\ MJ/kmol$$

此时850 kg$CuFeS_2$需吸热为：

$$850 \times 39.89/183 = 181\ MJ$$

S/4游离出来，并氧化成$SO_2$，每公斤S氧化成$SO_2$放热为9.25 MJ，则有

$$1/4 \times 300 \times 9.25 = -694\ MJ$$

故净放热为：

$$-694 + 181 = -513\ MJ$$

FeS氧化放热：

$$FeS + \frac{3}{2}O_2 = FeO + SO_2$$

$$\Delta H = -470.49\ \text{MJ/kmol}$$

现有 198 kgFe(即 311 kgFeS)氧化,因而有:

$$311 \times (-470.49/88) = -1663\ \text{MJ}$$

而且 198 kgFe(氧化成 254 kgFeO)与 $SiO_2$进行造渣反应时,对 1 kgFe 的放热量为 0.418 MJ,则有

$$198 \times (-0.418) = -83\ \text{MJ}$$

因而热收入有:

硫的氧化　513 MJ
FeS 的氧化　1663 MJ
造渣反应　83 MJ
共计 2259 MJ

考虑热支出时,在 1573K 下铜锍、炉渣、$SO_2$和 $N_2$的热含量分别为 0.93 MJ/kg、1.42 MJ/kg、2.99 MJ/$m^3$及 1.86 MJ/$m^3$,各自显热为:

铜锍显热　$0.93 \times 462 = 430$ MJ

炉渣显热　$1.42 \times 500 = 710$ MJ

$SO_2$显热　$2.99 \times 137 = 410$ MJ

$N_2$显热　$1.86 \times 670 = 1246$ MJ

1000 kg 精矿由于辐射对流及其他热损失共 418 MJ,故总热支出为:

$$430 + 710 + 410 + 1246 + 418 = 3214\ \text{MJ}$$

由此可知,热收入不足热支出的热量,相差量为 $3214 - 2259 = 955$ MJ。

由于烟气带走显热大,故可考虑在炉外预热 847 $m^3$空气以补偿不足热量,995 MJ ÷ 847 $m^3$ = 1.13 MJ/$m^3$,这不足热量相当于预热到大约 1098K 的空气。若用 55% $O_2$富氧气空气代替热风则可减少大量 $N_2$带走的显热,烟气量大为减少。

理论上需 $O_2$为 177 $m^3$ = (55% $V_{air}$),故

$$V_{air} = 177/0.55 = 322\ m^3 \text{富氧空气}$$

322 $m^3$空气中有工业氧气(95% $O_2$)也有空气中的 20.9% $O_2$。

$$322 \times 55\% = V_{O_2} \times 95\% + (322 - V_{O_2}) \times 20.9\%$$

工业氧气　$V_{O_2} = 1/0.95 \times (177 - 67.3) = 115.5\ m^3$

322 $m^3$空气中带有 $N_2$为 $322 \times 79.1\% = 255\ m^3$,故 $N_2$显热由原来的 1245 MJ 减少到 474 MJ,不足热量由原来的 995 MJ 减少到 183 MJ(减少到原来的 20%)。

## 3.7　闪速熔炼的计算机控制

闪速熔炼是连续化生产过程,而且闪速炉内的冶金化学反应迅速、激烈,影响其产出物性能的因素很多,这些因素之间又互相影响,变化频繁。在常规手动操作条件下,要考虑若干因素之间的相互关联,并迅速作出响应,力求生产控制参数稳定、准确是相当困难的。使用计算机对闪速炉炼铜生产过程进行在线控制,能够快速、准确和适时地检测生产过程的工艺参数,并利用所收集的工艺参数作为输入条件,按照先引入的数学模型自动地进行精确的计算,迅速而准确地改变控制变量。这样就可以减少人的影响因素,使被控变量波动减少,闪速炉作业状况稳定,同时也为后续工序创造了良好的作业条件。

控制用计算机除具有自动处理复杂问题的能力和极快的响应速度外,还具有很强的数据贮存和逻辑判断能力。利用它收集的原始数据,可以帮助工艺人员查寻和判断引起设备故障的因素,并且为优化工艺过程创造良好的条件。

生产实践表明,当闪速炉处理料量不变时,闪速炉产出的铜锍品位、铜锍温度、渣中铁硅比这三大参数是闪速炉熔炼过程的综合判断指标,只要稳定这三大参数就可以基本上实现熔炼、吹炼以至硫酸生产的稳定。因此,计算机对闪速炉熔炼过程进行控制的关键就在于对这三大参数(铜锍品位、铜锍温度、渣中铁硅比)进行在线控制,其控制模型是基于金属平衡和热平衡方程而建立的静态数学模型。所谓金属平衡是指投入闪速炉中的物料量、物料中的成分量与闪速炉产出物的量及产出物的成分量是平衡的;热平衡是指构成闪速炉的各个部分(反应塔、沉淀池和上升烟道)的热量收支平衡。

计算机在线控制采用前馈-反馈的控制方式:以静态前馈控制为主,通过静态数学模型预求出使控制变量稳定在目标值上的操作变量的基本值,进而再根据控制变量的实测值和目标值的偏差,通过反馈数学模型求出操作变量的修正值,将操作变量的基本值和修正值综合输出,以 SCC(设定控制)方式作用于仪表控制系统,自动调节操作变量,达到稳定控制变量的目的。即通过前馈与反馈控制回路使操作变量产生变化,最终使控制变量稳定在目标值。计算机在线控制的具体过程由用户软件控制系统实现,它共有 3 个控制变量和 3 个操作变量,其对应关系如表 1-3-2。

**表 1-3-2 在线控制变量的对应关系**

| 工 序 | 控 制 变 量 | 操 作 变 量 |
|---|---|---|
| 配 料 | 渣中 $m(Fe)/m(SiO_2)$ | 石英熔剂比率 $R_i$ |
| 熔 炼 | 铜锍温度 $t_m$ | 反应塔重油量 $F_{oil}$ |
| | 铜锍品位(Cu/%) | 反应塔工艺氧量 $O_{PT}$<br>反应塔工艺风量 $V_S$ |

每个控制变量的控制均由前馈和反馈两个控制环节实现,因此系统中共有 6 个控制回路,即熔炼渣中铁硅比前馈与反馈控制回路、铜锍温度前馈与反馈控制回路、铜锍品位前馈与反馈控制回路。

## 3.8 闪速熔炼发展的成就

### 3.8.1 闪速熔炼的“四高”发展趋势

20 世纪 80 年代以后新建的闪速炉及旧闪速炉的改造,基本上走着一条共同的道路,即高生产能力、高铜锍品位、高富氧浓度及高热强度。

高生产能力并不意味着炉体尺寸的扩大,而基本上是取决于精矿喷嘴的优化,使入炉精矿燃烧更加有效化。许多国家从闪速炉开始生产以来,一直致力于更有效的精矿喷嘴的研制和使用。芬兰和日本的厂家都从一台炉四个文丘里型喷嘴演变为单一的中央喷嘴,从内外腔调节气流速度变为可升降风锥调节气流速度。目前,芬兰的闪速炉学者和专家们侧重于在使炉料和气流均匀混合方面充分利用反应塔的整个空间,而日本则在使气流和物料均匀混合的同时,尽量增加粒子间的相互碰撞(依据双粒子模型理论),且在中央设置了一根输送过量氧的氧油烧嘴。芬兰和日本在提高生产能力上都达到了预期的目标,但日本人强调,日本的喷嘴还可有效降低耐火砖的消耗,降低烟尘发生率,减少闪速炉后面余热锅炉的烟尘黏结。

关于铜锍品位,理论上讲,闪速炉可生产任意品位的铜锍、白铜锍,直至粗铜。但在实际中,由于原始设计上所决定的设备能力、实际生产中使用精矿成分等因素的制约,为使生产达到平衡,铜锍又不能大幅度变更。但是,当新设计或改造一套新生产系统时,就要充分考虑闪速熔炼炉和吹炼炉各应脱多少硫较合适,即闪速炉的目标铜锍品位定为多少适当。理论研究和实践都证明:对于精矿中硫的脱除、精矿中化学能的释放以及设备投资和成本,闪速炉比吹炼炉更合适。因此,当今的大型闪速炉的铜锍品位,已不是 20 年前的 45% ~ 55%,而达到了 65% ~68%,甚至更高或接近白铜锍的品位 78%。

从技术和操作的观点来看,富氧技术是闪速炉冶炼中最重要的特点。几乎所有的闪速炉都使用富氧,富氧的浓度无一例外地逐年上升。以贵冶为例,富氧浓度已从最初的 30%多提高到如今的 55% ~60%。富氧技术的使用,减少了入炉的无用氮量,排烟量也大为减少,节能效果是毋庸置疑的。排烟系统的规模也可大幅度缩小。这无疑为在同样规模设备前提下大幅度提高生产能力创造了更大的空间。当然,富氧技术要增加制氧设备的投资和电能消耗,但节省了昂贵的重油燃料,同时,被缩小规模的设备(如余热锅炉、电收尘和湿法烟气处理系统)的运转费用也将减少。最重要的收益仍是提高了生产能力,因而生产成本也相应较多地下降。

尽管使用了富氧,但高投料量和高铜锍品位会导致炉体,特别是反应塔的高热负荷。这在客观上对提高炉子寿命不利。解决这一问题的应对措施为:改善精矿喷嘴性能,尽量减小对炉壁的热侵蚀和粒子及气流对砖体的冲刷,如前述日本东予厂精矿喷嘴的研制就注意到了这一因素,因而该厂的闪速炉寿命比使用芬兰奥托昆普型喷嘴的闪速炉寿命要长。提高了操作技术水平,减少了剧冷剧热造成的挂渣脱落的砖体损失。提高了炉体冷却元件的功能,包括冷却元件的配置、数量、形状、更换方便性等。贵冶闪速炉反应塔的铜板水套已在原有的每两层之间增加了一层;塔与池的连接部,已由原来的翅片铜管浇注不定形耐火材料改为倒 F 形水套,既改善了冷却效果,也方便更换;反应塔下区域的沉淀池壁(烟气层)增设了水平铜板水套;上升烟道烟气折流冲刷区,增设了水套。各种耐火材料的配置要根据不同区域受热强度、熔体性质、气流冲刷程度等因素合理安排。

闪速炉熔炼的“四高”发展还会给生产技术管理上带来新的研究课题,例如高的投料能力和高的铜锍品位必将增加弃渣中的含铜量,增加铜资源的损失;投料能力的大幅度增加,虽然相对于干矿量的烟尘发生率会降低,但产生的总烟尘量仍要增加很多,给余热锅炉的除尘操作带来了许多麻烦。高的铜锍品位带来闪速炉沉淀池底 $Fe_3O_4$ 炉结上升,熔池有效容积减小。

### 3.8.2　闪速炉熔炼发展的新技术新设备

(1) 精矿蒸汽干燥。传统闪速炉是采用回转窑、鼠笼和气流干燥管来完成精矿的干燥,并将尾气经过排烟道、排烟风机和电收尘送入大烟囱排空的。近年来,芬兰的奥托昆普公司将挪威食品公司的蒸汽干燥设备移植到铜精矿的干燥。经过改进,实现了圆筒外壳与蒸汽盘管的同步旋转,减少了盘管的磨损。用低压蒸汽法 $(7 \sim 10) \times 10^5$ Pa(由冶炼余热锅炉产生)取代了传统的三段干燥法,使干燥设备规模大为缩减,不需要电收尘和大烟囱,精矿输送高度大幅减小，对环境影响也小，占地面积和空间减少，干燥效率提高，初期投资和运转及维护费用大幅减少，干燥能源取消了重油和煤，仅使用低品位级的冶炼余热。因此，该设备堪称为环保节能的绿色干燥设备。

（2）干矿的密相气流输送。含石英熔剂的干铜精矿是一种高磨损性物料。原来的稀相流态化输送气固比100:1管道内的气流速度约为20 m/s左右，对管道的磨损很大。现在采用密相输送，气固比为10:1，管内气流速度仅为2~3 m/s，管道的磨损速率大为减小。

（3）闪速炉给料计量装置。闪速炉的给料速率是稳定闪速炉生产的重要参数。过去曾采用控制下料刮板机或下料螺旋机转速的手段来控制闪速炉的给料速率。近年来，芬兰奥托昆普公司将食品工业的失重计量装置移植到闪速炉给料速率计量上。

（4）密集型干矿仓和Stamet给料器。传统闪速炉的干矿仓和刮板给料机给闪速炉送料时，料仓内形成一漏斗形式，而干矿的含水率为0.3%，很容易造成流态化冲泻给料，使给料严重失控，难以控制炉况。美国的圣·玛纽尔冶炼厂于1999年采用了一种称为Stamet的多盘给料器，并配以密集型料仓，克服了上述的给料流态化现象，保证了闪速炉的高效稳定运行。

（5）新型精矿喷嘴。闪速炉精矿喷嘴的性能直接左右着闪速熔炼的发展和进程。奥托昆普公司研制的中央喷射式精矿喷嘴已被广泛采用，这种喷嘴的工艺风喷出速度是由内外套环调节的，内环用于小风量，外环用于中风量，大风量时内外环同时通风。

（6）闪速炉炉体。早期设计的闪速炉炉体大小，特别是反应塔的直径和高度，是随设计的精矿投入量来决定的。精矿投入量大的炉子，其各部尺寸也大一些。但是，由于精矿喷嘴的不断优化，相同的投料量，已不需要那么大的尺寸了。即在相同炉体尺寸的前提下，对于新精矿喷嘴，可允许更大的投矿量。

由于热强度的增加，炉体的冷却系统也必然相应强化，这反映在炉体冷却方式（如原来的喷淋式冷却已变为水套式立体冷却）、水套的数量（如贵冶闪速炉反应塔，原两层水套间增加一层水套，沉淀池烟气层新增水平水套）、冷却元件的形式（原来的预埋铜管的捣打料方式变为倒F形水套）以及只需停料而不需将炉子冷下来就可以更换水冷元件等方面。

在炉体造型上，即在典型的闪速炉外增加独立贫化电炉的格式，也有废除贫化电炉，而直接在沉淀池插电极的方式。为了减少上升烟道黏结造成的故障，也有将闪速炉的上升烟道设计为锅炉式的结构，依靠振打除去黏结物。

（7）上升烟道的管理。上升烟道是容易被熔融或半熔融的矿尘颗粒黏附的，其后果是上升烟道逐渐变狭窄，甚至堵死出口部而停炉。传统办法是在上升烟道加燃烧重油烧嘴，将黏结物烧化流入沉淀池。这种办法容易造成渣口被堵塞以及余热锅炉壁上大块坚硬物的生成。为了解决这个问题，日本佐贺关公司设计了一种新装置，从上升烟道顶孔插入一可旋转升降的、可调节焦粉量的氮气喷枪，将焦粉喷洒在结瘤上使其还原熔化。为了不让焦粉喷入炉子出口部进入锅炉，喷枪被设计成只能在背离出口部的240°范围内旋转喷洒，而不将焦粉喷入余热锅炉。通过控制焦粉用量和喷枪的使用频率，可使上升烟道的结瘤控制在一定厚度，既不给排烟带来较大的阻力，也不使结瘤太薄而损伤耐火材料。这种方法甚为有效且合理。

（8）余热锅炉防黏结技术。所谓硫酸盐化技术，就是将余热锅炉出口的烟气抽出一部分再返回余热锅炉入口，或干脆把冷风送入锅炉入口，降低烟温，使氧化性烟尘生成松脆的硫酸盐尘,以便于清除。

弹簧锤的采用,由于能有效地控制对设备起破坏作用的低频振动和衰减快的高频振动,因此可以提高每一锤的振动力度,提高除尘效果。

(9) 烟气制酸和 $SO_2$ 排放。闪速炉和转炉混合烟气的制酸工艺和设备也有重大的改进。美国孟山都环境化学公司的动力波烟气净化技术、高 $SO_2$ 浓度的转化技术、硫酸吸收工序回收蒸汽技术已被许多厂家采用。AP(阳极保护)冷却器、板式换热器和铯触媒的使用,也都促进了制酸技术的发展,有效地保护了生态环境。

# 4 诺兰达熔池熔炼

## 4.1 诺兰达熔炼生产工艺流程简述

诺兰达熔炼工艺流程如图1-4-1所示。现以大冶诺兰达系统为例,简要说明反应炉内的熔炼过程。

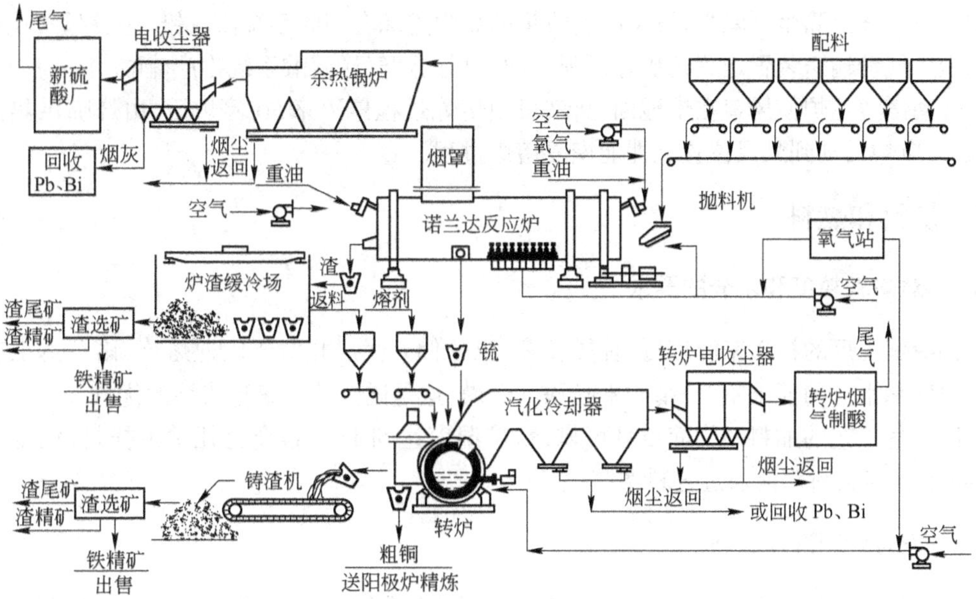


图1-4-1 大冶冶炼厂诺兰达熔炼工艺流程

诺兰达反应炉类似于铜锍吹炼的转炉,沿长度方向将炉内空间分为吹炼区(又称反应区)和沉淀区,整个生产过程见图1-4-2。由各配料仓的电子配料秤按需求控制下来的精矿、熔剂和少量固体燃料经带式输送机送往抛料机,由抛料机从炉头加料口抛往炉内熔池反应区。富氧空气由炉体一侧的风口鼓入反应区熔池,产生的冲击力以及气泡上升和膨胀给熔体带来很大的搅动能量,保证熔体与炉料迅速融合,造成良好的传热与传质条件,使氧化反应和造渣反应剧烈地进行,释放出来的大量热能使炉料受热熔化生成高品位的铜锍和炉渣。加料端烧嘴使用重油或柴油为反应补充一定的热量。加料口气帘输入部分空气可适当增加熔体上方烟气中氧量,一方面和飞溅到熔池面上的熔体、炉料反应,另一方面使炉料中的炭质燃料及未完全燃烧的一氧化碳能充分燃烧。65%~73%或更高品位的铜锍从铜锍放出口放入铜锍包中,再送往转炉吹炼。熔炼炉渣(含Cu5%左右)在炉内沉淀区初步沉淀后从炉尾端排入渣包,然后送往渣缓冷场冷却、破碎,再运往选厂选出铜精矿(即渣精矿)和铁精矿,缓冷渣包底部铜锍及渣精矿返回熔炼系统。

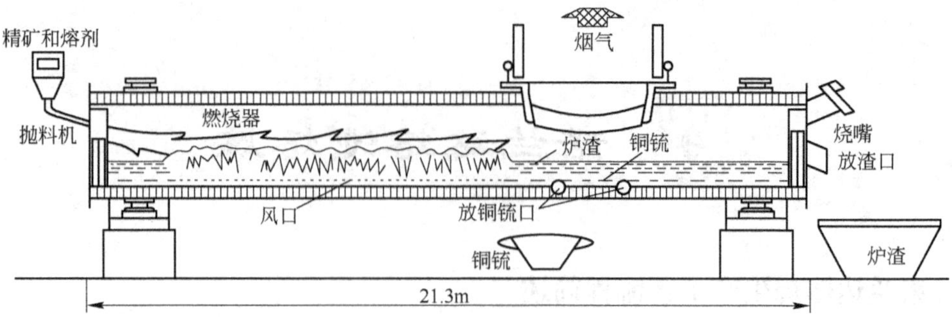


图 1-4-2 诺兰达生产过程示意图

从反应炉的尾部炉口排出的烟气，经上升烟罩进入锅炉冷却，回收其中的余热。降温后的烟气进入静电除尘器除尘，第 4 电场收集的烟尘送综合回收系统回收铅、铋、锌等，其余电场烟尘用气动输送装置送到精矿仓配料。净化后的烟气送硫酸系统生产硫酸。

转动诺兰达炉使风口在熔池面上，就可使熔炼过程停下来，在停炉后，由烧嘴供热保持炉温，反应炉转动到鼓风位置立即能恢复熔炼过程。

## 4.2 炉料和燃料

### 4.2.1 对炉料粒度和水分的要求

铜冶炼工厂的精矿来源广泛，种类较多，成分偏差大。相对于闪速熔炼，诺兰达工艺对物料粒度和水分的要求不严，精矿不必深度干燥，这是诺兰达法熔池熔炼的优点。

诺兰达工艺的加料系统简单且可靠，精矿湿度达到 13% 料仓也几乎不挂料，粒度小于 50 mm 的任何物料都能通过进料系统。

### 4.2.2 混合炉料配料原则

诺兰达炉炉料除铜精矿外，还有渣精矿、废杂铜、含铜料、各种返回料、烟尘、熔剂及热用的固体燃料。入炉前需要对各种物料进行搭配。主要根据进厂精矿的种类、数量、成分、供应状况、矿仓占用情况、生产、供氧供风能力、炉况及后续工艺设备能力等统筹考虑。具体考虑的因素有：

（1）储料仓不足时，可把数量少的矿种先配入与之成分相近、量大的矿种中，再参加配料。

（2）一般 $m(S)/m(Cu)$ 比保持≥1，铁和硫总量应占精矿总量 50% 以上，以确保有足够的反应热产生。

（3）要根据杂质情况进行合理搭配，避免杂质特别是挥发性杂质对生产过程和产品质量产生较大影响。

（4）根据精矿的 $SiO_2$ 含量，炉料中 $m(Fe)/m(SiO_2)$ 比值应≥2.0。

### 4.2.3 熔剂

为了获得合理的渣型，熔炼时还应加入适量的熔剂，一般都是加石英石熔剂。

### 4.2.4　燃料

诺兰达炉生产工艺需要一定的燃料来补充热量，固体燃料可以是块状或粉状的烟煤、无烟煤、焦粉或石油焦炭，加到炉料中通过熔体燃烧，燃烧产品在接近熔体温度的情况下逸出，热交换率高；同时作为一种还原剂还原渣中的 $Fe_3O_4$。通过燃烧器还可使用气体或液态燃料，如天然气、柴油、重油。大冶燃烧器用的燃料主要是重油。

## 4.3　熔池中的物理化学变化

诺兰达熔炼是一种典型的富氧强化侧吹熔池熔炼。富氧空气由炉体一侧风口鼓入熔池，混合炉料从炉头端墙通过抛料机抛到熔池表面后，被强烈翻动的熔体迅速加热熔化并进行氧化和造渣，放出大量的热量，维持过程进行，最后形成的铜锍和炉渣在沉淀区进行澄清分离。在上述过程中，炉料的加热、熔化、氧化、造渣及铜锍的形成过程都与熔池内熔体的流动特性及传质传热情况有关。

如图 1-4-3 所示，气流从诺兰达炉子一侧风口鼓入熔池中时，受到熔体的阻碍被击散立即形成若干小流股和气泡，并夹带周围的熔体上浮，发生动量交换。由于喷口区的负压与其他区域的正压造成的压力差，使流体向与流股界面成垂直的方向流动。滞留气体在熔池面上形成的这种穹面的喷流或羽状卷流是熔池熔炼的基本条件，也可以说，熔池熔炼的主要问题就是羽状流的形成和控制的问题。

图 1-4-3　诺兰达熔炼炉内的流体运动示意图

与闪速熔炼过程类似，熔池熔炼也是一个悬浮颗粒与周围介质的热和质的传递过程。不同的是，在诺兰达熔池熔炼过程中，悬浮粒子是处在一种强烈搅动的液－气介质中，受液体流动、气体流动、两种流体间的作用以及动量交换等因素的影响，因而熔池熔炼的流体动力学比较复杂。目前研究报道的资料不多，下面仅从影响羽状卷流的基本因素如液－气界面积、搅动能以及固体颗粒与流体间的质量传递和热量传递等方面，简单分析熔池内液体与气体间的相互作用。

在诺兰达熔池熔炼过程中，滞留在熔体中的气体与熔体间的界面面积是影响传热和传质的主要参数，而决定气－液界面面积的因素有单位熔体鼓风量、气泡在熔体内停留的时间、气泡直径及熔体温度等，在内径为 $\phi 4.35\,m \times 20.58\,m$ 的诺兰达炉内，有关液－气界面面积计算结果见表 1-4-1。

**表 1-4-1　$\phi 4.35\,m \times 20.58\,m$ 的诺兰达炉内液－气界面面积**

| 项　目 | | 数　据 |
|---|---|---|
| 生产条件 | 总鼓风量(标态)/$m^3 \cdot h^{-1}$ | 76500 |
| | 单位熔体鼓风量(标态)/$m^3 \cdot h^{-1} \cdot t^{-1}$ | 193.2 |
| | 风口浸没深度/m | 1 |
| | 卷流速度/$m \cdot s^{-1}$ | 5.9 |
| | 气泡滞留时间/s | 0.17 |

续表 1-4-1

| 项目 | | 数据 | | |
|---|---|---|---|---|
| 计算结果 | 气泡直径/cm | 2.5 | 5 | 10 |
| | 气泡 - 熔体界面面积/$m^2$ | 3820 | 1910 | 955 |
| | 气体滞留体积/$m^3$ | | 15.9 | |
| | 滞留体积占熔池体积分数/% | | 19 | |

由表 1-4-1 可知，诺兰达反应炉内，气泡与熔体界面面积较大，因而炉料的熔化与气 - 液间化学反应具有良好的条件。由于气体鼓入的冲击及气泡上升的膨胀，给熔体带来很大的搅动能量（亦称混合能），此能量 $P_m$ 与喷入气体流量 $Q(m^3/s)$、熔体温度 $T(K)$、熔体密度 $\rho_m(g/cm^3)$、风口浸没深度 $Z(cm)$ 的关系式为：

$$P_m = 0.74QT\ln(1 + \rho_m Z/P_a)$$

式中 $P_a$——大气压（101.3 kPa）。

用高银精矿进行示踪实验研究诺兰达炉内的搅动状况，结果表明，整个炉内熔体呈三种流动状态，见表 1-4-2。

**表 1-4-2 诺兰达反应炉的流体流动状况**

| 区域 | 体积分数/% | | |
|---|---|---|---|
| | 活塞流区 | 全混流区 | “死区” |
| 铜锍示踪试验 | 1 | 45 | 54 |
| 炉渣示踪试验 | 21 | 53 | 26 |

表 1-4-2 说明：在沉淀区，有一半铜锍层和 1/4 的渣层，相对来说，处于不活动状态（即死区），另外一半铜锍层几乎处于良好的搅拌器中（全混流区），而渣有近 1/5 的部分处于活塞流区，诺兰达炉内流体的这种分布特点，满足了强化熔炼的需要。

熔池中鼓入空气带进了高混合能，造成气体 - 铜锍 - 炉渣液体间的巨大表面积，因而产生非常高的反应速率。

单就传热和传质而言，诺兰达单位容积处理量有很大潜力，但由于受熔炼烟气量、粉尘率、炉寿命等因素的影响，其处理量受到一定限制。

由于诺兰达熔池熔炼具有良好的动力学条件，因而化学反应速度很快。在熔池中发生的主要化学反应有高价化合物的分解，硫化物的氧化，MS 与 MO 之间的交互反应，$Fe_3O_4$ 的还原分解，MS 的造锍，MO 与脉石组分的造渣等，关于这些反应的分析可参阅造锍熔炼基本原理章节。

## 4.4 熔炼产物

### 4.4.1 铜锍

熔炼过程中，控制鼓入的风量或风料比，可以产出任意品位的铜锍直至粗铜。铜锍品位影响燃料消耗、熔炼与吹炼和精炼的工艺条件、经济指标及产物的产量、质量。选定铜锍品位应根据原料杂质成分以及对产品质量的要求，选出经济效益最佳的方案。一般控制铜锍品位在 65% ~73%。

提高铜锍品位可以提高反应炉的脱硫率，使炉料的化学反应热得到较充分的利用，降低反应炉的燃料消耗，在某些情况下，熔炼可以完全自热。提高铜锍品位，铜锍产量下降，转炉吹炼时间缩短，可以大大减轻吹炼工序的压力。同时，提高铜锍品位，烟气中二氧化硫浓度增加，对制酸也有利。

铜锍品位变化，铜锍产率、渣率和熔剂率相应变化，这是因为铜锍品位降低时，铁的氧化量减少，当加料量不变时，铜锍量增加，渣量和熔剂加入量减少，见图 1-4-4。不同铜锍品位时铜锍和渣的成分见表 1-4-3。

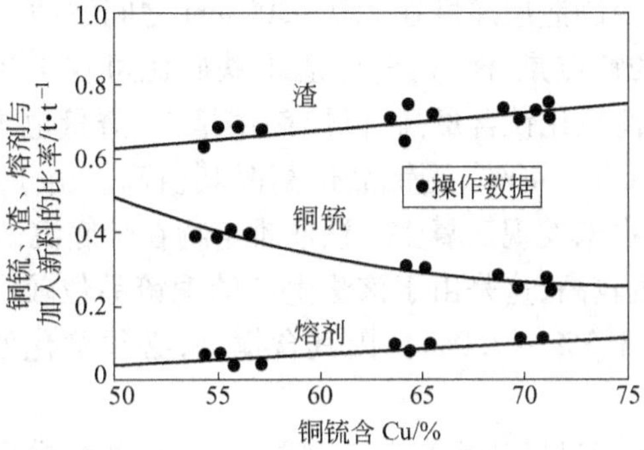


图 1-4-4　铜锍品位对铜锍产率、渣率和溶剂率的影响

**表 1-4-3　铜锍和炉渣成分**

| 公称铜锍品位/% | | Cu | Fe | S | $Fe_3O_4$ | $SiO_2$ | Pb | Zn | CaO | $Al_2O_3$ |
|---|---|---|---|---|---|---|---|---|---|---|
| 铜锍分析 | 70 | 71.4 | 3.5 | 21.5 | 1.3 | 0.2 | 2.5 | 0.7 | | |
| | 65 | 64.7 | 7.8 | 23 | 2.2 | 0.2 | 2.8 | 1.2 | | |
| | 55 | 55.6 | 13.7 | 23.2 | 4.1 | 0.3 | 4.1 | 2.6 | | |
| 渣分析 | 70 | 5.4 | 39 | 1.8 | 22.4 | 21.9 | 0.9 | 3.6 | 2.1 | 5 |
| | 65 | 5.2 | 39.8 | 1.6 | 20.4 | 23.3 | 0.9 | 4.1 | 1.6 | 5.1 |
| | 55 | 4.4 | 39.6 | 2.2 | 18.4 | 23 | 0.7 | 3.9 | 1.5 | 5.2 |

铜锍品位和风口鼓风氧浓度对燃料消耗的关系如图 1-4-5。结果表明，当铜锍品位从 70% 降到 55% 时，燃料消耗增加 20%。

通过计算还可以确定铜锍品位、用氧量和瞬时加料量的关系，见图 1-4-6。

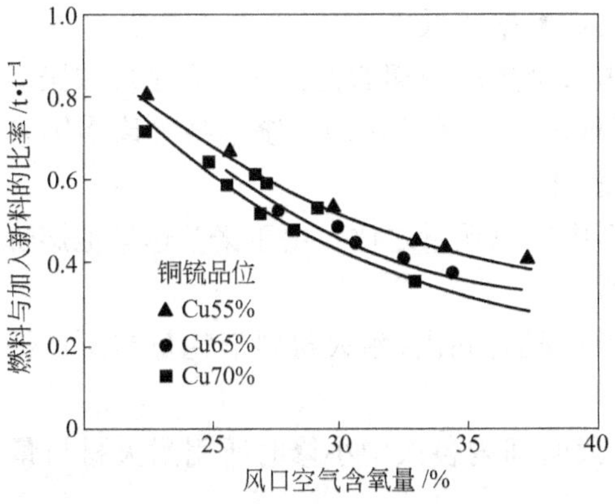


图 1-4-5　铜锍品位、富氧浓度和燃料消耗的关系

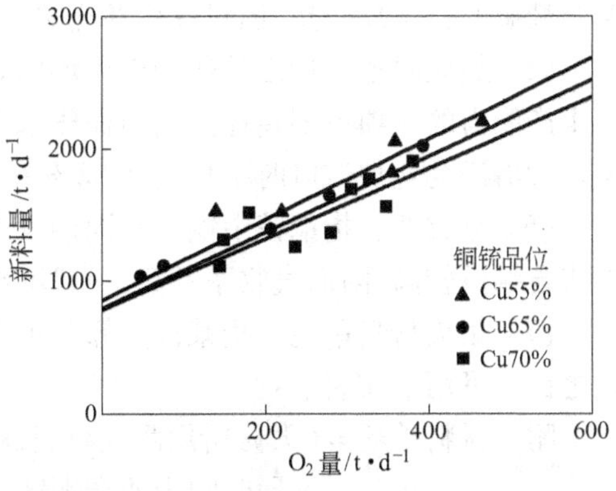


图 1-4-6　铜锍品位和送氧量、加料量的关系

生产低品位的铜锍，有利于除去铋、锑等杂质。随着铜锍品位上升，铜锍中砷、锑、铋的含量缓慢上升，当接近白铜锍时，三者在铜锍中的含量急剧上升，这也就是人们一般将铜锍品位控制在不高于73%的主要原因之一。

铜锍是周期地从炉内放出，周期的设定与炉子的尺寸、锍面与渣面允许波动范围、转炉的大小等因素有关。

### 4.4.2　炉渣

炉渣要定期排放，以控制渣层厚度在250～300 mm之间波动。

诺兰达反应炉炉渣的特点是：渣含铁高，渣中铁硅比可在1.0～2.0范围变化，一般为1.60～1.80。因此，其磁性氧化铁含量高，但熔剂用量少，渣量也不大。炉渣中四氧化三铁的铁量占渣中总铁量的30%～40%，铜锍品位高时其值高。由于反应炉熔池搅动剧烈，炉温较均匀，一般熔炼过程中未发现四氧化三铁或难熔物在炉底沉结或产生隔层现象。

诺兰达炉渣中含铜也较高，这是由于该法生产的铜锍品位较高，炉内熔体搅动剧烈，沉淀分离区域小，炉渣含铜3.5%～7.0%。因其含铜高，必须贫化处理。贫化方法一般选择缓冷－磨浮－选矿法。

铜锍品位下降，将引起渣量（渣率）减少，燃料率上升，相应数据如图1-4-4和图1-4-5所示。

## 4.5　诺兰达炉熔炼的生产数据与主要技术经济指标

主要技术经济指标分述如下：

（1）床能力。床能力指一昼夜内每平方米炉床面积上处理的精矿量。影响床能力的因素有混合精矿成分、性质，鼓风时率，风口氧气浓度，操作技能等。

（2）渣含铜。诺兰达熔池熔炼工艺渣含铜量较高，这与诺兰达炉的高锍品位、高铁渣型及反应炉结构等因素有关。

（3）铜锍品位。诺兰达炉产出的铜锍品位较高，一般控制在65%～73%。更高的铜锍品位，必然会导致渣含铜显著提高与耐火材料消耗增加。铜锍品位降低到55%，虽然能顺利生产，但燃料消耗增多，烟气量与铜锍产量增大，从而影响经济效益。

（4）燃料率。消耗燃料量与处理混合精矿量之比，用百分数表示。所需热量主要来自混合精矿的化学反应热，燃料仅作补充热源，因而燃料率较低。

（5）鼓风时率。指诺兰达炉送风熔炼时间占整个生产周期的百分率。它是反映诺兰达炉生产能力的一项重要指标。它与操作水平、管理水平及诺兰达炉系统本身等诸多因素有关。大冶诺兰达炉鼓风时率目前在82%～87%之间。

（6）直收率。指铜锍中铜量与同期投入物料中的总铜量之比。由于诺兰达熔池熔炼工艺渣含铜量较高，因而直收率不高，一般不到80%。

（7）耐火材料单耗。指某次大修开炉至停炉这段时间内，耐火材料消耗量与所产铜锍量之比。可用下式表示：

耐火材料单耗＝（大修所用耐火材料量＋本段时间内各次中小修时所用耐火材料量）/本段时间内所产铜锍量

耐火材料单耗是一项综合技术经济指标，它与铜锍品位、耐火材料质量、砌筑技术、砌筑质量及工艺制度等许多因素有关。

从生产实践看，诺兰达炉炉衬易损部位主要是风口区，其次是炉口、放渣口端墙与沉淀区两侧的上下圆周炉衬及抛料口与烧嘴所对应的相关炉衬。

## 4.6　诺兰达反应炉结构及其装备

### 4.6.1　诺兰达反应炉的炉体结构

诺兰达反应炉是一个卧式圆筒形可转动炉体，筒体用 50 mm 厚 16Mn 钢卷制成，内衬镁铬质高级耐火砖。炉体支撑在托轮上，可在一定范围转动。炉体基本结构如图 1-4-7 所示。

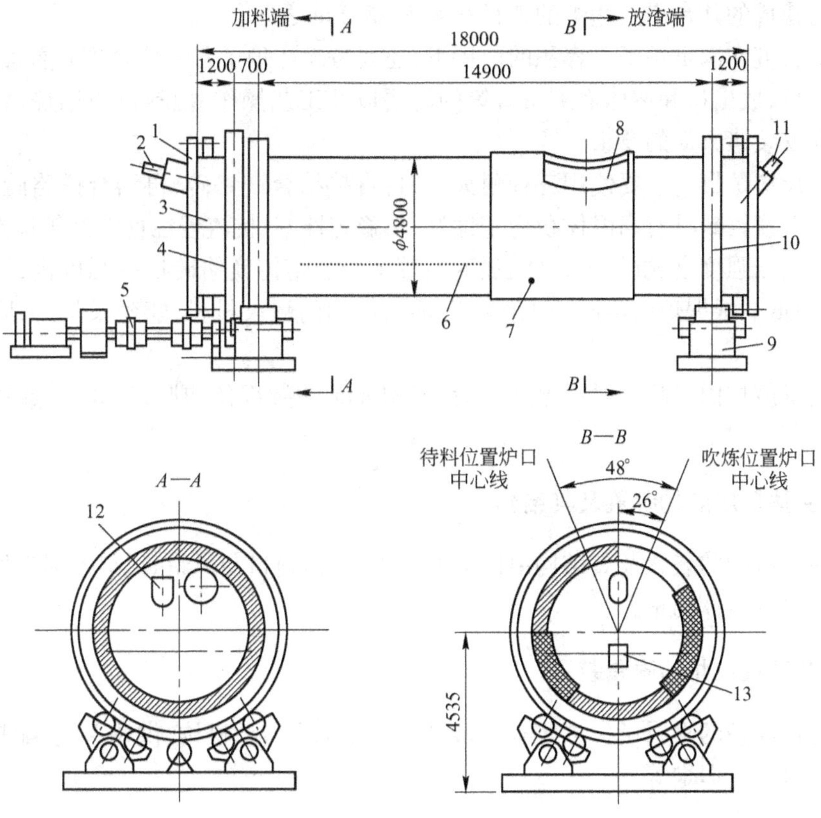


图 1-4-7　大冶冶炼厂诺兰达炉结构

1—端盖；2—加料端燃烧器；3—炉壳；4—齿圈；5—传动装置；6—风口装置；7—放锍口；8—炉口；9—托轮装置；10—滚圈；11—放渣端燃烧器；12—加料口；13—放渣口

整个炉子沿炉长分为反应区（或吹炼区）和沉淀区。反应区一侧装设一排风口。加料口（又称抛料口）设在炉头端墙上，并设有气封装置，此墙上还安装有燃烧器。沉淀区设有铜锍放出口、排烟用的炉口和熔体液面测量口。渣口开设在炉尾端墙上，此处一般还装有备用的渣端燃烧器。另外，在炉子外壁某些部位如炉口、放渣口等处装有局部冷却设施，一般均采用外部送风冷却。

炉子的总容积与设定的生产能力、精矿与炉料成分、铜锍品位、渣成分、风量及鼓风含氧浓度、燃料种类与数量等多种因素有关。

反应炉直径的确定,除了要考虑熔炼及鼓风量的要求外,同时还要考虑以下因素:

(1) 为入炉料提供足够大的熔池容积。风口区域的炉子直径对熔池容积的影响更大。

(2) 提供足够的熔池面积和熔池上方空间(容积和高度),以使烟气中悬浮的颗粒在进入炉口前能大部分沉降下来,并使熔炼过程产生的烟气能够顺畅地排出,保持炉内正常负压,避免引起烟气外逸及其他不良后果。

(3) 能及时为后续转炉提供足够量的铜锍,满足转炉进料要求,放出铜锍后不会使反应炉内熔体面有过大的波动。

(4) 当反应炉处于停风状态时,熔体面与风口之间应有适当的距离,这一距离还受反应炉(从鼓风吹炼位置到停风待料位置的)转动角度的影响。

现在已建成的几台诺兰达炉的直径在4.5~5.1m之间。

反应炉长度在满足炉子总容积的前提下,还要考虑在炉子各部位合理布置加料口、燃烧器、风口、炉口、放出口和熔体面测量口等的需要以及工艺操作、抛料机与燃烧器、通风口机与泥炮等在安装诸方面的要求。

诺兰达反应炉目前主要使用三种耐火材料:直接结合镁铬砖、再结合镁铬砖、熔铸镁铬砖。直接结合镁铬砖具有高温体积稳定性好、热稳定性好、抗渣侵蚀性能好等优点。再结合镁铬砖具有耐压强度高、抗侵蚀,高温强度高等优点。熔铸镁铬砖抗拉强度高,抗冲刷性能好,显气孔率低。根据炉内不同的工作状况选用不同的耐火材料,能延长炉寿,降低耐火材料消耗。

诺兰达反应炉内衬耐火材料厚度一般为381mm,少数部位加厚,如风口、放渣口端墙为457mm。

### 4.6.2 诺兰达反应炉的装置及其结构

诺兰达反应炉的装置及其结构由以下部分组成:抛料口与风帘、风口及风口区、炉口、放铜锍口、放渣口、熔体测量孔。

### 4.6.3 诺兰达反应炉的附属装置

诺兰达反应炉的附属设备主要有:密封烟罩、支承及传动机构、供风系统、配料及定量给料系统、通风口机、泥炮等。

## 4.7 诺兰达炉正常操作的控制及常见故障的处理

### 4.7.1 诺兰达炉熔炼过程的主要控制参数及控制方法

诺兰达熔炼过程主要控制四项工艺指标:铜锍品位、炉温、渣型和熔体液面,其他参数为次要因素。其过程采取压抑性方针,实行压升抬降的控制方法,以保持稳定的铜锍品位、稳定的熔池温度、正确的渣型、合适的熔体液面。

#### 4.7.1.1 铜锍品位的控制

铜锍品位的控制是诺兰达炉工艺控制的中心,诺兰达炉可产任何品位的铜锍,它能迅速适应铜锍品位的变化。铜锍品位是由调节吹炼所需氧量来控制的。吹炼过程所需氧量可以通过精矿氧化反应耗氧量来计算。

A　精矿需氧量

需氧量的定义是：将单位质量的该精矿冶炼成某一特定品位的铜锍所需氧量的体积。有时也以质量来表示。

炉料需氧量的计算只考虑铁和硫的氧化。这里不计铅、锌、镍等杂质的氧化。并假设炉料中的铜全部变成铜锍。从理论上讲，这样的简化处理是不准确的，但事实上引起的误差不大，对宏观控制一个大工业熔炼炉的需要而言，其精度已足够。

设某精矿及熔炼该精矿所产铜锍及炉渣成分如表1-4-4所示。

**表1-4-4　物料设定成分**　（%）

| 物料 | Cu | Fe | S | $SiO_2$ |
|---|---|---|---|---|
| 精矿 | 21 | 25 | 24 | 10 |
| 铜锍 | 70 | 6.4 | 19.6 | — |
| 炉渣 | 5 | 40 | — | 22.2 |

设加入100t精矿，则铜锍的产量（含渣中夹带的铜锍）为：

铜锍产量＝精矿量×精矿中Cu（%）/铜锍中Cu含量（%）＝100×21%/70%＝30t

S氧化耗氧的计算：

被氧化的S量＝精矿中的S量－铜锍中的S量＝100×24%－30×19.6%＝18.12t

根据S氧化的基本反应式：

$$S + O_2 = SO_2$$

计算出100t精矿需氧量 $x = 12658.7\,m^3$。

Fe氧化耗氧的计算：

被氧化的Fe量＝精矿中Fe量－铜锍中的Fe量

＝100×25%－30×6.4%＝23.08t

根据霍恩厂的经验，被氧化的Fe中有60%氧化成FeO，另40%则氧化成 $Fe_3O_4$。

Fe氧化成FeO按反应式：

$$Fe + \frac{1}{2}O_2 = FeO$$ 计算出100t精矿需氧量：$y = 2777.2\,m^3$

Fe氧化成 $Fe_3O_4$ 按反应式：

$$3Fe + 2O_2 = Fe_3O_4$$ 计算出100t精矿需氧量：$z = 2468.6\,m^3$

Fe氧化100t精矿耗氧量之和：

$$W = y + z = 5245.8\,m^3$$

100t精矿发生氧化反应的总需氧量 $M$ 为：

$$M = x + W = 17905\,m^3$$

在实际生产中，往往是两、三种精矿混合在一起加入反应炉内，各种精矿各自需氧量按在混合精矿中的百分含量计算出的加权平均值即混合精矿的需氧量。

B　熔池特性

在诺兰达炉铜锍品位的控制过程中，炉料实际需氧量与理论计算需氧量的差异导致了铜锍品位的变化，在过程控制上，“需氧量”有着特定的含义，它是反映熔池内锍品位变化时的需氧量或供氧量的变化。这种变化在输入氧量保持定值的情况下，可以通过增加或减少精矿量来调控铁与硫的氧化数量，实现铜锍品位的控制。另一方面，锍品位变化时，需氧量或供氧量的变化是受着熔池的容积容量影响的。因此，将这种变化关系称之为熔池特性，即库存铜锍的过剩氧量，下面将以具体的例子来说明。

在没有新炉料加入炉内的情况下，且炉内所积蓄的铜锍量不变，此时若铜锍品位变化，将会使需氧量变化，并与炉内积蓄的铜锍量有关。

设有100t含Cu为70%的铜锍，当品位上升到71%时，铜锍量为100×70%/71% = 98.59t，前后的质量差额为1.41t(忽略次要元素)，这个质量变化完全由铜锍中FeS的氧化所致。计算该FeS氧化的需氧量，即得该铜锍品位变化时铜锍的需氧量。

$$FeS\text{氧化的需氧量} = 563\,m^3$$

这意味着品位上升到71%时应向炉内多加精矿，炉内积蓄的铜锍可以向炉内反应提供563 $m^3$过剩氧量，即供氧量已经比锍品位为70%时多出563 $m^3$。若铜锍品位下降，则此值为负，意味着炉内脱硫少了，供氧量不够，欲保持原来品位，在不调节供氧流量时，则需减少精矿加入量。

C 铜锍品位控制计算实例

铜锍品位的控制是以氧平衡为基础，可以采用改变加料量或鼓风量的方法来实现。任何一种控制调节只要与氧平衡有关，就必需重新进行一次氧平衡计算。氧平衡式表达为：

$$\begin{pmatrix}\text{鼓入的}\\\text{总氧量}\end{pmatrix} \times \begin{pmatrix}\text{氧利用}\\\text{系数}\end{pmatrix} = \begin{pmatrix}\text{加入精}\\\text{矿量}\end{pmatrix} \times (\text{精矿需氧量}) + \text{燃料量} \times \text{燃料需氧量} + \text{过剩氧量}$$

**[例]** 设定目标铜锍品位为70%，半小时前得到铜锍品位结果为70.2%，加料速率为80 t/h，煤的加入量为1.5 t/h，鼓风量(标态)为37000 $m^3$/h，氧浓度为44%，熔池上方鼓入空气量(标态)为4000 $m^3$/h，现得到铜锍结果为69.8%，请计算加料率，使品位在半小时内回到目标值。

此时其他相关参数为：氧综合利用率为95%，煤的耗氧量(标态)为吨煤1650 $m^3$，熔池中铜锍积蓄量为200 t，铜锍品位提高1%所对应的需氧量(标态)为1112 $m^3$。

首先，计算出原先的精矿需氧量(标态)：

$$(37000 \times 44\% + 4000 \times 21\%) \times 95\% - 1650 \times 1.5 = 13789\,m^3$$

$$\text{实际每吨精矿需氧量(标态)} = 13789/80 = 172.36\,m^3/t$$

炉中积蓄的铜锍的品位每提高1%，所对应的需氧量(标态)为1112 $m^3$。本例中，铜锍品位在半小时内下降了0.4%，说明熔池中实际供氧量比理论耗氧量小，相对应在半小时内每吨精矿过剩氧量(标态)为：

$$\text{熔池过剩氧量/加料速率} = (70.2 - 69.8) \times 1112/(80 \times 0.5) = 11.12\,m^3/t$$

新的精矿需氧量(标态)为：

$$172.36 + 11.12 = 183.48\,m^3/t$$

以下的工作就是调整进料率，以使新产出的铜锍品位为70%，并将炉内积蓄的所有铜锍的品位全部从69.8%提升到70%。

新的加料速率为：

$$(\text{总氧量} + \text{熔池过剩氧量})/\text{新的精矿需氧量} = [13789 + (69.8 - 70) \times 1112]/183.48 = 73.94\,t\text{精矿}/h$$

实际操作中，加料速率由 80 t/h 突然减至 73.94 t/h 会引起炉温剧烈波动，可采取增加冷料量或逐步改变加料速率缓慢调节铜锍品位的方法，以稳定生产。

D 不同铜锍品位控制方式

定时从风口取铜锍样（放铜时以铜口样为主），送炉前 X 荧光分析仪快速分析铜、铁、硫、二氧化硅及有关杂质元素，根据结果判定炉况。有偏差时，计算机提出新的加料速率或新配料比的建议，经操作者确认后输入计算机执行。

铜锍品位控制分三种情况作业：正常、异常和铜锍样被污染时。以大冶反应炉为例叙述如下。

（1）铜锍品位正常时，在控制范围内（如设定铜锍品位 70%），品位每升（降）0.1%，加料速率增（减）3 t/h 左右。计算加料量时应考虑漏料、炉料水分等因素。

（2）变化异常时，品位波动大于 2%，且实际品位达 71% ~73% 时，将高硫精矿的比例增加 10%，低硫矿减少 10%，总加料量增加 10%。

品位高于 73% 时，增加取样分析频率为 1 次/15 min，全部采用高硫矿，并将总加料量增加 10%。

品位高于 74% 时，将风口风量降低 10%，氧浓度不变，取样分析 1 次/15 min，全部采用高硫矿，并将总加料量增加 10%。

品位高于 75% 时，风量不变，氧浓度降到 35% 左右（正常为 39% 左右），取样 1 次/15 min，全部采用高硫矿，总加料量增 10%。

以上几种情况，因加料量增加较多，而风量、氧浓度还减少，此时要密切注意炉温的变化。

品位达 76% 甚至更高时，只有停炉处理（大冶厂在反射炉同时生产时，偶尔采用加入反射炉低品位铜锍来调节诺兰达反应炉铜锍品位的方法，但须谨慎操作）。

（3）铜锍样被污染时。熔融的铜锍中经常会机械夹杂少量的渣，当进行铜锍样品分析时，若 $SiO_2$ 含量 $\leqslant 0.3\%$，这是正常值，若样品中 $SiO_2$ 含量 $>0.3\%$，我们即认为铜锍样被污染，出现这种情况，往往是炉况不正常，如铜锍品位低和渣流动性过好、铜锍面低等。此时，必须对分析结果进行判定并校正，将校正后结果应用于炉子操作控制，校正公式为：

$$[\mathrm{Cu}]_{校} = [\mathrm{Cu}]_{锍} / \{1 - [\mathrm{SiO_2}]_{锍} / [\mathrm{SiO_2}]_{渣}\}$$

式中 $[\mathrm{Cu}]_{校}$——校正后的炉内铜锍品位，%；

$[\mathrm{Cu}]_{锍}$——铜锍样品位，%；

$[\mathrm{SiO_2}]_{锍}$——铜锍样中 $SiO_2$ 含量，%；

$[\mathrm{SiO_2}]_{渣}$——当时炉渣中 $SiO_2$ 含量，%。

**［实例］** 某铜锍样，含铜 63.12%，含 $SiO_2$ 2.18%，此时渣含 $SiO_2$ 为 22.45%，求校正后的铜锍品位。

$$[\mathrm{Cu}]_{校} = 63.12\% / [1 - (2.18\% / 22.45\%)] = 69.93\%$$

即校正后的铜锍品位为 69.93%。

由上可见，铜锍样被污染后，误差很大，操作中必须注意铜锍样是否被污染，发生污染情况可能说明炉况有问题，要谨慎作业。

铜锍样被污染时的作业模式为：

（1）铜锍样中 $1.0\% > [\mathrm{SiO_2}]_{锍} > 0.3\%$ 时，应采用校正后的铜锍品位来作业。

（2）$[SiO_2]_{锍}$ >1.0%时，重新取样，最好从放铜锍口取样（该口接近炉子底部，又不在风口区，可采集到纯净的铜锍样），若铜锍口样$[SiO_2]_{锍}$ >1.0%时，首先要检查分析结果、检查取样制样工具。若分析结果真实可靠，此时要针对具体情况采取相应的工艺措施：若铜锍面低，应多加铜锍含量高的物料；若铜锍品位偏高，渣很黏，则可适当减氧；若是炉温低导致渣铜分离不好，应提高炉温。在整个处理过程中，要勤量铜锍面高度，增加取样分析频率；勤放渣，压低渣层厚度。

#### 4.7.1.2 炉温的控制

炉温是诺兰达熔炼工艺重要参数之一。炉温过高，耐火材料本身的强度下降，熔体对炉衬的冲刷、侵蚀加重，并增加能耗。炉温过低，渣的黏度增加，流动性差，难以排放，操作困难，而且炉料入炉反应不完全，往往随渣排出，在保持操作稳定和渣能顺利排放的情况下，通常维持低温运行。一般控制在1220～1230℃。而铜锍品位的增加会产生更多的化学反应热量，因而会引起炉温的升高，反之亦然。因此，稳定铜锍品位直接影响到炉温的控制，故每半小时采集一个铜锍试样直接送化验室分析。这样，操作人员就可以在取样后15～30 min内获得所需结果。若因某种原因不能进行试样分析，操作人员可利用前一次试样的数据来调节生产参数，使铜锍品位回到目标值，这样，就可减少过热意外现象的发生。

诺兰达炉炉温的测量可以使用风口高温计与辐射式高温计。

调控炉温，采用如下措施：冷料（返料）率随炉温高（低）而增（减）；炉料配比随炉温高（低）而减（增）高硫矿比例（此时若增加高硫精矿比率，则氧浓度就相应的上调）；石油焦加入量随炉温高（低）而减（增），同时调整氧量；氧浓度随炉温高（低）而减（增）；加料端燃油供应量随炉温高（低）而减（增），同时调供风、供氧。其中，调节冷料（返料）量最为简单、快速、有效。

#### 4.7.1.3 渣型控制

控制合理的渣型是诺兰达炉工艺控制的又一重要任务，因诺兰达法能在渣含磁性氧化铁高的条件下操作。通过改变熔剂率来产生$m(Fe)/m(SiO_2)$为1.5～1.9的炉渣，其优点在于需要熔剂少，减少了渣量，从而增加了炉子的处理量，减少了渣中铜损失，并为其后的渣贫化工作减轻负担。

在生产中，炉渣$m(Fe)/m(SiO_2)$往往会偏离标定值，须对加入熔剂率进行调整。根据大冶厂生产经验，铁硅比升（降）0.1，熔剂率相应增（减）1%。

渣的流动性与原料成分、炉温、渣成分、炉料中是否掺有煤、氧浓度、炉内搅拌程度、渣端燃烧器是否开启、渣层厚度等因素有关。当渣流动性从较好状态变差而达到临界状态时，应采取措施使其向好的方向发展，否则渣的性质可能会继续恶化，这些措施有：

（1）当炉温偏低或$m(Fe)/m(SiO_2)$偏离目标值时，渣流动性不好，应将炉温适当提高并将$m(Fe)/m(SiO_2)$调节到目标值，一般渣性可好转。

（2）当炉温和$m(Fe)/m(SiO_2)$都正常，但渣流动性不好时，一方面检查炉渣分析结果，以理论熔剂率加入石英，另一方面适当提高炉温，增加高硫精矿比例。

（3）作为燃烧与还原剂的煤，对渣流动性的影响较大，一般流动性好的渣都伴有煤的加入。

(4) 渣端烧嘴的启用对改善渣流动性有利，但对炉寿的负面影响较大。

(5) 渣中微量元素的含量对渣的性质有很大的影响，如 PbO 对流动性有好处而 ZnO 则会使渣流动性变差；当 $Al_2O_3$ 含量 <8% 时对渣流动性有利，反之则有害；在 $m(Fe)/m(SiO_2)$ <1.8 时加 CaO 有益于改善渣流动性；$Na_2O$ 对反应造渣有好处，但 $m(Fe)/m(SiO_2)$ >1.6 时对渣选厂就有很大的影响。通常炉料中微量元素较多时将 $m(Fe)/m(SiO_2)$ 控制在 1.6 以下。

在熔池熔炼过程中产生的高度氧化的低硅渣含铜量为 4% ~6%，它取决于熔炼炉产的铜锍品位，与 $m(Fe)/m(SiO_2)$ 的关系不大。

#### 4.7.1.4　液面控制

在反应炉顶部设有简单的液位测量孔，定时或根据需要插入钢钎进行液面测量。控制铜锍面最低值是为了保证氧气的利用率并防止风口鼓入的风直接鼓入渣层，从而引发喷炉事故；控制最高铜锍面是为了防止铜锍从渣口中放出，造成铜的不必要损失。总熔体液面控制得好，一方面可以保证炉内铜锍 - 渣 - 炉料间有充分的传质传热空间，铜锍能很好沉淀，渣能顺利放出；另一方面，可以保证发生突发事故时，反应炉风口能转出液面，有足够的空间处理问题，不会造成风口堵死的事故。

### 4.7.2　常见故障及处理

诺兰达炉熔炼过程中，可能发生的事故有喷炉、死炉、炉体局部烧穿及炉子误转等。

#### 4.7.2.1　喷炉

喷炉是诺兰达反应炉最严重的事故。发生喷炉事故的原因分析如下：

(1) 铜锍面过低导致大量空气鼓入渣层内，使大量 FeO 氧化成 $Fe_3O_4$，炉渣黏度增大，为熔体喷发准备了最重要的条件。

(2) 炉温过高，则熔体温度高，铜锍黏度变小，鼓风阻力小，风口过于畅通。此时往往供氧量大于炉料需氧量，因此使铜锍品位升高，相应的铜锍体积减小，铜锍面下降，造成渣层内鼓风更加剧烈。

(3) 炉渣过吹。由于铜锍面过低，且铜锍黏度小，从风口鼓入的氧气有一部分本应在铜锍层中消耗，此时却进入渣层，与渣中 FeO 反应，使 $Fe_3O_4$ 生成速率比正常时大得多，其使渣性变黏，放渣困难，因而渣层越来越厚，渣层内储存的氧越来越多，如此积累到一定程度时，风口鼓入的风参与反应产生的正常烟气和渣内储存的氧与硫化物等反应产生的额外烟气同时释放出来，喷炉就发生了。

预防喷炉事故发生的措施有：

(1) 严格控制铜锍面高度和渣层厚度。

(2) 控制好渣型和渣性。

(3) 注意铜锍品位的变化。

(4) 严格控制炉温。

#### 4.7.2.2　死炉

炉渣发黏很难放出，甚至放不出，而总液面持续上涨时，将导致铜锍从渣口流出，最终引起死炉事故的发生。

造成死炉的原因较多，主要有两种：一是渣性不好，炉渣发黏，停滞流不动，渣表面形成糊状层。这可能是炉温过低或炉渣中 $m(Fe)/m(SiO_2)$ 失控；二是停炉保温时间过长，炉温下降过多，炉渣结壳而放不出来，或者是渣口被渣块堵死而造成死炉。

当一台反应炉出现种种濒临死炉的征兆时，可以采用以下"急救"措施，尽量将其"救活"，转入正常生产：

(1) 此时炉子不能停风，而应当在加料量减少的情况下，继续鼓入适量的风，以保持熔体的搅动。

(2) 提高炉温，采取只加入高硫精矿、适当增加石油焦量、开启渣端燃烧器等提温措施。

(3) 调节炉渣的 $m(Fe)/m(SiO_2)$，使之保持在 1.6 ~ 1.8 之间。

(4) 开启最靠近渣端的几个风口（平常一般关闭），使其搅动放渣端熔体。

(5) 来回转动反应炉。

预防死炉的措施有：

(1) 严格控制炉温。炉温偏低时，减少或停止加入冷料，增加高硫精矿比例。同时，相应提高供氧量，让炉温慢慢升高。

(2) 严格控制一次配料难熔物较多的铜精矿或烟灰，要均匀配入，避免集中处理。同时，要保证炉前料仓储存有一定量的高硫精矿，供二次配料调整炉况时使用。

(3) 严格控制渣型使铁硅质量比在规定范围内波动，并增加石油焦量，改善渣性，均衡控制铜锍面和总熔体面高度，防止大起大落。

(4) 在有计划的停炉保温前，要先将渣型调整好，并保留有一定厚度的渣层，在料面中适当多加一些石油焦、加大烧嘴的供油供风量。有条件时，每隔 2 ~ 3 天将反应炉转到鼓风位置，鼓几个小时的风，同时加入适量的高硫矿，使炉内熔体得到搅动，让炉内温度均衡和补充一些热量，并视情况放些炉渣后，再将炉子转出。有条件的工厂（如有反射炉在生产）保温后的开炉可以谨慎地向反应炉中加入适量的低品位热铜锍，然后转入鼓风状态，能使炉温迅速恢复正常。

#### 4.7.2.3 炉体局部烧穿

炉体局部烧穿多发生在作业尾期。烧穿部位一般在炉底和风口区。由于炉结存在，炉底砖厚度测量不准，易造成炉底局部烧穿。其次，生产过程中，有时铜锍品位太高，产出粗铜，加剧了耐火砖的蚀损，也易引起局部炉底烧穿；风口区是反应中心区域，是受高温冲击、机械冲刷最严重的部位，该部位耐火砖蚀损严重。到后期，残砖易脱落，钢壳易被烧穿。

为了避免炉体烧穿，可采取如下措施：

(1) 在日常生产中，严格按规程作业，严格控制好铜锍品位和炉温。

(2) 严格按规定测量和记录炉体钢壳外壁各点温度。风口区钢壳外壁温度不得超过230℃，其余部位不得超过 300℃；严格按规定测量和记录炉底砖和风口砖厚度，以便及时了解残砖状况。

(3) 为了避免炉体局部烧穿，反应炉风口区的耐火砖一般每炉期更换一次，炉底砖每二炉期更换一次。此外，诺兰达反应炉在生产过程中还会发生渣口跑渣、跑铜锍或铜锍口跑铜锍等事故，遇到这种情况，只要将炉子转出，在降低熔体压力的情况下，漏洞容易堵上。

## 4.8 诺兰达熔池熔炼的特点及发展趋势

诺兰达熔池熔炼作为一种先进的炼铜工艺，具有如下特点：

（1）床能力高。诺兰达熔池处于强烈的搅拌状态，传热传质极为迅速，其物理化学变化非常剧烈，故诺兰达熔池熔炼床能力很高。

（2）备料工艺简单，对原料、燃料适应性强。诺兰达熔池熔炼对物料的粒度和水分要求不严，块矿、返料粒度小于100 mm，熔剂粒度不大于20 mm，固体燃料粒度一般为6 ~ 50 mm，水分在7% ~ 10%，生产都可正常进行。

诺兰达炉还可处理废杂铜、各种返料、渣精矿和其他含铜物料。

诺兰达炉燃料选择范围广，既可使用液体燃料（柴油、重油），也可加固体燃料（粉煤、焦粉、石油焦）。燃料率低，仅3%左右。

（3）脱硫率高，铜锍品位高。诺兰达熔池熔炼工艺脱硫率一般在72%以上，深度脱硫主要有三点好处：1）铜锍量少，转炉吹炼时间短；2）熔炼产出烟气 $SO_2$ 浓度高，可达16%以上，有利于两转两吸制酸工艺，硫的利用率可达96%；3）由于深度脱硫，可充分利用硫化物反应热，易于实现自热熔炼，综合能耗约为吨铜17585kJ，与闪速熔炼相当。

深度脱硫一般在强氧势条件下进行，大量 $Fe_3O_4$ 生成易造成炉结沉积严重，危害正常作业，但在诺兰达熔池熔炼处于强烈的搅拌状态下，$Fe_3O_4$ 造渣条件好，即使是生产高品位铜锍，作业仍能顺畅进行。

（4）过程简单，操作简便可靠，反应易于控制。诺兰达反应器结构简单，给料、放锍、放渣操作简便。反应炉采用分散式计算机网络进行过程控制。主要控制铜锍品位、温度、铁硅比三项指标。实际生产中，在一定的给料量和氧量的条件下，铜锍品位的控制，以分析锍品位数据为依据，根据计算需氧量，用增减物料量的办法把锍品位调控到目标值。而炉温、铁硅比则由操作人员凭经验控制。

但是与闪速熔炼比较，无论是炉寿还是铜的直收率，均需要进一步研究提高。还有以下方面需进一步完善，如：

（1）烟罩漏风率大。尽管大冶采用先进的常压汽化密封烟罩，烟罩两侧与炉口护板接触的弧面采用不锈钢增强陶瓷纤维布作为软接触密封，密封效果一般较好，但实际烟罩漏风仍达50%以上。

（2）作业率低。湖北大冶铜业有限公司设计鼓风时率为88%，实际为87%。作业率低的原因有两方面，一是常规例检停风、清理炉口作业停风、洗炉从炉口加生铁球停风等；二是生产系统设备故障造成停风，如锅炉系统故障、硫酸系统故障等。作业率低直接导致精矿处理量降低，也造成氧气浪费。

（3）风口氧气浓度有限制。风口氧气浓度过高，风口区的耐火材料寿命受到影响。大冶诺兰达炉风口氧气浓度正常值为39%，短期最高值曾达到48%，如要继续提高，要在风口耐火材料寿命上做工作。

（4）诺兰达炉周围环境状况需改善。诺兰达炉周围环境污染点主要有：通风口机噪声、抛料机周围的粉尘，及放锍、放渣时散逸出来的烟气。改进诺兰达炉周围环境状况也应从上述几个方面着手。

诺兰达熔池熔炼是强化造锍熔炼的一种方法，可作为传统炼铜法老厂改造时的选择方案。

# 5 顶吹浸没熔炼法

## 5.1 概述

顶吹熔炼法是澳斯麦特熔炼法与艾萨熔炼法的统称。

这两种方法在备料上具有共同点，原料均不需要经过特别准备。含水量 < 10% 的精矿制成颗粒或精矿混捏后直接入炉。当精矿水分含量 > 10% 时，先经干燥窑干燥后，再制粒或混捏，然后通过炉顶加料口加入炉内，炉料呈自由落体落到熔池面上，被气流搅动卷起的熔体混合消融。澳斯麦特与艾萨法的主要区别是：

(1) 喷枪的结构不同。澳斯麦特喷枪有五层套筒，最内层是粉煤或重油，第二层是雾化风，第三层是氧气，第四层是空气，最外层是用于保护第四层套筒的套筒空气，同时供燃烧烟气中的硫及其他可燃组分之用，最外层在熔体之上，不插入熔体。艾萨炉喷枪只有三层套筒，第一层为重油或柴油，第二层为雾化风，第三层为富氧空气。

(2) 排料方式不同。澳斯麦特炉采用溢流的方式连续排放熔体，而艾萨炉采用间断的方式排放熔体。

(3) 喷枪出口压力不同。艾萨炉喷枪的出口压力为 50 kPa，澳斯麦特炉喷枪的出口压力为 150 ~ 200 kPa。

(4) 澳斯麦特炉与艾萨炉在炉衬结构上的思路完全不同。澳斯麦特炉的思路是让高温熔体黏结在炉壁砖衬上，即使用挂渣的方法对炉衬进行保护，于是，澳斯麦特炉子采用了高热导率的耐火材料砌筑，并且在炉壁和外壳钢板之间捣打厚度为 50 mm 左右高导热性石墨层，钢板外壳表面又用喷淋水或铜水套冷却水进行冷却。艾萨炉除放出口加铜水套冷却水进行冷却以保护砖衬外，炉体其余部位不加任何冷却设施，耐火砖与炉壳钢板之间填充一层保温料。

在炉底结构上，艾萨炉采用封头形及裙式支座结构，炉底裙式支座平放在混凝土基础上，用螺栓连接在一起，施工安装较方便；澳斯麦特炉采用平炉底，炉底与混凝土之间加钢格栅垫，用螺栓相连，这种结构较复杂，施工较难。

艾萨炉采用平炉顶，澳斯麦特炉采用倾斜炉顶，平炉顶制造安装比倾斜炉顶简单。

澳斯麦特/艾萨法与其他熔池熔炼一样，都是在熔池内熔体 - 炉料 - 气体之间造成强烈的搅拌与混合，大大强化热量传递、质量传递和化学反应的速率，以便熔炼过程能产生较高的经济效益。与浸没侧吹的诺兰达法不同，澳斯麦特/艾萨法的喷枪是竖直浸没在熔渣层内，喷枪结构较为特殊，炉子尺寸比较紧凑，整体设备简单，工艺流程和操作不复杂，投资与操作费用相对较低。

## 5.2 生产工艺流程

顶吹浸没熔炼对于老厂改造有很大的灵活性与适应性。一般来说，原先使用电炉熔炼的工厂基本上保持了已经有的工序，只是在电炉前面加上澳斯麦特炉或艾萨炉熔炼铜精矿，仍可利用原来的电炉进行炉渣贫化。炉料准备系统亦可以不动，可保留干燥部分。

迈阿密冶炼厂的工艺流程如图 1-5-1 所示。精矿和大部分熔剂在配料车间混合后，用铲车运送到五个中间储料仓，按需要控制从各中间料仓下来的精矿、熔剂、煤和返料的料流量。这些物料经过一个叶片混合器（搅拌机）混合后，送到制粒机中进行制粒，制好的粒料加入艾萨熔炼炉。粒料的优点是可以大幅度降低烟尘量。从艾萨炉出来的铜锍和炉渣的混合熔体通过溜槽进入电炉进行沉淀分离。

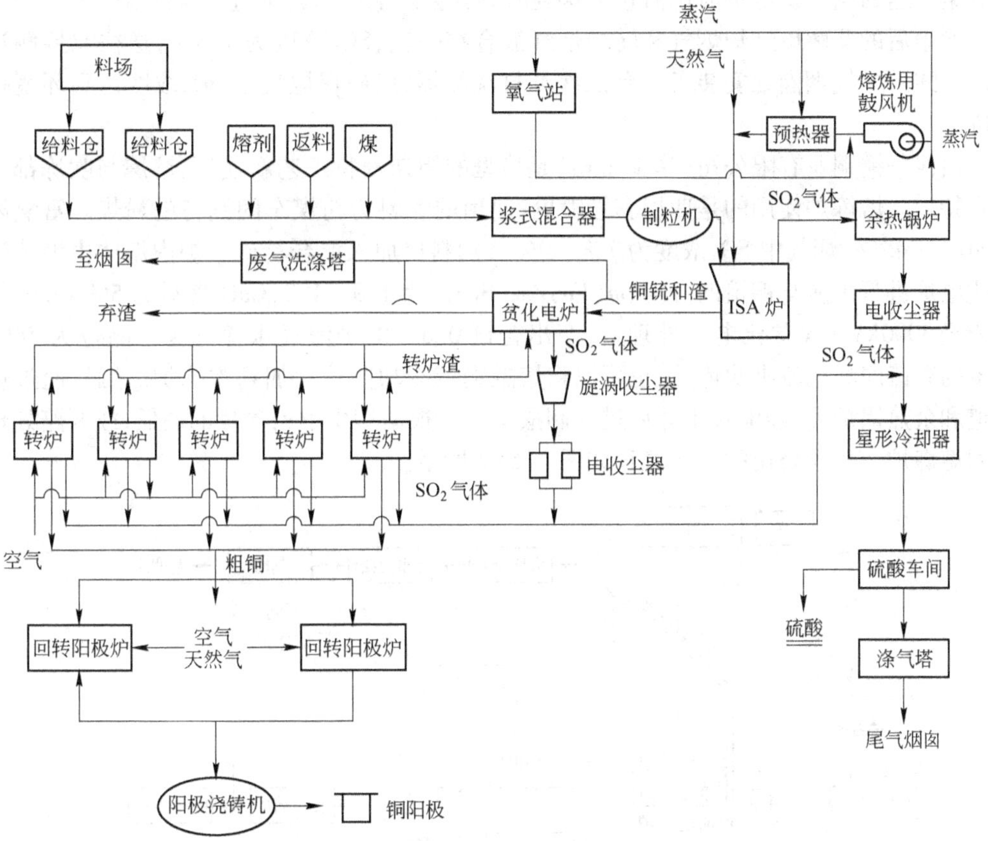


图 1-5-1 迈阿密冶炼厂的艾萨炉熔炼工艺流程

氧气浓度为 50% 的富氧空气通过喷枪外管喷入炉内，内管喷天然气，喷枪末端有一个旋流器将两者混合。天然气和煤是用来做补充热源的。

艾萨熔炼炉内，熔池内液面距炉底 1219 ~ 2134 mm，每半小时将熔体排入电炉一次，每次排入时间约 10 min。

从艾萨炉上部出口出来的烟气经上升烟道的烟罩排出。烟罩由冷凝管构成。从上升烟道来的烟气通过余热锅炉的辐射段和对流段后进入静电除尘器。余热锅炉中收集的粗尘经粉碎后，用气动输送装置送到一台精矿储料仓。电收尘的烟尘则由螺旋运输机送到一个布袋收尘器中。上升烟道从炉顶出口算起，总长 15.24 m，角度为 70°。这种设计允许烟气能充分冷却，以减少熔化的烟尘粒附在余热锅炉的炉壁上。设计时烟道使用了单独的冷却系统。但与余热锅炉共用同一水源。把两个系统分开的目的是想降低上升烟道烟罩的烟气温度,最大限度地减少结瘤。在上升烟道和余热锅炉四壁安装了一套机械振打锤,以清除挂渣。

余热锅炉采用了常规设计,由辐射、对流和内部过热三段构成。安装内部过热系统的目的是提供发电的蒸汽,也用作艾萨炉的空气预热。

从艾萨炉流出的铜锍和炉渣混合熔体,经过溜槽流进一台51 $m^3$有6根自焙电极的电炉内进行贫化。如有必要,可在电炉内加熔剂以调整渣型。烟气中的粉尘经烟道下部的集尘斗收集后返回电炉。电炉渣用渣包运送到渣场弃去。铜锍送转炉进行吹炼。

除尘后的艾萨熔炼炉烟气和转炉烟气混合在一起,$SO_2$浓度为7.5%,送往双接触法制酸厂。酸厂尾气烟囱处安装了一台二次苏打洗涤器,以确保尾气中$SO_2$浓度达到环境排放标准。

山西华铜铜业有限公司(华铜公司)是典型的澳斯麦特工艺新建厂,熔炼与吹炼都用澳斯麦特炉。熔炼炉使用的是四层套管喷枪,使用的燃料为粉煤车间制备的粉煤。富氧浓度为40%~45%,烟气中$SO_2$浓度为7%~9%。加料口加入混合精矿。炉内熔体由堰体流入贫化电炉进行炉渣与铜锍的分离,$m(Fe)/m(SiO_2)$为1.0~1.2,CaO含量为5%~7%的熔炼渣经3000kV·A贫化电炉处理后,产出含铜0.6%的炉渣经水淬弃去。品位为58%~62%的铜锍间断地流进吹炼炉,也可以将熔融铜锍冷却制粒后加到吹炼炉。烟气通过炉顶烟道和余热锅炉后,经电收尘器后进入制酸车间。根据烟尘中铅含量的高低,或开路处理或返回熔炼炉。华铜公司的工艺流程如图1-5-2所示。

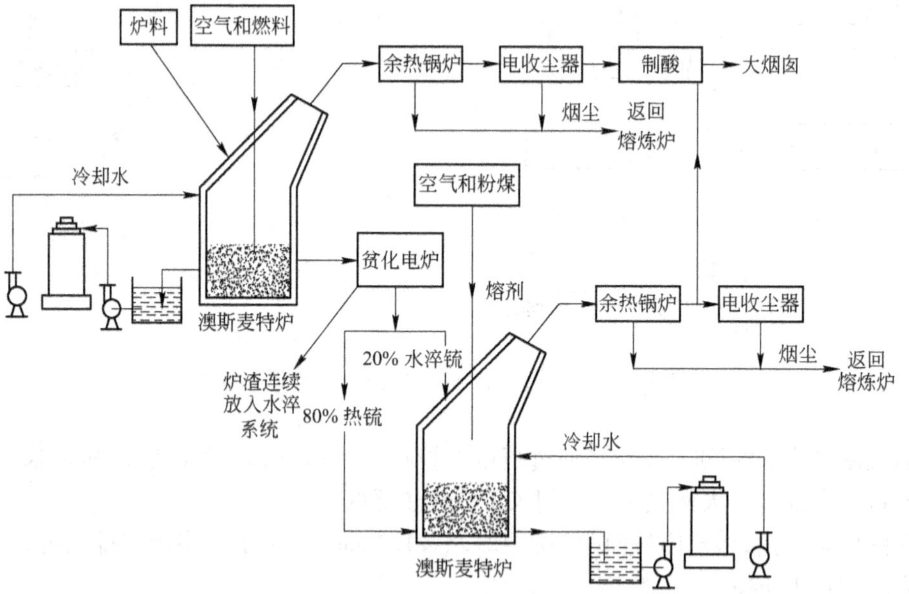


图1-5-2 华铜公司澳斯麦特工艺流程

澳斯麦特/艾萨炉的特点之一就是生产过程比较简单,控制容易,不复杂。

迈阿密厂的熔池温度控制在1167~1171℃内,通过调节天然气的流量来控制温度的波动。华铜公司控制的温度略高一些,为(1180±20)℃,在炉子开始操作时需要1180℃。可以从粉煤率、富氧浓度以及加料量等方面的控制来实现。

铜锍品位一般控制在(60±2.0)%，是通过调整风料比来实现的。

从贫化炉内易形成炉结考虑，熔炼炉渣中的 $Fe_3O_4$ 含量应限制在 10% 以下。若熔炼炉中 $Fe_3O_4$ 含量控制不当，贫化炉内的磁性氧化铁炉结生成后是很难消除的。

熔池深度的稳定对熔炼炉的正常操作起着关键的作用。如果熔池高度超过正常高度 200 mm，必须立刻停止生产，否则会导致炉子的剧烈喷溅，并在烟气出口的上部、炉顶、加料口和喷枪孔等处形成渣堆积，此外还会在熔池面上形成泡沫渣。当熔池高度低于正常值 200 mm 时，需要加入水淬渣熔化，以使熔体高度增加。这种情况在正常生产时不会发生，只有在炉子内物料排放完后需要恢复生产时才会遇到。

喷枪浸没深度不合适时，会造成熔渣喷溅或喷枪顶部熔化。喷枪从炉顶开口处插入炉内，喷枪的顶部以插入熔体层 200～300 mm 处较为合适，以防止插入铜锍层使喷枪顶部被熔化。

给料控制系统提供的混合料包括：铜精矿（主要成分为黄铜矿 $CuFeS_2$）；冶炼炉系统的返料；循环烟尘；熔剂；团煤。这些物料落于熔池的熔体面上，快速被喷枪强烈搅拌的熔体所熔没，在高温熔体中发生铜精矿造锍熔炼的全部反应，包括有高价金属硫化物与氧化物、硫酸盐与碳酸盐等的分解，金属硫化物（MS）的氧化、炭的燃烧、多种 MS 的共熔形成铜锍、各种金属氧化物（MO）与脉石矿物（$SiO_2$，CaO，MgO 等）的造渣。这些反应进行的基本原理，可参阅造锍熔炼过程基本原理的有关章节。

澳斯麦特熔炼炉采用富氧空气，吹炼炉只采用压缩空气。喷枪的末端插入渣层下 200～300 mm 处，在渣层中熔炼。熔体除受到喷吹气流的剧烈搅动外，由于在管壁间设有双螺旋的螺道，还产生旋转运动。喷枪出口处压力为 50～250 kPa，压力较低，动力消耗较少。燃煤通过喷枪中心的管子向下供给熔池，并在浸没于熔池中的喷枪出口处燃烧，而空气和氧气则在喷枪出口处混合，将气体喷射与浸没燃烧结合起来。在这个过程中，通过环行通道的气体使喷枪外壁保持较低温度，以使靠近枪壁的液态熔渣冷却而凝结，在喷枪外壁上形成一层固态凝渣保护层，使喷枪免受熔池中高温熔体的烧损和侵蚀。

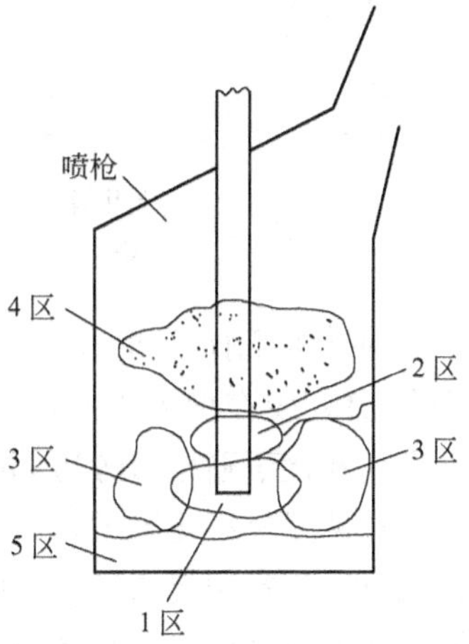


图 1-5-3　炉内熔池反应区域

1 区—在喷枪出口处，燃烧氧化区，燃料迅速燃烧，能量迅速传递；
2 区—在 1 区的稍上方，熔炼还原区；
3 区—物料发生强烈的氧化反应；
4 区—二次反应区，套筒风和 S、CO 等发生反应；
5 区—相对静止区

对于工艺过程有直接意义的是喷入气体与熔体的混合状况。喷枪喷入的气体进入熔体，这些充满了滞留气泡的熔体不断地“吞没”和熔蚀加在熔渣层上面的固体炉料，实现硫化物的氧化和造渣等反应。因此，喷枪对熔炼过程的作用决定于喷出气体在熔体中的行为。炉内熔池反应区域如图 1-5-3 所示。

## 5.3　顶吹浸没熔炼炉的结构及主要附属设备

### 5.3.1　炉子结构

顶吹熔池熔炼炉是一种圆筒形竖式炉，钢板外套，内衬耐火材料（图 1-5-4）。澳斯麦特炉的炉顶为一个斜顶上升段，斜顶设有加料孔、喷枪孔、辅助烧嘴孔和烟道出口，圆筒炉体底部设有熔体放出口（图 1-5-4a）。

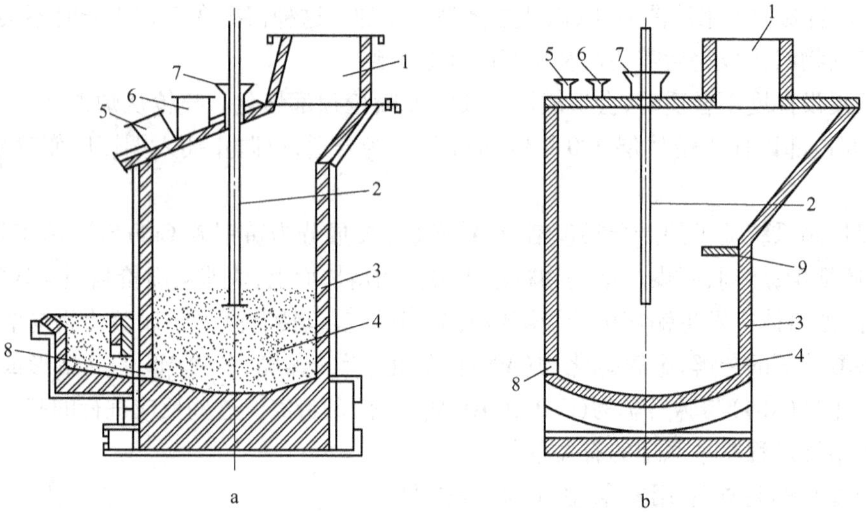


图 1-5-4　顶吹熔池熔炼炉结构

a—澳斯麦特炉；b—艾萨炉

1—上升烟道；2—喷枪；3—炉体；4—熔池；5—备用烧嘴孔；6—加料孔；7—喷枪孔；8—熔体放出口；9—挡板

艾萨炉的结构略有不同（图 1-5-4b）。该炉的喷枪孔位于炉圆柱体的几何中心。喷枪从该孔插入，并定位在炉子的中心位置。

备用烧嘴孔设于喷枪口旁边偏中心位置。该备用烧嘴孔是对准炉子中心线的，以使烧嘴火焰与垂直位置呈小角度喷入炉内。交接的顶盖封住了该烧嘴孔。

加料孔位于与备用烧嘴口相对的炉顶侧。加料导向设备位于加料孔上。

炉子顶部的烟道出口孔与余热锅炉入口处连接，烟气在余热锅炉降温再经电收尘器除尘后送制酸厂。

澳斯麦特炉与艾萨炉在炉衬结构上的思路是完全不同的。从使用效果来看，艾萨炉的寿命比澳斯麦特炉长。艾萨炉的炉衬构筑又分两种形式，一种是芒特 · 艾萨公司的艾萨炉，另一种是美国塞浦路斯迈阿密冶炼厂的艾萨炉。

### 5.3.2　主要附属设备

#### 5.3.2.1　喷枪和喷枪操作系统

顶吹浸没熔炼工艺是采用一种直立浸没式喷枪，称为赛洛（CSIRO）喷枪。图 1-5-5 是喷枪的结构示意图。喷枪吊挂在喷枪提升装置架上，便于在炉内升降。喷枪是采用316L（美国材料试验标准）不锈钢制成，在部分构造上，澳斯麦特烧煤的喷枪与艾萨喷枪有不同之处。澳斯麦特喷枪有四层，最内层是粉煤和空气，第二层是氧气，第三层是空气，最外层是用于保护第三层套筒壁的套筒空气，同时供燃烧烟气中的硫及其他可燃组分之用。最外层在熔体之上，不插入熔体。艾萨喷枪无第三层套筒，不插入熔体，只在熔体上方500～900 mm的距离处进行喷吹。氧气顶吹自然熔炼炉喷枪和三菱炉喷枪不同，赛洛喷枪的末端插入熔渣面以下200～300 mm处，在渣层中吹炼。熔体除受到喷吹气流的剧烈搅动外，还产生旋转运动。赛洛枪出口气体压力在50～250 kPa，压力较低，动力消耗较小。进入熔体中的高氧空气是由喷枪口出来的空气与氧气混合成的，在喷枪内空气与氧气各走各的通路，互不相混。喷枪风气体是混合后的富氧空气。赛洛喷枪可使用天然气、柴油、粉煤。华铜公司使用的澳斯麦特喷枪外部尺寸如图1-5-6所示。燃料（煤、天然气或油）通过喷枪中心的管子向下供给熔池，并在浸没于熔池中的喷枪头部燃烧，而空气或氧气通过两根管子形成的环形通道输入，将气体喷射与浸没燃烧结合起来。在这个过程中，流过环形通道的气体使喷枪外壁保持较低温度，以使靠近枪壁的液态熔渣冷却而凝结，在喷枪外壁上形成一层固态凝渣保护层。固态凝渣层防止了液态炉渣到达枪表面，使喷枪免受熔池中高温液体的烧损和侵蚀。

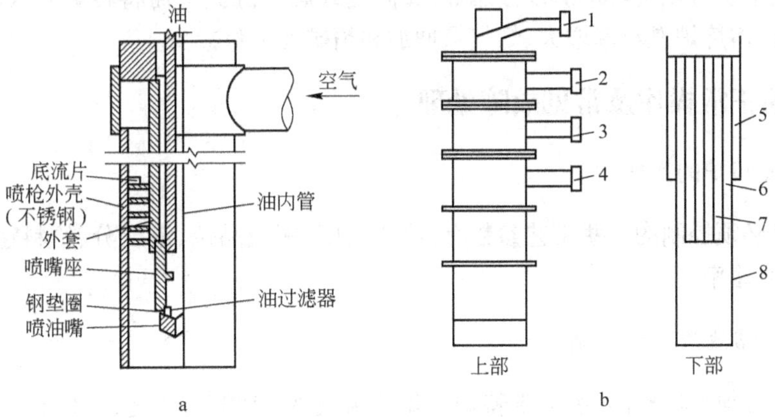


图1-5-5　赛洛喷枪与澳斯麦特喷枪的结构示意图

a—赛洛喷枪结构；b—澳斯麦特喷枪四层结构示意

1—燃油；2—氧气；3—枪入气；4，5—护罩空气；

6—氧气；7—燃油管；8—燃烧空气管

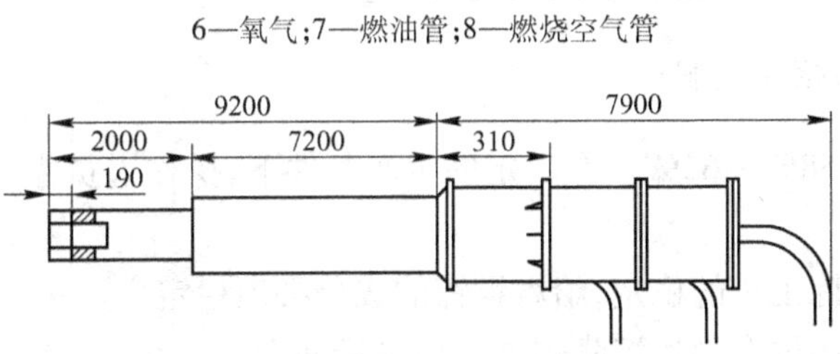


图1-5-6　中条山有色金属公司华铜公司澳斯麦特喷枪外形尺寸

基于赛洛喷枪的工作原理，该喷枪系统必须满足两个重要条件才能正常运行：一是必须使喷枪的外壁随时保持一层固态凝渣层以免枪壁熔化；二是喷枪壁需足够冷却。这两个条件是紧密相连的，因为只有喷枪壁面保持低温才能使其外面形成固态凝渣层，使喷枪寿命延长。延长喷枪寿命的方法有改进喷枪材料，在反应空气中加入水或煤粉及控制喷枪传热等。其中，控制喷枪传热，使喷枪壁传给反应空气的热量足够大，使枪壁外侧形成一层稳定的固态凝渣层是最有效的措施。

作为澳斯麦特炉系统的一部分，喷枪用于直接向熔融物料的熔池中注入燃料以及可燃气体。喷枪在炉子中的定位由喷枪操作系统设备来完成。喷枪操作系统的设备包括：喷枪架小车、喷枪提升装置、喷枪架小车导向柱。

##### 5.3.2.2　沉降炉

沉降分离贫化炉有回转式、固定式沉淀炉两种，固定式沉淀炉又分为燃油沉降炉和贫化电炉两种。我国炼铜厂目前都选用后者。比较两者的优缺点如下：

(1) 贫化电炉操作运行的灵活性比固定式燃油沉淀炉大，容易提高熔体温度，炉子结块时易处理，不会冻死。

(2) 贫化电炉有利于改善沉淀条件，可以通过加入还原剂以及熔剂来降低渣含铜量。

(3) 贫化电炉热利用率较高，可达60%左右，固定式燃油沉淀炉仅为25%左右。

(4) 贫化电炉可以使转炉渣以液态加入，固定式燃油沉淀炉需将转炉渣水淬后返回熔炼炉处理，导致熔炼炉燃料率增大、烟气量增加和精矿处理量减少。

## 5.4　炉子的正常操作及常见故障处理

### 5.4.1　澳斯麦特炉的操作

操作人员必须控制的一些工艺参数有：熔池温度、铜锍品位、渣成分、给料速率、烟气量和成分、套筒风速率。

##### 5.4.1.1　熔池温度的控制

熔池温度必须严格控制，澳斯麦特炉的熔炼温度为1180℃，渣还原和沉降电炉温度为1250℃。过高的温度会造成耐火材料的磨损加剧，温度过低会生成黏性渣，影响渣铜分层，排放也困难，甚至还会产生结块。熔池温度可以通过改变炉料与团煤的加料速率、改变喷枪HFO(重燃油)加油的速率、改变富氧的浓度来调整。

##### 5.4.1.2　铜锍品位的控制

铜锍品位一般在58%～62%。在一定的生产条件下，操作人员需要控制一定的铜锍品位，原因如下：

(1) 为了满足吹炼工艺的稳定，给料铜锍的成分必须稳定。

(2) 过高的铜锍品位会导致沉降炉渣铜损失量增大。

(3) 过高的铜锍品位会造成渣中磁铁的含量高，容易析出产生结块，操作温度的要求也会变高。

(4) 过低的铜锍品位会延长转炉的吹炼周期。

通过改变熔炼反应所需鼓入喷枪熔炼氧的速率来控制铜锍品位。

5.4.1.3　渣成分的控制

操作人员需要对熔炼过程的渣成分严加控制，原因如下：

(1) 黏性渣会造成渣发泡，电炉贫化渣的铜损失量也大。

(2) $m(Fe)/m(SiO_2)$比值高（>2）会造成渣中磁铁含量高；$m(Fe)/m(SiO_2)$比值低（<1）会导致二氧化硅饱和，均使渣的黏度上升，致使渣结块，这就需要一个更高的操作温度来保持渣的流动性。

一般是控制二氧化硅熔剂的加入量来调整渣成分。

5.4.1.4　给料速率的控制

给料的速率应使炉子的生产率最大，并确保铜锍的品位控制在58%～62%，以适应吹炼的要求，防止出现任何延误。如果吹炼运行出现了延误，有必要减少或停止熔炼的给料量，直到吹炼正常运行时才能恢复正常的给料速率。

5.4.1.5　烟气量和成分的控制

操作人员需要对烟气量和成分加以控制，以保证制酸系统正常生产。如果烟气量过大，排烟系统能力不足时便会从熔炼炉中散发出去，恶化劳动条件。

整个操作条件，包括给料速率和喷枪的供气量，都会影响烟气的排放量和成分，必须严格操作制度。降低富氧浓度就需要以空气（$O_2$和$N_2$）来替换氧气，而这会增大烟气量，降低烟气中$SO_2$浓度而影响制酸系统。

5.4.1.6　套筒风速率的控制

鼓入的套筒风应保持一定速率，以确保所有煤的挥发性物质和未完全燃烧产生的一氧化碳都能在炉内充分燃烧。这些产物在烟气控制系统中的氧化会导致许多问题的出现，如爆炸、烟气冷却装置和收尘设备的烧坏。

### 5.4.2　贫化电炉的操作

操作人员对贫化电炉需要控制的操作条件有：熔池的温度、铜锍和渣层的深度、磁铁的结块、电极的电源（电流和电压）。

贫化电炉内的熔池温度应控制在1250℃左右，温度过高会使耐火材料的磨损加剧；过低会产生黏性渣，使排放困难，还会在炉内产生结块或集结物，熔体的混合和渣铜分离的性能差，将增大渣铜损失。

操作人员应控制炉内一定的铜锍和渣层的厚度。铜锍层厚会使铜入渣损失增加，还会导致渣水淬时发生爆炸。铜锍层薄会使得没有足够的铜锍提供给吹炼炉，从而减少粗铜的产量。

若确定的铜锍层和渣层的平均厚度分别为350 mm和850 mm，铜锍和渣的密度分别是4.5 $t/m^3$和3.5 $t/m^3$，炉膛区面积是60 $m^2$，那么铜锍和渣的相应质量就是94.5 t和178.5 t。必须稳定熔炼炉与贫化电炉之间的熔体流量。操作人员需要密切监视贫化电炉中的任何结块的产生，因为结块多会降低炉子的生产能力，从而影响粗铜的产量。

磁铁含量高的渣将需要一个更高的操作温度来保持其良好的流动性，往贫化电炉内加入焦炭、铸铁或黄铁矿会减少磁铁的含量，有时还要调整熔炼炉熔剂的加入速率，以保持所需的渣成分。

监测和控制电极电源，以获取稳定的电极电流，某厂贫化电炉控制操作电源的功率是 75 kW/m$^2$。

### 5.4.3 顶吹浸没熔炼炉常见工艺故障及处理

熔炼过程中可能发生的重大事故有泡沫渣、死炉等。主要故障有夹生料、渣黏度大、喷枪结瘤及料口卡堵等。

（1）泡沫渣。泡沫渣发生时的现象是：熔池液面上涨，喷枪声音减小，喷枪剧烈晃动，有成团状或片状泡沫渣喷出炉外；炉负压波动幅度大，可达 200Pa 以上，然后又急剧下降；$SO_2$ 浓度下降，炉温有下降趋势。

引起泡沫渣的原因是由于长时间中断进料，渣层过氧化；在过氧化熔体中突然加入硫化物；渣型恶化使黏度增大等都会导致渣泡沫化。保证连续的进料，稳定控制渣型和炉温，就能防止泡沫渣的发生。出现泡沫渣征兆后，要及时退出熔炼状态，降低喷枪供风量，加入还原煤或精矿还原过氧化渣后再进行熔炼作业。

（2）死炉。死炉前的现象是炉温下降，$SO_2$浓度上升而后快速下降，熔池搅拌状况不好，炉口有细小颗粒喷溅，炉膛发暗，温度急剧下降；喷枪声音变化明显，下降喷枪困难并晃动剧烈以至于喷枪无法下降，喷枪相对静止；探测杆测不着液面，无液态熔池。

造成死炉的原因有：启动时起始渣层太低，翻腾不好，反应不好；枪位太高，加料时熔体没搅拌翻腾起来；精矿或返渣水分过大，不能维持炉内热平衡；喷枪烧损严重；喷枪风压力太低。

预防及处理措施是将炉温控制在 1200℃左右，如炉温下降炉况恶化，应果断采取减料、停料等措施；枪位应适当；炉料太湿时适当降低料速或加大燃煤量；喷枪烧损严重时应立即换枪；喷枪风压力太低时，降低料速或停止作业。

（3）夹生料。夹生料发生时炉内出现生料堆；出口堰有生料块或生料颗粒同熔体一起流出；烟气中 $SO_2$浓度、铜锍品位下降；渣黏度增大。这是由于炉温偏低，喷枪风量或氧气浓度不够，反应不完全；喷枪烧损或枪位不当；物料中夹有粒度大于 25 mm 的大块所致。

预防处理措施：增大燃料量提高炉温；增大风料比与提高氧浓度；枪位不当作适当调整，若枪烧损，应及时更换；严格炉物料管理，防止大块料入炉。

（4）渣黏度大。喷枪重量上升速度加快；$SO_2$浓度下降；炉渣有泡沫化迹象；出口堰熔体流动困难，溜槽黏结严重；渣成分失控。其原因是炉温偏低，熔剂配比不当，渣过氧化，磁铁含量增大，风料比不当，铜锍品位超标；枪位不当，喷枪烧损。

渣黏度大的预防处理措施有：加大燃烧提高炉温；采样送 X 荧光室快速分析渣组成，调整熔剂量；加大还原煤以还原渣中磁铁；根据铜锍品位变化情况，调整风料比；根据炉内熔池搅拌状况，调整枪位或换枪。

（5）喷枪结瘤。其现象是喷枪载煤风与套筒风反压增大，声音减弱，枪重明显上升，目测套筒管下部有大块结瘤。其原因是炉温低，渣黏度大；对于枪头结瘤可能是喷枪风水分太大，粉煤太湿造成的；对于套筒下部结瘤，可能是原料水分太大，套筒风量太大造成的。

喷枪结瘤的预防处理措施是增大燃煤提高炉温；采样检查渣成分，调整渣型；定期对载煤风储气罐排水，对原料粉煤含水量提出控制要求；控制精矿含水量在8%～10%，适当降低套筒风量；当套筒管下部结瘤过大时必须提枪进行清枪处理。

(6) 料口卡堵。料口卡堵为料口太小或堵塞，影响正常进料。造成料口卡堵的原因有：炉温低或渣发黏，熔渣溅到料口结死；熔池液面高，枪位相对低，喷溅严重；入炉物料太湿；炉负压太大，漏风严重；料口外冷却水向炉内漏水。

预防处理措施：提高炉温，采样分析渣成分，调整渣型；检查出口堰流动情况，若熔池液面过高，则降低料速，控制液面在正常作业范围，并调整枪位；检查入炉物料，控制混合精矿水分在8%～10%；控制炉负压在-10～-5 Pa，处理料口漏风情况；若料口漏水，立即停止冷却水，对料口进行维修处理。

## 5.5　顶吹浸没熔炼的主要技术经济指标

表1-5-1列出了目前国内外采用顶吹浸没熔炼进行铜精矿造锍熔炼生产厂家的技术经济指标，供分析比较。

**表1-5-1　目前国内外铜精矿顶吹浸没熔炼法生产厂家的技术经济指标**

| 项　目 | | 单位 | Miami(美) | Mount Isa(澳) | 华　铜 | 金　昌 | 云　铜 |
|---|---|---|---|---|---|---|---|
| 工艺流程 | | | 艾萨熔炼-贫化电炉-PS转炉 | 艾萨熔炼-贫化电炉-PS转炉 | 澳斯麦特熔炼-贫化电炉-澳斯麦特炉吹炼 | 澳斯麦特熔炼-贫化电炉-PS转炉 | 艾萨炉熔炼-贫化电炉-PS转炉 |
| 精矿成分（质量分数） | Cu | % | 27.5～29.0 | 24.5 | 15～28 | 20.27 | 20.5～25 |
| | Fe | % | 26～28.5 | 25.7 | 20～25 | 29 | 23～25 |
| | S | % | 31.5～33.25 | 27.6 | 23～26 | 27 | 23～25 |
| | $SiO_2$ | % | 4～5 | 16.1 | 10～17 | 6.1 | 8～11 |
| | 水分 | % | 9.5～10.25 | | 8～10 | 8～10 | 8～10 |
| 燃料率 | | % | | 煤5.5 | 煤8～10 | 煤7.07 | 煤8.5 |
| 处理精矿量 | | t/h | 平均76.46<br>最高95.46 | 98(另加返回料14) | 28(另加返回料20%) | 48 | 平均100<br>最高118 |
| 喷枪供风量 | | $m^3/min$ | 425～566 | 840 | 200～260 | 454 | 360～420 |
| 喷枪供氧量 | | $m^3/min$ | 283 | | 70 | 145 | 210～240 |
| 富氧浓度($O_2$) | | % | 47～52 | 42～52 | 40～45 | 40 | 45～50 |
| 炉子烟气量 | | $m^3/h$ | 76000 | | | 51502 | |
| 熔池温度 | | ℃ | 1161～1171 | | 1180～1210 | 1180 | 1180～1210 |
| 炉子作业率 | | % | >94 | | | | >90 |
| 炉寿命 | | 月 | >15 | >18 | | | 28 |
| 喷枪头更换周期 | | d | 15 | | 11 | 5～7 | 9～15 |
| 烟气$SO_2$浓度 | | % | 12.4 | | 7～9 | 10.8 | 13～18 |
| 锍品位 | | % | 56～59 | 57.8 | 55～64 | 50 | 52～56 |
| 炉渣含铜 | | % | 0.5～0.8 | 0.59 | 0.6～0.7 | 0.6～0.7 | 0.5～0.8 |
| 炉渣含$Fe_3O_4$ | | % | 8～10 | | 5～7 | | 5～10 |

续表 1-5-1

| 项 目 | 单 位 | Miami(美) | Mount Isa(澳) | 华 铜 | 金 昌 | 云 铜 |
|---|---|---|---|---|---|---|
| $m(Fe)/m(SiO_2)$炉渣 | | 1.35 ~ 1.45 | 1.1 | 1.1 ~ 1.3 | 1.43 | 1.1 ~ 1.3 |
| 炉渣 $m(SiO_2)/m(CaO)$ | | 6 | | 4 ~ 6 | | 10 |
| 炉渣 $Fe^{3+}/Fe^{2+}$ | | 0.2 | | 0.16 | | |
| 贫化渣温度 | ℃ | 1199 ~ 1206 | | 1180 | 1250 | 1200 ~ 1250 |
| 喷枪出口压力 | kPa | 50 | 50 | 150 | 200 | 50 ~ 60 |
| 粗铜冶炼回收率 | % | | | >97 | 97 | |

## 5.6 顶吹浸没熔炼法的特点及发展趋势

该法在备料上,原料不需要经过特别准备,将含水量<10%的精矿制成颗粒或混捏后直接入炉。只有精矿含水量>10%时,精矿才经干燥窑干燥后,再制粒或混捏。炉料呈自由落体落到熔池面上,然后被气流搅动卷起的熔体混合消融。

顶吹浸没熔炼生产工艺的优点如下:

(1) 熔炼速度快,生产率高。艾萨炉用于铜精矿熔炼,床能力最高已达 238 t/($m^2$·d),一般达到 190.8 t/($m^2$·d),是目前炼铜方法中床能力最高的一种。这种炉子在提高富氧浓度时,生产能力便可以成倍增加。年产 $10\times10^4$ t 铜的工厂与年产 $20\times10^4$ t 铜的工厂在炉子直径和高度上变化不大,只是富氧浓度不同。

(2) 建设投资少,生产费用低。由于处理能力大,炉子结构简单,因此建设速度快,投资少。建设一座顶吹浸没炉的投资,一般只有相同规模闪速熔炼炉的 60% ~ 70%。

(3) 原料的适应性强。对处理的原料有较强的适应性,不仅能处理"纯净"精矿,也能处理"垃圾"精矿,甚至能处理其他方法都不能处理的精矿。

(4) 与已有的设备配套灵活、方便。熔炼炉的占地面积较小,可与其他的熔炼工艺设备配套使用。尤其是对于反射炉和电炉的搭配灵活、方便。

(5) 操作简便,自动化程度高。生产过程用计算机在线控制 1 台炉子,每班仅需 4 ~ 6 名操作人员。

(6) 燃料适用范围广。喷枪可以使用粉煤、炭粉、油和天然气,燃烧调节比大。

(7) 有良好的劳动卫生条件。除喷枪口和上料口外,熔炼炉为密闭式生产,烟气逸散少。

顶吹浸没熔炼法的不足点为:

(1) 炉寿命较短,最长时间只达到 18 个月,短的只有几个月。

(2) 喷枪保温要用柴油或天然气,价格较贵。

经过十几年的发展,顶吹浸没熔炼技术在提取冶金中具有较广泛的应用,包括锡精矿、铅精矿、铜精矿熔炼,炉渣烟化,阳极泥熔炼、铅锌渣、镍浸出渣的处理,炼铁以至垃圾焚烧等方面。

目前,采用本技术的冶炼厂已有英国、津巴布韦、韩国、印度、德国、美国、中国等国达 20 余家。1992 年美国迈阿密塞浦路斯冶炼厂用艾萨炉替代了电炉熔炼。1999 年我国山西华铜铜业有限公司引进该技术投产后,至 2004 年,云南铜业公司引进的艾萨炉、云南锡业公司引进的澳斯麦特炉、铜陵有色金属公司金昌冶炼厂引进的澳斯麦特炉也相继建成投产。

随着澳斯麦特炉与艾萨熔炼技术的发展，塞浦路斯迈阿密厂和芒特·艾萨厂都在着手扩建它们的炼铜厂。两家都将提高喷枪中空气的含氧量(达60%)，从而提高产量。

芒特·艾萨厂计划将其生产能力提高到每小时处理160t精矿，全年产铜量超过$25\times10^4$ t。

PS转炉的吹炼作用是间断进行的，产出的$SO_2$烟气不能稳定，影响制酸并污染环境，顶吹浸没熔炼技术将是实现连续吹炼颇有吸引力的技术。为此CSIRO公司进行了大量试验室连续加入破碎后固体铜锍、产出低硫(S含量低于0.1%)的粗铜试验，已经证明这项技术大有潜力。多数连续吹炼试验采用钙铁渣型，同时也进行过硅酸盐渣型试验。试验表明：粗铜中的硫含量取决于钙铁渣中的铜含量。我国华铜公司已采用艾萨炉吹炼铜锍。

当希望产出低硫粗铜时，不可避免会产生高铜渣，对高铜渣的处理也进行了研究，艾萨法还原高铜渣的试验表明是很有前途的方法。大约经过30 min的还原，渣中含铜量就可以降到1%以下，然而，将高铜渣返回熔炼过程处理，产生65%～70%的铜锍是最简便的，并可减少转炉渣量。

顶吹浸没熔炼技术与闪速吹炼技术相比，其优势在于可以吹炼较大块的固体铜锍，而加入闪速炉的铜锍必须经过破碎、干燥、碾磨至合适粒度。

# 6　白银炼铜法

## 6.1　概述

白银炼铜法具有床能力大、燃料消耗低、烟气中 $SO_2$ 可用于制酸，进而大大降低对环境的污染等显著特点。

白银炼铜法的主要技术经济指标均远优于鼓风炉和反射炉等传统的炼铜方法。现白银炉已具备了100 kt/a以上的生产能力。

## 6.2　白银炼铜法的生产

白银炼铜法有单室炉和双室炉两种工艺流程，两者仅在烟道系统上略有差异。

含水分8%左右的硫化铜精矿配以返料、熔剂（石英石和石灰石）等，由皮带运输机送到白银炉炉顶料仓，由南、北两个圆盘给料机控制料量，经南、北慢速给料皮带和熔炼区炉顶加料口连续地加入到白银炉熔池中，鼓入熔池中的含 $O_2$21% ~50%的富氧空气是由压缩空气和含 $O_2$95% ~99%工业氧混合而成。富氧空气通过熔炼区侧墙风口鼓入熔池，起到搅拌熔体和加入炉料的作用，并使炉料被迅速加热、分解、熔化、造锍及造渣。熔炼区熔池温度控制在1150℃。

炉料在熔炼区经过熔炼后，产出的铜锍和炉渣混合熔体经隔墙下部通道进入沉淀区进行过热和沉降分离，产出铜锍和炉渣。铜锍由虹吸放铜口间断放出供转炉吹炼，炉渣由排渣口排出弃去或经贫化处理。

含 $SO_2$ 浓度高的高温烟气由熔炼区尾部直升烟道排出，经余热锅炉、旋涡收尘器、电除尘器后，再经排烟机送往制酸车间生产工业硫酸。双室型白银炉沉淀区产出含 $SO_2$ 很低的烟气先经膜式壁水冷烟道，再经辐射换热器、管式换热器，最后由排烟机送往烟囱排空。

白银炉炉头装有一个粉煤燃烧器，供炉渣和铜锍过热，炉子中部设有1 ~2个粉煤燃烧器，用于补充熔炼过程热量不够时所需的热。所用的粉煤由粉煤制备工段供给，按要求送至粉煤仓。粉煤通过双螺旋给煤机，与一次风混合，进入燃烧器燃烧。粉煤燃烧所用的一次风和二次风，由专用的中压风机供给，其中二次风送换热器生产热风，一次风则直接用于输送粉煤。

## 6.3　白银炉炉体结构及主要附属设备

### 6.3.1　白银炉的炉体结构

白银炉是一个固定式的长方形炉子。炉体熔池被隔墙分为两个部分：即熔炼区和沉淀区。按炉膛空间的结构不同又可分为双室炉型（见图1-6-1）和单室炉型（见图1-6-2）。

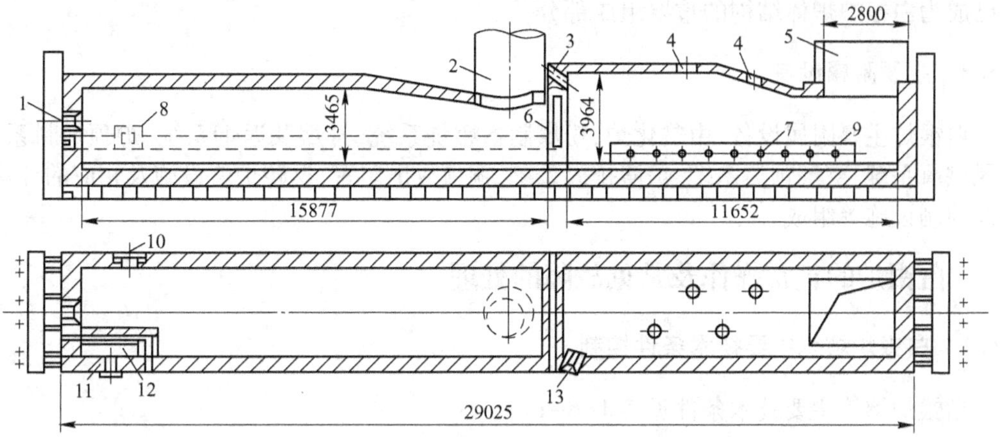


图 1-6-1　双室炉型结构示意图

1—燃烧孔；2—沉淀区直升烟道；3—炉中燃烧器；4—加料口；5—熔炼区直升烟道；6—隔墙；7—风口；8—渣线水套；9—风口水套；10—渣口；11—铜锍口；12—内虹吸池；13—转炉渣返入口

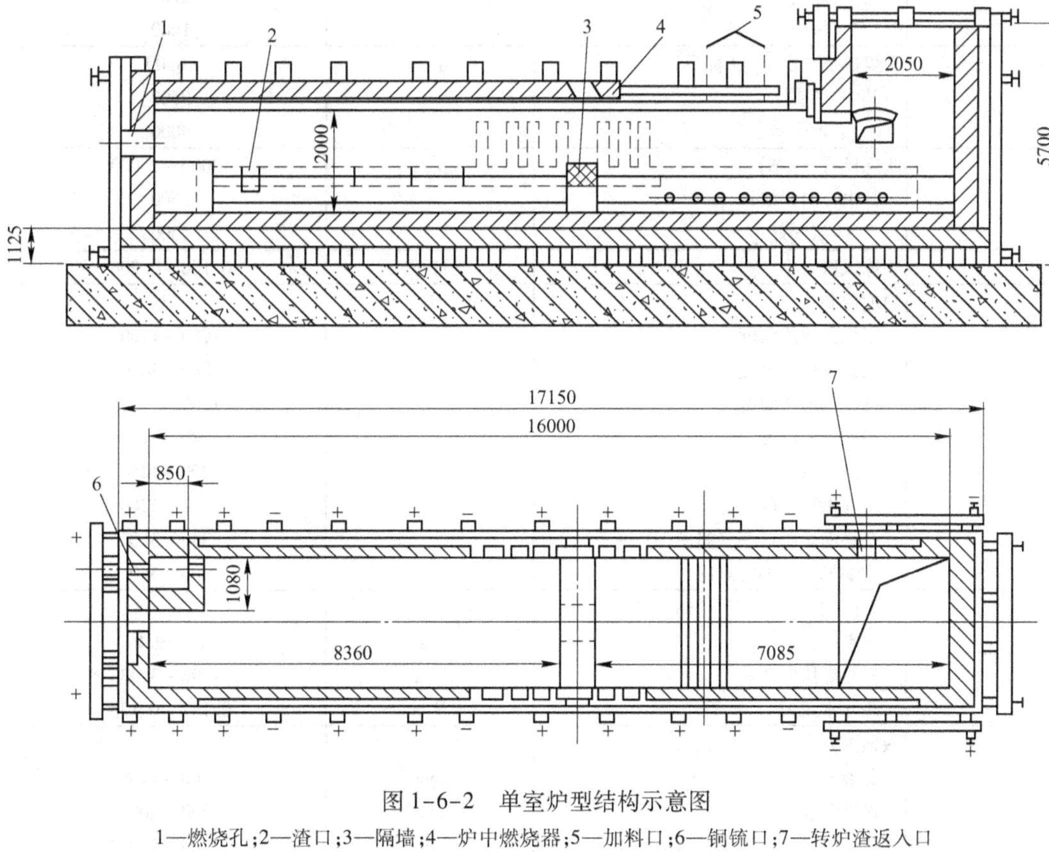


图 1-6-2　单室炉型结构示意图

1—燃烧孔；2—渣口；3—隔墙；4—炉中燃烧器；5—加料口；6—铜锍口；7—转炉渣返入口

白银炉主体结构由炉基、炉底、炉墙、炉顶、隔墙、内虹吸池及炉体钢结构等部分组成。另外在白银炉多处设置了铜水套，包括吹风水套、渣线水套、炉拱水套、侧墙立水套、压拱水套、加料口水套等，渣口、放铜锍口、返转炉渣口、燃烧器孔等均设置了铜水套。铜水套冷却件已成为白银炉炉体结构的重要组成部分。

### 6.3.2　主要附属设备

白银炉主要附属设备，由贫化炉、粉煤制备燃烧系统、排烟及返烟系统、炉顶加料系统、供风供氧系统、空气预热系统、炉渣排放系统、铜锍放出装置、返转炉渣设施及相应的计量检测及控制设施等组成。

## 6.4　白银炉的正常操作及常见故障的处理

### 6.4.1　白银炉熔炼主要技术条件控制

白银炉熔炼主要技术条件见表1-6-1。

表1-6-1　白银炉熔炼主要技术条件

| 序　号 | 名　称 | 单　位 | 技术条件 |
|---|---|---|---|
| 1 | 加入炉料量(干) | t/h | 40~50 |
| 2 | 燃烧粉煤量 | kg/h | 3300 |
| | 其中：炉头 | | 1700 |
| | 炉中 | | 1600 |
| 3 | 粉煤燃烧二次空气(标态) | $m^3/h$ | 18500 |
| | 其中：炉头 | | 9500 |
| | 炉中 | | 9000 |
| 4 | 吹炼风量(标态) | $m^3/h$ | 13000~16000 |
| | 其中：加料气封 | | 3600 |
| | 氧气量 | | 4300 |
| 5 | 吹炼风压力 | MPa | 0.186~0.206 |
| 6 | 温度控制 | ℃ | |
| | 熔炼区熔体温度 | | 1050~1150 |
| | 沉淀区炉膛温度 | | 1380~1420 |
| | 沉淀区熔体温度 | | 1200~1250 |
| | 铜锍排放温度 | | 1080~1150 |
| | 炉渣排放温度 | | 1200~1250 |
| | 烟气出口温度 | | 1150~1200 |
| | 余热锅炉出口烟气温度 | | 340~360 |
| | 排烟机出口烟气温度 | | 300~350 |
| 7 | 压力控制 | | |
| | 炉膛压力 | Pa | 0~19.6 |
| | 送粉煤压力 | kPa | 1.96~3.43 |
| | 冷却水压力 | MPa | 0.147~0.176 |
| 8 | 液面控制 | | |
| | 总液面 | mm | 1000~1150 |
| | 铜锍深度 | mm | 700~800 |
| | 渣层厚度 | mm | 200~350 |

#### 6.4.1.1　熔炼区温度

熔炼区是入炉物料熔炼的区域，主要的物理化学反应在此区域进行，因此熔炼区温度的控制对整个熔炼过程起着至关重要的作用。

一般熔炼区熔体温度控制在1050～1150℃。

6.4.1.2 沉淀区温度

沉淀区是铜锍与炉渣分离的区域，还有熔炼未完成的反应仍在进行，因而需要有足够高的温度。温度过低，熔体过热差，炉渣黏度大，导致渣含铜量升高，操作困难；温度过高，炉衬蚀损快，燃料消耗多。

一般沉降区炉膛温度控制在1380～1420℃，熔体温度控制在1200～1250℃。

6.4.1.3 炉膛压力

白银炉炉膛压力，指沉降区中部炉拱处所测得的压力值。炉膛负压过大，则粉煤燃烧较完全，劳动条件好，炉寿命长；但也存在火焰拉长，炉头温度低，漏风量大，烟气$SO_2$浓度低，热利用率差等不足。炉膛正压过大，效果刚好相反。为了减少炉体漏风、提高烟气$SO_2$浓度、提高沉降区炉渣过热温度和维持虹吸池正常工作温度，目前白银炉炉膛控制微正压操作。图1-6-3给出了在正压和负压操作下炉膛温度随炉子长度的变化关系。

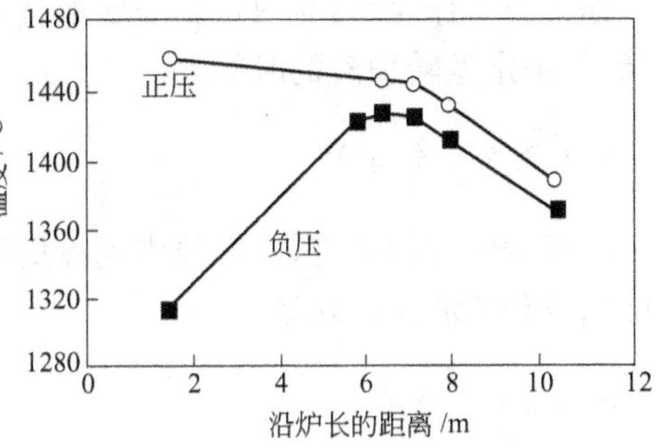


图1-6-3 在正压和负压操作下炉膛温度随炉子长度的变化

6.4.1.4 鼓风压力和鼓风量

鼓风压力和鼓风量，是熔炼过程控制的重要技术条件。白银炉熔炼区入炉料的各种物理化学反应，主要靠鼓入炉内高压空气（或富氧空气）来完成。要提高熔炼的技术指标，必须提高熔池的鼓风强度。鼓风强度与鼓风压力、熔池宽度、风口倾角、风口埋入深度、风口直径以及风口畅通程度有关。在上述因素一定时，它还随风口开动次数的增多而提高。

实际鼓风强度（标态）为250～350 $m^3/(h \cdot m^2)$（熔炼区面积），入炉风压力为190～210 kPa。

白银炉熔炼产出品位为35%～50%的铜锍时，单位炉料反应所需理论氧量（即氧料比（标态））约为140～200 $m^3/t$（此数值与炉料成分有关）。鼓入熔体中空气量占炉料熔炼理论空气量的70%～85%。其余15%～30%的空气则由粉煤燃烧过剩空气、加料气封和炉体漏入空气补充。

## 6.4.2 正常生产操作

6.4.2.1 加料

加料对保证炉子正常作业起着重要的作用，因而必须严格执行加料操作制度。对加料的要求是，要按指定加料量，连续均匀地把炉料加入炉内，要防止断料和加料过多。加料要视炉况好坏而定，炉况好，炉温高，可酌情多加；反之，需少加。

#### 6.4.2.2　粉煤燃烧

炉温是熔炼正常作业的根本保证,必须严格按技术操作条件进行。要注意调整炉膛压力和温度,合理调节风煤比,使粉煤在炉膛中充分燃烧,以保证炉内有足够高的温度。

#### 6.4.2.3　清理风口

往炉内熔池中多送风,是强化白银炉熔炼、获得良好技术经济指标的重要因素。因此,要经常清理风口(即通风眼),保持风口畅通。进风量要保持稳定,清理风口前、后进风量(标态)相差不得超过 1000 $m^3/h$。

#### 6.4.2.4　返转炉渣

返转炉渣作业时,对白银炉渣含铜量有很大影响。要根据白银炉与转炉两道工序的操作情况,决定返转炉渣的时间。

#### 6.4.2.5　放铜锍

随着冶炼过程的进行,熔池内铜锍量逐渐增多,需间断放出。放出时间和数量要与转炉炉前岗位和放渣岗位联系。

#### 6.4.2.6　放渣

炉渣是熔炼过程中的产物,需从炉内间断放出。放渣时间和排渣数量,要与放铜岗位和返转渣岗位联系。

#### 6.4.2.7　其他方面

除上述主要操作外,还应注意对料仓和加料皮带的管理。做到供料及时,设备运转正常。此外,要加强对炉体各部位水套水温的检查,水套进出水温差要维持在 6 ~ 10℃。要及时清除烟道结块,保证烟气排出畅通。

### 6.4.3　开、停炉作业

#### 6.4.3.1　开炉

当新炉建成或旧炉检修完毕后,开始生产前,需要进行开炉操作。开炉分为开炉准备、烤炉和加料放铜三个阶段。

#### 6.4.3.2　停炉

停炉分计划停炉和事故停炉两类。停炉指从洗炉到熔体放空这一阶段而言。停炉分洗炉、熔体放空和炉体冷却三个步骤。

### 6.4.4　常见故障及处理

白银炉熔炼常见故障有以下 7 种,其发生的原因及处理措施分述如下。

#### 6.4.4.1　熔炼区熔体发黏

熔体发黏的原因是炉温低或加料过多,风口难捅,进风量少,炉料熔点高或大块多等,都将使熔体发黏。

处理方法:减少加料量或暂停加料,提高炉温,改变炉料成分。

预防措施:必须重视加料,严防加料成堆,造成熔炼区铜锍面低,风口难捅,进风量减少,熔体搅动程度变差;配料成分合适,采用合理渣型;调节好风煤比,防止低温操作。

#### 6.4.4.2　沉降区熔体发黏

发黏的原因有:炉料含锌高,在炉渣与铜锍之间产生黏层;熔炼区加料过多,未熔化生料进入沉降区产生浮料;供热不好炉温低,炉渣含 $SiO_2$ 过高发黏;炉底积铁层厚,熔体底部发黏(俗称磁铁沉底)。

处理方法:如系炉料含 Zn,$SiO_2$高所致,则需调整炉料成分;如系生料和炉温降低所致,则应减少或暂停加料,提高炉温,并用风管吹风搅动熔体,促使生料快速熔化;如系炉底积铁,可往炉内加铸铁球洗炉。

预防措施:主要应按工艺要求准确配料和视炉况加料,控制好炉温,其次是防止炉底积铁。

#### 6.4.4.3　风口难捅

其原因有:熔炼区加料过多,导致熔体温度低;风压低,风管出口黏结;铜锍面过低,风口处于渣层之中,炉渣受吹入冷空气作用降温快;风管出口有料堆,造成风口深难捅;此外,当风口内壁结渣或风管安装不正都会发生风口难捅现象。

处理方法:减少加料量,提高熔池温度;提高铜锍面;炉料中配入高硫铜精矿;适当提高风压。

预防措施:要视炉况加料,防止加料成堆;鼓风压力合适,不要偏低;炉内供热好,炉温不偏低,保持熔炼区在有较高铜锍面的条件下操作。

#### 6.4.4.4　加料管难捅

加料管难捅的主要原因是炉料中 $SiO_2$ 不足,导致渣含铁高,此种炉渣喷溅到加料管内难以捅掉;其次是加料气封风量过大,炉温低,熔体喷溅严重,黏结加料管缘故。

处理方法:属于高铁渣黏结加料管时,应改变渣型,补充炉料中 $SiO_2$ 含量;属于加料气封大,炉温低等操作原因时,可临时关闭加料气封阀门,借助炉内高温火焰烧掉加料管黏结物。

预防措施:避免产生高铁渣和低温操作。

#### 6.4.4.5　直升烟道结瘤

由于熔炼区尾部风口造成的熔体飞溅和随烟气带走的烟尘,容易使直升烟道内壁结尘黏结。

处理的方法是用炸药放炮清除或用重油烧化黏结物。

减轻直升烟道黏结长瘤的措施是：在直升烟道内壁安装水套；在直升烟道底部熔池中，使用小直径风口送风有显著效果。

6.4.4.6 跑铜锍

跑铜锍一般发生在熔炼区炉墙、水套、隔墙、炉底、放铜锍口与溜槽接头之间等部位。

跑铜锍主要是炉墙有缝隙或蚀损严重，炉温高和铜锍面高等原因。

跑铜锍的处理方法是：减煤（或停煤）和多加料降低炉温；放铜锍降低铜锍面；放氧、灭火、捅风口。用泥球堵住跑铜部位。

跑铜锍的预防措施是：要加强炉墙堵缝和提高砌筑质量；当铜锍面很高时，要及时放铜锍，并临时用钢钎捅上风口；避免炉温过高。

6.4.4.7 突然停风、停电或停水

此类事故危害性很大。处理停风、停电及停水事故，要以保持炉体、设备及人身安全为准则，采用不同的方法处理。

预防措施是加强管理，精心操作，减少停风、停电及停水事故发生的频率。

## 6.5 白银炼铜法主要技术经济指标

### 6.5.1 床能力

床能力是衡量冶金炉冶炼强度的重要指标。影响白银炉床能力的因素有熔池鼓风强度、炉料性质及成分、熔炼温度、操作管理水平等。炉型尺寸及炉料性质不变时，炉子床能力主要取决于供风量。

空气熔炼时炉子床能力与供风量关系的计算公式为：

$$\eta_{床} = \frac{(K_{过} \times V_{燃理} + V_{熔池}) \times k_{利} - V_{燃理}}{V_{料} \times F} \times 24$$

式中 $\eta_{床}$——炉子床能力，t/(m$^2$ · d)；

$K_{过}$——粉煤燃烧空气过剩系数（1.15～1.20）；

$V_{燃理}$——粉煤燃烧的理论空气量（标态），m$^3$/h；

$V_{熔池}$——鼓入熔池空气量（包括加料气封风量（标态）），m$^3$/h；

$k_{利}$——鼓入炉内空气（包括粉煤燃烧空气和高压空气）氧的利用系数，一般为95%左右；

$V_{料}$——熔炼1t炉料消耗的有效空气量（标态），m$^3$/h；

$F$——炉床面积，m$^2$。

在富氧空气自然熔炼时（不需要外供热）计算公式为：

$$\eta_{床} = \frac{V_{熔池} \times \dfrac{富氧空气\,O_2\%}{空气\,O_2\%} \times k_{利}}{V_{料} \times F} \times 24$$

从以上两个公式可知，炉子床能力随熔池鼓风量、粉煤燃烧空气过剩系数以及鼓风中氧的浓度增加而增加。因此强化白银炉熔炼，主要是提高鼓风强度和富氧浓度。

白银炉熔炼床能力也可用下式计算：

$$\eta_{床}=\frac{G}{F}=\frac{铜精矿量+熔剂量+烟尘量+其他含铜物料量}{炉床面积}$$

式中　$G$——加入炉内干炉料量，t/d。

床能力分全床能力和吹炼区床能力两种。其区别在于计算时炉床面积不同。全床能力指熔炼炉全部炉床面积的单位面积每天处理干炉料量。熔炼区床能力是指熔炼区炉床面积的单位面积每天处理干炉料量。

其次，炉料的性质和成分，以及燃烧温度等对炉床能力的影响也不能忽视。

### 6.5.2　标准燃料率

白银炉熔炼热量，来源于两个方面：一方面是炉料氧化和造渣反应的自热；另一方面是燃料燃烧的外供热。冶金过程要尽量提高自热程度，降低燃料消耗。

标准燃料率与炉型结构、燃料类别和质量、燃烧条件、燃烧器结构和安装位置，以及操作水平等因素有关。

### 6.5.3　烟气二氧化硫浓度

烟气中 $SO_2$ 浓度的高低，关系到硫的回收和利用价值及程度、环境保护等重大问题，已成为评价火法炼铜方法优劣的重要标志之一。

### 6.5.4　渣含铜

影响渣含铜指标的因素有以下几个方面：

(1) 渣型。由炉渣性质得出：炉渣 $m(SiO_2+CaO)/m(Fe)$ 的比值增高，渣含铜就降低。

(2) 炉渣中磁铁的含量。因磁铁熔点高（1547℃以上），密度大（固体 5.0～5.5g/cm$^3$），又高度分散，造成渣黏度增大，渣与铜锍密度差降低，导致渣含铜升高。

(3) 温度。随温度的升高，渣含铜量降低。

(4) 澄清时间。澄清时间越长，越有利于渣含铜量的降低。

(5) 铜锍品位。根据热力学分析，对某一确定体系，在某一温度下，渣中铜与铜锍中的铜之比为一常数，随熔炼产出铜锍品位的升高，渣含铜也呈上升趋势。

(6) 返转炉渣的影响。返转炉渣的操作，对白银炉渣含铜量指标有一定影响。

(7) 生产操作。在较高温度下的稳定操作对降低渣含铜量非常重要。

### 6.5.5　铜的直收率和回收率

白银炼铜法烟尘率低，随烟气带走的铜很少。因此铜的回收率主要决定于炉渣中铜的损失。白银炉熔炼时，一般铜的直收率和回收率分别为 93%～95% 和 97%～97.5%。

### 6.5.6　炉寿命

影响炉寿命的因素很多，主要是熔炼热强度、炉型结构、耐火材料质量及砌筑质量、技术操作条件、燃烧器的安装位置等。目前，白银炉炉寿命一般为 270 天左右。

### 6.5.7　炉子热效率

热效率是检验冶金炉热能有效利用程度的标志。提高炉子热效率，是节约能源的重要途径之一。

影响炉子热效率的主要因素是出炉烟气带走热、炉体热损失（炉体、水套冷却水带走热）、粉煤不完全燃烧及其他热损失，减少上述三方面的热损失是提高炉子热效率的重要手段。富氧熔炼是提高热效率的有效途径之一。

## 6.6　白银炼铜法的工艺特点及发展趋势

白银炼铜法在基本原理上类似于诺兰达法、特尼恩特法，都属于侧吹熔池熔炼的范畴。经过近几十年的发展、研究已日趋完善。“白银炼铜法”具有以下主要特点：

（1）熔炼炉料的利用率高。白银炉采用浸没侧吹风口装置，从炉墙两侧浸没式风口鼓入压缩空气（或富氧空气），使高温熔体剧烈搅动。炉料加到熔炼区后，立即随熔体的搅拌而散布于熔体中，利用精矿颗粒的巨大表面与周围高温熔体、气体间很快地进行传热、传质，为熔炼过程的气、液、固三相间的反应创造了良好的动力学条件，使加热、分解、熔化、造锍及造渣等物理化学过程速度加快。炉料中的硫化物被鼓入的富氧空气中的氧所氧化，放出的热量直接加热熔体和炉料。另外，白银炉上还采用预热空气，以强化炉膛空间的供热。

（2）能耗较低。加入熔池内的炉料中的部分硫和铁被鼓风中的氧所氧化，其氧化反应和造渣反应热又随着被搅动的高温熔体迅速地在熔池中传递，因而热的利用充分，热效率高。化学反应热占熔炼热收入的55% ~84%。当白银炉鼓风含 $O_2$ 达到50%左右时，可实现完全自热熔炼。

（3）白银炉熔池中设置隔墙，将整个炉子分隔成两个区：熔炼区和沉降区。隔墙的设置充分解决了熔炼区和沉降区动静的矛盾，同时强化了熔炼区及沉降区的作用。熔体的强烈搅动，使铜锍液滴相互碰撞的机会大为增加，有利于它们的聚合与长大，加速其沉降速度。沉降区熔体相对平静，更有利于铜锍与炉渣的分离，减少了炉渣中的铜锍夹带。

（4）炉渣含 $Fe_3O_4$ 少，渣含铜量较低。在熔炼区熔池中由于有足够的 FeS 和 $SiO_2$ 存在，在鼓风的强烈搅动下，$Fe_3O_4$ 能与之充分的接触，有利于炉料原有的高价氧化物（$Fe_2O_3$、$Fe_3O_4$）的还原，还能抑制新的 $Fe_3O_4$ 的生成。而且，炉料中配有适量的煤，因此炉渣中 $Fe_3O_4$ 含量低，一般为2% ~5%。

（5）白银炉熔炼是将湿炉料直接加入炉内，随气流带走的粉尘量少；另外白银炉熔炼区鼓风搅拌强烈，翻腾飞溅的熔体对炉气夹带的粉尘起了良好的捕集作用，因而白银炉烟尘率相对较低，仅为3%左右。

（6）白银炉熔炼对原料的制备要求相对简单。入炉水分为6% ~8%、混有少量粗粒（粒度小于30 mm）的炉料可以直接加入炉内处理，免去了庞大的炉料制备和干燥系统。

（7）转炉渣可返白银炉进行贫化处理。将液态转炉渣直接返回白银炉内贫化，是一种简单而又节省能耗的方法。

（8）白银炉熔炼的铜锍品位可容易地通过氧料比在较大的范围内调整。在供热量充足的条件下，鼓入熔体内的氧量不变时，增大加料量则铜锍品位降低；反之品位升高。若加料量一定，鼓风量和氧量增大时，产出铜锍品位升高；反之则降低。

（9）白银炼铜法对原料的适应性强，有利于共生复杂矿的综合利用。炼铜原料中往往含有铅、锌等元素和贵金属。而白银炉由于熔池充分搅动，有利于铅、锌等易挥发金属及其化合物进入气相，富集于烟尘中而回收。

（10）白银炉可使用粉煤、重油、天然气等多种燃料，适应性较强。

（11）白银炉在富氧熔炼过程中，炉料中有60%～70%的硫进入气相，烟气中$SO_2$浓度达到10%～20%，且成分和数量比较稳定，有利于制酸，硫的总利用率可达93%。

与其他熔池熔炼炉相比，白银炉的本体结构和配套设备均比较简单，工艺过程稳定，易于被操作人员所掌握。

“白银炼铜法”的工艺技术已接近世界先进水平，但有些方面仍需进一步提高。包括：

（1）在强化熔炼方面，继续提高富氧浓度，提高氧气利用率，逐步向富氧自热熔炼发展。

（2）进一步完善白银炉炉型，充分发挥白银炉的优势，使“白银炼铜法”从整体上赶上世界先进水平。

（3）提高能源综合利用水平，减少能源浪费，降低粗铜综合能耗。

（4）提高白银炉熔炼自动化水平，增强生产过程控制的科学性和准确性。

# 7 其他熔炼新方法

从20世纪50年代闪速熔炼工业化并于60年代迅速发展以后，进入70年代各种新的熔池熔炼也陆续得到了推广，除了前面介绍的诺兰达法、顶吹浸没熔炼法和白银法外，下面将介绍几种采用不多的新熔池熔炼法。

## 7.1 瓦纽柯夫法

瓦纽柯夫熔炼炉的吹炼过程，类似我国白银法侧吹熔池熔炼，但其熔池较深(2.5m)，采用高浓度氧(60%～90%)，吹炼熔池上部熔有料矿并混有铜锍小滴的乳渣层。在鼓泡乳化熔炼过程中有效地抑制$Fe_3O_4$的生成，加速了相凝聚与分离，强化了传质与传热过程。

该炉是一个具有固定炉床、横断面为矩形的竖炉。

炉缸、铜锍池和炉渣虹吸池以及炉顶下部的一段围墙用铬镁砖砌筑，其他的侧墙、端墙和炉顶均为水套结构，外部用架支承。

风口设在两侧墙的下部水套上。

端墙外一端为铜锍虹吸池，设有排放铜锍的铜锍口和安全口，另一端端墙外为炉渣虹吸池，设有排放炉渣的渣口和安全口，小型炉子的炉膛中不设隔墙，大型炉的炉膛中设有水套炉墙，将炉膛分隔为熔炼区和贫化区呈双区室(图1-7-1)。

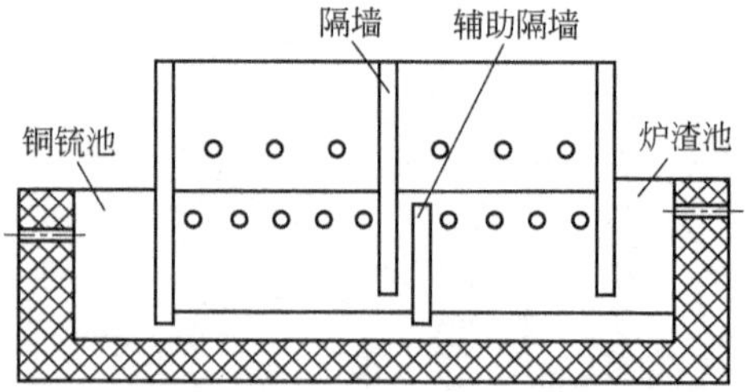

图1-7-1 瓦纽柯夫炉的双室隔墙

隔墙与炉顶之间留有烟气通道，与炉底之间留有熔体通道。

炉子烟道口有的设在炉顶中部，有的设在靠渣池一端的炉顶上，在熔炼区炉顶上设有两个加料口，贫化区炉顶上设有一个加料口。

为了更充分地搅拌熔池，两侧墙风口的对面距离较小，仅2.0～2.5 m；炉子的长度因生产能力不同而变化，为10～20 m不等；炉底距炉顶的高度很高，为5.0～6.5 m，熔体上面空间高度为3～4 m，有利于减少带出的烟尘量。风口中心距炉底1.6～2.5 m，风口上方渣层厚400～900 mm；渣层厚度和铜锍层厚度由出渣口和出铜口高度来控制，一般为1.80 m和0.8 m。

炉料从炉顶的加料口连续加入熔炼区，被鼓入的气流搅拌便迅速熔入以炉渣为主的熔体中。

所以熔炼区的反应过程是气液固三相反应。硫化物的氧化反应和脉石的造渣反应放出的热，直接传给熔池，由于熔池的搅拌能可达到60～120 kW/$m^3$，其传热系数可达到1.5 J/($cm^2$·s·℃)左右，加入的炉料只需3～5 s便完全熔化，随后即被氧化。熔炼区的温度维持在1300℃。

由于风口位置设在熔池的上部，只有上部的熔渣层被强烈搅拌，下部熔池却相对处于静止状态。

所以熔池反应产生的铜锍与炉渣混合体，便会产生铜锍汇集沉降的分层现象。

未完全分离好的炉渣通过炉中的隔墙流入渣贫化区，在此被风口鼓入的还原剂（煤、天然气）还原，有时还加入块状贫铜高硫的矿石，使炉渣贫化后从渣池连续放出（1200～1250℃）。

渣贫化后产生的贫铜锍逆流返回熔炼区，与熔炼区产生的较富铜锍汇合至铜锍池连续放出（1100℃）。

烟气从炉顶中央或一端排烟口排放。

瓦纽柯夫法具有以下一些特点：

（1）备料简单，对炉料适应性强，可以同时处理任意比例的块料与粉料，如150mm的大块和含水分达6%～8%的湿料、转炉渣以及Cu－Ni，Cu－Zn精矿，含铜的黄铁矿等各种含铜物料均可入炉处理。

（2）由于能处理湿料与块料，故烟尘率低，仅为0.8%。

（3）鼓泡乳化强化了熔炼过程，炉子的处理能力很大，床能力达到60～80t/($m^2$·d)；硫化物在渣层氧化，放出的热能得到了充分利用。

（4）大型瓦纽柯夫炉的炉膛中有隔墙，将炉膛空间分隔为熔炼区与渣贫化区，熔炼产物铜锍与炉渣逆流从炉子两端放出，炉渣在同一台炉中得到贫化，渣含铜量可降至0.4%～0.7%，达到弃渣的要求，无须设置炉外贫化工序。

（5）炉子在负压下操作，生产环境较好，作业简单，由于鼓风氧浓度高达60%～70%，烟气中$SO_2$浓度仍高达25%～35%。

## 7.2 特尼恩特法

原先采用的特尼恩特炼铜法工艺包括以下三个火法冶金过程：

（1）反射炉熔炼铜精矿是采用顶插燃料－$O_2$烧嘴；

（2）采用特尼恩特转炉同时吹炼反射炉产出的铜锍和自热熔炼铜精矿。可以采用空气或富氧空气吹炼，产出高品位铜锍或白铜锍。

（3）在一般转炉中吹炼白铜锍产出粗铜。

近年来该方法经过不断地改进与完善，已取消了反射炉熔炼部分，改进成一种全新的自热熔炼工艺。

工艺的主要改进是用一台PS转炉型炉子，代替原来的反射炉贫化炉渣。

经流态化干燥炉干燥后精矿含水量降到0.25%，通过侧吹喷嘴用34%的富氧空气喷入熔池，大大强化了熔炼过程，部分湿精矿、熔剂、返回料等也可通过位于一端墙上的料枪加入炉内。

熔炼产出的铜锍品位很高，俗称白铜锍（75%～78%），铜锍与炉渣分别从炉子的两端墙间断放出。铜锍用包吊至PS转炉吹炼成粗铜（Cu 99.4%）。炉渣送贫化炉处理，通过喷嘴喷入粉煤吹炼将炉渣中$Fe_3O_4$含量从16%～18%降到3%～4%，于是炉渣的流动性大为改善，澄清分层好，产出高品位铜锍（Cu 72%～75%）和含铜量低于0.85%的弃渣。

## 7.3　三菱法连续炼铜

自1974年日本直岛炼铜厂的三菱法炼铜投入工业生产以来，相继被加拿大、韩国、印度尼西亚和澳大利亚的炼铜厂采用。

三菱法连续炼铜包括一台熔炼炉（S炉）、一台贫化电炉（CL炉）和一台吹炼炉（C炉），这三台炉子用溜槽连接在一起连续生产，铜精矿要连续经过这三台炉子才能炼出粗铜。

三菱法炼铜的主要工艺特点概括如下：

（1）将精矿和熔剂用顶插喷枪喷入熔炼炉，加速了熔炼，产生的烟尘少（2%）。

（2）产出高品位铜锍（65% Cu），铜锍与炉渣经CL炉贫化分层后，渣铜损失只有0.5%～0.6%。

（3）实现了连续吹炼，并采用 $Cu_2O-CaO-Fe_3O_4$ 系吹炼渣。

经过多年的生产实践，对原有工艺进行了如下的改进：

（1）将粉煤混入精矿中喷入熔炼炉，代替了重油来补偿燃料消耗。

（2）富氧鼓风氧气含量从开始时的32%提高到了42%～45%。

（3）铜锍品位提高到了69%。

（4）由于采用了水套，修炉期延长。

三菱法炼铜是目前世界上唯一在工业上应用的连续炼铜法，与一般炼铜法比较具有如下的优点：

（1）基建费用下降30%，阳极加工费低20%～30%。

（2）可以回收原料中98%～99%的硫，回收费用只需一般炼铜法的1/5～1/3。

（3）能量消耗较一般炼铜法节约20%～40%。

（4）操作人员可减少35%～40%。

## 7.4　北镍法（氧气顶吹自热熔炼炉）

北镍法熔池熔炼是20世纪70年代苏联国家镍钴锡设计院和北镍公司共同研制的硫化铜镍矿自热熔炼技术，试验是在氧气顶吹竖式熔池熔炼炉中进行。北镍公司的氧气顶吹自热熔炼炉为圆柱形，外径为6 m，熔池面积18.8 $m^2$，高11.4 m。小于40 mm的铜镍矿和熔剂混合后，从两个炉壁上的水冷料枪加到炉子里。装在炉顶的氧喷枪有三个喷嘴，插入炉子空间距熔体面有1000 mm，通过氧枪鼓入工业氧气，氧气压力为1.0～1.2 MPa，氧气流量为7500～9000 $m^3$/h，生产能力达40 t/h，年处理湿矿砂达210000 t。

1990年，中国有色金属进出口总公司从俄罗斯引进该项技术，用于熔炼金川公司的二次铜精矿。1994建成投产，每年可处理二次铜精矿45000 t。金川公司已成功地掌握并发展了该项技术。

自热熔炼技术具有以下优点：

（1）能充分利用化学反应热，并且烟气带走热量少，燃料消耗少。

（2）炉子的生产率高，一般在50 t/（$m^2$·d）。

（3）采用纯氧吹炼，脱硫率高，烟气中 $SO_2$ 浓度高，烟气不仅可以用于制酸，还可用于生产单体硫或二氧化硫。

（4）精矿不需干燥可直接入炉，备料系统较简单。

(5) 对原料的适应性强。

随着全球能源日趋紧张,以及对环境保护的要求越来越高,为自热熔炼技术的发展及应用提供了一个契机。由于自热熔炼技术具有能耗低、生产率高及烟气中$SO_2$浓度高的特点,它在处理硫化矿方面具有很广阔的前景。但是,自热熔炼技术也有缺点,主要包括:

(1) 吹炼的压力较高,熔体喷溅严重,烟道系统容易堵塞,易导致排烟不畅。

(2) 由于采用工业氧气吹炼,炉渣易过氧化而产生大量泡沫渣,从而产生冒炉事故。

(3) 炉渣中有价金属含量高,需另行处理。

(4) 强烈搅动和翻腾的高温熔体对炉衬侵蚀强烈,炉寿命短。

要想使氧气顶吹自热熔炼技术得到更广泛的应用,必须很好地解决以上存在的问题。

# 8 铜锍的吹炼

## 8.1 概述

硫化铜精矿经造锍熔炼产出的铜锍是炼铜过程中的一个中间产物，其主要成分（质量分数，%）为：Cu 30～65，Fe 10～40，S 20～25，还富含贵金属金与银。

铜锍送转炉吹炼的目的是把铜锍中的硫和铁几乎全部氧化除去而得到粗铜，金、银及铂族元素等贵金属熔于铜中。

铜锍的吹炼过程是周期性进行的，整个作业分为造渣期和造铜期两个阶段。在造渣期，从风口向炉内熔体中鼓入空气或富氧空气，在气流的强烈搅拌下，铜锍中的硫化亚铁（FeS）氧化生成氧化亚铁（FeO）和二氧化硫气体；氧化亚铁再与添加的熔剂中的二氧化硅（$SiO_2$）进行造渣反应。由于铜锍与炉渣相互溶解度很小，而且密度不同，停止送风时熔体分成两层，上层炉渣定期排出，下层的锍称为白锍，继续对白锍进行吹炼，进入造铜期。

在造铜期，留在炉内的白锍（主要以 $Cu_2S$ 的形式存在）与鼓入的空气中的氧反应，生成粗铜和二氧化硫。粗铜送往下道工序进行火法精炼，铸造合格的阳极板。吹炼生产的烟气（$SO_2$）经余热锅炉回收余热后，进入重力收尘和电收尘器收尘，处理后的烟气送去制酸。

在转炉吹炼过程中，发生的反应几乎全是放热反应，放出的热量足以维持1200℃下的高温进行自热熔炼。为防止炉衬耐火材料因过度受热而缩短炉寿命，所以需要向炉内加入冷料，以控制炉内温度。用空气吹炼高品位铜锍时，吹炼过程所需的热量难以维持过程自热进行，可以鼓入富氧空气，减少烟气带走的热量以弥补热量的不足。富氧吹炼，可以缩短吹炼时间，提高生产能力。

转炉吹炼过程是周期性作业，倒入铜锍、吹炼和倒出吹炼产物三个操作过程的循环，造成大量的热能损失；产出的烟气量与烟气成分波动很大，使硫酸生产设备的工作条件难以稳定，致使硫的回收率不高。这是转炉吹炼过程的主要问题。

## 8.2 铜锍吹炼的基本原理

### 8.2.1 吹炼时的主要物理化学变化

造锍熔炼产出的铜锍品位通常在30%～65%，其主要组分是 $Cu_2S$ 和 FeS。

铜锍吹炼通常在1150～1300℃温度下进行，Fe，Cu，Ni 的硫化物都是自发的氧化反应，所以在吹炼温度下都可能被氧化成氧化物。FeS 的氧化 $\Delta G$ 比 $Cu_2S$ 更负，因此，FeS 首先被氧化成 FeO，并与加入的石英熔剂造渣，即在吹炼的第一阶段是 FeS 的氧化造渣，称为造渣期。

由于在造渣期铜锍中的 FeS 不断地氧化造渣，$Cu_2S$ 的浓度便会上升，$Cu_2S$ 氧化的趋势增大。但是,有 FeS 存在时会把 $Cu_2O$ 转变为 $Cu_2S$。所以在造渣期只要 FeS 还未氧化完,$Cu_2S$ 便会保留在铜锍中。待 FeS 氧化造渣完后,才转入 $Cu_2S$ 氧化的造铜期。

所以造渣期发生的化学反应是:

$$2FeS + 3O_2 = 2FeO + 2SO_2 + 935.484\,kJ$$

$$2FeO + SiO_2 = 2FeO \cdot SiO_2 + 92.796\,kJ$$

随着吹炼的进行,当锍中的 Fe 含量降到 1% 以下时,也就是 FeS 几乎全部被氧化之后,$Cu_2S$ 开始氧化,进入造铜期。

造铜期发生的化学反应有:

$$Cu_2S + \frac{3}{2}O_2 = Cu_2O + SO_2$$

$$Cu_2S + 2Cu_2O = 6Cu + SO_2$$

总反应方程式为:

$$Cu_2S + O_2 = 2Cu + SO_2$$

造铜期吹炼开始时,并不会立即出现金属铜相。

在造铜期末期,必须准确地判断造铜期的终点,否则容易造成金属铜氧化成氧化亚铜($Cu_2O$),这就是铜过吹事故。如已过吹,可缓慢地加入少许热铜锍,使 $Cu_2O$ 还原为金属铜,但熔体铜锍的加入必须缓慢,否则 $Cu_2S$ 与 $Cu_2O$ 剧烈反应可能引起爆炸事故。

### 8.2.2 杂质在吹炼过程中的行为

铜锍的主要成分是 $Cu_2S$ 和 FeS,还含有少量的杂质 Ni,Pb,Zn,As,Sb,Bi 及贵金属,这些杂质元素在卧式 P - S 转炉吹炼过程中的行为分述如下:

(1) 镍。铜锍中的镍主要以 $Ni_3S_2$ 的形态存在,它在 1300℃ 吹炼温度下,$Ni_3S_2$ 氧化的顺序是在 FeS 之后,在 $Cu_2S$ 之前。在造渣期即使有部分 $Ni_3S_2$ 氧化成 NiO,也会发生如下硫化反应。

$$3NiO + 3FeS + O_2 = Ni_3S_2 + 3FeO + SO_2$$

在造铜期,$Ni_3S_2$ 与 NiO 的交互反应只能在 1700℃ 以上才能进行,在转炉吹炼的温度下不可能产生金属镍。但是,当熔体中有大量 Cu 和 $Cu_2O$ 时,少量 $Ni_3S_2$ 可按下列反应:

$$Ni_3S_2 + 4Cu = 3Ni + 2Cu_2S$$

$$Ni_3S_2 + 4Cu_2O = 8Cu + 3Ni + 2SO_2$$

反应产生的金属镍会溶于铜中。因此在转炉吹炼过程中,难于将镍大量除去。

(2) 锌。铜锍中的锌以 ZnS 形态存在,在造渣期末期,ZnS 发生剧烈的氧化反应并造渣,以硅酸盐的形态进入转炉渣。

$$2ZnS + 3O_2 = 2ZnO + 2SO_2$$

$$ZnO + 2SiO_2 = ZnO \cdot 2SiO_2$$

ZnS 在吹炼温度下有一定的蒸气压,部分 ZnS 以蒸气状态挥发,然后被氧化以 ZnO 形态进入烟尘。

在造铜初期,由于熔体中有部分 Cu 生成,会发生置换反应生成金属 Zn:

$$ZnS + Cu = Zn + CuS$$

由于 Zn 的蒸气压很大,反应生成的金属 Zn 挥发进入烟尘。

在整个转炉吹炼过程中约有 70% ~80% 的 Zn 进入转炉渣,20% ~30% 进入烟尘。渣中 ZnO 含量高会使转炉渣的黏度和熔点升高,渣含铜量增高。

(3) 铅。铜锍中的 PbS 是在造渣末期,铜锍中的 PbS 大量被氧化造渣之后,才被氧化,随后与 $SiO_2$ 造渣:

$$PbS + \frac{3}{2}O_2 = PbO + SO_2$$

$$2PbO + SiO_2 = 2PbO \cdot SiO_2$$

由于 PbS 沸点较低(1280℃),在吹炼温度下,有相当数量的 PbS 直接从熔体挥发,然后被氧化为 PbO 而进入烟尘。

在造铜末期,PbS 与 PbO 发生交互反应:

$$PbS + 2PbO = 3Pb + SO_2$$

由于 Pb 易挥发,反应生成的 Pb 大部分进入气相,并被炉气氧化成 $PbSO_4$ 和 PbO。因此铜锍中的铅大部分都进入烟尘,只有极少量的铅留在粗铜中。

(4) 砷和锑。砷、锑的硫化物在吹炼过程中,大部分被氧化成 $As_2O_3$ 和 $Sb_2O_3$ 挥发除去,少部分以 $As_2O_5$ 和 $Sb_2O_5$ 形式进入炉渣。只有少量砷和锑以铜的砷化物和锑化物形态留在粗铜中。

在吹炼温度下,$Bi_2S_3$ 有一定的蒸气压,部分挥发,部分被氧化成 $Bi_2O_3$ 后挥发。未挥发的 $Bi_2S_3$ 和 $Bi_2O_3$ 发生交互反应,生成金属 Bi。在 1100℃时,铋的蒸气压为 900 Pa,显著挥发。铋及其化合物的行为,决定了在转炉吹炼条件下,大约有 90% 以上的铋进入烟尘,少量残留在粗铜中。转炉烟尘是生产铋的原料。

## 8.3 转炉结构及耐火材料

### 8.3.1 转炉结构

目前铜锍吹炼普遍使用的是卧式侧吹(P-S)转炉,国外有少数工厂采用所谓虹吸式转炉。P-S 转炉除本体外,还包括送风系统、倾转系统、排烟系统、熔剂系统、环集系统、残极加入系统、铸渣机系统、烘烤系统、捅风口装置、炉口清理等附属设备。转炉本体包括炉壳、炉衬、炉口、风口、大托轮、大齿圈等部分。

随着社会对生产能力不断增加的要求,目前转炉的尺寸都在朝着大型化的方向发展;外径 4 m 以下的转炉已逐步被淘汰。

### 8.3.2 转炉的附属设备

转炉附属设备有送风、倾转、排烟、熔剂、环集、残极加入、铸渣机、烘烤系统等组成。

### 8.3.3 转炉用的耐火材料

转炉吹炼的温度在 1100 ~1300℃之间,炉内熔体在压缩空气的搅动下流动剧烈。对耐火材料的选择有以下要求:耐火度高,高温结构强度大,热稳定性好,抗渣能力强,高温体积稳定,外形尺寸规整、公差小。能满足以上要求的耐火材料是铬镁质耐火材料。

## 8.4　转炉吹炼生产实践

### 8.4.1　吹炼过程

铜锍吹炼的造渣期在于获得足够数量的白铜锍($Cu_2S$),但是生产中并不是注入第一批铜锍后就能立即获得白铜锍,而是分批加入铜锍,逐渐富集成的。在吹炼操作时,把炉子转到停风位置,装入第一批铜锍,其装入量视炉子大小而定,一般是在吹炼时风口浸入液面下200 mm 左右为宜。然后,旋转炉体至吹风位置,边旋转边吹风,吹炼数分钟后加石英熔剂。当温度升高到1200～1250℃以后,把炉子转到停风位置,加入冷料。随后把炉子转到吹风位置,边旋转边吹风。再吹炼一段时间,当炉渣造好后,旋转炉子放渣,之后再加铜锍。依此类推,反复进行进料、吹炼、放渣,直到炉内熔体所含铜量满足造铜期要求时为止。这时开始筛炉,即最后一次除去熔体内残留的 FeS,倒出最后一批渣的过程。为了保证在筛炉时熔体能保持在1200～1250℃的高温,以便使第二周期吹炼和粗铜浇铸不致发生困难,有的工厂在筛炉前向炉内加入少量铜锍。这时熔剂加入量要严格控制,同时加强鼓风,使熔体充分过热。

在造渣期,应保持低料面薄渣层操作,适时适量地加入石英熔剂和冷料。炉渣造好后及时放出,不能过吹。

铜锍吹炼的造渣期(从装入铜锍到获得白铜锍为止)的时间不是固定的,取决于铜锍的品位和数量以及单位时间向炉内的供风量。在单位时间供风量一定时,铜锍品位愈高,造渣期愈短;在铜锍品位一定时,单位时间供风量愈大,造渣期愈短;在铜锍品位和单位时间供风量一定时,铜锍数量愈少,造渣期愈短。

筛炉时间指加入最后一批铜锍后从开始供风至放完最后一次炉渣之间的时间。筛炉期间石英熔剂的加入量应严格控制,每次少量加,多加几次,防止过量。熔剂过量会使炉温降低,炉渣发黏,渣中铜含量升高,并且还可能在造铜期引起喷炉事故。相反,如果石英熔剂不足,铜锍中的铁造渣不完全,铁除不净导致造铜期容易形成 $Fe_3O_4$。这不仅会延长造铜期吹炼时间,而且会降低粗铜质量,同时还容易堵塞风口使供风受阻,清理风口困难。在造铜期末,稍有过吹,就容易形成熔点较低、流动性较好的铁酸铜($Cu_2O \cdot Fe_2O_3$)稀渣,不仅使渣含铜量增加,铜的产量和直接回收率降低,而且稀渣严重腐蚀炉衬,降低炉子寿命。

判断白铜锍获得(筛炉结束)的时间,是造渣期操作的一个重要环节,它是决定铜的直接回收率和造铜期是否能顺利进行的关键。过早或过迟进入造铜期都是有害的。过早地进入造铜期的危害与石英熔剂量不足的危害相同。过迟进入造铜期,会使 FeO 进一步氧化成 $Fe_3O_4$,使已造好的炉渣变黏,同时 $Cu_2S$ 氧化产生大量的 $SO_2$ 烟气使炉渣喷出。

筛炉后继续鼓风吹炼进入造铜期,这时不向炉内加铜锍,也不加熔剂。当炉温高于所控制的温度时,可向炉内加适量的残极和粗铜等。

在造铜期,随着 $Cu_2S$ 的氧化,炉内熔体的体积逐渐减少,炉体应逐渐往后转,以维持风口在熔体面下一定距离。

造铜期中最主要的是准确判断出铜时机。出铜时,转动炉子加入一些石英,将炉子稍向后转,然后再出铜,以便挡住氧化渣。倒铜时应当缓慢均匀。出完铜后迅速捅风口,清除结块。然后装入铜锍,开始下一炉次的吹炼。

### 8.4.2 作业制度

转炉的吹炼制度有三种:单炉吹炼、炉交换吹炼和期交换吹炼。目前国内多采用单台炉吹炼和炉交换吹炼,只有贵冶采用期交换吹炼。其目的在于提高转炉送风时率、改善向硫酸车间供烟气的连续性,保证闪速熔炼炉比较均匀地排放铜锍。

(1) 单炉吹炼

如果工厂只有两台转炉,则其中一台操作,另一台备用。一炉吹炼作业完成后,重新加入铜锍,进行另一炉次的吹炼作业。

(2) 炉交换吹炼

工厂有 3 台转炉的,1 台备用,两炉交替作业。在 2 号炉结束全炉吹炼作业后,1 号炉立即进行另一炉次的吹炼作业。但 1 号炉可在 2 号炉结束吹炼之前预先加入铜锍,2 号炉可在 1 号投入吹炼作业之后排出粗铜,缩短了停吹时间。

(3) 期交换吹炼

工厂有 3 台转炉的,1 台备用,两台作业,在 1 号炉的 $S_1$期与 $S_2$期间之间,穿插进行 2 号炉的 $B_2$期吹炼。将排渣、放粗铜、清理风眼等作业安排在另一台转炉投入送风吹炼后进行,将加铜锍作业安排在另一台转炉停吹之前进行。仅在两台转炉切换作业时短暂停吹,缩短了停吹。

转炉吹炼制度的选定一般要考虑以下两个原则:

(1) 由年生产任务决定的处理铜锍量,计算出转炉的作业炉次,再根据作业炉次的多少选择吹炼形式。

(2) 根据转炉必须处理的冷料量的多少来选择。

当然,在实际生产中,吹炼形式的选择还应结合转炉的生产状况及上、下工序间的物料平衡来考虑。

### 8.4.3 转炉吹炼加料

转炉吹炼低品位铜锍时,热量比较充足,为了维持一定的炉温,需要添加冷料来调节。当吹炼高品位铜锍时,尤其是当铜锍品位在 70% 左右采用空气吹炼时,如果控制不当,就显得热量有些不足;如采用富氧吹炼,情况要好得多。当热量不足时,可适当添加一些燃料(如焦炭、块煤等)来补充热量。

在生产过程中,由于物料成分的变化和一些人为的因素,造成铜锍品位的波动,放出的铜锍带渣或造成转炉等料。因此,如果转炉作业人员不能及时地把握好上道工序的变化情况,转炉的吹炼作业就会受到影响。

国内工厂铜锍品位一般为 30% ~65%,国外为 40% ~65%,诺兰达法熔炼可高达 73%。

铜锍吹炼过程中,为了使 FeO 造渣,需要向转炉内添加石英熔剂。由于转炉炉衬为碱性耐火材料,熔剂含 $SiO_2$较高,对炉衬腐蚀加快,降低炉寿命。通常熔剂的 $SiO_2$含量宜控制在 75% 以下。如果所用熔剂 $SiO_2$ 含量较高,可将熔剂和矿石混合在一起入炉,以降低其 $SiO_2$含量。也有的工厂采用含金银的石英矿或含 $SiO_2$较高的氧化铜矿作为转炉熔剂。生产实践表明,熔剂中含有 10% 左右的 $Al_2O_3$,对保护炉衬有一定的好处。目前,国内工厂多应用含 $SiO_2$90% 以上的石英石,国外工厂多应用含 65% ~80% $SiO_2$的熔剂。

石英熔剂粒度一般为 5 ~ 25 mm。当熔剂的热裂性好时，最大粒度可达 200 ~ 300 mm。粒度太大，不仅造渣速度慢，而且对转炉的操作和耐火砖的磨损都有影响。粒度太小，容易被烟气带走，不仅造成熔剂的损失，而且烟尘量也增大。

在铜锍吹炼过程中，加入冷料（含铜杂料）是为了消耗反应生成的过剩热量，以取得炉子的热平衡，即避免高温作业，以减少炉壁耐火材料的损耗，同时还可以回收冷料中的铜。

加入冷料的数量及种类与铜锍品位、炉温、转炉大小、吹炼周期等有关。铜锍品位低、炉温高、转炉需加入的冷料就多。通过热平衡计算可知，造渣期化学反应放出的热量多于造铜期，因此造渣期加入的冷料量通常多于造铜期。由于造渣期和造铜期吹炼的目的不同，对所加的冷料种类要求也不同。造渣期的冷料可以是铜锍包子结块、转炉喷溅物、粗铜火法精炼炉渣、金银熔铸炉渣、溜槽结壳、烟尘结块以及富铜块矿等。造铜期如果温度超过 1200℃，也应加入冷料调节温度。不过造铜期对冷料要求较严格，即要求冷料含杂质要少。

通常造铜期使用的冷料有粗铜块和电解残极等。吹炼过程所用的冷料应保持干燥，块度不宜大于 400 ~ 500 mm。

冷料的加入方法及时机的选择，要根据具体情况而定，一般要综合考虑以下四个方面的原则：

（1）对炉况及产品质量的影响要小。

（2）对转炉的送风作业影响小。

（3）加入时尽量减少冷料的飞散损失。

（4）容易装入，不至于出现堵塞等故障。

### 8.4.4 铜锍吹炼产物及放渣与出铜操作

#### 8.4.4.1 吹炼产物

铜锍转炉吹炼的主要产物是粗铜和转炉渣，其品位、杂质含量与炼铜原料、熔剂和加入的冷料有关，粗铜需进一步精炼提纯后才能销售给用户。

铜锍吹炼产出的转炉渣一般含（质量分数，%）：Cu 2 ~ 4，Fe 约 50，$SiO_2$ 21 ~ 27。转炉渣含铜量高，大都以硫化物形态存在，少量以氧化物和金属铜形态存在。转炉渣可以液态或固态返回熔炼过程予以回收铜，也可采用磨浮法将铜选出以渣精矿的形式再返回熔炼炉。

如果铜原料中含钴量高时，进入铜锍中的钴硫化物会在吹炼的造渣后期被氧化而进入转炉渣中，这样造渣末期的转炉渣含钴量很高，可作为提钴的原料。

转炉吹炼产出的烟气含有 5% ~ 7% $SO_2$，采用富氧时 $SO_2$ 会高一些，均可送去生产硫酸。烟气含尘为 26 ~ 40 $g/m^3$，收集的烟尘中往往富含 Bi，Pb，Zn 等有价元素，贵冶收集的烟尘含铋达到 6.6%，这种烟尘可作为炼铋的原料。

#### 8.4.4.2 排渣操作

转炉放渣作业要求尽量地把造渣期所造好的渣排出炉口，避免大量的白铜锍混入渣包，即减少白铜锍的返炉量。放渣操作的注意事项有：

（1）放渣前，要求下炉口“宽且平”，避免放渣时，渣流分层或分股。若炉口黏结严重，应在停风之后放渣前，立即用炉口清理机快速修整下炉口然后再放渣。

（2）炉前放好渣包，渣包内无异物（至少要求无大块冷料），放渣不要放得太满（渣面离包沿约 200 mm）。

（3）炉前用试渣板判别渣和白铜锍时，要求试渣板伸到渣流“瀑布”的中下层，观察试渣板面上熔体状态，正常渣流面平整无气泡孔。而当渣中混入白铜锍时，白铜锍中的硫接触到空气中的氧气，会生成 $SO_2$，在试渣板渣流面上形成大量的气泡孔，且伴有 $SO_2$ 刺激味的烟气产生。此外白铜锍和渣的不同性质见表 1-8-1。

**表 1-8-1 白铜锍和渣的其他不同性质**

| 物 料 | 黏 性 | 色亮度 | 熔点/℃ | 密度/g · cm$^{-3}$ |
|---|---|---|---|---|
| 渣 | 黏 | 明 亮 | 1200 | 3.2 ~ 3.6 |
| 白铜锍 | 流动性好 | 稍许暗些 | 1100 | 5.2 |

从感观上来看：白铜锍流畅，不易产生断流，其散流呈流线状，不会像渣的散流那样产生滴流，并且白铜锍在试渣板上的黏附相对较少。

（4）渣层自然是浮在白铜锍上面，当炉子的倾转角度取得过大时，白铜锍将混入渣中流出，因而当临近放渣终了时，要小角度地倾转炉子，缓慢地放渣，如果发现有白铜锍带出时，则终止放渣。

#### 8.4.4.3 出铜操作

转炉放铜作业要求把炉内吹炼好的铜水全部倒入粗铜包中，送入阳极炉中精炼，并且在放铜过程中要避免底渣大量地混入粗铜包中，以保证粗铜的质量。放铜前，确认下炉口“宽且平”避免铜水成小股流出粗铜包之外。放铜水用的粗铜包要经过“挂渣”处理，以防高温铜水烧损粗铜包体。放铜之前要求进行压渣作业，即用舟型料斗，将硅石均匀地投入到炉口内部流口周围的熔体表面上，小角度地前后倾转炉体，使石英与炉口处的底渣混合固化，在炉子出铜口周围形成一道滤渣堤把底渣挡在炉内。压渣过程中，要求注意以下事项。

（1）造铜期结束后要确认炉内底渣量及底渣干稀状况。如果渣稀且底渣量多，此时炉内表面渣层会出现“翻滚”状况，不易压好渣，待炉内渣层平静后，方可进行压渣作业。

（2）压渣用的石英量可根据底渣状况而定，一般 2 t 左右，稀渣可增加到 3 ~ 4 t，并且压渣用的石英量应计入造渣期的石英熔剂量中。

（3）在石英和底渣的混合过程中，要注意安全，以防石英潮湿“放炮”伤人。

#### 8.4.4.4 转炉底渣的控制

所谓底渣就是粗铜熔体面上浮有一层渣，这种渣称作底渣，主要是由残留在白铜锍中的铁会在造铜期继续氧化造渣，以及造渣期未放净的渣所组成。

底渣中的铜主要以 $Cu_2O$ 形态存在，底渣中的铁约有一半是磁性氧化铁（$Fe_3O_4$），由于 $Fe_3O_4$ 熔点高（1527℃），使得底渣并不容易在造渣期渣化，久而久之，由于底渣的积蓄，而沉积在炉底，造成炉底上涨（炉底上涨情况要根据液面角判别），炉膛有效容积减小，严重时会使吹炼中熔体大量喷溅，无法进行正常的吹炼作业，因而平时作业要求控制好底渣量。

### 8.4.5　转炉的开、停炉作业

转炉经一定生产运转周期后，内衬及各部位有局部或全部被损坏，需要进行局部修补或全部重新砌筑，经修补或重砌的转炉要组织开炉工作。

#### 8.4.5.1　开炉

开炉作业首先是烘炉，其目的是除去炉体内衬砖及其灰浆中的水分。适应耐火材料的热膨胀规律，要求以适当的升温速度，使炉衬的温度升至操作温度。

投料前应熄火停止烘炉，取出烧嘴，按规定放置好，并装好消声器，用大钎子清一遍风口。然后将炉口前倾至60°位，通知吊车取掉炉口盖。往转炉内加进热铜锍。

进第一炉时，由于炉内温度较低应尽快将料倒完，并及时开风，避免炉内铜锍结壳造成开风后喷溅严重。所以第一炉吹炼应以提高炉衬温度为主，一般不加入冷料，造铜期应采取连续吹炼作业方式。

#### 8.4.5.2　停炉

转炉内衬残存的厚度，当风口砖普遍小于100 mm，风口区上部、上炉口下部砖小于200 mm，两侧炉口左右肩部砖小于150 mm，端墙砖小于150 mm时，就应当有计划地停炉冷修。倘若继续吹下去容易烧损炉壳或炉砖底座，一旦出现此类故障，将会给检修带来许多麻烦，不仅增加了维修工作量，还往往因为检修周期延长而影响两炉间的正常衔接，从而影响生产任务的顺利完成。

一旦停炉检修计划已经订出，为了确保检修进度及其质量，首先要进行高标准的洗炉工作，所谓洗炉，顾名思义就是要清除干净炉衬表层的黏结物或不纯物质，使炉衬露出本体见到砖缝。洗炉作业的进程是：

(1) 提前一星期加大熔剂的修正系数，在增加熔剂量的同时，适当控制冷料加入量，使作业温度适当地提高，将炉衬表层黏结的高铁渣（$Fe_3O_4$）逐渐熔化掉。

(2) 最后一炉铜的造渣作业再次加大熔剂加入量，并再次控制冷料投入量，使炉温进一步提高，而且造铜期应连续吹炼，使炉膛出现多个高温区、加速炉衬挂渣的熔化，为集中洗炉准备条件。

(3) 集中洗完最后一炉铜加入造渣期所需铜锍量后，加大熔剂量约为平时的1.5倍，少加或不加冷料进行吹炼。要求将造渣终点吹至白铜锍含铜达75%～78%，含Fe在1.00%，然后将渣子尽可能排净，倒出白铜锍。可以将几台炉子洗炉时倒出的白铜锍合并在一台炉中进入造铜期作业。

转炉集中洗炉倒出铜锍后，应仔细检查洗炉效果，若已见砖缝，炉底无堆积物，则为良好。经冷却三天后交筑炉，进入炉内施工。倘若这次洗炉效果不理想，炉底有堆积物，风口区砖缝仍看不到时，应当再次洗炉，重复以上操作。

洗炉过程中的注意事项是：

(1) 洗炉过程是高温作业过程，由于炉衬已到末期，应注意对各部炉体壳的点检，见有发红部位，应采用空气冷却，不可打水冷却，防止钢壳变形或裂缝。

(2) 洗炉造渣终点尽可能吹老些，便于并炉后安全地进入造铜期作业。

(3) 洗炉放渣后,白铜锍并炉时,倒最后一包白铜锍时应尽可能将炉膛内残液全部倒净(炉口朝正下方),在约为140°~290°位置范围内往复倾转多次直到确认液滴停止为止,然后将炉口上倾至60°位,自然冷却。一般讲需要三天时间,夏季需要四天自然冷却,方可交给筑炉施工。在冷却过程中的第一天,应将炉口砖用清理机彻底打掉,见到钢板,便于冷却。同时,要把安全坑内杂物全部清理干净,空出施工现场,然后按预先制定的停修方案,逐项付诸实施。

### 8.4.6　转炉吹炼过程中常见的故障及其处理

#### 8.4.6.1　转炉喷炉的原因及其处理

(1) 因磁铁渣引起的喷炉事故;
(2) 造渣期石英加入过量而引起的喷炉事故;
(3) 造铜终点前的喷炉事故;
(4) 冷料投入多而引起喷炉事故。

#### 8.4.6.2　粗铜过吹时的特征、原因及其处理

粗铜过吹时,烟气消失,火焰暗红色,摇摆不定,炉后取样的黏结物表面粗糙无光泽,呈灰褐色,组织松散,冷却后易敲打掉。

处理粗铜过吹的措施有:将高品位固态铜锍(最好采用固态白铜锍)或热铜锍加入炉内进行还原反应,根据"过吹"的程度来确定加入的数量。

#### 8.4.6.3　熔体过冷的原因及其处理

因停电或设备故障等原因造成转炉进料后无法吹炼或续吹,若保温不当且超过6h后,会使熔体表面冻结成厚壳。向熔体内直投冷料过多,热量收支失衡,造成炉内熔体冻结或局部凝结成团,无法倾出炉口。这些熔体过冷的现象主要表现为炉膛发暗红或黑色,黏稠且很快会凝结。结果送风吹炼,不见熔体的喷溅物和浓烟出现,越吹越凉。

当熔体过冷的现象发生后,可在液面角允许的范围内最大限度地追加热铜锍后立即送风吹炼,增加富氧率,推迟加入石英熔剂的时间,修正冷料加入量,必要时可以不加冷料吹炼以确保炉内反应正常进行。

#### 8.4.6.4　炉黏渣的原因及处理

铜锍造渣吹炼到终点,白铜锍中残留的FeS含量约为1.0%~2.0%时,而未及时放渣,造成渣中产生大量的磁性氧化铁,并且渣层温度降低,渣流动性变差,倒入渣包易黏结,渣较厚。过吹渣冷却后呈灰白色,喷出时正常渣呈圆而空的颗粒,过吹渣呈片状,同时喷出频繁。石英熔剂加入量太多,加入的时间不当,或加入的冷料过多,都会产生黏渣。

发生黏渣现象后应尽量把渣放出来,且根据黏渣原因,可以追加适量的热铜锍,调整石英熔剂量和冷料量,适当地缩短吹炼时间等措施来解决。

### 8.4.7　转炉吹炼的技术经济指标

#### 8.4.7.1　送风时率

铜锍的吹炼过程是间歇式周期性作业,在进料、放渣、放铜时必须停风。在停风期间,不

但不能进行任何吹炼反应，而且会使炉温下降，以至影响下一步操作。因此应当很好地组织熔炼、吹炼和火法精炼工序之间的配合，尽量缩短转炉吹炼的停风时间，提高转炉的工作效率。

送风时率与生产组织、操作人员的技术水平、上下工序的配合紧密程度有关。为了提高转炉的送风时率，要求生产管理人员在详细了解熔炼、吹炼和火法精炼的生产规律的基础上，制定出转炉吹炼进度计划，作为生产操作指南，这样才能缩短转炉停风时间。

送风时率与转炉工序的机械化程度有关。机械化程度愈高，清理转炉炉口、放渣、放铜等操作时间就愈短，送风时率就愈高。

送风时率与铜锍品位有关。在其他条件相同的情况下，铜锍品位愈低，吹炼时送风时率愈高。相反，铜锍品位愈高，则吹炼时送风时率愈低。

送风时率还与车间的平面配置有关。

送风时率可按下式计算：

$$送风时率 = (炉送风时间/炉总操作时间) \times 100\%$$

单台炉连续操作时，送风时率可达60% ~70%；两台炉交换操作时可达75% ~80%；两台炉炉期交换操作时，可达81% ~83%。

#### 8.4.7.2　铜的直收率

铜的直接回收率与铜锍品位、铜锍中杂质（其中特别是锌、铅、铋等易挥发成分）含量、鼓风压力和送风量、转炉渣成分及操作技术（特别是放渣环节）等因素有关。

#### 8.4.7.3　炉寿命

炉寿命是衡量转炉生产水平的重要指标。转炉的寿命与铜锍品位、耐火材料质量、砌砖技术和耐火材料的分布、吹炼热制度、风口操作等因素有关。

炉衬各处损坏的严重程度不同，炉衬损坏最重的部位是风口区和风口以上区，其次是靠近风口两端墙熔体浸没部分，炉底和风口对面炉墙损坏较轻。

在造铜期，炉衬损坏比造渣期严重。采用富氧空气吹炼时，炉衬损坏比采用空气时严重。

炉衬损坏的原因很多，归结起来主要是由机械力、热应力和化学侵蚀三种力作用的结果。

提高炉寿命的措施有：

（1）选用优质耐火材料提高砌炉和烤炉质量，在渣线和容易损坏的部位砌优质镁铬砖有较好的抗损坏效果，如选用锦州长城耐火材料系列镁铬砖，长城SA系列风口砖均可取得很好的效果。

（2）严格控制工艺条件，控制造渣期的温度在1200 ~1250℃，当炉温偏高时及时地分批加入冷料，在加入石英熔剂时要防止大量集中加入，以免炉温急剧下降。

（3）及时放渣和出铜，勿过吹，减少对砖体的侵蚀作用。

（4）当炉衬局部出现损坏时，可采用热喷补等措施补炉。

（5）从炉体结构角度看，适当增大风眼管直径和减少风眼数量，可以降低风口区炉衬的损坏速度。适当增大风口与端墙的距离，可以减缓端墙的损坏。

8.4.7.4　转炉的生产率

转炉的生产率可用下面三种方法表示，即炉日产粗铜量、生产吨粗铜时间、日炉处理铜锍吨数。常用的是前两种表示方法。

转炉的生产率与炉子大小、铜锍品位、单位时间鼓入炉内的空气量、送风时率及操作条件等有关。大转炉无疑比小转炉生产率高。铜锍品位高，造渣时间短，炉子生产率也大。

铜锍吹炼过程就是利用鼓入炉内空气中的氧来氧化铜锍中的铁和硫的过程。

8.4.7.5　耐火砖消耗

耐火砖消耗与炉寿命、铜锍品位、转炉容量、操作制度等有关。炉寿命短、铜锍品位低、炉子容量小，耐火砖消耗就相应高。

## 8.5　铜锍吹炼的其他方法

铜锍其他的吹炼方法还有：反射式连续吹炼炉吹炼、闪速吹炼。

### 8.5.1　反射式连续吹炼炉吹炼

连吹炉每个吹炼周期包括造渣、造铜和出铜三个阶段。操作周期为 7 ~ 8h，它仍保留着间断作业的部分方式，只是在第 1 周期内进料 - 放渣的多次作业改变为不停风作业，提高了送风时率。烟气量和烟气中 $SO_2$ 浓度相对稳定，漏风率小，$SO_2$ 浓度较高，在一定程度上为制酸创造了较好的条件。

反射炉式连吹炉因其设备简单、投资省、尤其是在 $SO_2$ 制酸方面比转炉有优点，因而适合于小型工厂采用。

（1）连续吹炼炉的生产操作由烘炉、开炉、正常操作等组成。正常操作过程整个吹炼过程可分为两个阶段——造渣期与造铜期。

（2）连续吹炼炉吹炼的技术条件及其控制

连续吹炼炉是连续吹风作业的，操作条件控制的好坏，对炉子的正常生产和炉子寿命都有直接影响，而且一个条件变化也会影响整个炉子的操作，所以对于原料、熔剂、炉温等都有比较严格的要求。

1）铜锍的品位。铜锍品位对于吹炼炉的热平衡、炉寿命及经济指标影响较大。铜锍品位愈高反应过程中所生成的热量愈小，所用空气量也少，从生产实践来看，铜锍品位在 50% 左右比较好，其吹炼的时间短、产量高、消耗低，从经济上来讲是比较合算的。

2）风压与风量。对于吹炼炉吹炼铜锍来说，风压通常控制在 0.11 ~ 0.14 MPa（气压）。

3）渣口保持在微负压条件下操作。吹炼炉正常作业过程中渣口要严格控制在微负压操作，严禁渣口吹冷空气，以保证渣口沉淀区的温度，保证炉子的整个热平衡，防止渣口及沉淀区的干渣炉结生成，保证烟气温度和烟气 $SO_2$ 浓度，达到烟气制酸要求。

4）$SiO_2$ 的控制。渣含 $SiO_2$ 量一般控制在 22% ~ 26% 为宜。

5）炉温的控制。在吹炼造渣期，炉内温度要求控制在 1250℃左右。

6）渣口高度的控制及熔体的厚度。控制渣口熔体的高度，不能超过渣口砖上 150 mm，过高会影响炉气的顺利排除，而且喷溅推捅都会增大，给各岗位操作带来困难，不安全。

### 8.5.2　铜锍的闪速吹炼

前面叙述了铜锍的吹炼过程，无论是采取侧吹或顶吹，连续或间断的操作方式进行，都是将空气或富氧空气鼓入熔融铜锍熔池中进行吹炼反应，产出金属铜来，同属于液态熔池熔炼的类型。而闪速吹炼是将固态铜锍粉喷入闪速炉反应塔进行闪速吹炼，改变了传统的铜锍的液态吹炼方式，其硫的捕收率达99.9%，吨铜$SO_2$的逸散率小于2.0kg/t；只要铜锍品位适中，吹炼过程可以实现自热；耗水量减少3/4。

从熔炼炉放出的熔锍（含Cu 68%～70%）首先进行高压水淬，然后经干燥与细磨（粒度为$100\times10^{-6}\sim150\times10^{-6}$ m，粒度小于0.15mm的锍粉不应少于80%），经风力输送到闪速吹炼炉的料仓，然后与需要加入的石灰熔剂和返回的烟尘一道，用含氧75%～85%的富氧空气或工业氧气将其喷入反应塔内，经反应后从闪速吹炼炉的沉淀池放出含硫量仅为0.2%～0.4%的粗铜；用石灰代替常规的$SiO_2$作熔剂，产出含铜约16%、含CaO为18%左右的吹炼渣，吹炼渣返回熔炼炉处理。产出的烟气含$SO_2$高达35%～45%，经余热锅炉与电收尘冷却净化后送去制酸，收下的烟尘可返回闪速吹炼炉或闪速熔炼炉处理。

进入闪速吹炼炉中的铜锍，经反应后其中的硫几乎全被氧化掉，只有很少量的硫分散在炉渣与粗铜中。在闪速反应塔中反应产生的金属铜是不多的，约占所产金属铜的10%，大部分的铜锍粉在反应塔中有的被过氧化为$Cu_2O$，有的欠氧化仍为$Cu_2S$。当它们落于沉淀池的熔体中后，继续发生造铜反应：

$$Cu_2S+2(Cu_2O)\!=\!=\!=6Cu+SO_2$$

$$Cu_2S+2(Fe_3O_4)\!=\!=\!=2Cu+6(FeO)+SO_2$$

根据造锍熔炼过程的热力学分析，要在吹炼过程中得到金属铜，一定要维持在较高的氧势下进行，这样便会发生过氧化反应，闪速吹炼过程亦然，也会产生许多$Cu_2O$与$Fe_3O_4$，给吹炼过程的顺利进行带来许多麻烦，所以在闪速吹炼过程中选用铁酸钙渣型，以石灰代替石英作为熔剂，使产出的含$Fe_3O_4$高的吹炼渣不会析出固相$Fe_3O_4$而保持均匀的液相。

闪速熔炼与闪速吹炼工艺的工业应用，开辟了铜冶金技术的新纪元，但是用一台闪速炉直接生产粗铜的工艺才是最经济、最理想的方法，因此，一种更大胆的设想出现了。

（1）一台闪速炉有两个反应塔，一个用来将精矿熔炼成铜锍，另一个用来把铜锍和高品位的铜精矿熔炼成粗铜。由于含$SO_2$烟气的循环，熔炼过程使用工业氧。反应塔的直径和高度变小了。所需的耐火材料和冷却设备也少了，热的损失也少了。料仓建在平地上，其他建筑物的高度也低很多。所以，投资费用和运行费用减少了。

（2）从闪速炉排出的铜锍不断被粒化和磨碎。炉子另一端的炉渣被贫化，渣含铜量减少，并以弃渣不断排走。

（3）含有少量烟尘的烟气经过喷雾冷却除尘设施进入电收尘器或布袋收尘器。不用对高浓度的$SO_2$烟气进行空气稀释，直接进入新型硫酸厂，产出硫酸或硫磺与硫酸。收下的尘既可以用火法处理，也可以用湿法处理，达到综合利用的目的。处理后的残渣返回到闪速炉的反应塔。

# 9　炉渣的贫化处理

现代的强化熔炼工艺为了产出高品位的铜锍通常控制高的氧势（$\lg p_{O_2} = -5.5 \sim -4$）和铜锍吹炼造渣期更高的氧势（$\lg p_{O_2} = -4 \sim -1.5$），产生的熔炼渣和吹炼渣势必含有大量的 $Fe_3O_4$，导致渣中机械夹杂和熔解的铜损失增多，渣含铜量往往在1%以上。所以强化熔炼与吹炼的炉渣必须经过贫化处理，回收其中的铜以后才能弃去。目前采用的贫化处理方法有还原贫化法与磨浮法。

## 9.1　还原贫化法

生产实践表明，渣含铜是随渣中 $Fe_3O_4$ 含量的升高而增加的。

闪速熔炼的氧势，比转炉吹炼过程的氧势要低，因而渣中的 $Fe_3O_4$ 含量和铜含量亦较低。这为我们选择炉渣贫化方法提供了基本的方向，就是要在贫化过程中降低氧势，使渣中的 $Fe_3O_4$ 充分被还原为FeO，从而改善炉渣的性质，使其中大量夹杂的铜锍小珠，能聚集成大颗粒而进入贫锍相中。所以炉渣的贫化过程实质上就是造锍熔炼产高品位铜锍到铜锍吹炼的逆过程，即过程的控制是由高氧势向低氧势转变的过程。

当在贫化过程中加入黄铁矿时，可使铜锍品位下降，有利于下列反应的进行：

$$3Fe_3O_4 + FeS = 10FeO + SO_2$$

$$(Cu_2O) + [FeS] = (FeO) + [Cu_2S]$$

铜锍品位愈低，这些反应进行得愈充分，更能达到很好的贫化效果。但是铜锍品位的降低，会给处理过程带来麻烦，所以仍然希望渣贫化处理过程产出原来熔炼铜锍的品位。铜锍品位与贫化效果的矛盾限制了在生产上加黄铁矿的措施，于是便采取了加碳质还原剂来降低贫化过程的氧势，促使下反应的进行：

$$(Fe_3O_4) + C = 3(FeO) + CO$$

$$\Delta G^\ominus = -430924 + 41.34T(\mathrm{J})$$

$$\Delta G = \Delta G^\ominus + RT\ln\frac{a_{FeO}^3 \cdot p_{CO}}{a_{Fe_3O_4}}$$

在1250℃下，渣中的 $Fe_3O_4$ 能完全地被固体碳所还原，所以加入的固体碳还原剂应该与熔渣充分地搅拌混合。

炉渣的还原贫化一般是在电炉中进行，炉渣贫化电炉与矿热电炉相似。

熔炼渣与转炉渣联合处理时，铜的回收率也不过53%～77%，远不如磨浮法处理的回收率。

我国白银熔炼炉，是在炉中砌有隔墙，将熔池分为熔炼区与渣贫化区，瓦纽柯夫炉也是用隔墙分开。用特尼恩特转炉贫化炉渣，从炉子结构到工艺都是一种新技术。其炉型类似于回转式精炼炉，只装有少数几个风口。还原剂是通过风口压入熔渣中，使其能很好地与熔渣充分搅拌，获得了很好的贫化效果。

## 9.2 磨浮法处理炉渣

磨浮法贫化处理炉渣的过程包括有缓冷、磨矿与浮选三大主要工序,其基本原理是基于炉渣中的硫化物相,在充分缓冷的过程中能析出硫化亚铜晶体和金属铜颗粒,然后经破碎与细磨可以机械地分离开来,并借助于它们与渣中其他造渣组分在表面物理化学性质上的差异,便可浮选产出硫化物渣精矿再返回熔炼过程,而产出的浮选渣尾矿含铜小于0.3%～0.35%,完全可以作弃渣处理。

生产实践表明,炉渣的缓慢冷却速度对炉渣中析出铜矿物晶粒的大小有很大的影响。水淬骤冷时大部分含铜晶粒小于5 μm,这种微粒很难与炉渣本体分开。有文献资料认为,炉渣在相变温度1080℃以上停留时间较长,有利于铜颗粒长大,故在1000℃以上进行缓冷时,冷却速度以不大于3℃/min为佳,在1000℃以下可以喷水加速冷却。

缓冷固化后的炉渣,各工厂采取多种破碎与细磨的方式,以使硫化物和金属粒子与其他组分分离。一般需要细磨至粒度-0.048 mm达到90%,才能充分解离。炉渣选矿厂大都采用阶段磨浮的工艺流程。

### 9.2.1 诺兰达熔炼炉渣的选矿工艺

由于炉渣中主要矿物嵌布粒度粗细不均匀,采用了"阶磨阶选"的原则流程,以原渣品位4.5%左右的缓冷渣进行试验,获得较好的指标。

从诺兰达炉排出的熔渣通过渣包缓冷后,炉渣块经击振式破碎机破碎人工分捡出包底的铜锍碎块直接作为转炉原料,剩余的大部分渣块通过三段一闭路破碎流程将块度为-400 mm的渣块破碎到-12 mm的粉矿作为磨浮原料。粉矿进入磨浮工序,首先进入第一段磨矿分级作业,第一段磨矿分级产品进行第一段粗选,得到部分铜精矿产物,槽底产物进入第二段磨矿分级;第二段磨矿分级产物首先进入第二段粗选得部分精矿产物,槽底产物进入到扫选作业;扫选泡沫经过精选后得到部分铜精矿,其槽底产物作为中矿返回到第二段磨矿分级,形成磨浮闭路;扫选槽底产物即为浮选尾矿。浮选尾矿进入到永磁式弱磁机,分选出低品位铁精矿和尾矿。

工艺流程及设备配置特点:

(1) 采用"阶磨阶选"原则流程,较好地适应了渣原矿主要矿物粗细不均匀嵌布的特性,实现了早收多收的目的,选矿指标稳定可靠。

(2) 一段磨矿的分级作业采用旋流器替代传统的螺旋分级机进行分级,其优点是设备配置紧凑,占地面积小;两台旋流器轮换工作,工作稳定。

(3) 用CLF-4型充气搅拌式浮选机单槽容积为4 $m^3$,内部结构设有矿浆循环通道,运行稳定,较好地适应了大密度矿物或粗粒级矿物浮选,运行成本相对较低。

(4) 浮选流程内部为闭路大循环,充分体现了再磨再选的功能,很好地解决了细粒嵌布矿物的单体解离和有效回收问题。

工艺条件如下:

(1) 处理量。在入磨粒度为-12 mm时,处理量控制在34～36 t/h。

(2) 磨矿浓度。一段控制在80±2%;二段控制在70±2%。

(3) 入选矿浆浓度。粗选控制在45%～50%,细度为-0.074 mm(占65%～70%);扫选控制在40% ~45%，细度 -0.048 mm（占65% ~70%）。

（4）药剂制度。渣中铜基本属硫化矿性质，故选用丁基黄药作为捕收剂，松醇油作为起泡剂，添加量视品位变化，一般为黄药 120 ~ 150 g/t，松油 80 ~ 100 g/t。当渣原矿含 Cu 4.0% ~4.70%时，精矿品位可达25.50% ~27.00%，尾矿含 Cu 0.28% ~0.32%时，铜的回收率为93% ~94.5%。

生产中发现当渣原矿品位下降到3%以下时，浮选过程不稳定，指标下降（如1999 年 11 月份渣原矿含 Cu 2.77%时选收精矿品位仅 23.65%，铜回收率为 89.95%），其对应措施为合理配渣，保持原矿品位相对稳定。

### 9.2.2　转炉渣的选矿工艺

转炉渣的选别效果受渣中 $SiO_2$ 含量影响较大。试验认为渣中 $SiO_2$ 含量以不超过 18% ~21% 为宜。但是采用磨浮法处理闪速炉渣的玛格玛冶炼厂其渣 $SiO_2$ 含量竟达33%，其 $Fe_3O_4$ 含量也不过8%左右，不同冷却速度对转炉渣选别效果影响也较大。

同一渣样缓冷时其选别指标高于快速冷却的选别指标。

### 9.2.3　铜炉渣磨浮法与电炉贫化法的比较

磨浮法更适应强化熔炼的发展需要。

铜炉渣磨浮法与电炉贫化法比较具有如下优点：

（1）磨浮法铜的回收率高，都在90%以上，浮选尾砂含铜量可降到0.3%。电炉贫化铜的回收率只有70% ~80%，弃渣含铜量往往在0.6%以上。如芬兰哈贾瓦尔塔炼铜厂，以前采用电炉贫化法处理闪速熔炼渣和吹炼渣，弃渣含铜量为0.5% ~0.7%，铜回收率为77%，改用磨浮法后，浮选尾矿含铜量为0.3% ~0.35%，铜回收率提高到91.1%。夹杂在铜锍中的贵金属也提高了回收率。此外，对强化熔炼过程而言，采用磨浮法，可选择较高的 $m(Fe)/m(SiO_2)$ 渣型，每吨粗铜产渣量可低于还原贫化法的产渣量，因而相同规模的铜冶炼厂每年弃渣中带走的铜损失总量也少些。

（2）磨浮法电耗少，为吨渣 60 ~80 kW · h，而电炉贫化法为吨渣 70 ~150 kW · h，如哈贾瓦尔塔炼铜厂采用电炉贫化炉渣时电耗为吨渣 90 kW · h，而浮选法吨渣只有 44.2 kW · h。

（3）电炉贫化时排放的烟气 $SO_2$ 含量低于 0.5%，难以利用，排放时污染环境。浮选法产生的污水，比较容易处理，可循环使用。

但是磨浮法工艺流程复杂，厂房占地面积大，设备多、基建投资大，并且不适宜处理含镍钴量较高的炉渣，因为它们会进入尾矿中而损失掉。此外，磨浮法也不适宜处理三菱法的炉渣。

# 10 粗铜的火法精炼

## 10.1 概述

铜锍吹炼后产出的粗铜，含铜量一般为98.5%～99.5%。

这种粗铜的力学性能与导电性，均不能满足工业应用的要求，必须进行精炼除去其中的杂质，提高铜的纯度使其含铜量达到99.95%以上。粗铜中金银含量是相当高的，从粗铜中回收金银及其他有价元素，是粗铜精炼的第二个目的。

现代各炼铜厂采用的粗铜精炼方法，是先经火法精炼除去部分杂质，然后进行电解精炼才能产出符合市场要求的纯铜，因为火法精炼只能除去部分杂质，而杂质含量高的粗铜又不能直接电解。

粗铜中的硫和氧以及溶解在铜液中的$SO_2$，在铜液凝固时，会从铜液中析出大量的$SO_2$，致使浇铸成的阳极板内会留有空洞和形成凹凸不平的表面，这种不合格的阳极板是不能送去电解的。同时杂质含量很高的阳极进行电解，不仅得不到高纯度的阴极板还会影响电解的技术经济指标。因此粗铜应在电解精炼之前，进行火法精炼除去部分杂质，使送去电解的阳极板含铜达到99%～99.5%，铸出的阳极板表面光滑平整，厚薄均匀，无飞边毛刺，悬吊垂直度好，能满足电解工艺的要求。

## 10.2 粗铜火法精炼的基本原理

粗铜的火法精炼是在1150～1200℃的温度下，先向铜熔体中鼓入空气，使铜熔体中的杂质与空气中的氧发生氧化反应，以金属氧化物MO形态进入渣中，然后用碳氢还原剂将熔解在铜中的氧除去，最后浇铸成合格的阳极送去电解精炼。

粗铜的火法精炼包括氧化与还原两个主要过程。

氧化精炼过程是在1150～1200℃的高温下，将空气压入熔铜中，铜被氧化产生$Cu_2O$。从Cu－O系相图（图1-10-1）可知，产出的$Cu_2O$是熔于熔铜中的，其溶解度随温度升高而增加：

| | | | | |
|---|---|---|---|---|
| 温度/℃ | 1100 | 1150 | 1200 | 1250 |
| 溶解的$Cu_2O$/% | 5 | 8.3 | 12.4 | 13.1 |
| 相应的$O_2$/% | 0.56 | 0.92 | 1.38 | 1.52 |

于是，熔铜中的杂质M便与溶于其中的$Cu_2O$发生反应：

$$[Cu_2O]+[M]=\!=\!=2[Cu]+(MO) \qquad (1\text{-}10\text{-}1)$$

被氧化的杂质M形成MO，这种MO往往是不溶于熔铜中的，而浮于熔铜表面形成一单独的渣相（MO），因而从铜中除去了这些杂质。氧化反应的平衡常数$K$为：

$$K=\frac{a_{Cu}^2\cdot a_{MO}}{a_{Cu_2O}\cdot a_M} \qquad (1\text{-}10\text{-}2)$$

式中，$a$表示反应中各种物质的活度。

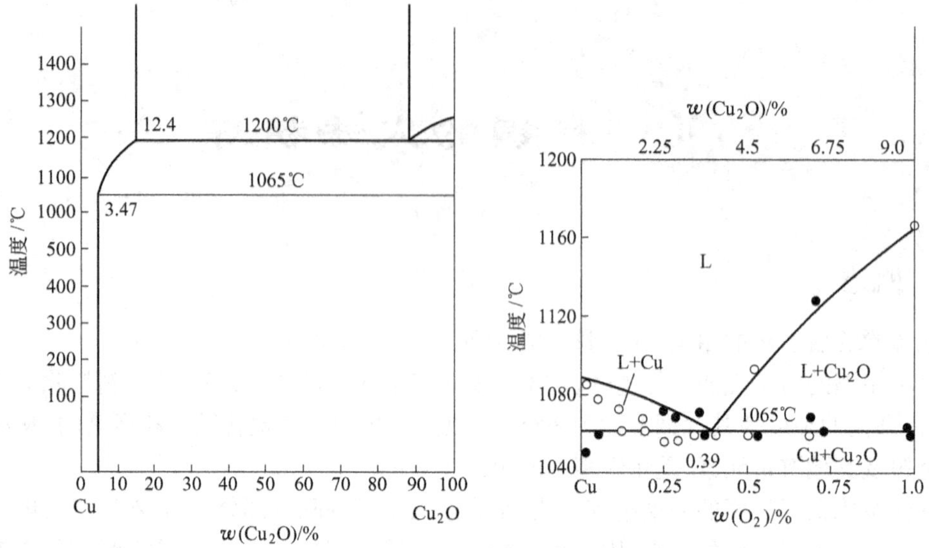


图 1-10-1　Cu－O 系相图

1200℃各种杂质氧化反应的 $K$ 值依大小顺序排在表 1-10-1 中。$K$ 值愈大，熔铜中的该种杂质的活度 $a_M$ 愈小，愈容易被除去。

从 Au 到 Te 被 $Cu_2O$ 氧化的反应平衡常数 $K$ 值很小（$<10^{-2}$），所以熔铜中的这些元素是不能被空气中的氧所氧化除去的。从 Fe 到 Al 这几个元素的 $K$ 值很大（$>10^3$），容易被氧化除去。如果在氧化精炼后的铜中还发现有这些元素，则是一些机械夹杂包裹物。居于这两类杂质之间的元素，其平衡常数 $K$ 值介于 $10^{-2}\sim10^3$ 之间，它们能被氧化除去，其除去的程度可根据 $K$ 值近似算出。

在氧化精炼过程中，向铜熔体不断鼓入空气，可以认为熔铜中已被 $Cu_2O$ 所饱和，则 $a_{Cu_2O}\approx1$。由于杂质含量少，当它们氧化时铜的浓度不会发生多大变化，可认为铜的活度 $a_{Cu}\approx1$，则氧化反应的平衡数 $K$ 可写作：

$$K=\frac{a_{MO}}{a_M}=\frac{\gamma_{MO}\cdot N_{MO}}{\gamma_M^0\cdot N_M}\tag{1-10-3}$$

式中，$\gamma_M^0$ 为稀溶液中杂质 M 的活度系数。于是残留在铜中的杂质极限浓度 $N_M$ 为：

$$N_M=\frac{\gamma_{MO}\cdot N_{MO}}{\gamma_M^0\cdot K}\tag{1-10-4}$$

各种杂质元素在 1473 K 的二元合金（Cu－M）的 $\gamma_M^0$ 列于表 1-10-1 中。

**表 1-10-1　1200℃时 Cu 中除去杂质的热力学数据**

| 元　素 | 粗铜中含量/% | $K$ | $\gamma_M^0$ | $p_M^0$ |
|---|---|---|---|---|
| Au | 0.003 | $1.2\times10^{-7}$ | 0.34 | $4.9\times10^{-7}$ |
| Hg | | $2.5\times10^{-5}$ | | $5.2\times10^{2}$ |
| Ag | 0.2 | $3.5\times10^{-5}$ | 4.8 | $2.2\times10^{-4}$ |
| Pt | | $5.2\times10^{-5}$ | 0.03 | $6.4\times10^{-3}$ |
| Pd | | $6.2\times10^{-4}$ | 0.06 | $8.5\times10^{-7}$ |
| Se | 0.04 | $5.6\times10^{-4}$ | ≤1 | 66 |
| Te | 0.01 | $7.7\times10^{-2}$ | 0.01 | 39 |

续表 1-10-1

| 元　素 | 粗铜中含量/% | $K$ | $\gamma_M^0$ | $p_M^0$ |
|---|---|---|---|---|
| Bi | 0.009 | 0.64 | 2.7 | $4.2\times10^{-2}$ |
| Cu | 约 99 | — | 1 | $4.5\times10^{-6}$ |
| Pb | 0.2 | 3.8 | 5.7 | $1.9\times10^{-2}$ |
| Ni | 0.2 | 25 | 2.8 | $2.8\times10^{-8}$ |
| Cd | | 31 | 0.73 | 32 |
| Sb | 0.04 | 50 | 0.013 | $7.9\times10^{-2}$ |
| As | 0.04 | 50 | 0.013 | $7.9\times10^{-2}$ |
| Co | 0.001 | $1.4\times10^{2}$ | | $3.2\times10^{-8}$ |
| Ge | | $3.2\times10^{2}$ | 0.11 | $6.5\times10^{-6}$ |
| In | | $8.2\times10^{2}$ | 0.32 | $8.1\times10^{-4}$ |
| Fe | 0.01 | $4.5\times10^{3}$ | 15 | $7.8\times10^{-8}$ |
| Zn | 0.007 | $4.7\times10^{4}$ | 0.11 | 10 |
| Si | 0.002 | $5.6\times10^{8}$ | 0.1 | $1\times10^{-16}$ |
| Al | 0.005 | $8.8\times10^{11}$ | 0.008 | $1.3\times10^{-5}$ |

式(1-10-4)表明,要降低铜中这类杂质的含量,必须使 $\gamma_{MO}\cdot N_{MO}$ 的乘积小,$\gamma_M^0\cdot K$ 的乘积大。为了降低 $\gamma_{MO}\cdot N_{MO}$ 之积,希望被氧化的杂质 MO 能与其他组分形成不溶于铜的化合物。如氧化物 PbO 与 $SiO_2$ 作用形成 $PbO\cdot SiO_2$ 氧化产生的 $As_2O_5$,$Sb_2O_5$ 和 $SnO_2$ 与 $Na_2CO_3$ 作用形成相应的钠盐,它们均不溶于铜中,而能降低 $\gamma_{MO}$。所以在铜的火法精炼中,应选择适当的熔剂如石英、苏打等加入,并及时扒去浮在表面的氧化渣,便能较彻底地除去这些杂质。

根据表 1-10-1 列出的 $\gamma_M^0$ 和 $K$ 数值的乘积,可以被氧化排出的杂质由难到易的顺序为:As—Sb—Bi—Pb—Cd—Sn—Ni—In—Zn—Fe。不过这个顺序是假定熔铜中杂质的浓度相等;活度也相等时按 $\gamma_M^0\cdot K$ 乘积排定的。实际上熔铜中的杂质形态很复杂,这个顺序也将发生变化。生产实践表明,As,Sb,Bi 是粗铜火法精炼最难除去的杂质,这与上述趋势是一致的。

在粗铜的熔化和氧化精炼高温条件下,可以利用某些杂质元素具有很大的蒸气压而将其挥发除去。根据拉乌尔定律,熔铜中杂质的蒸气压 $p_M=p_M^0\cdot a_M=p_M^0\cdot\gamma_M^0\cdot N_M$。各种杂质元素的 $p_M^0$ 也列于表 1-10-1 中。当杂质元素的浓度相同时,杂质 $p_M$ 的大小差别由 $p_M^0\cdot\gamma_M^0$ 来判断。由于锌与镉的 $p_M^0\cdot\gamma_M^0$ 乘积较大,便具有较大的 $p_M$,所以可用挥发法除去锌与镉。当处理含锌高的杂铜料时,应该有一个专门的蒸锌阶段,在这个阶段除了提高炉温(1300℃)以外,可在熔铜表面覆盖一层碳质还原剂,以防产生氧化锌渣壳,阻碍蒸锌过程的进行。

粗铜火法精炼的目的除了氧化与挥发除去一些杂质外,另一个重要的目的是为电解精炼浇铸出平整的阳极,这就要求将熔铜中的硫和氧含量控制在适当水平。一般粗铜中溶有 0.05% S 和 0.5% $O_2$,采用连续炼铜时,粗铜中的硫含量增加到 0.5% ~2%,而氧含量可降到 0.2%。在这样的硫和氧的含量下,熔铜固化时,硫与氧便会化合,在阳极板内形成 $SO_2$ 气泡。按反应计算,溶解在铜中的 0.01% 的硫和 0.01% 的氧化合时,每立方厘米的铜将产生 3 $cm^3$ 的 $SO_2$ 气体。这就不能浇铸出表面平整的阳极板而是带有 $SO_2$ 逸出后留有洞穴的阳极板。

脱硫是在氧化过程中进行的。向铜熔体中鼓入空气时,除了 $O_2$ 直接氧化熔铜中的硫产生 $SO_2$ 之外,氧亦熔于铜中。熔于铜中的氧和硫发生如下平衡反应:

$$SO_2(气)═══[S]+2[O] \tag{1-10-5}$$

$$\Delta G^\ominus ═══ 128450-53.58T(J) \tag{1-10-6}$$

$$K═══[\%S][\%O]^2/p_{SO_2} \tag{1-10-7}$$

在一定的温度和 $p_{SO_2}$ 下,熔铜中 $[\%S][\%O]^2$ 为一常数,这个关系表示在图 1-10-2

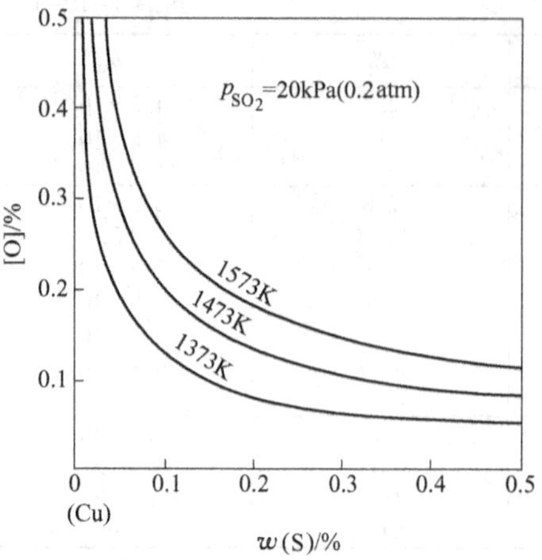


图 1-10-2　铜中硫和氧的平衡关系

中。在氧化精炼过程末期，熔铜中硫的含量可降低到 0.001% ~ 0.003%，相应地氧的含量为 0.6% ~1.0% 左右。

熔铜中含氧 0.6%，在其固化时，所有的[O]差不多全部以固体 $Cu_2O$ 析出，相当于重量为 6% 的 $Cu_2O$ 包裹在阳极铜中。为了减少 $Cu_2O$ 的析出，应从熔铜中用碳氢物质除去大部分的氧。这就是粗铜火法精炼的还原过程。

用碳氢物质从熔铜中脱氧的还原反应：

$$C + [O] = CO \qquad (1-10-8)$$

$$CO + [O] = CO_2 \qquad (1-10-9)$$

$$H_2 + [O] = H_2O \quad 或 \quad 2[H] + [O] = H_2O \qquad (1-10-10)$$

$H_2$ 在熔铜中的溶解有限，其平衡浓度可从下列平衡常数求出。

$$K = \frac{p_{H_2O}}{[\%H]^2[\%O]} \qquad (1-10-11)$$

在 1150℃ 与 1083℃ 下的 $K$ 值分别为 $5 \times 10^9$ 和 $15 \times 10^9$。若在 1150℃ 下还原，将氧含量降到 0.1% 左右，维持气相中的 $p_{H_2O} = 10\,kPa$，则熔铜中的最后氢含量为 $20 \times 10^{-6}$。维持熔铜中这种氢与氧含量的关系，可以得到平整的极板。否则相反。

熔铜中的[H]和[O]在其凝固时，会按反应(1-10-10)形成水蒸气逸出。逸出的水蒸气体积应该等于熔铜凝固时收缩的体积。在 1083℃ 时，1 $cm^3$ 的熔铜凝固时收缩 0.5 $cm^3$。所以在还原过程中应防止"过还原"，以免残留过多的氢在熔铜中。一般在还原后的熔铜中含氢量为 $20 \times 10^{-6}$，控制含氧量为 0.05% ~ 0.2%，铸成的阳极板含氧量为 0.03% ~ 0.05%。同时应维持较低的浇铸温度，因为氧在熔铜中的溶解度是随温度升高而急剧增加的。

还原过程用的还原剂有：木炭或焦粉、重油、天然气、甲烷或液氨。使用气体还原剂最简便。国内各工厂大都采用重油作为还原剂，虽然还原效果好、也比较经济，但油烟污染严重。

## 10.3　粗铜火法精炼生产工艺

用于铜火法精炼的精炼炉有回转炉、反射炉与倾动炉，下面按这三种炉形来叙述精炼的生产工艺。

### 10.3.1　回转炉精炼工艺

#### 10.3.1.1　回转炉的结构

回转精炼炉是 20 世纪 50 年代开发的一种火法精炼设备。其炉形近似圆筒形，由以下部分组成：筒体、燃烧器、燃烧室、传动机构、炉体支撑结构、炉体驱动系统。

#### 10.3.1.2　回转炉的供热

回转式精炼炉的供热方式与其他精炼炉相似，选用重油为燃料进行加热和保温。回转式精炼炉燃烧后产生的烟气和氧化还原反应产生的烟气一起进入燃烧室燃烧。它的燃烧方式是将预热好的燃油与雾化蒸汽一起通过高压喷嘴喷入炉内,此时的雾化蒸汽压力必须大于燃油压力1.5～2Pa。喷入炉内的燃油是经雾化蒸汽雾化成雾状后与进入炉内的燃烧空气一起进行燃烧的。一般情况,风油比为1∶1.2。炉内压为－180～－10Pa,进入高压喷嘴前的重油必须经蒸汽加温预热,预热后的燃油温度为150～180℃。从燃油罐到燃油高压喷嘴前的燃油管路须保温,以防燃油温度下降,影响燃烧效果。

回转精炼炉的作业分加料、保温、氧化(放渣)、还原、浇铸、保温六个阶段进行。

不同周期的燃油量和温度是不一样的。回转式精炼炉处理的原料一般为液态熔融铜,但入炉时温度达不到回转炉所需的温度,在氧化还原前还必须加热升温。所以如何确保炉内熔融铜的温度显得尤其重要。

燃烧效果的好坏直接关系到熔融铜温度的高低。一般情况,操作人员只需从炉口或从装设在燃烧器上的观察孔观察或从燃烧室与炉体尾部的接头处目测火焰呈绿色,炉内呈白光色,燃烧效果就比较好。若呈暗红色则表示燃烧效果较差。回转炉直接热利用率为8%～15%,60%以上的热量由烟气带出,进余热锅炉的烟气温度为1350～1400℃,出余热锅炉烟气温度为500～700℃,再进换热室或供精矿干燥用。包括烟气余热回收在内的总热量利用率可到50%～70%。影响燃烧效果的因素有以下几种。

(1)风油比的控制,风油比一般控制在1∶1.2。风油比控制较低,造成不完全燃烧,炉膛温度低,炉内发红。风油比太大,烟气带走的热量损失大。

(2)燃烧器结有油焦及冷铜,将燃烧器堵死,使燃烧风进不去,燃烧效果差。此时应及时熄火,迅速将燃烧器内的油焦和冷铜清理干净。

(3)蒸汽压力低,造成高压喷嘴容易堵塞,导致燃油雾化效果差,燃烧效果差。

(4)供油温度低,当供油温度低时,燃油流动性差,雾化效果差。此时应增开一组蒸汽加热机组,提高燃油温度,增强燃油的流动性。

(5)燃油质量,燃油含水以及燃油含杂质成分过高均会影响燃烧效果。燃油含水高,造成燃油流量波动大,油压不稳定,燃烧时火焰不稳定。一般燃油应半个月放一次水。

(6)炉内压力应调整在最佳状态,炉内负压过低(抽力过大)会带走大量热量;炉内正压过大,会有大量烟气从炉口外冒,影响环境,同时也影响炉口使用寿命。

#### 10.3.1.3 回转炉的倾动方式

回转炉传动装置主要由主电机、副电机、气动电机、主变速箱、副变速箱、电磁离合器和大小齿圈组成。回转炉的倾转是依靠电动机和气动电机、电磁离合器变速箱以及控制装置来实现的。

在炉前负责加料、保温、氧化放渣、还原等操作时,回转炉的倾转控制,要从炉前控制室控制。当炉后浇铸时炉前控制室只需将选择开关板向炉后,炉后控制室便可以进行倾转炉体。炉后浇铸结束后将炉体倾转到顶部位置。炉前控制室将选择开关板回炉前。通常回转炉体处在顶部位置。

回转炉的倾动方式设有快速倾转、慢速倾转和气动以及事故(气动电机)倾转。一般情况下氧化、还原浇铸刚开始阶段使用快速倾转。而放渣、浇铸、修炉使用慢速倾转。气动一般是指炉体已过顶部位置,而炉选开关又处在炉前控制,此时则用气动倾转炉体,事故倾转是指炉体正处在加料、氧化、还原、浇铸时突然停电，此时气动电机会自动启动，将炉体从不同方向转到顶部位置。快速倾转的速度为 0.6 r/min，慢速倾转和事故倾转的速度为 0.06 r/min。

#### 10.3.1.4 回转炉的生产实践

回转炉作业包括加料、保温、氧化（放渣）、还原、浇铸。全过程需 7～10 h（保温除外），其中加料 1 h，氧化 1～2 h，还原 1.5～2.3 h，浇铸 4～5 h。

回转炉精炼具有如下优点：

（1）炉体结构简单，机械化、自动化程度高，劳动条件好，劳动生产率高。

（2）炉子处理能力大，变化范围为 100～550 t，技术经济指标好。

（3）炉子的密封性好，散热损失小，降低了燃料消耗。负压操作，漏烟少，减少了对环境的污染。

回转炉熔池深，受热面积小，较反射炉的化料速度要慢，故不宜处理固体冷料。

### 10.3.2 反射炉精炼工艺

#### 10.3.2.1 反射炉结构

反射炉是传统的火法精炼设备，是一种表面的膛式炉，结构简单，操作方便。这种反射炉与造锍熔炼反射炉在结构与尺寸上都有所不同，因为火法精炼过程是周期性的，过程要求的温度较熔炼炉低，但熔体温度应保持均匀一致，炉内物料与熔炼炉的物料也完全不同。为了在精炼时使各部分熔体的温度保持均匀，从而使熔体各部分的杂质（特别是气体）含量及浇铸温度均匀，炉子作业空间不能太长以免发生温度降，为使熔池温度趋于一致，精炼炉特别设有 1.5～2 m 的燃烧前室，而且把炉顶做成下垂式，保证炉尾温度与炉子中央的温度相近。云南铜业股份有限公司已将传统的燃烧前室取消，炉子容积由设计时的 160 t 扩至 200 t。

由于精炼产出的渣量不多，且铜与渣的密度差别大，故精炼炉不需要澄清分离区。现代精炼反射炉的作业空间长度一般为 10～15 m，宽度 4～5 m，炉长与炉宽之比为 1.7～3.5，其容量为 5～400 t，精炼炉的熔池深度为 0.6～1.2 m，以便在炉内维持一定的热量储备，可在一定程度内补偿炉内作业空间温度的波动。

精炼反射炉的炉墙用镁砖、铝镁砖或铬镁砖砌筑，炉顶用铝镁砖或铬镁砖砌筑。

反射炉是一种对燃料适应性较强的炉子，固体、液体和气体燃料都可以使用，对燃料的要求是：含硫小于 2%，而以小于 1% 较为理想，因为含硫的燃料燃烧时，在炉内生成大量的 $SO_2$ 易被铜液吸收，致使铜液内残硫过高，影响铜的质量，煤的灰分含量小于 15%，发热值要高。

无论采用固体、液体或气体燃料，燃烧过程的好坏是决定反射炉供热状况的首要条件。燃烧过程与烧嘴构造、烧嘴性能、燃烧条件以及操作等因素有关。诸如燃料与空气混合均匀、燃料入炉的扩散角适当、入炉后能尽快着火、及合理的火焰长度和温度等，都是保证燃料有效燃烧的重要条件。

采用预热空气燃烧，可以使燃料预热，提前着火，促进燃料充分燃烧，特别是对着火点较高的粉煤尤有好处。预热空气带进的物理热，可提高燃料燃烧温度，降低燃料消耗。空气在烟道中预热至300～500℃，燃烧温度可提高100～200℃，燃料消耗可降低10%～20%。

#### 10.3.2.2　反射炉精炼作业实践

精炼作业包括加料、熔化、氧化，还原和浇铸等操作，各操作过程的总时间，依炉料成分、处理方法及炉子大小的不同而变化，且与操作技术的好坏有关。

粗铜杂质含量低时，火法精炼的主要任务是脱硫。扒渣后取样观察铜水含氧量及含硫量，含氧量在0.4%左右时可以结束氧化。断面有硫孔、硫丝，应排除$SO_2$。采用停火作业，能有效地脱除$SO_2$，通入0.3～0.5MPa的压缩风，在强烈的搅拌下能达到迅速脱硫的目的。排硫结束时，铜水温度为1150～1180℃，炉内压力为零压或微负压。

粗铜杂质含量高时，需加熔剂除杂质。砷、锑、镍含量高时，加碱性熔剂（苏打和石灰）；铅、锡含量高时，加酸性熔剂（石英砂）；两者含量都高时，先加碱性熔剂，后加酸性熔剂。

加入熔剂的方法有两种：加在熔池表面和用喷吹媒介喷入熔体内部。喷射入熔体内部的熔剂，能够与杂质充分接触，反应强烈，可提高熔剂的利用率。表面加入时，熔剂与杂质的接触几率小，反应不强烈，且一部分熔剂被炉气所带走，熔剂利用率低。

在杂质含量过高时，采用多次造渣、多次扒渣。第一次造渣加入熔剂总量的40%～50%，第二次造渣加入熔剂总量的30%～40%，第三次加入余量。多次造渣的目的，是降低渣中杂质浓度，改变杂质在渣与铜之间的平衡关系，以达到降低铜液中杂质含量，提高降杂的效果。

多次造渣耗费时间较长，铜液容易过度氧化。含氧量过高时，在两次造渣之间应适当还原1～2次，以将铜液含氧量降到0.5%以下，减少$Cu_2O$的造渣损失。

氧化初期炉渣主要是杂质氧化物，呈黑色，随着过程不断进行，氧化亚铜进入炉渣，逐渐变为棕褐色与红色，氧化一直进行到炉渣停止生成，并在熔体表面生成$Cu_2O$油光薄层为止。

在氧化阶段，应多取样以便准确判断氧化终点，铜氧化后的试样断面为柱状结晶，略呈砖红色时表示氧化程度已够。处理含杂质高的铜料时应加深氧化程度，应氧化至试样断面呈方块状结晶，深砖红色，这种判断方法需有一定的经验。

氧化结束后，铜熔体中已饱和溶解有多量的$Cu_2O$，为了将它还原成金属铜。目前国内外普遍采用重油、液化石油气、氨或其他还原性物质（如天然气、丙烷等）作为还原剂。采用重油还原，用铁管向熔池内导入$(1.5\sim2)\times10^5$ Pa大气压的重油（含硫量应小于0.5%），并用$2\times10^5$ Pa的压缩空气或$(3\sim5)\times10^5$ Pa的过热蒸汽雾化，铜液温度应控制在1150～1180℃，以减少氧、氢及$SO_2$等气体在铜中的溶解度。炉内必须维持还原气氛，可将烟道闸门减小，使炉内液面为零压，烟道抽力为10～30 Pa，并加一层木炭或不含硫的碎焦覆盖铜液。为了充分利用还原剂和加快还原速度，铁管应深插入熔池，并不断地移动位置，还原时间约0.5～3h。

还原剂的还原效率，除与使用方式、操作技术、还原剂种类有关外，还与铜液含氧量有关。还原终点的含氧量，对还原剂的消耗影响较大。还原终点一般控制铜液含氧量为0.05%～0.2%。

还原后期应经常取样判断其进行程度。随着$Cu_2O$的不断还原，试样断面开始是丝状粗粒结晶结构，逐渐转变为细粒放射状，最后变为细粒致密结晶。还原初期试样断面呈砖红色，后来转为玫瑰色；从无光泽变为最后的丝绸光泽，金属亮色最初集中最后散开。试样表面开始时中心带有凹槽，到还原结束时成为微带皱纹的平整表面，此时，铜液中的残氧量约为0.03% ~0.05%（有高达0.1% ~0.2%的）。

### 10.3.3 倾动炉精炼工艺

倾动式精炼炉是吸取了反射炉和回转炉的长处而设计的。炉膛形状像反射炉，保持其较大的热交换面积。采取了回转炉可转动的方式，增设了固定风口，取消了插风管和扒渣作业，减轻了劳动强度，既能处理热料，又能处理冷料，是较理想的炉型。

倾动炉由炉基、摇座、炉体、驱动装置、燃烧器及燃烧室组成。

倾动炉与反射炉和回转炉比较，具有以下的优点：

（1）炉膛具有反射炉炉膛的形状，断面合理，受热面积大，热交换条件好，炉料熔化速度快。

（2）配备有两个加料门，铜料能快速均匀地加到炉膛各部位，冷、热料都适合处理。

（3）侧墙装有固定风管，倾转炉体可以撇出炉渣，不需要扒渣。侧墙上开有放铜口，倾转炉体可放出铜水，流量调节较为灵活。

（4）机械化程度高，取消了繁重的人工操作，劳动生产率高。

倾动炉与反射炉和回转炉比较，也存在着不足之处：

（1）炉体形状特殊，结构复杂，加工困难，投资高。

（2）操作时，倾转炉体重心偏移，处于不平衡状态下工作，倾转机构一直处于受力状态。

（3）在炉体倾转时，排烟口不与炉体同心转动，密封较困难。

这些不足之处影响了倾动炉的推广和发展，目前只有少数杂铜冶炼厂采用这种炉型。

## 10.4 阳极浇铸

传统的阳极浇铸，是人工控制，铜液从精炼炉放出，经溜槽进入浇铸包，注入铸模。重量由浇铸工根据模子的充满程度或在铸模上划一些刻度线进行控制。人工控制的随机性很大，重量波动大，20世纪50年代开始，逐步实行半自动或自动定量浇铸，由微机控制称量包，经液压系统自动浇铸。采用28～36块铸模的圆盘浇铸机，其生产能力可达到100 t/h。定量浇铸的阳极板重量差可控制在2%以内，但仍然存在一些问题难以解决：浇铸时铜水喷溅及圆盘晃动产生飞边、毛刺；在冷却和脱模时，产生弯曲变形；铸模夹耳，耳部产生扭曲变形；铸模不平，板面厚薄不均。这些缺陷以及其他一些问题，几乎都是浇铸过程难以避免和不可能完全克服的，因此采取了阳极外形的修整工作，以弥补浇铸的缺陷。在电解车间增设阳极平板、校耳、铣耳整形生产线。

阳极生产有两种工艺：铸模浇铸和连铸。铸模浇铸分为圆盘型和直线型，圆盘浇铸可用于铸阳极或线锭，直线型浇铸用于铸阳极，圆盘型浇铸机较稳定，容易保证铸件质量，维修也容易，但占地面积大、投资大。严格控制铜水温度和铸模温度在一定范围内是获得优质阳极铜的重要因素。直线型浇铸机结构简单、紧凑，占地面积小，投资少，但阳极质量差，仅被小型工厂采用。连铸是连续作业，连续浇铸并轧成板带，经剪切或切割成单块阳极，用预制的挂杆钩住阳极耳部将阳极挂起来，此法生产的阳极较传统法生产的阳极薄，电解生产周期短,取槽装槽频繁,且投资较大,国内尚未推广。

### 10.4.1 圆盘浇铸

圆盘浇铸有两种类型:人工控制和自动控制。人工控制是由操作者控制浇铸包的倾动机构,凭借经验掌握阳极的厚度,块重波动较大。自动浇铸主要以芬兰奥托昆普公司研发的定量浇铸机为代表,包括阳极浇铸和称重机,带一个中间包和铸造浇包、铸轮、冷却系统、废阳极取出装置、阳极取出系统及冷却水槽、铸模涂模系统、控制系统、液压系统,浇铸过程的各个阶段由PLC进行自动控制。浇铸精度和自动化程度非常高,目前国内大型炼铜厂均引进了此项技术。

熔融铜通过一静止溜槽连续地从阳极炉流入浇铸和称量的中间包。中间包接收到浇铸包的允许倒铜信号后,铜液从中间包倒入浇铸包。浇铸包由称量设备支撑,浇铸包足够满时(即达到预设重量时),中间包收回,回到原位。当圆盘浇铸机上的铸模到位时,发出到位信号,浇铸包开始按预设的浇铸曲线向空模内注入铜水,控制系统准确地控制浇铸包的倾动,使得倒出的铜量与希望的阳极重量相等,注入模内的铜水重量达到预设重量时,浇铸包返回至原位,同时发出信号给铸造轮允许转动。

当中间包再次向浇铸包注铜液时,圆盘浇铸机将下一个空模子转到浇铸位置。铸好的模子依次进入冷却系统,在冷却系统中,模子从底部冷却而阳极从上表面通过喷淋冷却,根据红外线测温仪测出的模温,调节冷却系统的水量。

冷却阳极进入检查站后,通过预起模装置推起阳极,使阳极从模子中松开。此处装有光电开关或摄像头,检测阳极板的耳部是否饱满,可能有缺陷的阳极在到达取出(冷却水槽)之前用废阳极提升机取出。

圆盘浇铸机将阳极带到取出位置之后,阳极再次被终顶装置推起,取出设备抓住阳极并把它吊入冷却水槽。阳极被放置在冷却水槽的链式输送机上,链式输送机前进一段距离,让出下一块阳极的位置。此处装有阳极计数器,当阳极块数达到所期望的块数时,链式输送机连续步进一段时间,将阳极束打捆,并输送到冷却水槽的后部,在那里,提升设备将阳极捆提起,这样,阳极捆就可以由行车的吊钩或叉车从冷却水槽中运走。

阳极取出后,顶针自动复位,不能复位的由人工锤击复位。此处设有废旧顶针更换装置,多为液压设备。复位后,圆盘转至下一工位,空模子到达涂模系统,在那里,模子被喷涂上一层硫酸钡或其他等效的涂料,主要是为了脱模容易。常用的涂模剂有石墨粉、骨粉、瓷土粉和重晶石粉,这些材料不会与铜发生反应,少量带入电解槽时,不会干扰电解工艺。脱模剂一般要求为 −0.095 mm 以下,使用水或水玻璃水溶液调浆。

至此,一块阳极浇铸的作业周期全部完成。空模转至浇铸位,进入下一块阳极的作业周期,周而复始直至铜液浇铸完毕。

圆盘浇铸机是广泛使用的设备,它比直线浇铸机运行平稳,浇铸质量高,已逐步取代直线浇铸机。圆盘浇铸机有较大的生产能力,可以实现双包浇铸,单机或多机取板,易实现机械化、自动化。圆盘直径可为 7 ~ 21 m。铸模摆放块数为 12 ~ 60 块,生产能力的适应范围广,最大能力为 100 t/h。

### 10.4.2 阳极铸模

阳极铸模,过去用铸铁或铸钢材料。铁的导热性差,耐急冷急热性差,易龟裂,寿命短,成本高。现在都采用阳极铜浇铸的铜模。铜的导热性好,耐急冷热性好。

影响铜模寿命的因素较多,除材质外,浇铸铜液温度、浇铸方式、使用及维护也有较大的影响。

### 10.4.3 阳极外形质量与修整

阳极外形质量的好坏,直接关系到电解工序的作业制度与产品质量。阳极外形质量与下列因素密切有关。

(1) 铜液溶解了过多的氢和硫。在浇铸过程析出 $SO_2$、$H_2$ 气体,造成板面鼓包,即形成二次冲气现象。

(2) 铜液含氧量高。铜液含氧量高,流动性差,板面花纹粗;含氧量低,流动性好,板面花纹细,外观质量好。但含氧量低于0.05%时,氢在铜中的溶解度迅速增加,产生二次冲气现象,使阳极外形质量下降。铜水中含氧量控制在0.05% ~0.2%为宜。

(3) 铜液温度。铜液温度低,流动性不好,浇铸过程不好控制,阳极易堆积,外观质量差。铜液温度高,流动性好,浇铸过程好控制,阳极外观质量好。但铜液温度过高易粘模,铜液温度在浇包中一般控制在1150 ~1180℃。

(4) 浇铸速度。采用 PLC 控制的自动定量浇铸,每个工艺过程的运动时间由程序控制,调整好后不会改变,此种浇铸方式,人为干扰较少,主要对工艺条件的稳定性要求较高,如浇铸包的形状、包子嘴的尺寸、耐火材料的厚度等,须按要求制作,稍有变化都影响浇铸曲线,影响阳极的浇铸质量和精度要求。而人工浇铸时,随意性较大,完全取决于浇铸工的操作技能。

(5) 圆盘运行的平稳性。圆盘运行的平稳性对浇铸出合格的阳极至关重要。圆盘在启、制动,因机械惯性作用,产生晃动,此时,阳极未完全凝固,影响阳极的平整度及厚薄。

(6) 铸模的水平度。铸模上圆盘浇铸机后,须进行水平校正,并进行固定,以保证铸模的水平度。如铸模在圆盘上不水平,易产生一边薄,一边厚的现象,严重时,铜水溢出产生飞边。

(7) 阳极冷却。阳极冷却主要通过上部冷却和下部冷却两种方式。阳极喷水冷却前,铜液表面须凝固,若极板中心未收心,喷水冷却,阳极易产生水包。冷却水的量根据浇铸速度而定,水量过大,模温较低,阳极易煮边,阳极背部及内部产生大量气体。

(8) 脱模剂。脱模剂的选择应结合成本考虑,最好选用疏水性的脱模剂,以利于物理水分的干燥和蒸发,水分过多在浇铸过程中,阳极背部和内部易产生气孔,进入电解工艺,槽面稍有震动,阳极内的气体便溢出,产生阳极泥漂浮现象,影响电铜的质量。涂模过程中脱模剂浓度应适宜,过稀或喷涂不均,或喷涂过少,易产生粘模,阳极难脱模;过稠或喷涂过多,在阳极内部及表面易产生夹渣和鼓泡。

圆盘浇铸机铸出的阳极,无论是人工浇铸还是自动定量浇铸,阳极外形都会产生各种缺陷。必须对可修整的阳极缺陷,进行修整,提高合格率。阳极修整的主要工作有:除去飞边毛刺;用液压平板机平整弯曲的板面;将耳部不平或扭曲处进行校直或扭转;为保证阳极在电解槽内的悬垂度,须用内圆铣刀将耳部下沿切削加工成弧形,并将阳极排放成电解工艺所需的极距。现代铜厂的阳极外形整理,已实现机械化、自动化。

### 10.4.4 Hazelett 连铸机

为解决阳极浇铸出现的问题,20 世纪 70 年代开发了哈泽列特(Hazelett)连铸机,亦称双带连铸机,连续浇铸成板坯,再切割成单块阳极。

Hazelett 连铸阳极的优点是阳极板面光滑、平直、没有表面缺陷,厚薄一致,重量均匀,块重误差小于 1%,阳极挂耳垂直、无歪扭,没有脱模剂黏附阳极。

连铸阳极与一般阳极比较,对电解生产有以下的好处:极间短路减少,槽间管理、检测、修整减少,残极率降低,40 mm 厚的阳极板的残极率为 13% ~15%,残极重量减少;阳极平直,极间距可缩短,电解生产能力增加,阳极质量提高,电流效率提高。

使用连铸机的经济效果是很可观的,比用圆盘浇铸机节省了 16% ~27.1% 的费用。

连铸机可能出现的问题有:青铜挡块不严缝,产生漏铜,造成飞边、毛刺;青铜挡块、挂耳位置不对称或错位,影响阳极规格;测距装置不准确,造成切块长短不一致,阳极报废;切割或冲压时使阳极耳部底面不平整;板面弯曲,最大偏差达到 7 mm。这些问题难以避免,为提高阳极质量,仍需在电解工序装设平板、校耳、铣耳整形生产线,处理不合格阳极。

# 11　铜的电解精炼

## 11.1　电解精炼的目的

铜的火法精炼一般能产出含铜 99% ~99.8% 的粗铜产品，但其质量仍然不能满足电气和其他工业的要求。因此，几乎所有的粗铜都要经过电解精炼除去火法精炼难以除去的杂质。铜的电解精炼，是将火法精炼的铜浇铸成阳极板，用纯铜薄片（也称始极片）或不锈钢板作为阴极，阴、阳极板相间地装入电解槽中，用硫酸铜和硫酸的混合水溶液作为电解液，在直流电的作用下，阳极上的铜和电位较负的贱金属溶解进入溶液，而贵金属和某些金属（如硒、碲）等不溶，成为阳极泥沉于电解槽底。溶液中的铜在阴极上优先析出，而其他电位较负的贱金属不能在阴极上析出，留于电解液中，待电解液定期净化时除去。这样，阴极上析出的铜纯度很高，称为阴极铜或电解铜，简称电铜。

含有贵金属和硒、碲等稀有金属的阳极泥，作为铜电解的副产品另行处理，综合回收金、银、硒、碲等元素。在电解液中逐渐积累的贱金属杂质，当其达到一定的浓度，就会影响电解过程的正常进行，因此必须定期定量地抽出部分电解液进行净化。抽出的电解液在净化过程中，常将其中的铜、镍等有价元素以硫酸盐的形态产出，硫酸则返回电解系统重复使用。

铜电解车间，通常设有几百个甚至上千个电解槽，每一条直流电源线路串联其中的若干个电解槽成为一个系统。所有的电解槽中的电解液必须不断循环，使电解槽内的电解液成分均匀。在电解液循环系统中，通常设有加热装置，以保证电解槽内电解液的温度达到要求。

## 11.2　电解精炼的基本原理

### 11.2.1　铜电解精炼过程的电极反应

传统的铜电解精炼是采用纯净的铜始极片作为阴极，阳极铜板作为阳极，电解液主要为含有游离于硫酸的硫酸铜溶液。

由于电离的缘故，电解液中的主要组分按下列反应生成离子：

$$CuSO_4 = Cu^{2+} + SO_4^{2-} \qquad (1\text{-}11\text{-}1)$$

$$H_2SO_4 = 2H^+ + SO_4^{2-} \qquad (1\text{-}11\text{-}2)$$

$$H_2O = H^+ + OH^- \qquad (1\text{-}11\text{-}3)$$

在未通电时，上述反应处于动态平衡。在直流电通过电极和溶液的情况下，各种离子作定向运动，在阳极上可能发生下列反应：

$$Cu - 2e = Cu^{2+} \qquad \varphi^{\ominus}_{Cu^{2+}/Cu} = +0.34\text{ V} \qquad (1\text{-}11\text{-}4)$$

$$H_2O - 2e = \frac{1}{2}O_2 + 2H^+ \qquad \varphi^{\ominus}_{O_2/H_2O} = +1.23\text{ V} \qquad (1\text{-}11\text{-}5)$$

$$SO_4^{2-} - 2e = SO_3 + \frac{1}{2}O_2 \qquad \varphi^{\ominus}_{O_2/SO_4^{2-}} = +2.42\,V \qquad (1\text{-}11\text{-}6)$$

式中，$\varphi$ 为电极电位。

$H_2O$ 和 $SO_4^{2-}$ 的标准电位代数值很大。在正常情况下它们不可能在阳极上发生放电作用。此外，氧的析出还具有相当大的超电压，因此，在铜电解精炼过程中不可能发生反应式(1-11-5)的反应，只有当铜离子的浓度达到极高或电解槽内阳极严重钝化，使槽电压升高至1.7V以上时才可能有氧在阳极上析出。

在阴极上可能发生下列反应：

$$Cu^{2+} + 2e = Cu \qquad \varphi^{\ominus}_{Cu^{2+}/Cu} = +0.34\,V \qquad (1\text{-}11\text{-}7)$$

$$2H^+ + 2e = H_2 \qquad \varphi^{\ominus}_{H^+/H_2} = 0.0\,V \qquad (1\text{-}11\text{-}8)$$

铜的析出电位较氢为正，加之氢在铜上析出的超电压值又很大，故只有当阴极附近的电解液中铜离子浓度极低，且由于电流密度过高而发生严重的浓度极化时在阴极上才有可能析出氢气。

综上所述，铜电解精炼过程中，在两极上的主要反应是铜在阳极上的溶解和铜离子在阴极上的析出。但在实际电解时，阳极铜除了以二价铜离子($Cu^{2+}$)的形式溶解外，还会以一价铜离子($Cu^+$)的形式溶解，即：

$$Cu - e = Cu^+ \qquad (1\text{-}11\text{-}9)$$

生成的一价铜离子($Cu^+$)在有金属铜存在的情况下，和二价铜离子产生下列平衡：

$$2Cu^+ = Cu^{2+} + Cu \qquad (1\text{-}11\text{-}10)$$

在生产过程中，$Cu^+$ 和 $Cu^{2+}$ 之间的平衡常常不断地受到破坏，其主要原因有两个：

(1) $Cu^+$ 被氧化成 $Cu^{2+}$

$$Cu_2SO_4 + H_2SO_4 + \frac{1}{2}O_2 = 2CuSO_4 + H_2O$$

这一反应的化学反应速度随温度的升高及与空气接触程度的增加而加快，结果消耗了溶液中的硫酸并使溶液中的 $Cu^{2+}$ 浓度增加。

(2) $Cu^+$ 歧化反应而析出铜粉

$$Cu_2SO_4 = CuSO_4 + Cu$$

析出的铜粉进入阳极泥，使阳极泥中的贵金属含量降低，并造成铜的损失。

上述两个原因都使 $Cu^+$ 的浓度往往稍低于其平衡浓度，这又促使反应式(1-11-9)和(1-11-10)向着生成 $Cu^+$ 的方向进行，使阳极的电流效率提高，阴极的电流效率降低，并导致溶液中 $Cu^{2+}$ 浓度不断增加。$Cu^+$ 分解和氧化的结果，使电解液中游离硫酸含量减少和 $CuSO_4$ 的浓度增加。阳极中的铜和 $Cu_2O$ 以及阴极铜的化学溶解(称为返溶)也会使电解液中的含铜量增加，即

$$Cu_2O + 2H_2SO_4 + \frac{1}{2}O_2 = 2CuSO_4 + 2H_2O$$

$$Cu + H_2SO_4 + \frac{1}{2}O_2 = CuSO_4 + H_2O$$

此外，溶液中游离硫酸浓度的降低，还可导致 $Cu_2SO_4$ 的水解，即

$$Cu_2SO_4 + H_2O = Cu_2O + H_2SO_4$$

这进一步破坏了 $Cu^{2+}$ 与 $Cu^+$ 之间的平衡，并增加阳极泥中的铜量。

假若电解过程中使用的电流密度太小时，$Cu^{2+}$ 在阴极上的放电可能变得不完全，而按下式进行还原生成 $Cu^{+}$：

$$Cu^{2+} + e = Cu^{+}$$

同时，$Cu^{+}$ 在阳极上随即按式 $Cu^{+} - e = Cu^{2+}$ 而氧化，从而导致电流效率下降。

综上所述，铜电解精炼过程，主要是在直流电的作用下，铜在阳极上失去电子后以 $Cu^{2+}$ 的形态溶解，而 $Cu^{2+}$ 在阴极上得到电子以金属铜的形态析出的过程。除此之外，还不可避免地有 $Cu^{+}$ 的产生，并引起一系列的副反应，使电解过程复杂化。

根据以上分析，可以认为铜电解精炼时较有利的工作条件是：电解液中含有足够高的游离硫酸和二价铜离子；电解液的温度不宜过高；采用足够高的电流密度；尽量减少电解液与空气的接触。

### 11.2.2　阳极杂质在电解过程中的行为

铜电解精炼的阳极板是一种含有多种元素的合金。阳极铜中大都还含有 Cd，Hg，In，Mn 和铂族元素，其含量为$(0.01 \sim 1) \times 10^{-6}$。在电解过程中，所有这些杂质都出现强烈的化学变化和物相变化，这对阳极钝化、阴极质量、电解液净化以及从阳极泥中回收有价元素均有很大影响。

通常，阳极铜中的杂质分为以下四类：

(1) 比铜显著负电性的元素，如锌、铁、锡、铅、钴、镍。

(2) 比铜显著正电性的元素，如银、金、铂族元素。

(3) 电位接近铜但较铜负电性的元素，如砷、锑、铋。

(4) 其他杂质，如氧、硫、硒、碲、硅等。

#### 11.2.2.1　比铜显著负电性的元素

这类杂质主要有镍、铁、锌，其次还有铅与锡。

锌在火法精炼中很容易除去，在矿产阳极铜中的含量通常很少。但若以再生铜为原料，有时阳极板中的含锌量可能高达 0.5%。锌在阳极溶解时，全部成为硫酸锌进入溶液。由于锌的电位比铜要负得多，故不能在阴极上析出，因此对电解过程没有显著的影响。

铁也是火精炼时容易除去的杂质，因此阳极中铁的含量也很低。阳极溶解时，铁以二价离子进入电解液（$Fe - 2e = Fe^{2+}$）。

当阳极附近的电解液中有 $Fe^{2+}$ 存在时，它会部分地在阳极上氧化成三价铁离子 $Fe^{3+}$，因而降低了阳极电流效率。一部分 $Fe^{2+}$ 也可以被空气或电解液中存在的微量氧所氧化生成 $Fe^{3+}$，即：

$$2Fe^{2+} + 2H^{+} + \frac{1}{2}O_2 = 2Fe^{3+} + H_2O$$

当 $Fe^{3+}$ 移向阴极时，又被还原为 $Fe^{2+}$，因而降低了阴极电流效率，并增加电解液中 $Cu^{2+}$ 的含量。铁虽然不至于在阴极上析出，但它在阴、阳极之间发生氧化还原反应：$Fe^{3+} + 2e^{-} = Fe^{2+}$，使电流效率下降。锌与铁在阳极的溶解还会增加硫酸的消耗，在电解液中的积累会降低电解液的电导率，并增大电解液的黏度和密度。

锡亦属火法精炼过程中易于除去的杂质元素，在阳极铜中它的含量也是很少的。锡在阳极溶解时，先以二价离子进入电解液，即：

$$Sn - 2e = Sn^{2+}$$

二价锡在电解液中逐渐被氧化为四价锡，即

$$SnSO_4 + \frac{1}{2}O_2 + H_2SO_4 = Sn(SO_4)_2 + H_2O$$

$$SnSO_4 + Fe_2(SO_4)_3 = Sn(SO_4)_2 + 2FeSO_4$$

硫酸高锡很容易水解而产生溶解度不大的碱式盐，沉入槽底成为阳极泥，即：

$$Sn(SO_4)_2 + 3H_2O = H_2SnO_3 + 2H_2SO_4$$

$$H_2SnO_3 = SnO_2 \cdot H_2O$$

二价锡离子能使可溶性的砷酸盐还原成溶解度不大的亚砷酸盐，而使砷沉入阳极泥中。胶态的锡酸又能吸附砷、锑，这种胶状沉淀，若能尽量沉入阳极泥中，则可以减少电解液中砷、锑的含量。但若黏附于阴极上，也会降低阴极铜的质量。电解液中含锡量超过 1 g/L 时，只要偶然遇到酸度不够或温度下降，就会造成锡酸（$SnO_2 \cdot H_2O$）的大量析出。此时，阴极被锡污染就会特别严重。为了保证电解液中含锡量不超过正常操作所允许的浓度，阳极板中的含锡量要适当地控制，希望不大于 0.075%。

铅在铜熔体中的溶解度很小。在电解过程中，比铜负电性的铅优先从阳极溶解，生成的 $Pb^{2+}$ 与 $H_2SO_4$ 作用生成难溶的白色硫酸铅 $PbSO_4$ 泥。$PbSO_4$ 一旦生成即附着在阳极表面或逐渐从阳极上脱落沉入槽底。在酸性溶液中，$PbSO_4$ 又可能氧化成为棕色的 $PbO_2$，覆盖于阳极表面。因此，阳极铜若含铅量高，在阳极上就可能形成 $PbSO_4$、PbO 或 $PbO_2$ 等的薄膜，引起阳极钝化，因而增加了电阻，使槽电压上升；另外，会引起阳极溶解不均匀，也使阳极表面呈现出明显的凹凸不平。一般情况下，阳极铜中的含铅量应控制在 0.2% 以下，以维持正常的电解作业。

若阳极含铅量为 0.2%，则电解液中 $Cl^-$ 保持在 0.05 g/L 左右，也能减少阳极的钝化现象。

镍是火法精炼时难以除去的杂质。阳极铜含镍量一般都小于 0.2%，个别工厂可能高达 0.6% ~0.8%，甚至大于 1%。

电解精炼时，镍与铜同时溶解，少量镍以 Cu－Ni 硫酸盐或含镍的 Cu－Ag－As－Se－S 复杂相留在阳极泥中。镍在阳极泥中的分配率（$\alpha_{Ni}$）随阳极泥中含氧量的增加而上升。阳极含氧量低，镍绝大部分进入溶液；阳极含氧量高，则有大部分镍进入阳极泥。从铜电解生产的要求来说，不希望有大量的镍进入阳极泥，而更希望其进入电解液，进而用生产硫酸镍的方式加以回收。

在铜电解精炼实践中，若阳极铜中除镍以外的其他杂质都很低，也会经常出现阳极“钝化”现象，阳极电位和槽电压都升高，而电流效率却降低，这是由于随着阳极铜的溶解，阳极表面形成一层由 NiO 组成的致密阳极泥外壳所引起的。即使不形成致密的 NiO 阳极泥外壳，也会由于大量的 NiO 从阳极表面脱落后，在电解液中沉降的同时，以机械形式大量地黏附在阴极铜板面，使阴极质量恶化并发生长粒子或短路现象。另外，大量的 NiO 进入阳极泥后，使阳极泥中贵金属含量降低，阳极泥率升高。阳极泥中大量的 NiO 存在也会给阳极泥的处理带来不便。

当阳极含镍同时又含有锑时，砷、锑与镍结合生成溶解于铜中的镍云母（$6Cu_2O \cdot 8NiO \cdot$

$2Sb_2O_5$,$6Cu_2O \cdot 8NiO \cdot 2As_2O_3$)。NiO 和镍云母在阳极上生成一层不易脱落的阳极泥层，一般附着在阳极表面成为薄膜(这种现象在新阳极电解的初期比较显著)，使阳极溶解不均匀，当含量过高时就会在阳极的表面形成一层硬壳，引起阳极钝化。通常希望阳极中镍含量不高于 0.5%，而含氧量应维持在 0.2% 以下，以使阳极铜中的镍几乎全部进入溶液。

#### 11.2.2.2　比铜显著正电性的元素

银、金和铂族元素比铜具有较大的正电性，几乎全部进入阳极泥中。其中有 0.5% 左右的阳极泥被机械夹带到阴极上，造成贵金属损失。

温度对电解液和阴极铜中的含银量有显著影响。随着温度的升高，电解液中银离子浓度增大，阴极铜中的银含量也增大。随着阳极铜中银含量的增加，进入阴极铜中的银含量也随之增加。在 60℃时，当阳极铜含银从 0.3% 增加至 1.0% 时，阴极铜含银几乎增加了两倍。此外，如果阳极铜中的含氧量增加，阴极铜中的银含量会有降低的趋势。

为了减少贵金属的损失和提高阴极铜质量，各工厂都采取了一些有效的措施：如加入适宜的添加剂(有洗衣粉、聚丙烯酰胺絮凝剂等)，以加速阳极泥的沉降，减少黏附；扩大极距、增加电解槽深度；加强电解液过滤，使电解液中悬浮物含量维持在 20 mg/L 以下等。

#### 11.2.2.3　电位接近于铜但较铜负电性的元素

这类元素包括砷、锑、铋。砷、锑、铋是对电铜质量最有害的杂质，因其电位与铜相近，能在阴极发生如下析出反应：

$$BiO^+ + 2H^+ + 3e = Bi + H_2O \qquad \varphi^\ominus = 0.28\,V$$

$$HAsO_2 + 3H^+ + 3e = As + 2H_2O \qquad \varphi^\ominus = 0.25\,V$$

$$SbO^+ + 2H^+ + 3e = Sb + H_2O \qquad \varphi^\ominus = 0.21\,V$$

此外，它们还容易产生“飘浮阳极泥”，机械黏附在阴极上。

产生“飘浮阳极泥”的原因有很多说法，最近有学者认为这是由于生成很细的 $SbAsO_4$ 及 $BiAsO_4$ 絮状物质所致。

飘浮阳极泥中以铅、砷、锑、铋为主，故阴极铜中所含的砷、锑、铋主要是由飘浮阳极泥污染以及阴极沉积物晶体间的毛细孔隙吸附了含有砷、锑、铋的电解液所引起的。

如上所述，为避免阳极铜中的杂质砷、锑、铋进入阴极，保证电解过程能产出合格的阴极铜，特别是高纯阴极铜(Cu－CATH－1 标准)，应当采取如下措施：

(1) 粗铜在火法精炼时，应尽可能地将这些杂质除去。

(2) 控制溶液中适当的酸度和铜离子浓度，防止杂质的水解并抑制杂质离子的放电。

(3) 维持电解液有足够高的温度(60～65℃)以及适当的循环速度和循环方式。

(4) 电流密度不能过高。常规电解方法的电流密度以不超过 300 A/m² 为宜。

(5) 加强电解液的净化，保证电解液中较低的砷、锑、铋浓度。维持电解液中砷为 1～5 g/L，不超过 13 g/L；锑为 0.2～0.5 g/L，不超过 0.6 g/L；铋为 0.01～0.3 g/L，不超过 0.5 g/L。

(6) 加强电解液的过滤。实践表明，保证电解液中漂浮阳极泥(悬浮物)的含量低于 20～30 g/L，有利于高纯阴极铜的正常生产。

(7) 向电解液中添加配比适当的添加剂，保证阴极铜表面光滑、致密，减少漂浮阳极泥或电解液对阴极铜的污染。

11.2.2.4 其他杂质

这类杂质包括氧、硫、硒、碲等。

阳极铜中的氧通常与其他元素形成化合物而存在，其中的硫大多以 $Cu_2S$ 的形态存在，这些化合物大部分是难溶于电解液的，在电解过程中它们主要进入阳极泥。NiO 及镍云母、$Cu_2O$ 等均不溶解而进入阳极泥中。

阳极铜中的硒多以 $Cu_2Se$ 颗粒夹杂于 $Cu_2O$ 之间。一般阳极铜中碲的主要载体是一种连续的复杂夹杂物相 $Cu_2Se-Cu_2Te$，它们存在于铜粒子的边界上。在电解过程中，硒化物、碲化物并不溶解，在阳极上形成松散外壳或从阳极表面脱落沉入电解槽底的阳极泥中。

## 11.3 电解精炼工艺流程及生产实践

### 11.3.1 铜电解精炼生产工艺流程

铜电解精炼通常包括极片的生产、始极片加工制作、阳极加工、电解、净液等工序。在改进的永久性阴极工艺中免去了始极片的生产及制作工序。

在生产实践中，首先是在种板槽中用火法精炼产出的阳极铜作为阳极，用纯铜或钛母板（现在普遍采用钛母板）作为阴极，通以一定电流强度的直流电，使阳极的铜化学溶解，并在母板上析出纯铜薄片（称之为始极片）。将其从母板上剥离后，经过整平、压纹、钉耳等加工后即可作为生产槽所用的阴极。然后，在生产槽中，用同样的阳极板和以始极片作为阴极进行电解，产出最终产品阴极铜。电解液需要定期定量经过净液系统，使电解液中不断升高的铜离子浓度降下来，并除去积累在电解液中的杂质镍、砷、锑、铋等。

### 11.3.2 电解生产的设备

电解槽是电解车间的主体设备，包括生产槽、种板槽与脱铜槽。电解槽为长方形的槽子，其中依次更迭吊挂着阳极和阴极。电解槽内附设有供液管、排液管（斗）、出液斗的液面调节堰板等。槽体底部常做成由一端向另一端或由两端向中央倾斜，倾斜度大约为3%，最低处开设排泥孔，较高处有清槽用的放液孔。放液排泥孔配有耐酸陶瓷或嵌有橡胶圈的用硬铅制作的塞子，防止漏液。此外，在钢筋混凝土槽体底部还开设有检漏孔，以观察内衬是否破坏。

电解槽的槽体有多种材质，现在普遍采用钢筋混凝土槽体结构。此外还有由 YJ 呋喃树脂液、YJ 呋喃树脂混凝土粉、石英砂、石英石等制作的拼装式呋喃树脂混凝土电解槽，这类材质机械强度高，耐腐蚀，耐热性能好，遇机械损伤而开裂时维修方便，在国内一些铜电解厂应用情况良好，但造价较高。国外已经有一些厂家采用了无衬里的预制聚合物混凝土电解槽，它能经受长期直接浸泡在电解液中而无严重的腐蚀，大大地简化了电解槽的安装、操作和维修。

电解槽的结构与安装应符合下列要求：槽与槽之间以及槽与地面之间应有良好的绝缘，槽内电解液循环流通的情况良好，耐腐蚀，结构简单，造价低廉。

电解槽的大小和数量依电解铜车间的生产规模而定。其设计通常由产量、选定的电解技术条件(如电流强度、电流密度、电极尺寸、极间距离以及阳极中贵金属含量等)等多个因素决定。

电解槽内装的阳极为火精铜,含铜在98%以上;其尺寸视生产规模或电解槽大小、操作机械化程度等而定。机械化程度较高的大型工厂采用大型阳极板。

为避免阴极边缘产生对树枝状阴极铜结晶,阴极板尺寸比阳极板宽35~55 mm,长25~45 mm。阴极片是由种板槽中生产的纯铜片制成的,又称始极片。其厚度一般为0.5~0.7 mm,大型铜厂趋向于采用0.7~1 mm更厚一些的。许多现代炼铜厂都已采用永久性不锈钢阴极以及阴极剥离机。

槽内极间距离通常以同名电极(同为阳极或阴极)中心之间的距离来表示。缩短极间距离,可以降低电解液电阻,增加电解槽内的极片数量。但是,极距的缩短,会使阳极泥在沉降过程中附着在阴极表面的可能性增加,造成贵金属损失的增加,并使阴极铜质量降低。此外,极距的缩短,也会使极间的短路接触增多,引起电流效率下降。因此,极距的缩短对阴、阳极板的加工精度和垂直悬挂度提出了更加严格的要求。采用小型阳极的工厂,同极中心距一般为75~90 mm,采用大型阳极的为95~115 mm。

电解精炼生产车间各电解槽以及阴、阳极板之间的电路连接都采用复连法,如图1-11-1所示,即各电解槽之间的电路连接为串联,槽内各电极之间的电路为并联。电解槽的电流强度等于通过槽内全部同名电极电流的总和,而槽电压等于槽内任何一对异名电极之间的电压降。

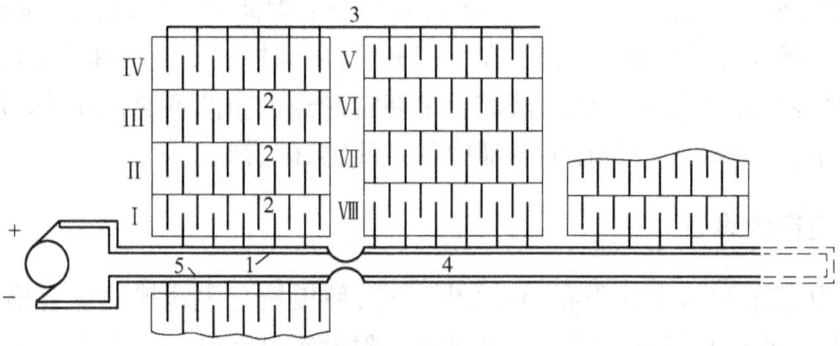


图1-11-1　复连法连接示意图

1—阳极导电排;2~4—中间导电排;5—阴极导电排

电流从阳极导电排1通向电解槽Ⅰ的全部阳极,该电解槽的阴极与中间导电板2连接,中间导电板在相邻的两个电解槽Ⅰ和Ⅱ的侧壁上。同时中间导电板2又与电解槽Ⅱ的阳极相连,所以导电板2对电解槽Ⅰ而言为阴极,对电解槽Ⅱ而言则为阳极。

电解槽中的每一块阳极和阴极均两面工作(电解槽两端的极板除外),即阳极的两面同时溶解,阴极的两面同时析出。

生产电解槽内的电解液循环有上进下出或下进上出两种方式。在上进下出式电解槽中,电解液的流动方向与阳极泥的沉降方向相同,因此上进下出的电解液循环有利于阳极泥的沉降,而且阴极铜含金、银量低。另外,上进下出对于温度分布比较有利,但漂浮阳极泥被出水挡板所阻,不易排出槽外,而且电解液上下层浓度差较大。只有用小阳极板电解的工厂采用。

在下进上出式电解槽中,电解液从电解槽一端的进水隔板内(或直接由进液管)导入电解槽的下部，在槽内由下向上流动，从电解槽另一端上部的出水袋溢流口（或直接由溢流管）溢出。在下进上出式电解槽中，溶液温度的分布不能令人满意，并且电解液的流动方向与阳极泥的沉降方向相反，不利于阳极泥的快速沉降，但可使电解液中的漂浮阳极泥尽快排出槽外，减少其在槽中的积累，故对于高砷锑铜阳极电解特别有利。

随着电解槽的大型化、电极间距的缩小以及电流密度的提高，为维持大型电解槽内各处电解液温度和成分的均匀，一些工厂采用电解液与阴极板面平行流动的循环方式，即采用槽底中央进液、槽上两端出液的新"下进上出"循环方式，它是在电解槽底中央沿着槽的长度方向设一根进液管（PVC 硬管）或在槽底两侧设两根平行的进液管，通过沿管均布的小孔（孔距与同名板距相同）给液。排液漏斗安放在槽两端壁上预留的出液口上，并与槽内衬连成整体。由于给液小孔对阴极出液，不仅有利于阴极附近离子的扩散，降低浓差极化，而且减少了对阳极泥的冲击和搅拌。此外，中间进液、两端出液，有利于电解液浓度、温度以及添加剂的均匀分布，有利于阴极质量的提高。表 1-11-1 为该新式下进上出与常规下进上出电解液循环方式的对比试验结果。

**表 1-11-1　新式下进上出与常规下进上出电解液循环方式的对比实验结果**

| 方　式 | 给液量 /L·min$^{-1}$ | 浓度差 /g·L$^{-1}$ | 温度差 /℃ | 槽电压 /mV | 电流效率 /% |
|---|---|---|---|---|---|
| 常　规 | 20 | 6~7 | 2~3 | 330 | 95~96 |
| 新　式 | 50 | 2~3 | 0~1 | 300 | 98 |

电解生产过程中电解液循环流通的作用：一是补充热量，维持电解液具有一定的温度；二是经过滤，滤除电解液中所含的悬浮物，以保持电解液具有生产高质量阴极铜所需的清洁度。

电解液循环系统的主要设备有循环液贮槽、高位槽、供液管道、换热器和过滤设备等。

现代铜电解生产向着大极板、长周期、高电流密度、高品质发展，因此，拥有完整的自动化极板作业机组是实现生产高效率、高质量的前提。完整的极板作业机组主要包括阳极板准备机组、阴极板制备机组、电铜洗涤堆垛机组、残极洗涤堆垛机组、导电棒贮运机组和专用吊车等。

### 11.3.3　铜电解精炼的电解液

#### 11.3.3.1　电解液的成分

铜电解液的组成与阳极成分、电流密度等技术条件有关，也与对阴极的质量要求有关，其主要组成是 $CuSO_4$ 和 $H_2SO_4$，成分控制为：

| | | |
|---|---|---|
| Cu | 40~55 g/L | 一般为 50 g/L ± |
| $H_2SO_4$ | 150~220 g/L | 一般为 200 g/L ± |

随着生产的不断进行，这些主成分的规定值也会发生变化，同时也会积累一些如砷、锑、铋、镍、铁等杂质离子。电解液成分的变化都将影响生产过程的顺利进行，因此各工厂对电解液成分都加以严格的控制。除了控制主成分外，还控制其他杂质的浓度范围，砷 <7 g/L、锑 <0.7 g/L、铋 <0.5 g/L、镍 <20 g/L 等。

电解液中铜的含量，应视电解液的纯净与否等因素而灵活掌握。对于纯净的电解液，采用较低的铜含量30 g/L 进行生产，也能得到满意的结果。当电解液含铜量低于12～18 g/L 时，杂质砷、锑、铋就有在阴极上析出的危险，宜采用含铜量高于35 g/L 的电解液进行电解。

电流密度增加时，单位时间内在阴极上放电析出的铜量亦随之增加。

电解液中含铜量的不断上升和下降都是不希望的现象。含铜量不断上升，电解液的电阻也在不断增加，使电解过程的槽电压有所升高。此外，由于硫酸铜在硫酸溶液中有一定的溶解度，当含铜量超过其溶解度或因电解液的温度下降时，硫酸铜就可能从电解液中析出结晶于输液管和阴、阳极以及电解槽内壁，使电解作业不能正常进行。

在电解生产过程中，必须根据各种具体条件加以掌握，控制电解液的含铜量在规定范围之内。在定期定量地抽出电解液进行净化的基础上，如果发现电解液中的含铜量仍有不断上升的趋势，则必须考虑适当降低电解温度，提高电流密度，开设或增加电解槽列中的脱铜槽等措施。

电解液中的硫酸含量一般波动在100～200 g/L，并有采用高酸电解液进行电解的趋势。因为酸度愈大，电解液的导电性愈好。

电解液中的硫酸含量也不可能无限地提高。因为硫酸浓度增大，硫酸铜的溶解度就会降低，严重时硫酸铜便有可能从溶液中结晶析出。

此外，随着阳极的溶解，电解液中的杂质如砷、锑、铋、镍、铁、锌等不断积累，也使硫酸铜的溶解度降低。因此，杂质含量高的电解液，硫酸含量也应适当降低。

溶液中杂质的积累，除了会使硫酸铜的溶解度减小外，还会使溶液的电阻、密度和黏度都增大，同时也会使阳极泥的沉降速度减慢，增加电解液中悬浮物（漂浮阳极泥）的含量，加大电解液和悬浮物对阴极铜的污染程度，导致阴极铜质量的降低。

控制电解液中杂质浓度的方法，是以电解过程中积累速度最大的杂质的含量为基础，按其积累的速度，计算出其在全部电解液中每日积累的总量，然后从电解液循环系统中抽出相当于这一总量的电解液送往净化工序，再补充以新水和硫酸。这样，就可以既维持了电解液的体积不变，又使杂质浓度不超过规定的标准。

为了降低电解液中的银离子浓度，使其不致在阴极上放电损失，采取的措施是抑制电解液中砷、锑、铋离子的活性以及消除阳极钝化。一般电解精炼工厂都向电解液中加入盐酸或食盐，以维持电解液中有一定的氯离子浓度（一般为15～60 mg/L）。

此外，为了防止阴极铜表面上生成疙瘩和树枝结晶，以制取结晶致密和表面光滑的阴极铜产品，电解液中还要加入胶体物质和其他表面活性物质，如明胶、硫脲等，但这些物质的加入，增加了电解液的黏度，其加入的数量应视各厂的具体生产条件而定。

#### 11.3.3.2 添加剂的加入及其作用

添加剂指的是那些少量加入电解液中，能起到调节沉积物物理性质，如光泽度、平滑度、硬度或韧性等特殊作用的物质。铜电解精炼所采用的添加剂多为表面活性物质。目前，国内铜电解厂普遍采用的添加剂有胶、硫脲、干酪素、盐酸等。

实践表明，加入适量的添加剂是获得结构致密、表面光滑、气体和其他有害杂质含量少的优质阴极铜的有效措施之一。某些添加剂能使阴极过程产生很高的极化作用，促使阴极沉积结晶细化。

胶质添加剂包括有骨胶、明胶，是铜电解精炼过程中最主要、最基本的添加剂，尽管近年来使用的添加剂种类日益繁多，但只能部分降低胶的用量而难以完全取代胶质添加剂。

胶在电解生产过程中是不稳定的，会受各种条件影响而分解失效。因此，要求将胶均匀、连续地加入，以避免造成电解液中有效胶浓度的急剧变化。

硫脲是国内外铜电解厂普遍采用的添加剂之一。硫脲的分子式为$(NH_2)_2CS$，白色结晶，易溶于水。

当硫脲浓度为 10 mg/L 或更高时，阴极极化作用开始急剧增加，此时络合物阳离子$[Cu(N_2H_4CS)_4]$在阴极液层中形成胶膜，使 Cu 离子在阴极放电发生困难，促使阴极极化增加，有利于获得细粒光洁的阴极铜沉积物。当电解液中含有镍时，这种络合物胶膜的作用更为显著。

硫脲在纯水中比较稳定，温度在 60～80℃时，20 mg/L 硫脲其浓度几乎不随时间而变化。60℃时，在 200 g/L 硫酸溶液中 20h 后仅有微小的分解，但是在含有 $Cu^{2+}$ 和 $Cl^-$ 的电解液中却分解得很快，并随电解液的温度升高以及 $Cl^-$ 的浓度的增大，分解速度加快。

在混合添加剂中，如果硫脲用量适当，阴极铜的颜色呈玫瑰红色，表面出现金属光亮，结晶致密，阴极铜密度大，表面有细的定向结晶所引起的平行条纹，敲击时发出铿锵清脆的响声。即使始极片原来有一些疙瘩也会受到抑制，阴极铜上的疙瘩也会迅速钝化，处理短路时疙瘩不发黏，一击便落。但若硫脲过量，阴极铜表面的条纹增粗，疙瘩增多，而且针状、柱状疙瘩多，表面颜色较暗，缺乏金属光泽，但基底仍很紧密。一般硫脲用量按每吨电解铜 20～70 g 加入。

干酪素是我国各电解铜厂曾广泛应用的复合添加剂之一，国外几乎不用，目前有一些大型铜电解厂已停止使用。

氯离子也是国内外铜电解厂普遍采用的复合添加剂之一。电解液中的氯离子通常是以盐酸（HCl）或食盐（NaCl）的形式加入，而以盐酸加入的工厂较多。电解液中氯离子的含量一般控制在 10～60 mg/L。

电解液中单独添加氯离子（如 $Cl^-$ 为 20～30 mg/L）时，对铜阴极过程有去极化作用，同时得到表面粗糙的沉积物。当氯离子浓度较高时，则出现针状结构结晶。因此氯离子只有作为复合添加剂组合之一，才有改善阴极沉积物结构的作用。

一般认为，氯离子作为添加剂，可使溶液中数量很少的银离子成为 AgCl 沉淀进入阳极泥，也有一种观点认为，氯离子的存在会形成 $CuCl_2$ 沉淀，并吸附砷、锑、铋和它们所形成的化合物共同沉淀，以此减少砷、锑、铋等有害杂质对阴极的污染。

阿维同是一个商品名称，是表面磺化剂。国内一些厂在停止使用阿维同后，没有对阴极铜产生任何不利影响。以上几种为国内外常用的添加剂。由于添加剂是铜电解生产技术的重要环节之一，为了进一步改善阴极铜的析出质量，减轻添加剂对阴极铜的污染，降低阴极铜的杂质含量，对新型添加剂的研究与试用从未停止。

#### 11.3.3.3　电解液温度的控制

提高电解液的温度，有利于降低电解液的黏度，使漂浮的阳极泥容易沉降，增加各种离子的扩散速度，降低电解液的电阻，从而提高电解液的电导率和降低槽电压，以减少铜电解生产的电能消耗。

电解液温度的提高，有利于消除阴极附近铜离子的严重贫化现象，从而使铜在阴极上能均匀地析出，并防止杂质在阴极上放电的可能性。目前，电解液的温度一般保持在 58～

65℃。过高的电解液温度也会给电解生产带来不利的方面：

（1）会使添加剂明胶和硫脲的分解速度加快，消耗量增加。

（2）前面所述及的温度升高，有利于向着生成 $Cu^{+}$ 的方向移动，从而使电解液中的含铜浓度上升，同时也加剧了铜在电解液中的化学溶解，使电解液中的含铜浓度提高。

（3）电解液的蒸发损失增大，使车间的劳动条件恶化，增加了蒸汽消耗。

#### 11.3.3.4　电解液的循环速度

在电解过程中，电解液必须不断地循环流通，以保持电解槽内电解液温度均匀、浓度均匀。电解液循环速度的选择主要取决于循环方式、电流密度、电解槽容积、阳极成分等。

当操作电流密度高时，应采用较大的循环速度，以减少浓差极化。

同一槽内的不同深度，铜离子的浓度不同，其差额最大达 10 g/L。在同一深度的阴、阳极附近，铜离子的浓度也不同，其浓度差随电流密度增大而增大，随电解液循环速度增大而减少。因此，保持较高的循环速度有利于减少浓差极化，降低槽电压；但是循环速度过快，又会使阳极泥不易沉降，且造成贵金属的损失增加，有时还会导致阴极质量恶化和板面大量长粒子。

循环速度的大小和选择，主要决定于电流密度。电流密度越大，要求的循环速度越大。不过，在提高电解液温度的情况下，循环速度可以适当地减小。

### 11.3.4　铜电解精炼的电流密度、电流效率、槽电压和电能消耗

#### 11.3.4.1　电流密度

电流密度一般是指阴极电流密度，即单位阴极板面上通过的电流强度。工厂中采用的电流密度单位是 $A/m^2$。目前铜电解的电流密度一般为 220～270 $A/m^2$。

提高电流密度，可以提高电解槽的生产率与劳动生产率；对于新建的工厂，在同样生产规模的条件下，可以减少建设的电解槽数，节约投资。但是，电流密度的提高受到很多因素的限制，如阳极板的尺寸与成分、电解液的成分和温度、极距与电解液循环速度等，电流密度的提高甚至还会影响电铜的质量与其他技术经济指标。所以在选用电流密度时应考虑与下述因素间的关系。

A　电流密度与电能消耗

提高电流密度会使阴、阳极电位差加大，同时电解液的电压降、接触点和导体上的电压损失也会增加，从而提高了槽电压和电解时的直流损耗。电流密度在 220～300 $A/m^2$ 范围内每增加 1 $A/m^2$，则槽电压大约增加 1 mV。在电流密度相同的情况下，电解铜的电能消耗与每个电解槽中的电极面积有关，电极面积越大，电能消耗越低。这是由于在大极板的电解槽中，电流在电极板面上分布比较均匀，电解液的热稳定性强，导电棒和挂耳的接触电压降以及母线的电阻相应的减小的缘故。

B　电流密度与贵金属损失的关系以及对电解铜纯度的影响

随着电流密度的提高，阴极附近电解液中含铜浓度贫化的程度加剧。为了减小阴极附近的浓差极化，需增大电解液的循环速度，使电解液中阳极泥的沉降速度减小，从而增加电解液中阳极泥的悬浮程度，在高电流密度下，促使阳极不均匀溶解及阴极不均匀沉积，所产阴极表面比较粗糙。这两个因素使阳极泥机械黏附于阴极的可能性增加。此外，由于电流

密度的提高，电极之间的电场强度也随之增加，加大了阴极对一些带正电荷的悬浮阳极泥粒子和银离子的吸引力，使悬浮阳极泥在阴极上的黏附以及银离子在阴极上放电的危险性增加，使贵金属的损失增大。

因此，在高电流密度下，必须相应的调整添加剂的使用情况，或使用新的、更有效的添加剂，提高电解液的温度，以保证阴极铜的质量。

C 电流密度对电流效率的影响

电流密度提高后，若添加剂配比不当或其他条件控制不当，容易引起阴极表面产生树枝状结晶、凸瘤、粒子等，使阴、阳极之间的短路现象显著增加，从而引起电流效率的下降。反之，当电流密度过小时，二价铜离子在阴极上的放电有不完全的现象，成为一价铜离子；一价铜离子又可能在阳极上被氧化为二价铜离子，导致电流效率下降。

D 电流密度与蒸汽消耗和劳动条件的关系

随着电流密度的提高，由于电解液电阻而产生的热量增加，故用来加热电解液所需的蒸汽消耗量会减少。但在较高的电流密度下生产电解铜，必然要采用较高的电解液温度和较大的循环速度。因此，由于电解槽液面水分的蒸发会造成车间内酸雾加重，劳动条件恶化，故采用高电流密度生产的车间，更应采取电解液表面的覆盖措施。其次，在高电流密度下生产时，若其他条件控制不当，会使极间短路现象增多。

### 11.3.4.2 电流效率

铜电解精炼的电流效率通常是指阴极电流效率，为电解铜的实际产量与按照法拉第定律计算的理论产量之比，以百分数表示。若按阳极计算则为阳极电流效率。由于阳极溶解时，有少部分的铜以一价铜离子的形态进入溶液，故按二价铜来计算的电流效率一般都比阴极电流效率高 0.2% ~1.70%，因而使电解液中的含铜量不断增长。铜电解阴极电流效率为(95 ±3)%。

阴极电流效率可用下式计算：

$$(\text{阴极})\text{电流效率}(\%)=\frac{\text{阴极铜实际产量}}{\text{按法拉第定律计算所得阴极铜产量}}\times 100\%$$

$$\eta_i=[Q/(q\cdot I\cdot t\cdot N)]\times 100\%$$

式中 $\eta_i$——电流效率，%；

$Q$——在电解时间 $t$ 内析出的阴极铜量，g；

$N$——电解槽数；

$q$——铜的电化当量，1.186 g/(A · h)；

$t$——电解时间，h。

引起阴极电流效率降低的因素有电解副反应、阴极铜化学溶解、设备漏电以及极间短路等。

电解过程中的副反应，有氢离子在阴极还原析出 $H_2$、三价铁离子的还原等。然而在铜电解生产条件下，进行上述副反应的可能性都很小，因而对电流效率的影响不大。

阴极铜在电解液中的化学溶解速度决定于电解液的温度、酸度、电解液中氧含量以及阴极在电解液中沉浸时间的长短。因此，为减少阴极的复溶，电解液不宜维持过高的温度，并尽可能与空气隔绝，以减少溶液中的含氧量。通常阴极铜的化学复溶会使电流效率降低

0.25% ~0.75%。

设备的漏电包括电解槽和循环系统的漏电。电解槽的漏电是通过彼此邻近的电解槽间或通过电解槽的绝缘体到地面漏电。循环系统的漏电主要是通过电解液循环流动至集液槽与地面构成了电路,从而产生漏电。为了防止或减少漏电,应该加强电解槽间、溶液循环系统对地的绝缘。

阴、阳极间短路的主要原因是由于阳极物理规格不好,有凹凸不平或飞边毛刺,始极片弯曲、卷角,阴极析出粗糙、长粒子凸瘤等原因所致,所以对阳极和始极片的质量应有严格要求。

加强电解槽的槽上管理工作,是提高电流效率的关键所在。

#### 11.3.4.3　槽电压

槽电压是影响电解铜电能消耗的重要因素,它对电流效率的影响尤为显著。每个电解槽的槽电压包括阳极电位、阴极电位、电解液电阻所引起的电压降、导体上的电压降以及槽内各接触点的电压降,有时还包括阳极表面的阳极泥电压降等。

$$E = (\varphi_+ - \varphi_-) + E_L + E_{con} + E_p$$

式中　$E$——槽电压;

$\varphi_+$——阳极电位;

$\varphi_-$——阴极电位;

$E_{con}$——导体上的电压降;

$E_L$——电解液电压降;

$E_p$——槽内各接触点电压降。

从各个工厂槽电压的分布情况来看,电极电位差值($\varphi_+ - \varphi_-$)占槽电压的25% ~28%,电解液电压降$E_p$占30% ~67%,接触点及金属导体电压降占8% ~42%。槽电压的正常范围为0.2 ~0.25 V。

为了降低槽电压,应当采取如下措施:

(1) 改善阳极质量,力求将粗铜中的杂质在火法精炼中脱除,防止阳极泥壳的生成,以降低阳极电位。

(2) 不必要求过低的残极率,一般在18% ~22%范围内。过低的残极率会引起阳极在工作的末期槽电压急剧升高。

(3) 阴、阳极、导电棒、导电板之间的接触点应经过清洗擦拭,以保持接触良好。

(4) 电解液成分,宜保持硫酸含量在160 ~210 g/L 含铜40 ~50 g/L,并尽可能降低其他杂质的含量和胶的加入量。电解液的温度应保持在60 ~68℃。

(5) 尽可能地维持较短的极间距离,以降低电解液的电压降。

#### 11.3.4.4　电能消耗

铜电解精炼的电能消耗是按生产1 t 电解铜所消耗的直流电进行计算,或是按总电能消耗(交流电耗)计算。电能消耗能够综合地反映出电解生产的技术水平和经济效益。

电能的单位消耗决定于电解槽的槽电压和电流效率,并随槽电压升高或电流效率的降低而增大。

# 第二篇

# 铅冶金

## 1 铅冶金概述

我国古代铅叫作鈆。铅也是人类史前金属。至公元前1600~1400年，铅已成为常见金属。欧洲炼铅最早是西班牙和希腊。公元前7000年，埃及便先后发现了金、银和铅。罗马在公元前已能炼铅和制造铅管、铅皮和铅币。我国约在公元前2000年已用铅造币，称为铅刀。商代青铜器铸造已用铅，即铅青铜。古代的铅往往与铜制成合金使用。至19世纪中叶，人类发现铅的抗酸、抗碱、防潮、密度大、能吸收放射性射线以及能制造各种合金和蓄电池等新性质和新用途之后，炼铅工业才获得重大发展。

在直接炼铅法没有实现工业化之前，铅冶炼工艺主要是通过改进烧结机和鼓风炉的生产工艺设备，通过预热鼓风、提高氧气浓度、借鉴高炉喷吹粉煤的工艺，试图在粗铅的冶炼工艺上有所突破，但收效甚微，没有彻底改变硫化铅矿 $SO_2$ 制酸和铅生产的污染问题。

近30年来，冶金工作者力图通过PbS受控氧化即按反应式 $PbS + O_2 = Pb + SO_2$ 的途径来实现硫化铅精矿的直接熔炼，以简化生产流程，降低生产成本，利用氧化反应的热能以降低能耗，产出高浓度的 $SO_2$ 烟气用于制酸，减小对环境的污染。在20世纪80年代，水口山第三冶炼厂在尺寸为2234mm×7980mm的氧化反应炉进行半工业试验成功后，扩大推广应用到河南豫光金铅公司和安徽池州两家铅厂生产，从而形成了氧气底吹熔炼-鼓风炉还原铅氧化渣的炼铅新工艺。并在中国铅冶金工厂技术改造和产业提升中得到广泛应用。其他国内外的直接炼铅方法也在工艺和设备等方面不断地改进完善。2003年，云南弛宏锌锗股份有限公司引进艾萨法-鼓风炉工艺。2007年，云南锡业公司引进了在一座顶吹熔炼炉内实现一步炼铅工艺，其工艺目标如能实现，将对硫化铅精矿的直接熔炼工艺实现工业化典范。

铅的全火法精炼工艺在我国运用很少，但铅的电解工艺采用大极板电解技术，并实现了电解过程的机械化和自动化。电解槽的生产运用技术也取得了一些成果。伴随我国汽车工业的发展，在国家政策的推动下，铅的再生资源得到生产商和冶金工作者的重视。铅的湿法冶金一直没有看到规模化建厂的报道。

预计，硫化铅精矿的直接熔炼，将逐步取代传统的烧结—鼓风炉粗铅生产工艺。

## 1.1 铅的性质

### 1.1.1 铅的物理性质

铅是蓝灰色的金属，新的断面具有灿烂的金属光泽。金属铅结晶属于等轴晶系，其物理性质方面的特点为硬度小、密度大、熔点低、沸点高、展性好、延性差、对电与热的传导性能差、高温下容易挥发、在液态下流动性大。这些性质见表 2-1-1。

**表 2-1-1 铅的主要物理性质**

| 项目 | 相对原子质量 | 密度（20℃） | 熔点 | 沸点 | 比电阻（20～40℃） | 热导率（100℃） | 硬度（莫氏） | 熔化潜热 | 平均热容（-100℃） | 气化潜热 | 表面张力（327.5℃） | 黏度（340℃） |
|---|---|---|---|---|---|---|---|---|---|---|---|---|
| 单位 | | $g/cm^3$ | ℃ | ℃ | $\mu\Omega/cm^2$ | J/(cm·s·℃) | | J/g | J/(g·℃) | J/g | Pa/cm | Pa·s |
| 数量 | 207.21 | 11.3437 | 327.43 | 1525 | 20.648 | 0.339 | 1.5 | 26.17 | 0.1505 | 840 | 44.40 | 0.189 |

铅的熔点为 327.43℃。在低于熔点 3～10℃的温度下，铅变得很脆，用力摇动时，可制成铅粒，作试金用铅。铅的沸点为1525℃，其挥发性强，在500～550℃时，便有显著的挥发。高温时铅的挥发量大，导致铅的损失，铅的蒸气有毒。在生产过程中，必须具有完善的收尘设备，加强劳动保护，保证原料中铅的回收和防止铅中毒。铅的密度，在固态时为 11.34 $g/cm^3$。液态时的密度随温度的升高而降低，在 327℃时为 10.654 $g/cm^3$，850℃时为 10.079 $g/cm^3$。液态铅的流动性好，渗透性强，黏度随温度升高而降低，流动性增大，因此在修建炉子时，应注意防止漏铅。铅的硬度小，纯铅的莫氏硬度为 1.5。铅中因少量的 Cu、As、Sb、Zn、碱金属和碱土金属的存在，硬度增大，韧性降低。铅的展性很好，延性差，可压轧成铅皮，捶成铅箔，但却不能拉成丝。铅的导热、导电性能差，热导率为 34.75 W/(m·K)(0.083cal/(cm·s·℃))，在 20～40℃时的比电阻为 20.648 $\mu\Omega/cm^2$。铅的蒸气压与温度的关系见表 2-1-2。

**表 2-1-2 铅的蒸气压与温度的关系**

| 温度/℃ | 620 | 710 | 820 | 960 | 1130 | 1290 | 1360 | 1415 | 1525 |
|---|---|---|---|---|---|---|---|---|---|
| 蒸气压/kPa | $1.33\times10^{-4}$ | $1.33\times10^{-3}$ | $1.33\times10^{-2}$ | $1.33\times10^{-1}$ | 1.33 | 6.7 | 13.3 | 38.5 | 101.3 |

在高温下铅的挥发程度很大，所以在火法炼铅过程中容易导致铅的挥发损失和环境污染，炼铅厂必须设置完善的收尘设备。

### 1.1.2 铅的化学性质

铅的元素符号是 Pb、相对原子质量为 207.19，原子价为 +2 价及 +4 价。常温时，铅在干燥的空气中不起化学变化，但在潮湿及含有 $CO_2$的空气中则失去光泽，其表面形成一层暗灰色的次氧化铅（$PbO_2$）薄膜，此薄膜慢慢地转化成碱性碳酸铅（$3PbCO_3 \cdot Pb(OH)_2$）可防止内部继续氧化，不影响铅的内在质量。

铅在空气中加热熔化时，最初氧化成 $Pb_2O_3$，表面出现彩虹，再升高温度生成黄丹（PbO），继续加热到 330～450℃时，PbO 转变为 $Pb_2O_3$，温度上升至 450～470℃时，生成红丹（$Pb_3O_4$）。所有铅氧化物（除 PbO 外）在高温下都是不稳定的，当温度高于 600℃时，均会离解成 PbO 及 $O_2$，$CO_2$对铅的氧化作用不大。浸没在水中（无空气）的铅很少腐蚀。

铅易溶于硝酸（$HNO_3$）、氟硼酸（$HBF_4$）、硅氟酸（$H_2SiF_6$）、醋酸（$CH_3COOH$）及硝酸银（$AgNO_3$）等溶液中。难溶于稀盐酸（HCl）及硫酸（$H_2SO_4$）溶液中，缓溶于沸盐酸及发烟硫酸中。铅对亚硝酸、氨和氨盐、氯和氯溶液、氢氰酸、磷酸酐、熔融硼砂、氯化钾、大多数有机酸及油类等是稳定的。

## 1.2　主要铅化合物的性质

### 1.2.1　硫化铅

硫化铅（PbS）在自然界呈方铅矿存在，色黑（结晶状态呈灰色），具有金属光泽。PbS 含 Pb86.6%，密度 7.4～7.6g/cm³，熔点 1135℃，熔化后流动性很大，可透过黏土质材料而不起侵蚀作用，易渗入砖缝。

PbS 在 600℃时已开始挥发，其蒸气压与温度的关系见表 2-1-3。

**表 2-1-3　PbS 蒸气压与温度的关系**

| 温度/℃ | 852 | 928 | 975 | 1074 | 1108 | 1160 | 1221 | 1281 |
|---|---|---|---|---|---|---|---|---|
| 蒸气压/kPa | 1.033 | 0.267 | 1.33 | 7.99 | 13.3 | 26.7 | 53.3 | 101.3 |

PbS 的离解压很小，1000℃时仅为 16.8Pa。但 PbS 中的 Pb 可被对硫亲和力大的金属所置换，当温度高于 1000℃时，铁可置换 PbS 中的铅（$PbS + Fe = FeS + Pb$）。这就是炼铅常见的"沉淀反应"。PbS 可与 FeS、$Cu_2S$ 等金属硫化物形成锍，CaO、BaO 对 PbS 可起分解作用（$4PbS + 4CaO = 4Pb + 3CaS + CaSO_4$）；在还原气氛下，可发生下列反应：$2PbS + CaO + C(CO) = Pb + PbS \cdot CaS + CO(CO_2)$。当炉料中存在大量 CaS 时，会降低铅的回收率，因为 CaS 将与 PbS 形成稳定的 CaS · PbS。

在铅的熔点附近，PbS 不溶于铅中，随着温度的升高，PbS 在铅中的溶解度增加。到 1040℃时，PbS 与 Pb 的熔合体分为两层，上层含 PbS89.5%，Pb10.5%；下层含 PbS19.4%，Pb80.6%。当冷却时，PbS 以纯净的结晶体从 Pb－PbS 熔合体中析出，这是鼓风炉熔炼中炉结形成的原因之一。PbS 溶解于 $HNO_3$ 及 $FeCl_3$ 的水溶液中，所以 $HNO_3$ 和 $FeCl_3$ 均可用来作为方铅矿的浸出剂。

PbS 几乎不与 C 和 CO 发生作用。PbS 在空气中加热时生成 PbO 和 $PbSO_4$，其开始氧化温度为 360～380℃。

### 1.2.2　氧化铅

氧化铅（PbO）又名密陀僧，熔点 886℃，沸点 1472℃，有两种同素异形体：属于正方晶系的红密陀僧和斜方晶系的黄密陀僧。熔化的密陀僧急冷时呈黄色，缓冷时呈红色，前者在高温下稳定，两者的相变点为 450～500℃。PbO 在不同温度下的平衡蒸气压见表 2-1-4。

**表 2-1-4　PbO 在不同温度下的平衡蒸气压**

| 温度/℃ | 943 | 1039 | 1085 | 1222 | 1265 | 1330 | 1402 | 1472 |
|---|---|---|---|---|---|---|---|---|
| 蒸气压/kPa | 0.133 | 0.667 | 1.33 | 7.99 | 13.3 | 26.7 | 53.3 | 101.3 |

PbO 是强氧化剂，能氧化碲、硫、砷、锑、铋和锌等。PbO 是两性氧化物，既可与 $SiO_2$、$Fe_2O_3$ 结合成硅酸盐或铁酸盐；也可与 CaO，MgO 等形成铅酸盐（如 $PbO_2 + CaO = CaPbO_3$）；还可与 $Al_2O_3$ 结合成铝酸盐。PbO 对硅砖和黏土砖的侵蚀作用很强烈。所有的铅酸盐都不稳定，在高温下离解并放出氧气。

PbO 是良好的助熔剂，它可与许多金属氧化物形成易熔的共晶体或化合物。在 PbO 过剩情况下，难熔的金属氧化物即使不形成化合物也会变成易熔物。此种作用在炼铅过程中具有重要意义。PbO 属于难离解的稳定化合物，但容易被 C 和 CO 所还原。

### 1.2.3　硫酸铅

硫酸铅（$PbSO_4$）的密度为 6.34g/cm$^3$，熔点为 1170℃。$PbSO_4$是比较稳定的化合物，开始分解的温度为 850℃，而激烈分解的温度为 905℃。PbS、ZnS 和 $Cu_2S$ 等的存在可促进 $PbSO_4$的分解，促使其开始分解温度降低。例如，$PbSO_4$ + PbS 系中，反应开始温度为 630℃。$PbSO_4$和 PbO 均能与 PbS 发生相互反应生成金属铅，是硫化铅精矿直接熔炼的反应之一。

### 1.2.4　氯化铅

氯化铅（$PbCl_2$）为白色，其熔点为 498℃，沸点为 954℃，密度为 5.91 g/cm$^3$。$PbCl_2$在水溶液中的溶解度甚小，25℃时为 1.07%，100℃时才为 3.2%。但 $PbCl_2$溶解于碱金属和碱土金属的氯化物（如 NaCl 等）水溶液中。$PbCl_2$在 NaCl 水溶液中的溶解度随温度和 NaCl 浓度的提高而增大，当有 $CaCl_2$存在时，其溶解度更大。例如，在 50℃下 NaCl 饱和溶液中铅的最大溶解度为 42g/L；当将有 $CaCl_2$存在下的 NaCl 饱和溶液加热至 100℃时，铅的溶解度可达 100～110g/L。

## 1.3　铅的用途

铅主要用于制造合金，按照性能和用途铅合金可分为：耐蚀合金，用于蓄电池栅板、电缆护套、化工设备及管道等；焊料合金，用于电子工业、高温焊料、电解槽耐蚀件等；电池合金，用于生产干电池；轴承合金，用于各种轴承生产；模具合金，用于塑料及机械工业用模型。用作颜料的铅化合物有铅白、铅丹、铅黄及密陀僧；盐基性硫酸铅、磷酸铅和硬脂酸铅用作聚氯乙烯的稳定剂。另外，铅对 X 射线及 γ 射线具有良好的吸收能力，广泛用作 X 光机和原子能装置的防护材料。目前，国内外正研究将铅应用于电动汽车和电动自行车（动力电池）、重力水准测量装置、核废料包装物、氡气防护屏、微电子和超导材料，有的已进入实用阶段。在上述诸用途中，铅酸动力电池近年来发展迅猛，用于铅酸蓄电池的铅占全部铅消费的 70% 以上，其次是衬里和电缆护套，还有颜料和化工产品。预计今后 10 年蓄电池用铅要达到 80% 以上。

## 1.4　铅的消费

以中国为代表的“金砖四国”（中国、印度、巴西和俄罗斯）经济的持续增长对原材料的需求大幅度增加。铅蓄电池消费将大幅度增长。汽车、电动车、备用贮能电源和其他工业用电源的增长将推动铅蓄电池消费增长。铅蓄电池消费铅占精铅消费量的 60% 以上，铅消费最大增长点依然是汽车工业需用的蓄电池，并向高功率发展，北美、欧洲、日本计划在 2020 年前将汽车蓄电池由 12 V/14 V 向 36 V/42 V 变化。西方发达国家铅消费量中蓄电池耗铅比重已升至 80%。目前中国蓄电池耗铅比重约 70% 左右，今后还会有较大发展。

铅消费增加较多的还有机械制造业需用的轴承合金、模具合金、焊料合金等行业。彩电及计算机玻壳、颜料、涂料用氧化铅也会有适度增长。至于电缆护套、防腐用铅基本维持现状，用量不会有太多增加，但核电用防护铅将有所增长。今后 15 年，估计铅消费量年平均增长率保持在 3.5% 左右。随着核电工业的发展和生活水平的提高，铅防护玻璃，铅砖、铅板，铅防护门、窗，铅衣、帽等需求将进一步增加。

## 1.5 炼铅的原料

### 1.5.1 原生铅

炼铅的原料是铅精矿，而铅精矿是从铅矿石中精选出来的，铅矿石是由含铅矿物、共生矿物和脉石所组成，铅矿石按其成分不同可分为硫化铅矿和氧化铅矿两大类。铅矿石是由含铅矿物、共生矿物和脉石所组成，它是炼铅的主要原料。铅矿石分为硫化矿和氧化矿两大类。分布最广的是硫化矿(方铅矿 PbS)，属原生矿，也是炼铅的主要矿石，多与辉银矿($Ag_2S$)、闪锌矿(ZnS)共生。含银高者称银铅矿，含锌高者称铅锌矿。此外，共生矿物还有黄铁矿 $FeS_2$、黄铜矿 $CuFeS_2$、辉铋矿 $Bi_2S_3$ 和其他硫化矿物。脉石成分有石灰石、石英石、重晶石等。矿石中还含有锑、镉、金及少量铟、铊、碲等元素。氧化铅矿主要由白铅矿($PbCO_3$)和铅矾($PbSO_4$)组成，属次生矿，它是原生矿受风化作用或含有碳酸盐的地下水的作用而逐渐生成的，常出现在铅矿床的上层，或与硫化矿共存而形成复合矿。铅在氧化矿床中的储量比在硫化矿床中少得多，故对炼铅工业来说，氧化矿意义较小，铅冶金的主要原料来源于硫化矿。

矿石一般含铅不高，现代开采的矿石含铅一般为3% ~9%，最低含铅量在0.4% ~1.5%，必须进行选矿富集，得到适合冶炼要求的铅精矿。铅矿物的物理化学性质见表2-1-5。

**表2-1-5 铅矿物的物理化学性质**

| 矿物名称 | 分子式 | 主要元素 | | 密度 /t·m$^{-3}$ | 莫氏硬度 |
|---|---|---|---|---|---|
| | | 名 称 | 含量(质量分数)/% | | |
| 铅 | Pb | Pb | 100 | 11.3 | 1.5 |
| 方铅矿 | PbS | Pb | 86.6 | 7.4~7.6 | 2.5~2.7 |
| 白铅矿 | $PbCO_3$ | Pb | 77.5 | 6.4~6.6 | 3.0~3.5 |
| 铅 矾 | $PbSO_4$ | Pb | 68.3 | 6.1~6.4 | 2.7~3.0 |
| 脆硫锑铅矿 | $Pb_4FeSb_6S_{14}$ | Pb | 40.1 | 5.5~5.6 | 2.5~3.0 |
| 车轮矿 | $CuPbSbS_3$ | Pb | 42.5 | 5.7~5.9 | 2.5~3.0 |
| 砷铅矿 | $(Pb,Cl)Pb_4As_3O_{12}$ | Pb | 69.7 | 7.0~7.3 | 3.5 |
| 水白铅矿 | $2PbCO_3 \cdot Pb(OH)_2$ | Pb | 80.5 | 4.6~6.1 | 1.0~2.0 |
| 磷氯铅矿 | $Pb_5Cl(PO_4)_3$ | Pb | 76.4 | 6.9~7.1 | 4.0 |
| 青铅矿 | $PbCuSO_4 \cdot (OH)_2$ | Pb | 5.1 | 5.3~5.5 | 2.5 |
| 硫锑铅矿 | $Pb_5Sb_4S_{11}$ | Pb | 55.4 | 6.23 | 2.5~3.0 |
| 硫砷铅矿 | $Pb_5As_2S_5$ | Pb | 57.0 | 5.5 | 3.0 |
| 硫铅镍矿 | $Ni_3Pb_2S_2$ | Pb | 63.3 | 8.85 | 4.0 |
| 硒铅矿 | PbSe | Pb | 72.4 | 8.0~8.2 | 2.5~3.0 |
| 矾铅矿 | $Pb_5(VO_4)_3Cl$ | Pb | 67.7 | | |
| 铅铁矾 | $PbFe_6(SO_4)_4(OH)_{12}$ | Pb | 18.3 | | |
| 圆柱锡矿 | $6PbS_6 \cdot SnS_2 \cdot Sb_2S_3$ | Pb | 35.0 | 5.4 | 2.5~3 |

### 1.5.2 再生铅

再生铅原料主要是废铅蓄电池、废旧铅板、铅管和铅合金制品，其次为电缆废铅皮、废印刷合金和少量铅灰、铅渣等粒状含铅物料。这些原料来源不一，铅品位波动大。从铅再生资源的原料结构看，铅酸蓄电池占铅再生原料的70%以上，表2-1-6为我国某厂处理铅废料的化学成分。

**表 2-1-6 铅废料的化学成分** (%)

| 物料名称 | Pb | Sb | Sn | Cu | Bi | 比例/% |
| --- | --- | --- | --- | --- | --- | --- |
| 铅蓄电池极板 | 85~94 | 2~6 | 0.03~0.5 | 0.03~0.3 | <0.1 | 71 |
| 压延铅板(管) | 79 | <0.5 | 0.01~0.03 | 0.1 | 0.2~0.5 | 8.5 |
| 铅锑合金 | 85~92 | 3~8 | 0.1~1.0 | 0.1~0.8 | | 15~27 |
| 电缆铅皮 | 96~99 | 0.11~0.6 | 0.4~0.8 | 0.018~0.31 | | 3.8 |
| 印刷铅合金 | 98~99 | 0.05~0.24 | 0.05~0.02 | 0.02~0.13 | | 1.68 |

铅蓄电池的正极是由含锑3%~8%的铅锑合金制成的板栅和填料，使用报废后的成分见表2-1-7。

**表 2-1-7 废旧铅蓄电池原料的化学成分**

| 名 称 | 化学成分(质量分数)/% | | | | | | 外观颜色 |
| --- | --- | --- | --- | --- | --- | --- | --- |
| | 总 Pb | Pb | PbO | $PbO_2$ | $PbSO_4$ | Sb | |
| 极 板 | 92~95 | 92~95 | 微量 | — | 微量 | 3~6 | 灰 |
| 正极填料 | 76.28 | 0 | 8.59 | 44.75 | 31.82 | 0.54 | 红褐 |
| 负极填料 | 78.55 | 18.95 | 29.30 | 0 | 21.45 | 0.50 | 灰 |
| 混合填料 | 81.9 | 17.22 | 16.92 | 26.80 | 31.50 | — | 褐 |

我国的铅锌矿资源十分丰富，遍布全国20多个省及自治区，现在开采的铅矿产地有辽宁、山东、甘肃、云南、贵州、广东、广西、江苏、湖南、江西、四川等地，我国铅精矿的质量标准见表2-1-8。

**表 2-1-8 铅精矿的质量标准(YS/T319—1997)**

| 品 级 | Pb(质量分数,不小于)/% | 杂质(质量分数,不大于)/% | | | | |
| --- | --- | --- | --- | --- | --- | --- |
| | | Cu | Zn | As | MgO | $Al_2O_3$ |
| 一级品 | 70 | 1.2 | 4 | 0.2 | 1.0 | 2.0 |
| 二级品 | 65 | 1.5 | 5 | 0.3 | 1.5 | 2.5 |
| 三级品 | 55 | 2.0 | 6 | 0.4 | 1.5 | 3.0 |
| 四级品 | 45 | 2.5 | 7 | 0.6 | 2.0 | 4.0 |

注:1. 铅精矿中的金、银为有价元素，应报出分析结果。
2. 其他类型铅精矿的杂质要求，由供需双方商定。
3. 铅精矿的水分应不大于12%，冬季应不大于8%。
4. 铅精矿的粒度应小于150μm。
5. 铅精矿中不应混入外来夹杂物，同批铅精矿应混匀，主品位差应不大于5%。

## 1.6 铅的生产方法

铅的冶炼方法可分为火法炼铅、电热法炼铅、湿法炼铅三大类。现代炼铅法几乎全为火法。

### 1.6.1 火法炼铅

铅的火法冶炼是最古老的方法也是现代最流行的方法。火法炼铅按其反应的性质又分为还原熔炼，反应熔炼，沉淀熔炼三种方法。

A 还原熔炼

还原熔炼是将硫化铅精矿经烧结焙烧后得到的烧结块或是氧化铅精矿经炉料制备后得到的团块，在鼓风炉中进行还原熔炼而获得粗铅，整个冶炼过程可分为三个阶段，即炉料制备→烧结块或团块的还原熔炼→粗铅的精炼。

B 反应熔炼

反应熔炼是在适当温度下焙烧硫化铅精矿使一部分硫化铅氧化成 PbO，$PbSO_4$，然后使它与未氧化的硫化铅相互反应生成金属铅，其反应为：在 500 ~ 600℃时，$PbS+\frac{1}{2}O_2 \rightarrow PbO+SO_2$，$PbS+2O_2 \rightarrow PbSO_4$；在 800 ~ 850℃时，$PbS+2PbO \rightarrow 3Pb+SO_2$，$PbS+PbSO_4 \rightarrow 2Pb+SO_2$。

此种利用同一物质的硫化物与氧化物反应而生成金属的冶炼过程，叫反应熔炼。为了保证反应的完全进行，作业须重复进行多次，相互反应为 $PbS+2PbO \rightarrow 3Pb+SO_2$，$PbS+PbSO_4 \rightarrow 2Pb+2SO_2$，由于反应熔炼可以在反射炉或膛式炉内进行，故又称为反射熔炼和膛式熔炼。

膛式熔炼基本原理与反射炉相同，但熔炼或焙烧不分两段进行而是在 800 ~ 850℃下同时进行，膛式炉熔炼的实质是把硫化铅精矿、燃料、烟尘及少量石灰石按比例混合后的炉料加入炉内在低压鼓风下吹炼。此法的优点是设备简单，所需熔剂和燃料少，开停炉迅速，操作容易掌握；不足之处是要求精矿品位高（含 Pb > 70%），杂质少，中间产品（灰渣）处理困难。

C 沉淀熔炼

沉淀熔炼是用硫化铅精矿直接生产铅的方法，其原理是利用对硫亲和力比铅大的金属从硫化铅中置换出铅，反应为 $PbS+Me \rightarrow Pb+MeS$。按照金属对硫亲和力大小顺序排列为 Mn、Cu、Ni、Fe、Sn、Zn、Pb，凡是在铅前面的金属，都可用来置换硫化铅中的铅，因铁的价格便宜，通常都用铁作置换剂。如 $PbS+Fe \rightarrow Pb+FeS$，但实践证明反应是不完全的，未置换的呈一定形态的铅熔化后与生产的铅结合成稳定的化合物（$PbS \cdot 3FeS$），叫铅冰铜。实际上沉淀熔炼的反应为 $4PbS+4Fe \rightarrow 3Pb+PbS \cdot 3FeS+Fe$，沉淀熔炼在工业上很少单独使用，但在很多地方仍在用铅的沉淀反应如鼓风炉处理烧结块和灰渣。反射炉处理铜质铅浮渣，都经常加入铁，以降低冰铜含铅和回收铅与造冰铜。土法炼铅中的坩埚熔炼即属于沉淀熔炼。

### 1.6.2 电热法炼铅

电热法炼铅是以处理某些成分特殊（如含铜、锌很高）的含铅物料为特点。其过程是将铅精矿先焙烧或烧结，然后再进行电炉熔炼产粗铅，而后将铅精矿中的锌部分挥发入烟尘，铜则进入粗铅或冰铜之中。电热法炼铅也分为反应熔炼、沉淀熔炼和焙烧还原熔炼三种方式。

（1）反应熔炼。是将焙烧中的氧化铅和硫酸铅与未被氧化的硫化铅，在电炉内加热到 1400 ~ 1600℃后，发生交互反应而得金属铅。

（2）沉淀熔炼。是在电炉中用铁作沉淀剂，以置换硫化铅中的铅，产出金属铅，铁则变为硫化物。

（3）还原熔炼。是将含铜锌高而含铅低的精矿，先经焙烧再配入还原剂（焦丁）一起加入电炉内进行熔炼，使氧化铅中的铅被还原出来。电炉有温度易控制，密封性好，操作自动化程度高，劳动条件好等优点，但由于电耗高，目前尚未广泛采用。

### 1.6.3 湿法炼铅

湿法炼铅工艺，基本分为三大步骤。即含铅原料的浸出；浸出液的净化；净化液提铅及其伴生金属。但目前所有的湿法炼铅流程大都处于小型试验或扩大试验阶段，尚未投入工业生产，技术上虽可能，但困难不少，经济上是否合理也还待评价。

# 2 硫化铅精矿的烧结焙烧–鼓风炉还原熔炼

## 2.1 硫化铅精矿的烧结焙烧

### 2.1.1 硫化铅精矿烧结焙烧的目的

硫化铅精矿的粒度小，大都小于0.074mm(200目)，其中除PbS外，还含有其他的金属硫化物和脉石。在鼓风炉还原熔炼条件下，精矿中的PbS是不能被还原产出金属铅的，所以应预先进行氧化焙烧，使PbS变为PbO。硫化铅精矿的烧结焙烧是在有大量空气参与下的强氧化过程，其目的是：

(1) 氧化脱硫，使金属硫化物变成氧化物，以便被碳还原，而硫以$SO_2$逸出，以便制酸。

(2) 在高温下将粉料烧结成块，以适应鼓风熔炼作业的要求。

### 2.1.2 烧结焙烧的炉料组成

目前许多铅锌联合企业在火法炼铅厂往往大量搭配处理湿法炼锌厂产出的浸出渣(含Pb、Ag、Zn等有价金属)，以实现资源合理综合利用和湿法冶金浸出渣无害化处理，这正是铅锌联合企业的优势所在，它为湿法炼锌浸出渣的处理提供了一个最好的方法。一些工厂烧结炉料的化学成分见表2–2–1。

表2–2–1　一些工厂烧结炉料(混合料)的化学成分(质量分数)　(%)

| 工厂编号 | Pb | S | $SiO_2$ | CaO + MgO | Fe | Cu | Zn | 备 注 |
|---|---|---|---|---|---|---|---|---|
| 1 | 38.9 ~ 44.46 | 4.9 ~ 8.41 | 9.3 ~ 11.4 | 6.8 ~ 9.36 | 9.6 ~ 12.2 | 0.98 ~ 1.48 | 4.53 ~ 6.1 | |
| 2 | 30 ~ 60 | 7.8 ~ 9.4 | – | – | – | 0.7 ~ 1.5 | 4.05 ~ 8.93 | |
| 3 | 46 | 6 | 10.3 | 10 | 12.2 | 0.3 | 5.1 | |
| 4 | 43 | 5.1 | 10.6 | 7.1 | 11.3 | 1 | 5.4 | |
| 5 | 42.5 | 6.7 | 8.9 | 7.8 | 9.9 | – | 7.8 | |
| 6 | 16 ~ 19 | 5.5 ~ 7.5 | 3 ~ 4 | 4 ~ 6(CaO) | 8 ~ 10(FeO) | – | 38 ~ 42 | 为鼓风炉炼锌炉料 |

### 2.1.3 硫化铅精矿烧结焙烧的化学反应

铅精矿的主要成分是方铅矿(PbS)，占精矿组成的60% ~ 80%。在烧结焙烧过程中，精矿的焙烧主要是PbS发生氧化反应，生成氧化物(PbO)，也可能生成硫酸盐或碱式硫酸盐($PbSO_4$，$PbSO_4 \cdot PbO$，$PbSO_4 \cdot 2PbO$，$PbSO_4 \cdot 4PbO$)，还可能生成金属铅(Pb)。

$$2PbS + 3O_2 = 2PbO + 2SO_2$$

$$PbS + 2O_2 = PbSO_4$$

$$PbS + O_2 = Pb + SO_2$$

上述反应生成的 PbO 和 $PbSO_4$(包括碱式硫酸铅)，与未氧化的 PbS 之间，发生下列各种交互反应，如：

$$PbS + 2PbO = 3Pb + SO_2$$

$$PbS + PbSO_4 = 2Pb + 2SO_2$$

在焙烧高温下，交互反应析出的金属铅，大部分被烟气中的氧所氧化。

$$2Pb + O_2 = 2PbO$$

综观上述反应可知，方铅矿的焙烧过程可以认为是在 Pb－S－O 三元系中进行，焙烧产物的形成取决于实际焙烧温度和平衡气相(主要成分是 $O_2$和 $SO_2$)组成。因此，在冶金热力学上，常用恒温下的 M(金属)－S－O 系 $\lg p_{SO_2} - \lg p_{O_2}$平衡状态图(又称化学势图)来研究金属硫化物的氧化规律。1100 K(827℃)时 Pb－S－O 系状态图如图 2-2-1 所示。在硫化铅精矿烧结焙烧的实际生产中，要求 PbS 尽可能全部变成 PbO，而不希望得到 $PbSO_4$ 和 $PbSO_4 \cdot mPbO$，因为铅烧结块中的 $PbSO_4$(或 $PbSO_4 \cdot mPbO$)在下一步鼓风炉熔炼中不能被碳或一氧化碳还原成金属铅，而被还原成 PbS，即 $PbSO_4 + 4CO = PbS + 4CO_2$，这就造成铅以 PbS 形态损失于炉渣或铅锍中的数量增加，所以在烧结焙烧时，应使 PbS 尽量生成 PbO，而不生成 $PbSO_4$。从 Pb－S－O 系状态图可以看出，硫酸铅及其碱式盐的稳定区域大，这说明它们在烧结时容易生成。只有当气相中的 $SO_2$分压较小和 $O_2$的分压较大时，才能保证 PbO 的稳定范围，从而不生成或少生成 $PbSO_4$。在实际生产中，可考虑用下面一些措施来减少 $PbSO_4$的生成，以尽可能增加烧结产物中 PbO 的数量。

(1) 提高烧结焙烧温度。随着烧结焙烧温度的升高，硫酸盐将变得越来越不稳定。硫酸盐的分解是吸热反应，升高温度有利于 $PbSO_4$及其 $PbSO_4 \cdot mPbO$ 向着生成 PbO 的方向逐级分解，最后生成稳定的 PbO(见图 2-2-2)。因此，铅烧结焙烧过程料层温度实际上是在 800～1000℃下进行。

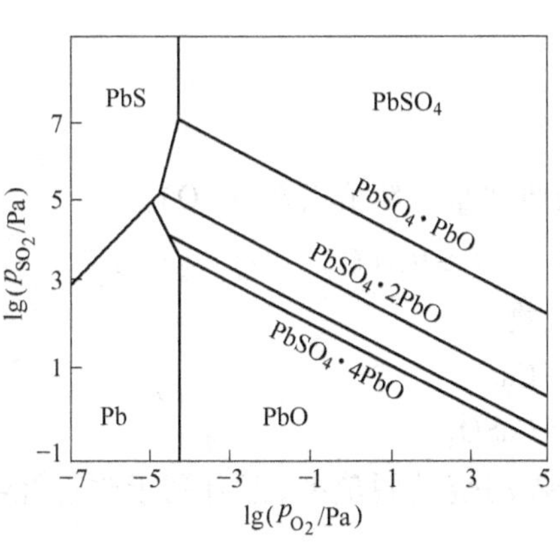


图 2-2-1　1100 K 时 Pb－S－O 系状态图

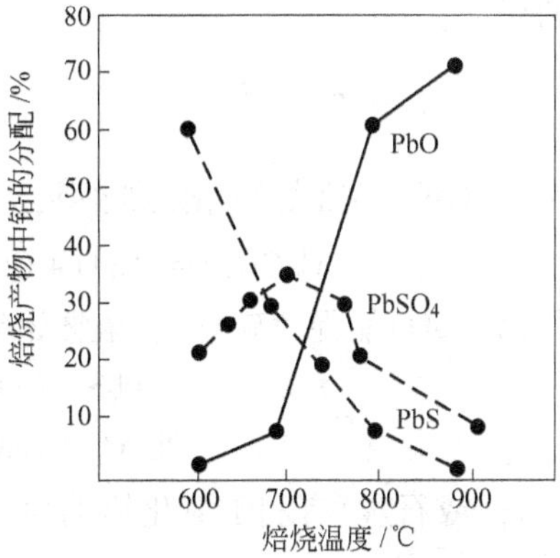


图 2-2-2　硫化铅焙烧产物中铅的形态随温度的变化
(焙烧时间 60 min)

(2) 将熔剂(石灰石、石英砂和铁矿石等)配料与铅精矿一起添加到烧结炉料之中，有助于减少 $PbSO_4$的生成，提高烧结脱硫率。

（3）改善烧结炉料的透气性，改进烧结设备的供风和排烟，使鼓风中的 $O_2$ 和氧化反应生成的 $SO_2$ 迅速达到或离开 PbO 精矿颗粒的反应界面，即降低反应界面的 $p_{SO_2}$ 和提高 $p_{O_2}$，均有利于 PbO 的生成。还值得注意的是，在较低的 $p_{SO_2}$ 和 $p_{O_2}$ 数值范围内（图 2-2-1 中的左下方区域）是金属铅的稳定区域，这说明烧结产物中还可能出现金属铅。如前面关于 PbS 的氧化反应式所述，金属铅的生成反应有两种可能：一是 PbS 直接氧化，二是 PbS 和 PbO、$PbSO_4$ 发生交互反应。这也是 PbS 精矿直接炼铅新工艺的理论依据。

### 2.1.4　烧结块的质量要求

烧结块的化学成分应满足还原反应与造渣过程的要求，同时应具有一定的机械强度，烧结块的质量，主要以强度、孔隙度和残硫率三个指标来衡量。

### 2.1.5　精矿和熔剂中造渣组分的行为

鼓风炉熔炼炉渣中主要的三组分 $SiO_2$、CaO 和 FeO 的来源为：① 作熔剂加入的石英石（河砂）$SiO_2$、石灰石（$CaCO_3$）和铁矿石或烧渣（$Fe_2O_3$）；② 精矿中的造渣成分；③焦炭中的灰分。

#### 2.1.5.1　*石英石（$SiO_2$）*

石英石在低温焙烧时不起化学变化，但在高温下，则与各种金属氧化物结合成硅酸盐，并能促使 $PbSO_4$ 分解，如：

$$xPbO + ySiO_2 = xPbO \cdot ySiO_2$$

$$2PbSO_4 + 2SiO_2 = 2PbO \cdot SiO_2 + 2SO_2 + O_2$$

实际上，PbO 与 $SiO_2$ 形成一系列的低熔点的化合物与共晶。这些化合物与共晶的组成及硅酸铅的熔化温度低，并且有很好的流动性，在高温的烧结焙烧过程中，这些硅酸铅便熔化，将焙烧的炉料粒子黏结在一起，当焙烧物料冷却时，它们便成为许多黏结剂，是得到优良烧结块的保证。

#### 2.1.5.2　*石灰石*

石灰石（$CaCO_3$）在烧结焙烧加热到 910℃时，则吸收热量分解成石灰（CaO）。

$$CaCO_3 = CaO + CO_2 - 189630\,J \qquad (>910℃)$$

氧化钙（CaO）能促使硫化铅、硫酸铅等转化成氧化物。

$$PbS + CaO = PbO + CaS$$

$$PbSO_4 + CaO = PbO + CaSO_4$$

石灰石（或石灰）有利于氧化铅的生成，但无助于提高烧结脱硫率，但有利于改善烧结炉料的透气性。

#### 2.1.5.3　*杂质金属硫化物和贵金属的行为*

（1）铁的硫化物。铁的硫化物黄铁矿（$FeS_2$）和磁硫铁矿（$Fe_nS_{n+1}$）是硫化铅精矿中的必然伴生物。当加热到 300℃以上时，黄铁矿和磁硫铁矿都发生分解而产生硫的蒸气。

$$FeS_2FeS+\frac{1}{2}S_2 = Fe_nS_{n+1}+nFeS+\frac{1}{2}S_2$$

（2）铜的硫化物。铜的硫化物在硫化铅精矿中，呈黄铜矿（$CuFeS_2$）、铜蓝（CuS）和辉铜矿（$Cu_2S$）等形态存在。焙烧时，铜的各种硫化物多变为氧化物，最终以游离的或结合的氧化亚铜或少量未氧化的硫化亚铜硫化铅精矿的烧结焙烧的形式，留在烧结块中。

$$6CuFeS_2+\frac{35}{2}O_2 = 3Cu_2O+2Fe_3O_4+12SO_2$$

$$2CuS+\frac{5}{2}O_2 = Cu_2O+2SO_2$$

$$2Cu_2S+3O_2 = 2Cu_2O+2SO_2$$

（3）锌的硫化物。硫化锌，硫化锌的结构是很致密的，故它是一种比较难氧化的物质。加之氧化后生成的硫酸盐和氧化物，是一种很致密的膜层，它能紧紧地包裹在未被氧化的硫化物颗粒表面，阻碍氧的渗入。所以在烧结焙烧时，需要较长的时间、过量的空气和较高的烧结温度，才能使硫化锌转化为氧化锌，其反应为：

$$ZnS+\frac{3}{2}O_2 = ZnO+SO_2$$

（4）砷的硫化物。铅精矿中的 As 是以毒砂（FeAsS）及雌黄（$As_2S_3$）的形态存在。焙烧时，首先受热离解，然后氧化生成极易挥发的三氧化二砷（$As_2O_3$）。

$As_2O_3$在 120℃时，已显著挥发。到 500℃时，其蒸气压已达到 10 Pa。故烧结焙烧时的脱砷程度，一般能达到 40% ~80%。少部分未挥发的三氧化二砷进一步氧化，变为难于挥发的五氧化二砷（$As_2O_5$），随即与其他金属氧化物（如 PbO、CuO、FeO、CaO）作用生成很稳定的砷酸盐，残留于烧结块中。

（5）锑的硫化物。锑的硫化物主要是以辉锑矿（$Sb_2S_3$）和硫锑铅矿（$5PbS\cdot2Sb_2S_3$）的形态存在于铅精矿中，锑的硫化物在烧结焙烧过程中的行为类似 $As_2S_3$，只不过在同样焙烧温度下，生成的 $Sb_2O_3$ 较 $As_2O_3$ 的蒸气压小，挥发的温度高，故脱锑程度不及脱砷高。

$$Sb_2S_3+\frac{9}{2}O_2 = Sb_2O_3+3SO_2$$

在高温及大量过剩空气下，部分 $Sb_2O_3$ 氧化成稳定的且难挥发的四氧化二锑（$Sb_2O_4$）及五氧化二锑（$Sb_2O_5$），它们同金属氧化物作用而生成锑酸盐。

（6）镉的硫化物。镉常伴生于铅精矿中，其形态主要为硫化镉（CdS），焙烧时有少部分挥发进入烟尘。硫化镉氧化成氧化镉（CdO）和硫酸镉（$CdSO_4$）：

$$2CdS+3O_2 = 2CdO+2SO_2$$

$$CdS+2O_2 = CdSO_4$$

生成的硫酸镉，在焙烧末期的高温下，离解成氧化镉，最后残留于烧结块中的镉一般以 CdO 的形态存在。

（7）银的硫化物。银常以辉银矿（$Ag_2S$）的形态存在于铅精矿中，氧化焙烧时，部分变为金属银和硫酸银（$Ag_2SO_4$）：

$$Ag_2S+O_2 = 2Ag+SO_2$$

$Ag_2SO_4$是较稳定的化合物，在 850℃时开始离解，因此，银以金属银及硫酸银的形态存在于烧结块中。

金在铅精矿中是以金属状态存在。烧结焙烧时金不发生变化，仍以金属形态存在于烧结块中。

### 2.1.6　炉料的混合与制粒

为保证配料后的炉料在烧结前达到最佳湿度，并使其化学成分、粒度和水分的均匀一致，必须对炉料进行良好的混合与润湿。生产上广泛采用的混合设备为鼠笼混合机和圆盘混合机，也有采用反螺旋的圆筒混合机。

### 2.1.7　硫化铅精矿的制粒

圆筒制粒机是一个直径为 1.2 ~ 2.8 m，长 2 ~ 12 m 的钢板圆筒，有的内衬耐磨橡胶，有的则在筒内纵向装有等距离的角钢或直径为 20 ~ 30 mm 的圆钢。筒内设有与纵向平行的多孔管状喷雾器，以供炉料的最后一次润湿，如图 2-2-3 所示，其成球示意如图 2-2-4 所示。

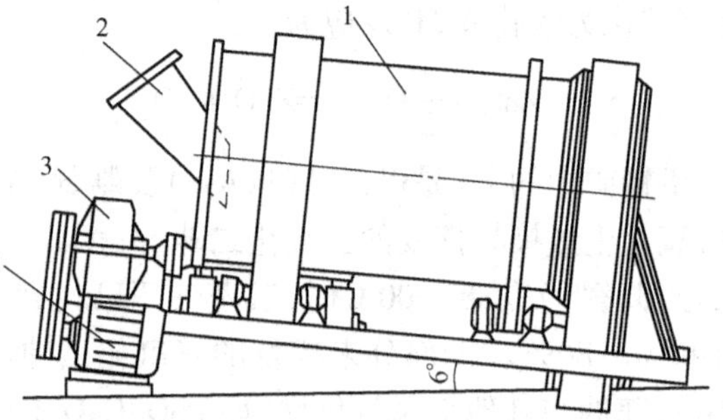


图 2-2-3　圆筒制粒机

1—圆筒；2—进料溜子；3—减速机；4—电动机

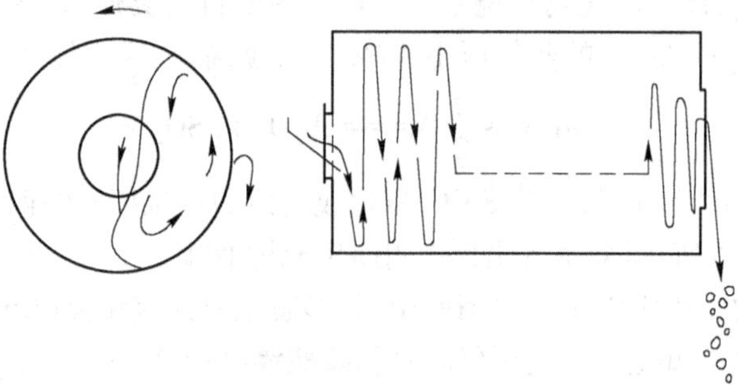

图 2-2-4　圆筒制粒成球示意图

圆盘制粒机不但制粒效率高，而且团粒粒级易于调节。某厂使用的圆盘制粒机是由机座和载于机座上的倾斜圆盘构成，如图 2-2-5 所示。盘上设有喷水装置和刮料板，正确地选择圆盘倾角是非常必要的。其成球示意如图 2-2-6 所示。

实践证明，制粒机的圆盘倾角以 45°左右为宜。当圆盘不断转动时，物料颗粒依靠摩擦力的作用，经 2、3、4 圆形轨迹带到 5 的位置，然后受重力作用（颗粒本身有重量）离开圆形轨迹 5，而成抛物线从 5 转回至 1。故脱离点 5 到滚回点 1 的运动路线越长，成球直径越大。所以大圆盘的制粒效果较小圆盘好。当圆盘倾角和直径一定时，圆盘转速过大，则物料颗粒的离心力大过各料粒从点 5 滚回到点 1 的重力，料粒就无法从脱离点 5 滚回到点 1，而沿着 6、7、8、1 圆形轨迹运动，起不到造球的作用。反之，圆盘转速过小，则产生的摩擦阻力也小，物料无法由圆盘 1 点带到脱离点 5，而在前面 2、3、4 点处就滚下来了，由于从脱离点到滚回点的路程太短，制球作用小。

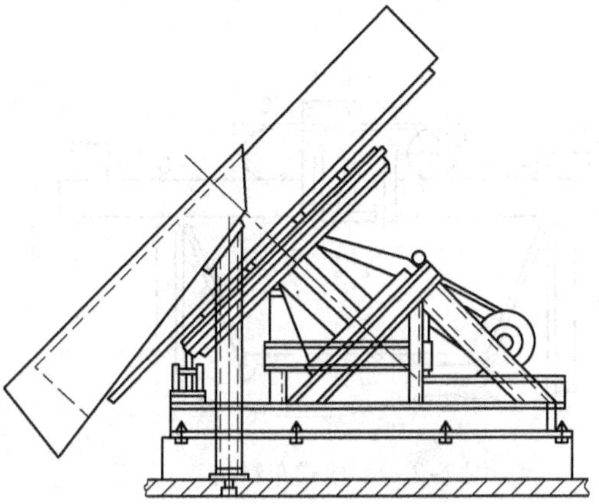

图 2-2-5　圆盘制粒机

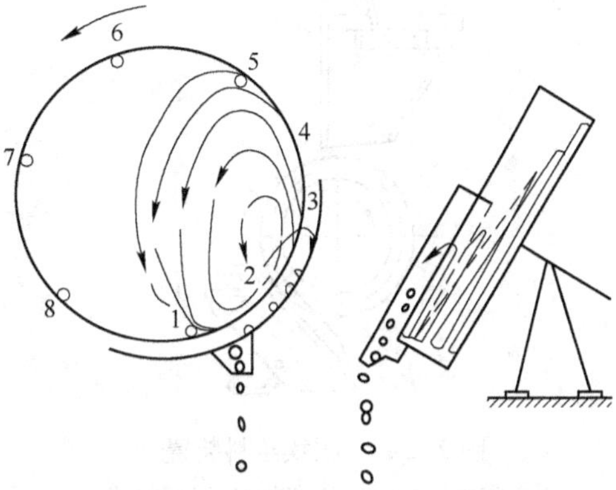


图 2-2-6　圆盘制粒成球示意图

烧结焙烧的主要设备是带式烧结机。带式烧结机又称为直线型烧结机，由许多个紧密挤在一起的小车组成。现在使用的小车宽度波动范围较大，有 1.0 m、1.5 m、2.0 m、2.5 m、3.0 m 不等。烧结机的有效长度，即为所有风箱上面小车短边（即小车宽度）的总和，有 8 m、12 m、14 m、15 m、25 m、50 m。如图 2-2-7 所示。

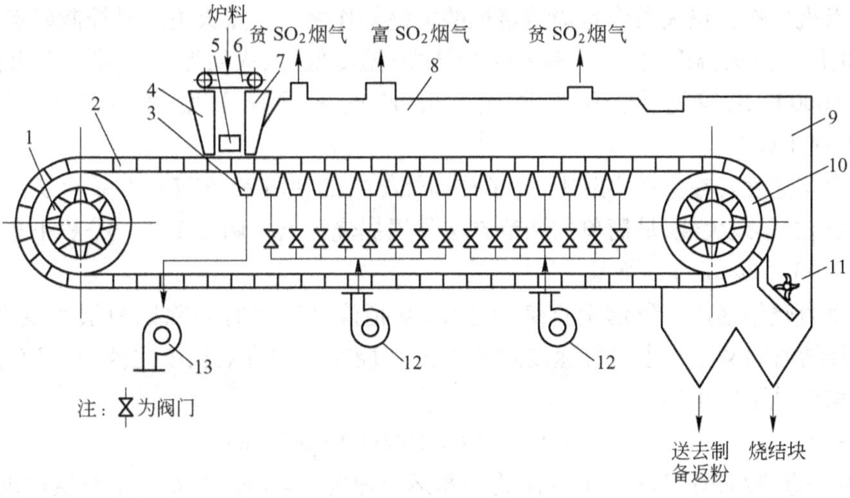


图 2-2-7　带式烧结机示意图

1—头部星轮；2—烧结台车；3—风箱；4—点火层加料斗；5—点火炉；6—梭式布料机；7—主料层加料斗；8—烟罩；9—尾部烟罩；10—尾部星轮；11—单轴破碎机；12—鼓风机；13—抽风机

（1）摇摆给料装置如图 2-2-8 所示。

（2）梭式布料机：一般是在一部作往复运动的台车上，安设有 25 根运输皮带。已混合好的炉料先落在运输皮带上，然后借台车的往复运动，而将炉料均匀地布在小车上，这种方法布料较前者均匀,如图 2-2-9 所示。

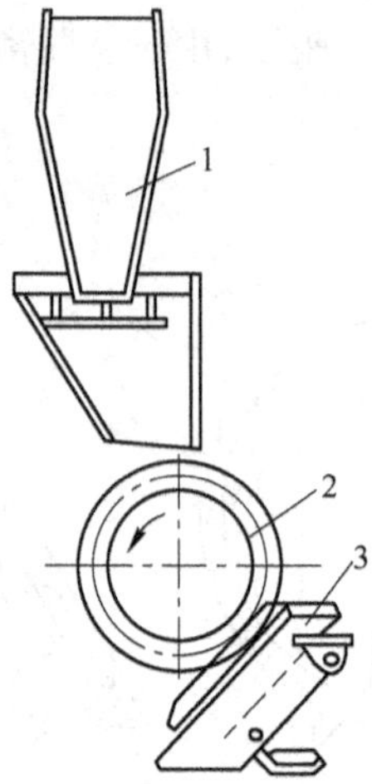


图 2-2-8 摇摆给料装置

1—摇摆给料机;2—旋转圆筒;3—刮料板

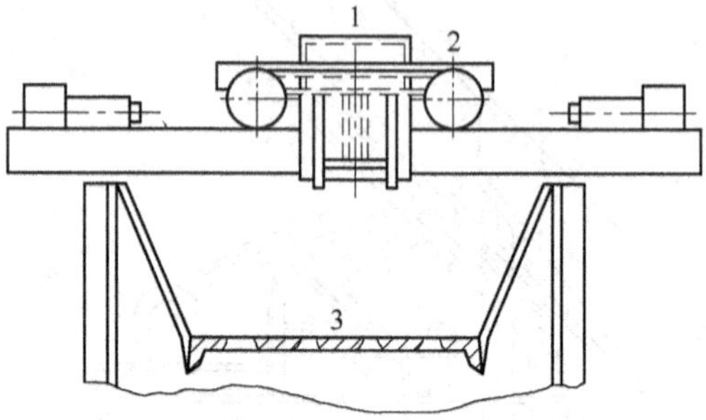


图 2-2-9 梭式布料机

1—运输皮带;2—台车;3—烧结小车

### 2.1.8 烧结机的正常操作及故障处理

#### 2.1.8.1 烧结机的正常操作作业

烧结机作业包括点火操作、台车速度控制、鼓风制度和床层温度的合理控制等项内容。

(1) 点火操作。点火操作是烧结焙烧的关键操作之一。点火主要是控制好点火温度和 0 号风箱负压。点火温度太高,炉料表面会结壳;温度低,点火层厚度不够。点火温度控制在 900 ~ 1000℃ 比较适合。0 号风箱负压是点火层往下燃烧的动力,一般控制在 800 ~ 1000 Pa。

(2) 台车速度。在生产实践中,为了提高烧结机的利用率,车速应与垂直烧结速度相适应,避免烧结过早或欠烧,最简单的调节方法是根据烧穿点来调节车速。一般小车运行速度控制在 1.2 ~ 1.5 m/min。

(3) 垂直烧结速度。所谓垂直烧结速度,是指烧结焙烧时间除以料层厚度之商($v_1 = h/t$)。而烧结时间又是小车运行速度除从点火到烧穿点的有效长度之商($t = L/v$),故垂直烧结速度可以从下式求出:

$$v_1 = (h \times v)/(L \times 1000) \ (\mathrm{mm/min})$$

式中,$v_1$ 为垂直烧结速度(mm/min);$v$ 为小车运行速度(mm/min);$h$ 为主料层厚度(mm);$L$ 为从点火到烧穿点的有效长度(m)。在生产实践中,垂直烧结速度一般为 10 ~ 30 mm/min。

(4) 鼓风制度。烧结过程是强氧化过程,需要大量的空气和返回烟气参与反应。当料层厚度为 330 ~ 360 mm 时,一般控制风箱的风压为 4 ~ 5.5 kPa。

(5) 床层温度。床层温度是指烧结机料层中的实际温度(也称料层温度)。床层温度通常是难测定的,一般通过床层阻力和烟气温度来判断。床层温度高,熔融液相层厚,床层阻力相应增加。

### 2.1.8.2　非正常操作的控制与调整

（1）烧结过程的判断。影响烧结过程的因素是多方面的，在生产实践中可以根据测量仪表的指示来分析化验结果和观察烧结机尾卸料端的现象来判断烧结过程的好坏。在生产中，每隔2h取样分析一次返粉含硫，并根据返粉含硫量指导配料。

（2）烧结过程中的工艺故障处理。烧结焙烧作业不正常往往影响烧结块的质量（如烧结块残硫高，强度低）、烟气二氧化硫浓度和烧结机单位生产率低。

（3）烧结机的供风排气。硫化精矿的烧结焙烧是强氧化过程，需要大量空气参与反应，所需理论空气量可通过冶金计算确定。自1955年澳大利亚皮里港炼铅厂的鼓风烧结投产后，其他厂相继将原吸风烧结焙烧改为鼓风烧结焙烧，并逐步大型化，一次返烟烧结烟道配置如图2-2-10所示。

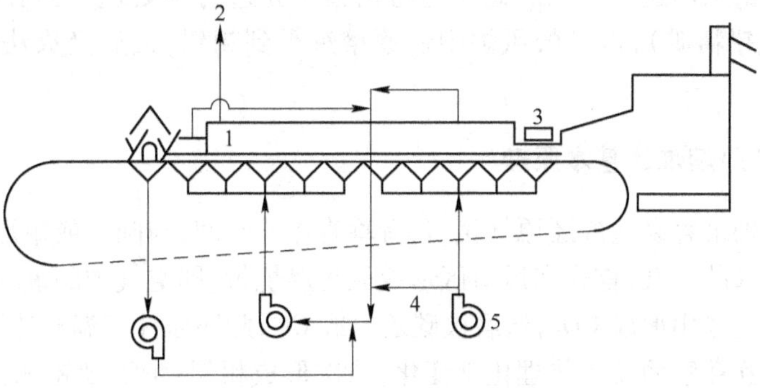


图2-2-10　鼓风一次返烟烧结烟道配置

1—挡板；2—烟气送酸厂；3—移动式烟罩；4—冷空气副烟道；5—空气

烧结焙烧过程产生的二氧化硫烟气的浓度沿烧结机的长度而发生变化，皮里港炼铅厂烧结烟气的体积、二氧化硫浓度及温度沿烧结机长度的变化如图2-2-11所示。

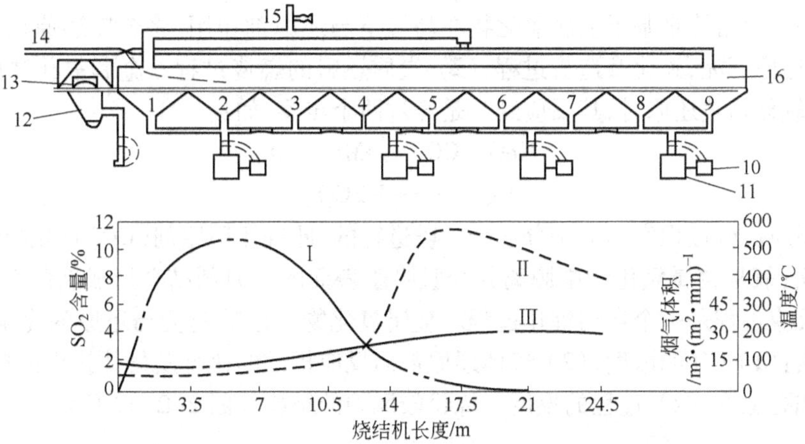


图2-2-11　国外某铅厂鼓风烧结烟气性质沿烧结机长度的变化

Ⅰ—$SO_2$含量；Ⅱ—烟气温度；Ⅲ—烟气体积；1～9—鼓风箱；10—电机；11—风机；12—点火用吸风箱；13—点火炉；14—接布袋烟道；15—接硫酸生产烟道；16—烟罩

2.1.8.3　烧结块的冷却与破碎

从烧结机上倾倒下来的炽热烧结块不仅块度大，而且还有很高的温度。热烧结块必须进行适当的破碎和冷却。使炉料烧结好后，继续鼓风冷却一段时间，再从烧结机尾部翻倒至料仓。同时烧结块在运输时，也是进行自然冷却的过程。为使返粉粒度均匀，避免过分粉碎，通常采用辊式破碎机制备返粉。

## 2.2　鼓风炉还原熔炼

鼓风炉还原熔炼是较成熟的炼铅方法。目前世界上生产的粗铅大部分是用该流程生产的，经过长期生产实践表明，鼓风炉还原熔炼流程，工艺过程较完善，技术操作条件较稳定，对原料的成分和性质有较大的适应性，处理能力大，产品成本低，冶炼回收率高。因此，国内的大小铅冶炼厂都采用这个方法。此法是将铅精矿先进行预处理，得到烧结块（硫化铅精矿）或团块（氧化铅精矿），再进鼓风炉中还原熔炼得到粗铅，最后经火法和电解精炼获得精铅。

### 2.2.1　鼓风炉还原熔炼的基本原理

鼓风炉是一种最容易造成还原气氛，具有垂直作业空间，与圆形或矩形竖井相似的冶金设备。从风口鼓入的空气，首先在风口区形成氧化燃烧带，即空气中的氧与下移赤热的焦炭中的固定炭起氧化作用形成 $CO_2$，然后被碳还原成 CO，此还原性高温气体沿炉体上升，与下移的铅矿球团相互接触而发生物理化学变化，依次形成粗铅、炉渣及铅冰铜等液体产物，流经赤热的底焦层后，被充分过热而进入炉缸，并按密度分层，然后分别从虹吸、排渣口流出，而含有烟尘的炉气则从炉顶排出，进入收尘系统。

布多尔反应：

$$C + O_2 \longrightarrow CO_2$$

$$CO_2 + C \longrightarrow 2CO$$

鼓风炉还原熔炼是基于金属氧化物在高温下与还原剂作用，将金属还原出来。概括起来是：(1) 还原沉淀，硫化及造渣过程；(2) 炭质燃料的燃烧过程。金属氧化物的还原实质是：当金属氧化物被还原时，其反应经常是经过两个步骤，如：

$$MeO + CO \longrightarrow Me + CO_2$$

$$CO_2 + C \longrightarrow 2CO$$

上述还原反应过程实际上是分三个阶段进行的，即气体还原剂（CO）首先吸附在金属氧化物的表面；氧从金属氧化物中脱离并与吸附于表面的还原剂结合形成新的金属相，氧化物的还原反应过程是一个自动催化过程。金属氧化物还原的速度与还原的完全程度，取决于以下因素：(1) CO 的浓度；(2) 气体还原剂向反应扩散的速度及气体排出的速度；(3) 炉料的粒度和孔隙度；(4) 过程的温度。炼铅鼓风炉的结构如图 2-2-12 所示。

### 2.2.2　还原熔炼时铅炉料中各主要组分的行为

(1) 铅的行为：球团中铅主要以氧化铅、硅酸铅、砷酸铅及碳酸铅的形态存在，还有极少量的硫化铅、硫酸铅等。当炉料沿炉身向下运动受高温气体作用时，碳酸铅受热分解放出

$CO_2$生成 PbO。这种 PbO 与球团中的 PbO 与炉气中的 CO 反应，即 $PbO + CO \rightarrow Pb + CO_2$，氧化铅是很容易被还原的，在 1000℃时，只需 3% ~5% 浓度的 CO 就可还原。游离的 PbO 也有一部分被固体炭所还原，即 $PbO + C \rightarrow Pb + CO$。

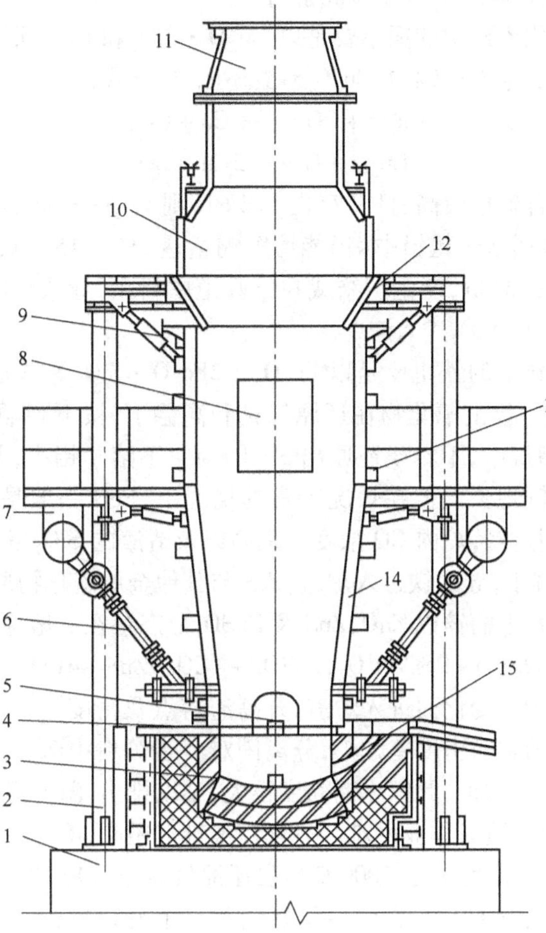


图 2-2-12 普通炼铅鼓风炉

1—炉基；2—支架；3—炉缸；4—水套压板；5—咽喉口；6—支风管及风口；
7—环形风管；8—打炉结工作门；9—千斤顶；10—加料门；11—烟罩；
12—下料板；13—上侧水套；14—下侧水套；15—虹吸道及虹吸口

硫酸铅只有在 850℃以上温度和有强碱性氧化物存在时，才能将氧化铅从中转换出来而被还原成金属铅。反应式：

$$2PbO \cdot SiO_2 + FeO + CaO + 2CO \longrightarrow 2Pb + 2CO_2 + CaO \cdot FeO \cdot SiO_2。$$

硫酸铅在炉内温度为 550 ~630℃下几乎全部被还原为 PbS，反应为 $PbSO_4 + 4CO \rightarrow PbS + 4CO_2$，只有少部分按下式离解，当有 $SiO_2$ 存在时可加速离解。反应为 $2PbSO_4 + 2SiO_2 \rightarrow 2PbO \cdot SiO_2 + O_2 + 2SO_2$。

铅的硫化物在熔炼时几乎全部进冰铜。少量的能与其发生交互反应，得到金属铅。鼓风炉还原熔炼的脱硫作用也在于此。实践表明，鼓风炉的脱硫率在 30% ~50% 之间。

PbS 是容易挥发的化合物，易与 ZnO · ZnS 一起在鼓风炉上部炉壁冷却沉积形成上部炉结。

炉内反应得到的金属铅，通过料层向下流至炉缸。当通过料层时，将同时熔解贵金属（Au 和 Ag）和其他金属（Cu、Bi 等）而形成粗铅。

（2）铜的行为：氧化铅矿中的铜主要是以 $Cu_2O \cdot SiO_2$ 和 $Cu_2S$ 形态存在。$Cu_2S$ 在还原熔炼时不发生化学变化，进入冰铜中，$Cu_2O$ 易被还原，如下式：

$$Cu_2O + CO \longrightarrow 2Cu + CO_2$$

$$Cu_2O + C \longrightarrow 2Cu + CO$$

总之，如果炉料中含硫量较高，且又存在 FeS 时，则 $Cu_2O \cdot SiO_2$ 不会形成冰铜，此时铜的氧化物将被还原成金属溶于粗铅中（铅能熔解铜量达 1% ~15%），含铜量高的粗铅流进炉缸，由于温度下降铜易凝析，产生炉结或在虹吸道中析出，导致虹吸道堵塞，造成作业困难。没有被还原的 $Cu_2O \cdot SiO_2$ 进入渣中。

（3）铁的行为：炉料中的铁主要是以 $Fe_2O_3 \cdot 2Fe_2O \cdot SiO_2$ 等形态存在，少量以 $Fe_2O \cdot SiO_2$ 及 FeS 等形态存在。铁的氧化物在还原气氛和高温下，按下列顺序进行还原：$Fe_2O_3 \rightarrow Fe_3O_4 \rightarrow FeO \rightarrow Fe$。在熔炼中，不希望还原出 Fe，因为它不溶于铅中，其密度较铅轻，熔点又高，易在炉缸内发生积铁现象。但在炉况正常的情况下，FeO 一般是不会被还原成 Fe 的。只有当加入焦炭量长期过剩，炉内 CO 浓度特别高以及造渣的 $SiO_2$ 量不足时，FeO 才有可能还原成 Fe。在熔炼过程中，硅酸铁进入炉渣，FeS 与其他金属硫化物形成冰铜。

（4）锌的行为：原料中的锌以 ZnO，ZnS 及 $ZnSO_4$ 形态存在。熔炼时 $ZnSO_4$ 部分离解，部分还原反应为：$ZnSO_4 \rightarrow 2ZnO + 2SO_2 + O_2$，$ZnSO_4 + 4CO \rightarrow ZnS + 4CO_2$。硫化锌是炉料中的有害杂质，熔炼时基本不发生变化而进入炉渣；升高渣熔点及密度，进入冰铜则降低冰铜密度并提高其熔点，使冰铜的炉渣密度差减小，分离困难。当炉料中 ZnS 过多时，会在炉渣与冰铜之间形成一层泡沫状锌冰铜，此锌冰铜黏度很大，难以排出，温度降低就凝结成壳，称横隔膜，使粗铅不能进入炉缸，造成作业困难。氧化锌很难被还原，熔炼时溶于高铁渣中，只有少部分 ZnO 在炉子下部，在温度大于1000℃和强还原气氛下才能被还原。其反应为：$ZnO + CO \rightarrow Zn + CO_2$，锌沸点低（907℃），在炉内呈蒸气状态上升，易被同时上升的炉气中的 $O_2$、$CO_2$、$H_2O$ 重新氧化成 ZnO，附着于炉壁上形成炉结。少部分 ZnO 随炉气进入收尘系统。

（5）锡的行为：锡以 $SnO_2$ 形态存在于炉料中，还原反应为：$SnO_2 + CO \rightarrow SnO + CO_2$，$SnO + CO \rightarrow Sn + CO_2$。还原出来的 Sn 进入粗铅，由于铅鼓风炉还原气氛不足使锡还原不完全，故 $SnO_2$ 将以 SnO 的形态部分进入渣中。

（6）镉的行为：镉以 CdO 形态存在于铅料中，CdO 于 600 ~700℃被还原成金属镉。反应为：$CdO + CO \rightarrow Cd + CO_2$，镉的沸点低易挥发，还原后又随炉气氧化成 CdO 进入收尘系统。

（7）砷的行为：砷多以砷盐的形态存在炉料中，在 800 ~1000℃时，砷酸盐在还原气氛下被还原成元素砷。其中，一部分形成砷化物，一部分溶解于铅中，其余部分砷挥发时被上升炉气氧化成 $As_2O_3$，还有部分砷酸盐还原为 $As_2O_3$ 随炉气逸出，熔炼时砷化物形成单独的产物——黄渣。黄渣主要是由 Fe、Cd、Ni 及 Cu 砷化物组成。

（8）锑的行为：锑在熔炼中的行为与砷相似，部分 $Sb_2O_5$ 还原为 $Sb_2O_3$ 与气体一道逸出。另一部分被还原成金属锑，其他大部分进入粗铅，少部分进入炉渣。金属锑也与 Fe、Co、Ni

形成化合物进入黄渣中。

(9) 铋的行为：铋在铅矿中以 $Bi_2O_3$形态存在，在低温175℃下便被还原，得到金属铋进入粗铅中。

(10) 金、银等金属的行为：铅是Au和Ag的良好捕集剂，熔炼时大部分Au和Ag进入粗铅，少部分进入冰铜及炉渣。锗大部分进入炉渣，铊挥发进入烟尘，铟入粗铅与渣中。

(11) 炉料中各造渣成分的行为：$SiO_2$、CaO、MgO、$Al_2O_3$等造渣成分，熔炼时不被还原，与氧化亚铁结合形成单独的熔炼产物——炉渣。

## 2.3 氧化铅精矿的还原熔炼

### 2.3.1 氧化铅精矿的制团

团矿必须具有较好的抛高强度、一定的耐压强度和一定的热稳定性。制团时需要加入黏合剂。干燥可用自然干燥或人工干燥，自然干燥约需3～7天。当生团矿干燥时，团矿中的 $Ca(OH)_2$吸收空气中的 $CO_2$而碳酸化：

$$Ca(OH)_2 + CO_2 = CaCO_3 + H_2O$$

产生的 $CaCO_3$微晶，在团矿内部起着骨架的作用，而进一步提高了团矿的强度。

### 2.3.2 氧化铅团矿的还原熔炼

氧化铅团矿中的铅主要是以碳酸铅形态存在。熔炼这种物料分为两步，即先进行熔解，然后再进行还原熔炼。这两个步骤，一般是在同一鼓风炉中进行的，即在炉身上部进行熔解，在下部进行还原。此种物料还原熔炼的主要特点是：

(1) 将碳酸化后的团矿与石灰石、石英石及焦炭按一定比例加入炉内，经过预热、干燥，当物料被加热到100～400℃时，由于水分的吸热蒸发，可使料面温度降低，从而减少了铅的挥发损失。

(2) 未经熔解的团矿在被加热到300～325℃以上时，就会分解为PbO和 $CO_2$，易使团矿变成细粉。

(3) 氧化铅团矿熔炼，新的液态初渣的形成是在团矿熔化的过程中，因而入炉团矿的强度较低。

(4) 焦率较低。因为在生产团矿时已配入8%～10%的无烟煤，在熔炼时可节约昂贵的冶金焦。

氧化铅矿还原熔炼近十几年来在一些中小企业得到运用，通过最大化缩短冶炼流程，简化备料程序，减少渣处理设施、间断性回收烟尘也可取得好的经济效益。

## 2.4 传统的烧结—鼓风炉流程炼铅的主要缺点

将氧化—还原两过程分别在两台设备中进行，随着能源、环境污染控制以及生产效率和生产成本对冶炼过程的要求越来越严格，传统炼铅法受到多方面的严峻挑战。

(1) 随着选矿技术的进步，铅精矿品位一般可以达到60%，将烧结炉料的含铅量降至40%～50%。送往熔炼的是低品位的烧结块，致使每生产1t金属就要产生1吨多炉渣，设备生产能力大大降低。

（2）1 t PbS 精矿氧化并造渣可放出 $2\times10^6$ kJ 以上的热量，这种能量在烧结作业中几乎完全损失掉，而在鼓风炉熔炼过程中又要另外消耗大量昂贵的冶金焦。

（3）铅精矿一般含硫 15% ~20%，处理 1 t 精矿可生产 0.5 t 硫酸，但烧结焙烧脱硫率只有 70% 左右，故硫的回收率往往低于 70%，还有 30% 左右的硫进入鼓风炉烟气，回收很困难，容易给环境造成污染。

（4）流程长，尤其是烧结及其返粉制备系统，含铅物料运转量大，粉尘多，大量散发的铅蒸气、铅粉尘严重恶化了车间劳动卫生条件，容易造成劳动者铅中毒。

# 3 硫化矿铅精矿的直接熔炼

金属硫化物精矿不经焙烧或烧结焙烧直接生产出金属的熔炼方法称为直接熔炼。硫化铅精矿直接熔炼方法可分为两类：一类是把精矿喷入灼热的炉膛空间，在悬浮状态下进行氧化熔炼，然后在沉淀池进行还原和澄清分离，如基夫赛特法。这种熔炼反应主要发生在炉膛空间的熔炼方式称为闪速熔炼。另一类是把精矿直接加入鼓风翻腾的熔体中进行熔炼，如QSL法、水口山法、澳斯麦特法和艾萨法等。这种熔炼反应主要发生在熔池内的熔炼方式称为熔池熔炼。

对硫化铅精矿来说，这种粒度仅为几十微米的浮选精矿因其粒度小，比表面积大，化学反应和熔化过程都有可能很快进行，充分利用硫化精矿粒子的化学活性和氧化热，采用高效、节能、少污染的直接熔炼流程处理是最合理的。

## 3.1 硫化矿直接熔炼的原理

在铅精矿的直接熔炼过程中，根据原料主成分PbS的含量，控制氧的供给量与PbS的加入量的比例（简称为氧/料比），从而决定了金属硫化物受控氧化发生的程度。实际上，PbS氧化生成金属铅有两种主要途径：一是PbS直接氧化生成金属铅，较多发生在冶金反应器的炉膛空间内；二是PbS与PbO发生交互反应生成金属铅，较多发生在反应器熔池中。为使氧化熔炼过程尽可能脱除硫（包括溶解在金属铅中的硫），有更多的PbO生成是不可避免的，在操作上合理控制氧/料比就成为直接熔炼的关键。

在理论上，可借助Pb－S－O系硫势－氧势化学势图（见图2-3-1）进行讨论。

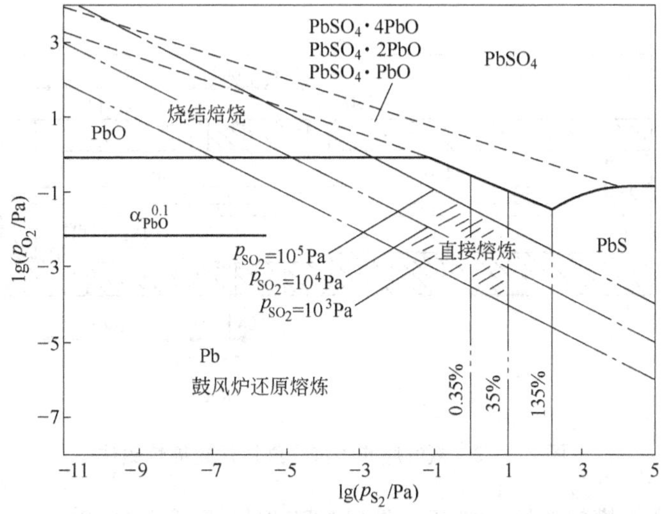


图2-3-1 1200℃时Pb－S－O系硫势－氧势图

在图 2–3–1 中，横坐标和纵坐标分别代表 Pb – S – O 系中的硫势和氧势，并用多相体系中硫的平衡分压和氧的平衡分压表示，其对数值分别为 $\lg p_{S_2}$ 和 $\lg p_{O_2}$。图中间一条黑实线（折线）将该体系分成上下两个稳定区（又称优势区）。上部 PbO – $PbSO_4$ 为熔盐，代表 PbS 氧化生成的烧结焙烧产物。在该区域，随着硫势或 $SO_2$ 势的增大，烧结产物中的硫酸盐增多；图下部为 Pb – PbS 共晶物的稳定区，由于 Pb 和 PbS 的互溶度很大，因此在高温下溶解在金属铅中的 S 含量可在很大范围内变化。如图所示，在低氧势、高硫势条件下，金属铅相中的硫可达 13%，但是由于直接熔炼产生大量铅蒸气、铅粉尘，且熔炼产物不是粗铅含硫高就是炉渣含铅高，致使许多直接熔炼方法都不很成功。这就形成了平衡于纵坐标的等硫量（S%）线。随着硫势降低，意味着粗铅中更多的硫被氧化生成 $SO_2$ 进入气相。

图 2–3–1 表示出了直接炼铅在平衡相图中的位置，如斜阴影线区所示。直接熔炼由于采用了氧气或富氧空气强化冶金过程，烟气量少，其 $SO_2$ 浓度一般在 10% 以上（相当于 $p_{SO_2} \geqslant 10\,Pa$）。在“直接熔炼”区域，只要控制较低的氧势（$\lg p_{O_2} < -1$），即使在 $p_{SO_2} = 10^5 \sim 10^3\,Pa$ 条件下，PbS 直接氧化仍可产出含 S < 0.3% 的粗铅。目前直接熔炼的方法都是在高氧势（相当于 $\lg p_{O_2} = -1 \sim -2$）下进行氧化熔炼，产出含硫合格的粗铅，同时得到含铅高的炉渣，这种渣含铅可能比鼓风炉渣高一个数量级，含 PbO 达到 40% ~50%，因此必须再在低氧势下还原，以提高铅的回收率。冶金工作者通过 Pb – S – O 系化学势图的研究，找到了获得成分稳定的金属铅的操作条件，但也明确指出，直接熔炼要么产出高硫铅，要么形成高铅渣；要获得含硫低的合格粗铅，就必须还原处理含铅高的直接熔炼炉渣。

## 3.2 硫化铅矿直接熔炼的基本方法

### 3.2.1 氧气底吹熔炼—鼓风炉还原炼铅工艺

水口山炼铅法，水口山法（SKS）也称为“氧气底吹熔炼—鼓风炉还原炼铅法”是我国自行开发的一种氧气底吹直接炼铅方法，如图 2–3–2 所示。其工艺特点是：

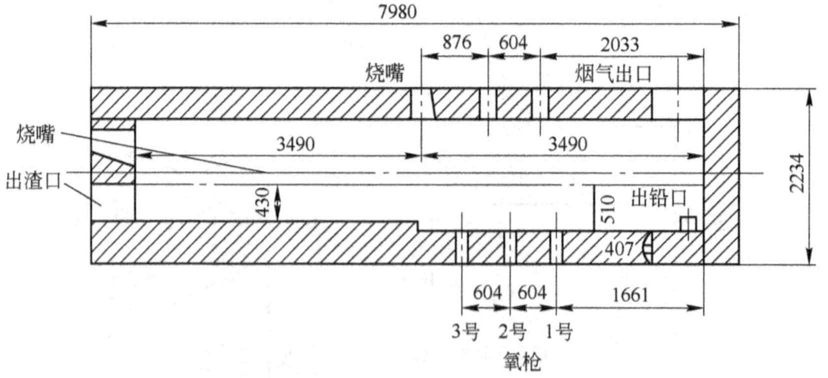


图 2–3–2 氧气底吹熔炼—鼓风炉还原炼铅法

（1）相同生产规模较传统烧结机—鼓风炉流程投资可节省 10% ~20%。较国外同类技术厂房、设备投资均较低。

（2）环保好，熔炼过程在密闭的熔炼炉中进行，避免了 $SO_2$ 烟气外逸，烟气经二转二吸制酸后，尾气排放达到了环保要求；作业点采取环保通风措施，作业环境好；熔炼车间噪声小。

（3）回收率高，Pb > 97%，S > 95%，由于底吹炉已产出一次粗铅，特别有利于贵金属的捕集，实际生产中，其捕集率 Au > 99%，Ag > 99%。对原料的适应性强，既可直接处理各种品位的硫化铅精矿，又可同时处理各种二次铅原料。

（4）过程采用 DCS 控制系统自动化水平高。

（5）产品质量好，SKS 炉产出的一次粗铅品位高，烟气制酸可产出无色透明的一级酸。

但该法也存在以下缺点：

（1）两段熔炼铅除了氧化炉外，还要一座鼓风炉还原熔炼，生产流程较长。

（2）还原炉烟气量大，SKS 炉烟气得到很好治理，但还原鼓风炉烟气依然量大，$SO_2$ 浓度低，较难治理。

（3）富铅渣处理复杂氧化反应产生的高铅渣需铸块、冷却、破碎，再在鼓风炉还原熔炼，配加昂贵的冶金焦，成本依然难以控制。

（4）热利用率不充分，反应热利用不充分，特别是富铅渣的二次熔化和还原需要大量优质冶金焦，能耗仍然较高。

（5）熔池气、固、液搅动，对炉体有一定冲刷，炉的寿命较短。

### 3.2.2　QSL 法

氧气底吹炼铅——QSL 法属于熔池熔炼，是西德开发的氧气底吹转炉炼铅法，炉料均匀混合后从加料口加入熔池内，氧气通过用气体冷却的氧枪从炉底喷入，炉料在 1050 ~ 1100℃时进行脱硫和熔炼反应，通过控制炉料的氧/料比来控制氧化段产铅率，产出含硫低的粗铅（0.3% ~ 0.5% S）和含氧化铅 40% ~ 50% 的高铅渣。氧化段烟气含 $SO_2$ 浓度为 10% ~ 15%。高铅渣流入还原段，用喷枪将还原剂（粉煤或天然气）和氧气从炉底吹入熔池内进行氧化铅的还原，通过调节粉煤量和过剩氧气系数来控制还原段温度和终渣含铅量。还原段温度为 1150 ~ 1250℃。炉渣从还原段排渣口放出。还原形成的粗铅通过隔墙下部通道流入氧化段，与氧化熔炼形成的粗铅一道从虹吸口放出。

韩国温山冶炼厂的 QSL 反应器如图 2-3-3 所示。

QSL 法炼铅的工艺特点是：（1）工艺过程短、投资少、成本低。（2）热利用率高、能耗低。（3）设备密封性好，利于环境保护。（4）烟气 $SO_2$ 浓度高，对制酸有利，被称为环境清洁的炼铅法。现在世界上有韩国的温山冶炼厂、德国的 BBH 公司、我国的白银公司采用该工艺。

斯托尔伯格铅厂，1991 年以来，采取取消炉还原区内两堵隔墙，改进喷嘴后燃烧喷枪位置，拆除前床，改进余热锅炉，改进振打装置及环保设施等措施，使生产能力和效率得到提高。我国白银公司，经三次试车，由于工艺控制问题没有取得理想的技术经济指标，被迫停厂。QSL 法的铅冶炼氧化与还原过程在同一台炉进行，对熔炼的过程控制要求很高，对物料的要求也高，烟尘率高，未解决铅烟尘的黏结问题，连续化生产需要一定的现代控制技术和设备作为支撑。

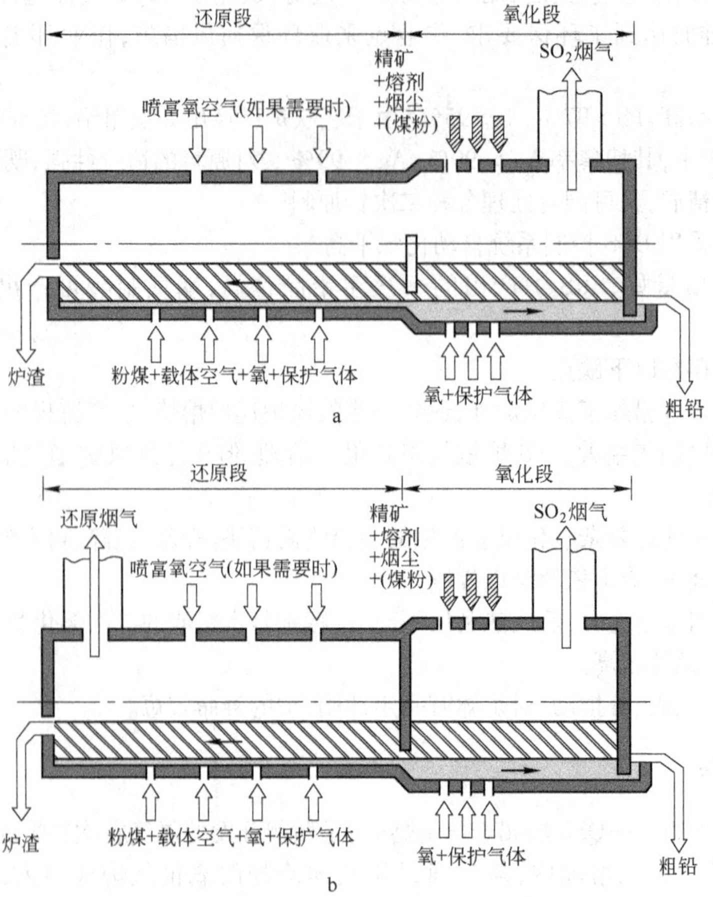


图 2-3-3　QSL 法炼铅示意图

a—氧化段与还原段烟气不分流;b—氧化段与还原段烟气分流

### 3.2.3　基夫赛特法(Kivcet)

该法研发于苏联,实际是一种闪速—电炉一步熔炼法。基夫赛特炉由两个反应区组成,炉内设以隔墙,隔墙一侧为氧化反应区,另一侧为还原区。氧化区设有竖式反应塔,炉料由塔顶喷嘴喷入,完成炉料的氧化脱硫和造渣。基夫赛特炉由 4 部分组成(图 2-3-4),即:

(1) 安装有氧气 - 精矿喷嘴反应塔。

(2) 具有焦炭过滤层的沉淀池。

(3) 贫化炉渣并挥发锌的电热区。

(4) 冷却烟气并捕集高温烟尘的直升烟道即立式余热锅炉。

干燥后的硫化铅精矿($H_2O<1\%$)和细颗粒焦炭(5 ~ 15 mm),用工业氧气(约 95% $O_2$)喷入反应塔(竖炉)内,在 1300 ~ 1400℃ 的反应塔氧化气氛中,硫化精矿在悬浮状态下完成氧化脱硫和熔化过程,形成部分粗铅、高铅炉渣和含 $SO_2$的烟气。由于氧气 - 精矿的喷射速度达 100 ~ 120 m/s,炉料的氧化、熔化和形成初步的粗铅、炉渣熔体仅在 2 ~ 3s 内完成。焦

炭在反应塔下落过程中仅有10%左右被燃烧。焦炭密度小，落入熔池形成赤热的焦炭层，称为焦炭过滤层，约有80%～90%的氧化铅被还原。基夫赛特炉反应塔和焦滤层垂直断面如图2-3-5所示。

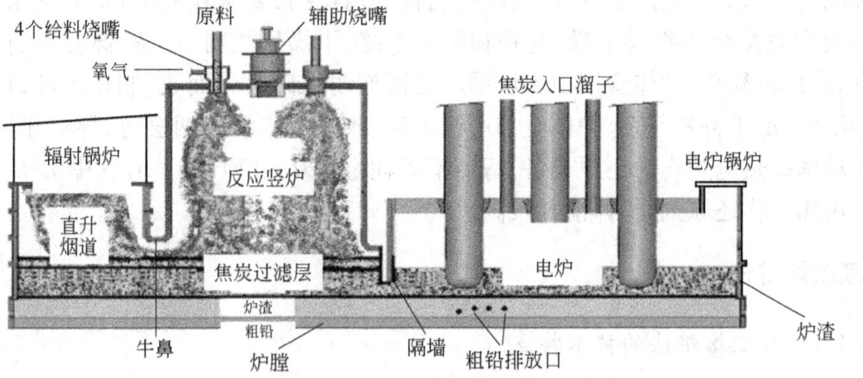


图2-3-4　基夫赛特炉组成

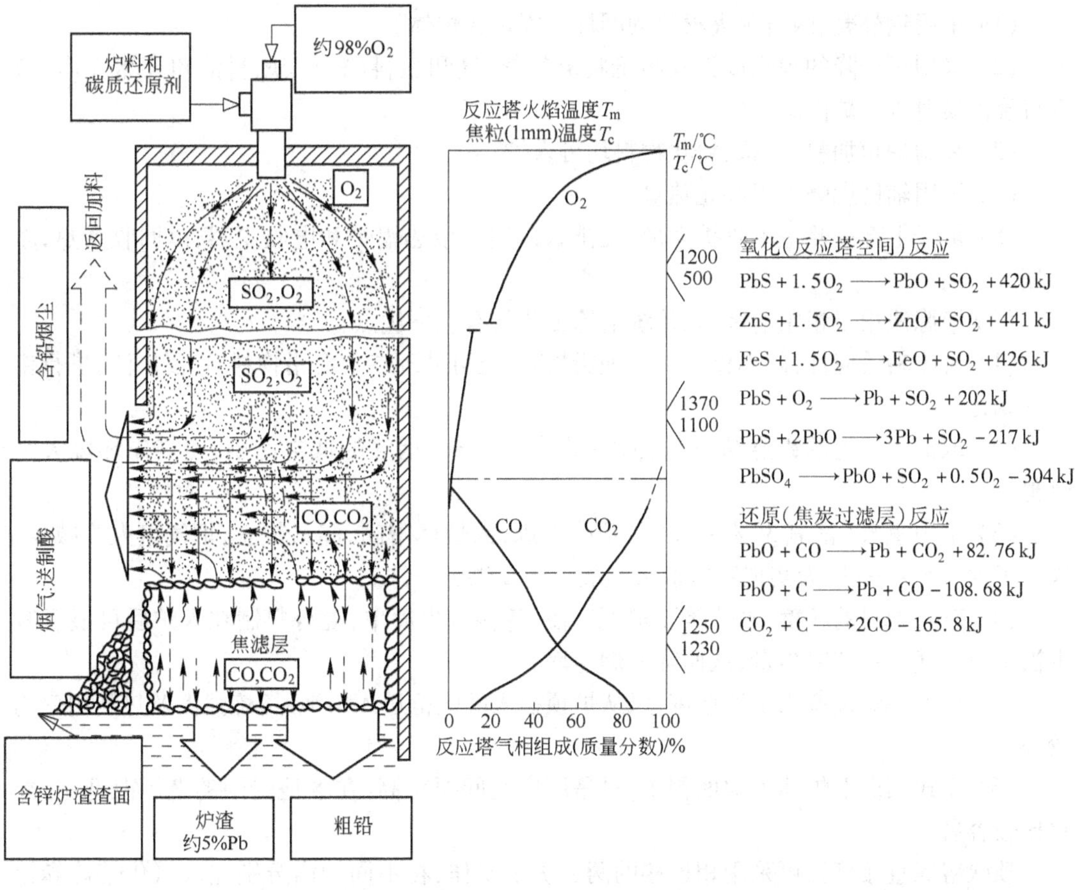


图2-3-5　基夫赛特炉反应塔和焦滤层垂直断面示意图

基夫赛特炼铅是一种较完美的一步连续直接炼铅。该工艺的特点是：降低了熔池对耐火材料的侵蚀作用，铅还原区较小，含硫烟气和还原区烟气所捕集的氧化铅量少得多，锌的氧化物含有极少量的铅并不含氯和氟，净化后可排放，非常有利于环保要求，优于传统炼铅法，节约焦炭，硫的利用率高，设备紧凑，气密性好，烟气量少，建厂投资和操作费用分别为传统炼铅法的65%和80% ~90%。可处理很广泛的铅精矿、浸出渣和再生铅原料。

这种炼铅技术的不足点主要在于：物料制备要求严格，要求粒度 <1 mm、含水 <1%，必须建造一套完整配套的物料干燥、磨碎和筛分系统，干燥用燃料、设备、温度控制等均较严格；炉子结构比较复杂，炉体全部由多块铜水套镶嵌耐火砖组合而成，制作困难，费用高，操作控制难度大；由于备料复杂、炉体全部用铜水套、收尘系统需要两套等，导致建设投资高；由于用大功率矿热电炉作为还原设备，每吨精矿耗电 120 ~ 170 kW · h，其中 75% 消耗在电炉部分。用焦炭作还原剂，整体能耗较高。

### 3.2.4 顶吹熔炼法

#### 3.2.4.1 顶吹熔炼法的技术特点

顶吹熔炼法包括艾萨法和澳斯麦特法，此类熔炼方法的核心是顶吹浸没喷枪技术，故又称为浸没熔炼，其共同特点是：

(1) 采用钢外壳、内衬耐火材料的圆柱形固定式炉体。

(2) 采用可升降的顶吹浸没式喷枪将氧气/空气和燃料（粉煤、燃料油和天然气均可）垂直浸没喷射进入炉内熔体中。

(3) 采用炉顶加料，块状、粉状物料均可入炉。

(4) 采用辅助燃烧喷嘴补充热量。

(5) 炉子上部一侧呈喇叭扩大形，设排烟口连接余热锅炉和电收尘器，以回收余热，净化烟气。

顶吹熔炼法用于粗铅冶炼，较传统冶炼工艺具有以下优点：

(1) 对原料适应性强，不仅可以处理铅精矿，还可处理二次含铅物料、锌浸出渣，进行铅渣的烟化。

(2) 取消了传统的铅烧结过程，消除了粉尘和 $SO_2$ 烟气的低空污染，使操作环境大为改善。

(3) 采用氧气（富氧 30% ~40%）顶吹熔炼，因炉体密闭，漏风较少，烟气量大为减少，提高了烟气 $SO_2$ 浓度，为实现双转双吸制酸工艺提供了条件。

(4) 对入炉料的粒度、水分等要求不严格，备料过程简单，混合料制粒入炉后可显著减少被出炉烟气带走的粉尘量，从而降低烟尘率。

(5) 顶吹炼铅设备系熔池熔炼，风从炉顶插入的喷枪送入熔池，熔炼强度及热利用率均较高。

(6) 立式圆筒形炉体占地面积小，只是厂房空间要求高，在场地受限的老厂改造中，配置比较容易。

顶吹熔炼直接炼铅可采用相连接的两台炉子操作，在不同炉内分别完成氧化熔炼和铅渣还原，实现连续生产；也可以氧化熔炼和铅渣还原两过程同用一台炉，间断操作。但目前存在的问题是在直接熔炼炉的还原阶段，因为还原所需的粉煤量是根据富铅渣品位严格控制的，由于渣含铅的波动范围大，从而引起炉温变化幅度大，加剧炉墙耐火砖损坏，同时烟尘率也较高。顶吹熔炼方法在20世纪80年代工业应用获得成功后，澳大利亚芒特艾萨矿业公司和澳斯麦特公司均持有该项技术的专有权和销售权，由于各自的独立发展，在技术上形成了各自的特点。

我国从澳大利亚引进的艾萨法炼铅采用艾萨炉顶吹富氧熔炼—鼓风炉还原富铅渣的联合流程，该生产工艺流程如图2-3-6所示。艾萨炉作业是一个高度自动化的控制过程，从炉料的配料、上料、熔炼过程气氛和温度的控制以及设备运行状况的监控等作业主要都由主控制室控制，通过DCS系统完成。

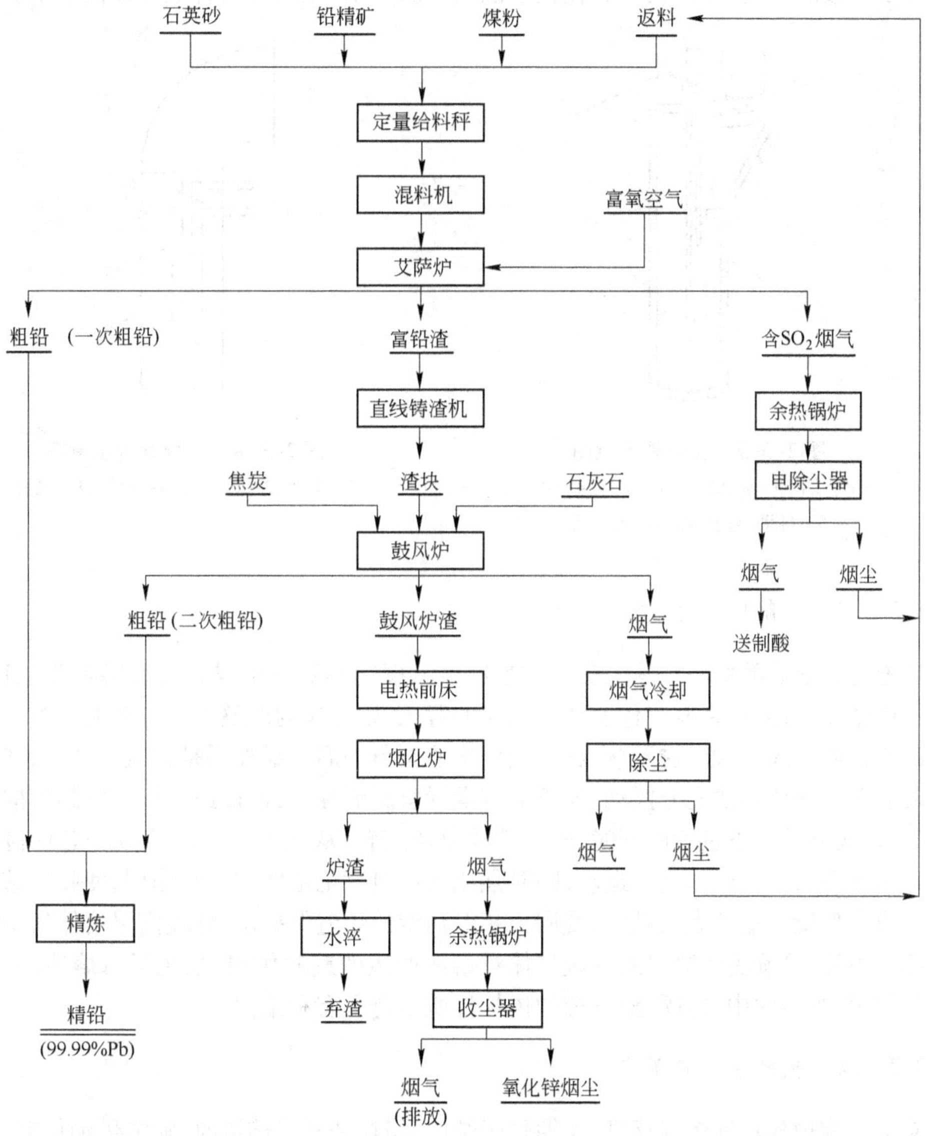


图2-3-6　艾萨炉顶吹富氧熔炼—富铅渣鼓风炉还原炼铅工艺流程

### 3.2.4.2　艾萨炉的炉体结构

艾萨熔炼炉是一种竖直状、钢壳内衬耐火材料的圆筒形反应器，由炉体和炉顶盖两部分组成,如图 2-3-7 所示。艾萨炉的炉顶为水平式炉顶盖,曾采用钢制水冷套或铜水冷套结构,现在逐渐改进为膜式壁水冷结构,成为与炉顶烟道口相接的余热锅炉的一个组成部分。炉体上部与烟道的接合部设有水冷铜水套阻溅板,以防止熔炼过程中的喷溅物直接进入烟道,在烟道中黏结。熔池部位有全衬铬镁砖和铬镁砖 + 水冷铜水套两种结构形式。炉顶盖开有喷枪插入孔、加料孔、排烟孔、保温烧嘴插入孔和熔池深度测量孔(兼作取样),其喷枪结构如图 2-3-8 所示。炉体底部有熔体排放口,根据生产需要可以设置一个或多个排放口。为了检测炉底的运行情况和熔池温度,设置热电偶。艾萨熔炼炉底为倒拱椭球形钢壳,钢壳焊于钢板圈形支座上,支座底板置于混凝土圈梁基础上,并设有地脚螺栓固定。

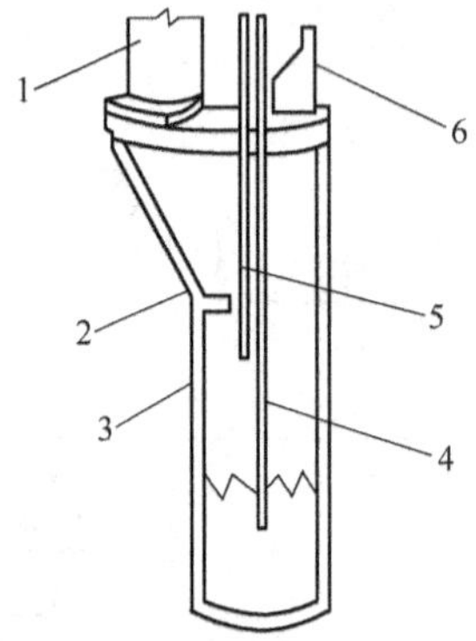


图 2-3-7 艾萨炉示意图

1—垂直烟道;2—阻溅板;3—炉体;4—喷枪;5—辅助燃烧喷嘴;6—加料箱

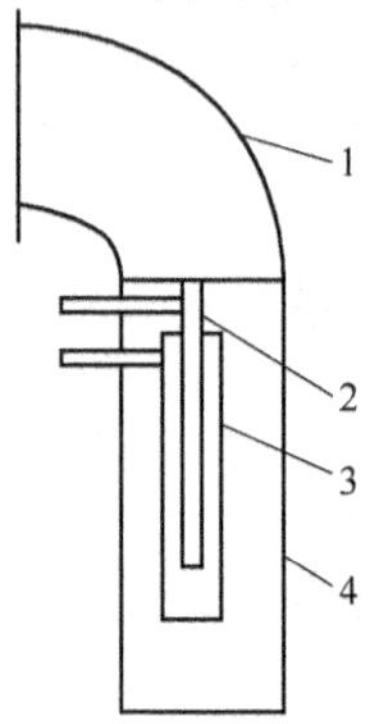


图 2-3-8 喷枪结构示意图

1—软管;2—测压管;3—油管;4—风管

3.2.4.3 艾萨炉喷枪

喷枪是艾萨炉的核心技术。艾萨炉喷枪由三层同心圆管组成。最里层是测压管,与外部压力传感器相连,用来监测作业时喷枪风的背压,以此作为调整喷枪位置的依据。第二层是柴油或粉煤的通道,通过控制燃料燃烧可快速调节炉温。最外层是富氧空气,供艾萨炉熔炼需要的氧。为使熔池充分搅动,喷枪末端设置有旋流导片,保证鼓风以一定的切向速度鼓入熔池,造成熔池上下翻腾的同时,整个熔体急速旋转,从而加速反应并减少对炉衬耐火材料的径向冲刷力。气体作旋向运动,同时强化气体对喷枪枪体的冷却作用,使高温熔池中喷溅的炉渣在喷枪末端外表面黏结、凝固为相对稳定的炉渣保护层,延缓高温熔体对钢制喷枪的侵蚀。另外,呈旋流状喷出的反应气体对熔体产生的旋向作用,强化了对熔体/炉料的混合搅拌作用,为熔池中气、固、液三相的传热传质创造了有利条件。

3.2.4.4 辅助燃烧喷嘴

艾萨熔炼炉的辅助燃烧喷嘴,长期置于炉内,烤炉和暂停熔炼时,喷嘴供油供风,燃烧补热。在正常作业情况下,喷嘴停油,但供风作为熔炼补充风用。

3.2.4.5 艾萨炉的熔体排放

艾萨熔炼炉采用间断排放熔体。其优点是排液瞬时流量大,排液溜槽不易冻结,对熔体过热温度要求较低。渣线上下波动范围较大,炉衬磨损和腐蚀相对较分散,渣线区炉衬寿命较长。其缺点是需要设置泥炮,定期打孔、放液、堵孔;清理溜槽,操作较繁琐。熔体高度周期性上下波动,喷枪需要随时进行相应调整,需精心操作控制。

#### 3.2.4.6　艾萨熔炼操作要点

艾萨熔炼操作分为点火烘炉和正常熔炼。

A　点火烘炉

艾萨炉点火前先在炉底铺一层水淬炉渣,再铺大量的木柴,然后点火燃烧。温度升到400℃后,启动升温烧嘴烧油。当温度达到800℃时再换成喷枪,直至升温曲线的顶部,并为炼渣做准备。当达到400~500℃时,可以适当增加风量(有时是燃油风量的几倍),增强对流。在此阶段,如果出现烧嘴意外熄火,在再次点燃之前,烧嘴暂时不供油,只鼓风进行吹扫,保持20min左右。当温度达到800℃时即进入高温段了,由于供油量受限制,改用喷枪进行升温,一直升到设定的温度,并且保持2h左右。

B　熔炼操作

熔池熔炼第一步是造熔池。用富铅渣,控制加料量不能过多,开始采用1t/h的投料速度,逐步加到3~5t/h。当熔池深度达到300~400mm之后就可以投底料运行了。熔炼开始后应定时用浸没探棒进行取样分析,以检查冶金反应情况,保证炉渣不夹生料,炉料配比适宜。若熔炼温度过高,则降低喷枪的燃油量;如果燃油已为零,可以适当降低富氧浓度,最后考虑原料中煤的加入量是否减少。

在冶炼过程中,鼓风量主要包括精矿反应、块煤燃烧和油燃烧三部分用氧。根据冶金计算和燃料燃烧计算将上述三部分用风系数确定后,输入计算机,控制系统则根据冶炼过程的需要来确定风量。在正常生产进料后,熔池深度不断上升。当熔池深度达到2000mm时,则可考虑放渣。一般情况,8h左右粗铅的深度达到600mm左右,应当排铅。每次放铅后约3~4h再放渣。在整个作业过程中,加料连续进行,只有排放作业是周期性。

#### 3.2.4.7　渣型控制

艾萨熔炼的富铅渣为PbO-CaO-$SiO_2$-FeO-ZnO渣型,其成分控制主要是检测$SiO_2$和Fe含量,一般为$m(Fe)/m(SiO_2)=1.1\sim1.2$。

### 3.2.5　倾斜式旋转转炉法

瑞典玻利顿金属公司于20世纪80年代开始使用倾斜式旋转转炉(卡尔多炉)直接炼铅。卡尔多(Kaldo)炉技术是由瑞典专家Bokalling发明的氧气顶吹转炉熔炼技术。

卡尔多炉主要由7个部分组成,包括精矿喷枪、氧油喷枪、活动烟罩、炉体、炉体旋转装置、炉体支架及倾倒托轮、翻转机构和止推托辊,如图2-3-9所示。卡尔多炉炉体的外形与炼钢氧气顶吹转炉相似,下部为圆桶形的炉缸,整个炉子只有一个口,加料、放渣、放铅、排烟、燃烧都是由这个口实现。炉缸内衬铬镁耐火材料。炉体可通过两个仰俯轮进行360°的仰俯,可根据加料、冶炼、出铅、出渣的需要调整炉体的角度。

卡尔多炉为同一台炉,氧化、还原熔炼分期间断操作,还原期烟气$SO_2$很少,不得不在氧化期吸收,压缩冷凝部分 $SO_2$ 为液体,在还原期解析补充到烟气中以维持烟气制酸系统连续正常运行,操作比较麻烦。

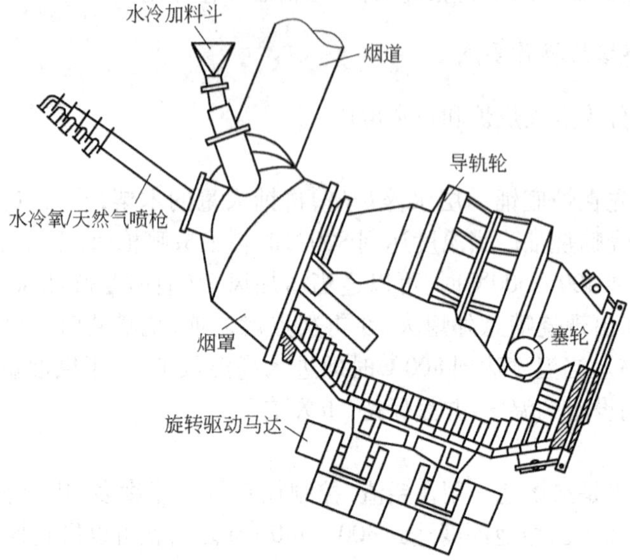


图 2-3-9　倾斜式旋转转炉示意图

该法的炉料加料喷枪和天然气(或燃料油)-氧气喷枪插入口都设在转炉顶部,炉体可沿纵轴旋转,故该法又称为顶吹旋转转炉法(TBRC)。卡尔多(Caldo)转炉由圆筒形炉缸和喇叭形炉口组成。炉体外壳为钢板,内砌铬镁砖。外径3600mm,长6500mm,操作倾角28°,新砌炉工作容积11 $m^3$。炉缸外壁固连着两个大轮圈,带轮圈的炉体用若干组托轮固定在一个框架内,炉体可沿炉缸中心线作回旋运动,转速为0~30 r/min。与其他强化熔炼新工艺相比,卡尔多炉的优点有:

(1) 操作温度可在大范围内变化,在1100~1700℃温度下可完成铜、镍、铅等金属硫化精矿的熔炼和吹炼过程。

(2) 由于采用顶吹和可旋转炉体,熔池搅拌充分,加速了气-液-固物料之间的多相反应,特别有利于 MS 和 MO 之间交互反应的充分进行;

(3) 借助油(天然气)-氧枪容易控制熔炼过程的反应气氛,可根据不同要求完成氧化熔炼和炉渣还原的不同冶金过程。

瑞典玻利顿公司隆斯卡尔冶炼厂卡尔多转炉既可处理铅精矿,又可处理二次铅原料。处理铅精矿时,处理能力为330 t/d,烟气量为25000~30000 $m^3$/h。氧化熔炼时烟气含 $SO_2$ 为10.5%。其生产工艺流程如图2-3-10所示。

卡尔多炉吹炼分为氧化与还原两个过程,在一台炉内周期性进行。氧化阶段鼓入含60% $O_2$ 的富氧空气,可以维持1100℃左右的温度。为了得到含S低的铅,氧化熔炼渣含铅不低于35%。如果渣含铅每降低10%,那么粗铅含硫会升高0.06%。倾斜式旋转转炉法吹炼1t铅精矿能耗为400kW·h,比传统法流程生产的2000kW·h低很多后,烟气体积减小,提高了烟气中的 $SO_2$ 浓度。该方法的缺点是:一是间歇作业,操作频繁,烟气量和烟气成分呈周期性变化;二是炉子寿命较短;三是设备复杂,造价较高。

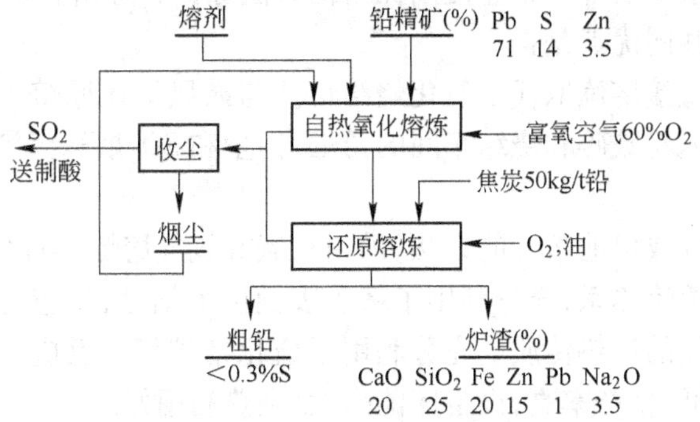


图 2-3-10　倾斜式旋转转炉直接炼铅流程

### 3.2.6　瓦纽柯夫法炼铅

瓦纽柯夫法炼铅也称为氧气侧吹法炼铅。瓦纽柯夫炉是一种竖炉，是俄罗斯开发用于炼铜的炉。炉子由三层冷却水套围成，横断面呈矩形，自下而上分为炉缸、炉身、炉顶三部分。炉身又分为熔池区和再燃烧区，其两侧装有熔池风口（下风口）和再燃烧风口，炉子一端为加料室，另一端为渣虹吸井，有放渣口和虹吸放铅口，整个炉子与鼓风炉相似，不同之处在于渣虹吸井高度高于风口水平约 480 mm，以形成熔池。熔池的深度由放渣口高度决定。瓦纽柯夫炉的具体结构如图 2-3-11 所示。

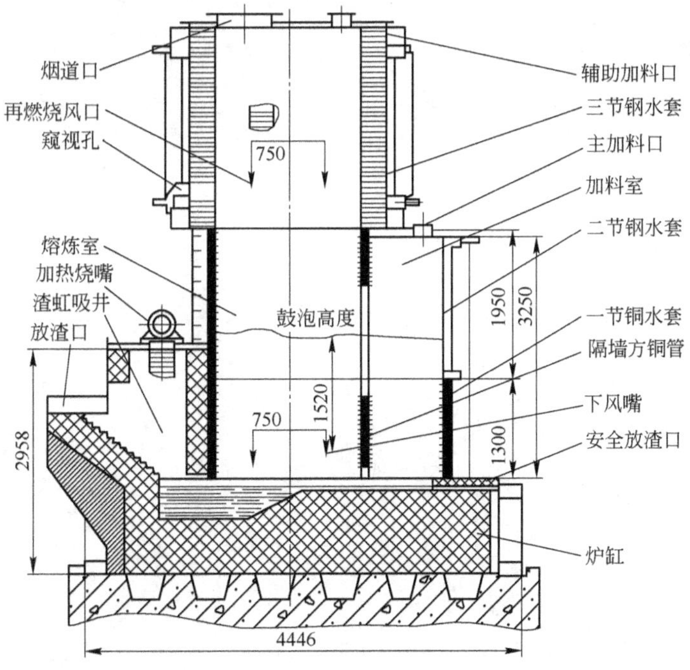


图 2-3-11　瓦纽柯夫炉的具体结构示意图

瓦纽柯夫炉主要用于炼铜，现有个别厂用于炼铅。这种方法是在同一炉内同时完成氧化和还原两个过程。瓦纽柯夫法劳动条件差，炉衬寿命短，适于规模中小及装备要求不高的企业。目前仍然只有俄罗斯部分企业使用瓦纽柯夫法炼铜和炼铅。

直接炼铅方法的共同优点是：

（1）硫化精矿的直接熔炼取代了氧化烧结焙烧与鼓风炉还原熔炼两过程，冶炼工序减少，流程缩短，免除了返粉破碎和烧结车间的铅烟、铅尘和 $SO_2$ 烟气污染，劳动卫生条件大大改善，设备投资减少。

（2）运用闪速熔炼或熔池熔炼的方法，采用富氧或氧气熔炼，强化了冶金过程。由于细粒精矿直接进入氧化熔炼体系，充分利用了精矿表面巨大活性，反应速度快，加快了反应器中气－液－固物料之间的传热传质。充分利用了硫化精矿氧化反应发热值，实现了自热或基本自热熔炼。能耗低，生产率高，设备床能率大，余热利用好。

（3）氧气或富氧熔炼的烟气量小，烟气 $SO_2$ 浓度高，硫的利用率高。

（4）由于熔炼过程得到强化，可处理铅品位波动大、成分复杂的各种铅精矿以及其他含 Pb、Zn 的二次物料，伴生的各种有价元素综合回收好。

根据金属硫化物直接熔炼的热力学原理，运用现代冶金强化熔炼的新技术，探讨结构合理的冶金反应器，对直接炼铅进行了多种方法的研究，其中有些已经成功地用于大规模工业生产，显示了直接熔炼的强大生命力。可以预言，直接熔炼将逐渐取代传统法生产金属铅。

# 4 铅的顶吹浸没熔炼工艺

## 4.1 Ausmelt 技术概述

顶吹浸没炉是从澳大利亚联邦科学工业研究组织(Commonwealth Scientific and Industrial Research Organization,简称 CSIRO)在 20 世纪 70 年代初开始研究开发的顶吹浸没喷枪技术(Top Submerged Lancing,简称 TSL)衍生出来的熔炼方法,广泛用于处理有色金属和贵金属物料。该技术是由 Floyd 博士在 CSIRO 工作期间发明的,最初命名为高温浸没燃烧法(HSC),后更名为 Sirosmelt 技术。1972 年第一座中试厂建成,1978 年在悉尼建成了第一座工业化锡冶炼厂,处理反射炉产出的高锡炉渣以回收锡金属。1981 年 Floyd 博士组建了 Ausmelt 公司,并正式命名为 Ausmelt 技术,且获得专利技术转让权。近 10 年来,Ausmelt 公司在许多国家推广 TSL 技术,其应用领域包括锡精矿熔炼、铜的熔炼和吹炼、铅精矿熔炼以及从各种含铅锌的烟尘炉渣、浸出渣和废蓄电池等二次物料中回收铅锌及其他有价金属。

## 4.2 顶吹浸没熔炼工艺原理

顶吹浸没熔炼的主要原理是通过垂直插入渣层的喷枪向耐火材料砌筑的熔池中直接吹入空气或富氧空气,配入燃料的粉状物料和熔剂或还原性气体,强烈搅动熔体,使炉料发生熔化、氧化或还原(依靠炉料中碳质还原剂)、造渣等物理化学反应。它是一种连续的熔炼过程,燃料和粉料通过喷枪喷入熔池,块料湿料可通过螺旋给料机从炉顶专用孔中投入,它可以连续进料,连续排渣,在排放过程中也可以中断进料,在炉内留一层熔体用于下次给料。调节从喷枪喷入的气体性质和炉料成分,在熔炼过程中可以随意控制不同的气氛,以分别进行氧化或还原过程,由于套管内的冷却作用,喷溅熔渣在喷枪外壁上形成了渣壳保护层,因而喷枪不至于过快损耗。由于熔渣液滴被喷溅进入熔池的上空,所以炉膛比较高,炉渣不会被溅出。设有喷枪升降装置,支撑喷枪并调节喷枪的位置,既保证喷射的深度,又避免搅动熔池的底部。熔池底部为金属或锍聚集体的静止区,有利于渣 - 金属(锍)的澄清分离,在熔池上空,金属蒸气,CO 等挥发物燃烧释放出来的热量被扬起的熔渣吸收后落入熔池。图 2-4-1 为顶吹熔炼炉工艺控制原理。

## 4.3 顶吹浸没熔炼炉结构

Ausmelt 熔炼炉(图 2-4-2)为一直立圆柱形炉,炉壳由钢板焊接而成。炉衬全部用镁铬砖砌筑。炉墙的工作条件恶劣,下部受强烈搅动的熔体侵蚀、冲刷,上部受喷溅熔渣的侵蚀和高温烟气的冲刷。保护炉墙的冷却措施有两种:一种是炉壳外表面用喷淋水冷却;另一种是在砖与炉壳之间设一圈铜水套。

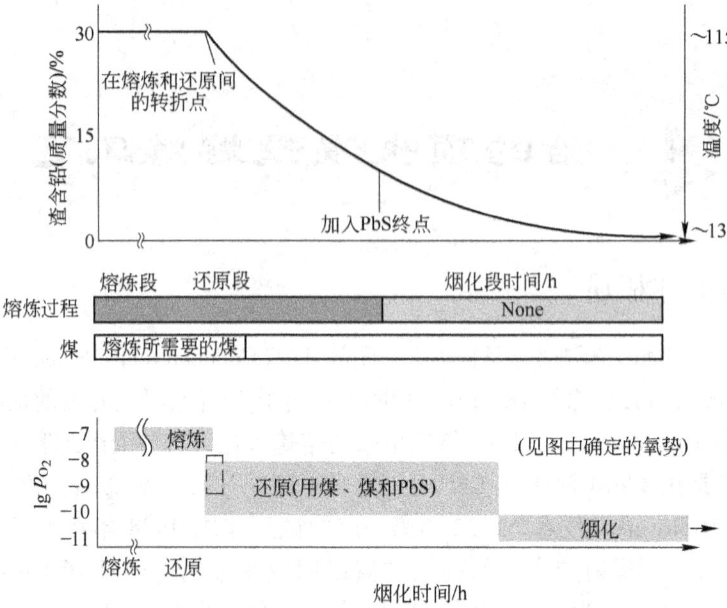


图 2-4-1　TSL 炉的熔炼、还原和烟化的工艺流程

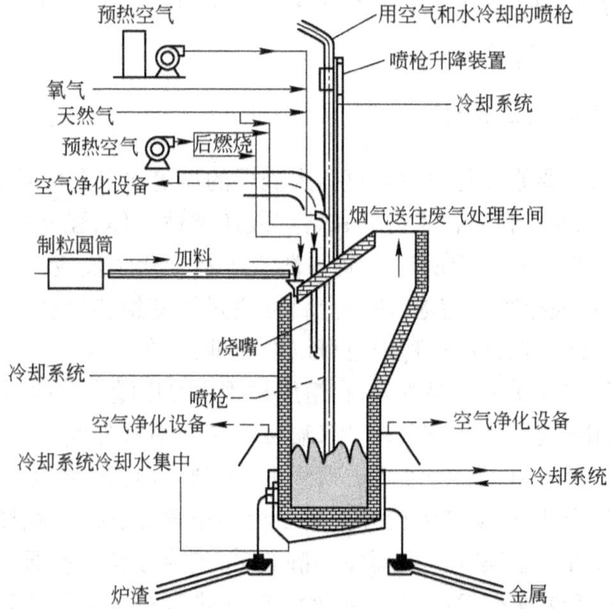


图 2-4-2　奥斯麦特熔炼炉示意图

喷枪是 Ausmelt 熔炼法的核心技术，它是非自耗的同心套管结构。一次风携带燃料从中心内管输入，以维持炉内反应温度；二次风从内套管输入，搅动熔体，保护喷枪；三次风从外套管输入，用以冷却喷枪外表面，同时提供二次反应的气氛。其最大的特点是外层套管内设置有螺旋片，气体在喷枪内运行时，环形螺旋片使气体产生漩涡运动，同时产生气泡，激烈的搅拌使气体弥散在液态熔体中。气体的螺旋带走大量的热量，使靠近喷枪外壁的液态渣熔体迅速冷却，并在喷枪外壁形成一层固态渣层防止高温熔体对喷枪的腐蚀。螺旋片的设

置，既有利于提高熔体的传热速率，又有利于尽快形成固态渣层。喷枪的位置通常置于炉料的静态渣面以下，燃料（如天然气和油）通过喷枪加入，用于加热熔体和控制温度。同时通过调整燃料与空气的比例，可以快速控制熔炉内氧化或还原气氛，反应气体被深深地喷射到炉渣内并在熔池中产生激烈的湍流，促进了快速反应，所以熔炼强度高，能力大。

## 4.4　顶吹浸没熔炼工艺过程

铅精矿、熔剂、还原剂通过原料仓及配料系统内的定量给料机称重配料，经皮带转运送至圆筒混料机混合均匀，混合物料通过输送机进料口加入炉内。空气、氧气和粉煤通过喷枪高速喷入炉内熔池中，熔池剧烈搅动，增强了传质传热过程，有利于炉内固体混合物料的快速熔化和炉内反应的快速进行。图 2-4-3 为云锡顶吹炉原则生产工艺流程。

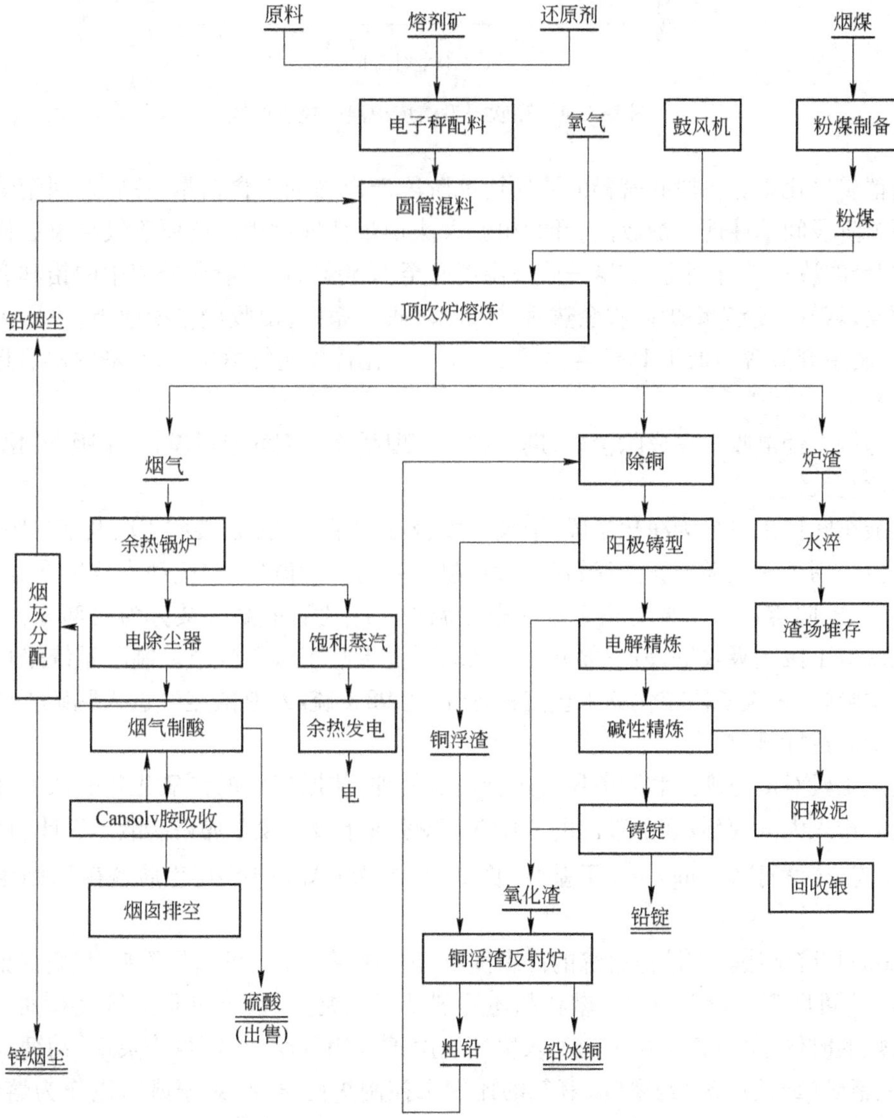


图 2-4-3　云锡顶吹炉原则生产工艺流程图

铅精矿在炉内1150℃的温度下进行氧化熔炼产出一次粗铅和含铅30%左右的富铅渣。氧化熔炼阶段结束后进入渣还原阶段，在这一阶段中将加入的块煤和部分铅精矿还原，在氧化熔炼阶段产出的富铅渣并产出粗铅产品。渣还原阶段的操作温度为1200℃。渣还原阶段结束后，炉内残渣含铅降到约5%。图2-4-4为顶吹浸没熔炼炉内温度的控制曲线。

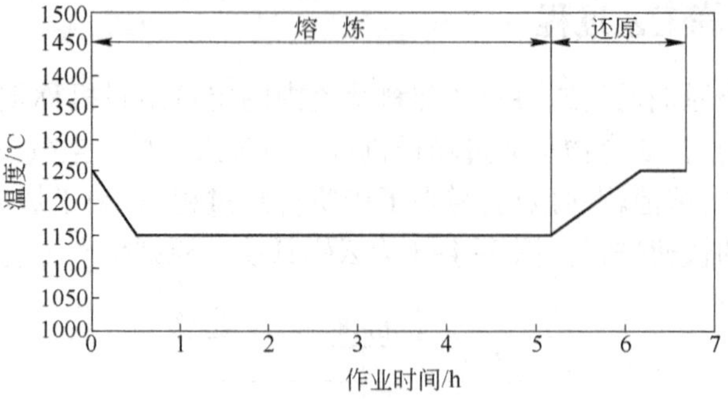


图2-4-4　顶吹浸没熔炼炉温度控制曲线

铅精矿氧化熔炼阶段和富铅渣还原熔炼阶段产出的烟尘含铅量较高，返回熔炼。粗铅在这两个阶段间歇性地从炉放出，开始粗铅火法初步精炼过程。还原阶段结束后排出粗铅后，炉剩余的渣将进行烟化，在这一阶段温度升至1250℃，还原阶段残渣中的铅和锌以蒸气形式挥发，烟气经余热锅炉回收余热后进入后段收尘系统，由收尘系统收下，主要为氧化锌尘，炉内剩余弃渣含铅低于1%，含锌低于2%。氧化锌尘送锌冶炼厂，弃渣水碎后送渣场堆存或外卖。

冶炼烟气经电收尘完成除尘后，进入烟气治理系统。烟气经过净化、干吸、转化、脱硫后达标排放至大气。

硫酸车间按工段分为净化工段、干吸工段、转化工段、酸库及装酸工段及烟气脱硫工段。净化工段采用了一级动力波洗涤器（二段逆喷）→气体冷却塔→二级动力波洗涤器（一段逆喷）→一级电除雾器→二级电除雾器的净化流程。净化后的烟气被分为两部分，一部分直接进入脱硫工段主吸收塔，另一部分送至制酸系统干吸工段干燥塔。制酸系统采用了一次干燥一次吸收、一次三段转化的工艺流程，产品为98%硫酸，制酸尾气进入脱硫工段尾气吸收塔脱硫后达标排放。

脱硫工段对冶炼烟气和制酸尾气进行脱硫处理，使尾气中的二氧化硫的浓度降至允许排放值后排入大气，吸收和解吸出的$SO_2$送制酸系统干吸工段干燥塔制酸。设计的$SO_2$排放浓度（标态）不大于400 mg/m$^3$（干基）。图2-4-5为CANSOLV再生胺脱硫原则生产工艺流程。

Ausmelt熔炼法具有熔池熔炼的许多优点，炉料制备简单，可以是粉料，只要保证水分低于10%，均可以直接投入炉内。燃料和还原剂既可以是煤，也可以是天然气和油。在进行还原熔炼的时候，可以直接往炉内加入块煤。由于采用顶吹喷枪，操作灵活、简便。通过调整燃料、精矿（或还原剂）与空气、氧气的比例来控制炉内气氛，炉子既可以作为熔炼设备，也可以作为炉渣贫化或烟气设备，处理的原料既可以是硫化矿，也可以是各种氧化物原料。炉体密封性好，车间环保条件好，自动控制水平高，处理能力调节幅度大。

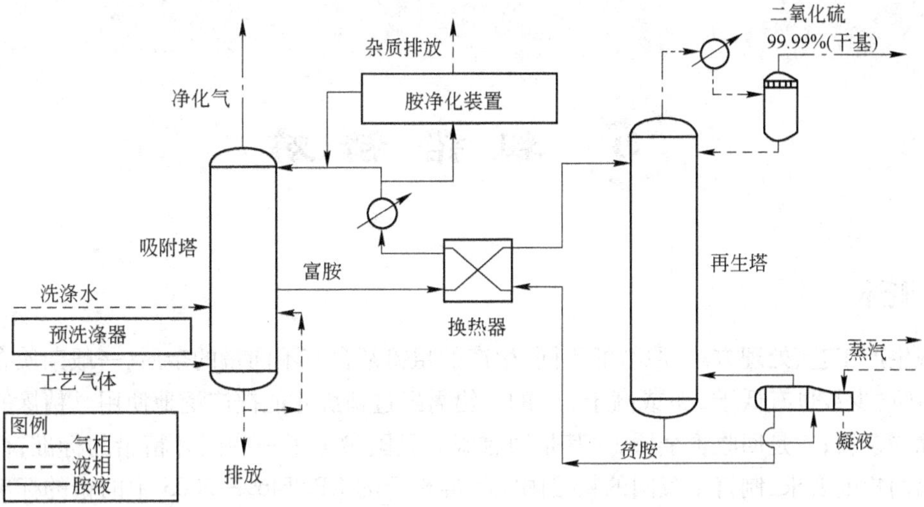


图 2-4-5 CANSOLV 再生胺脱硫原则生产工艺流程

在20世纪末,欧洲金属公司(德国)诺丁汉姆(Nordenham)铅锌冶炼厂成功采用澳斯麦特顶吹熔池熔炼方法炼铅产出的初渣成分为:Pb 40% ~60%,Zn 5% ~15%,$SiO_2$ 10% ~20%,CaO 5% ~10%,FeO 10% ~30%,铸块后外销或用鼓风炉处理,也可以水淬后集中再用本设备进行还原熔炼。

韩国高丽锌公司目前有四座澳斯麦特炉用于处理各种铅锌废料,如氧化锌浸出渣、铅烟尘、QSL法炼铅炉渣和废蓄电池糊等。其中最早投入运转的是直径为3.2m的炉子,于1992年建成投产,用于处理QSL炉熔渣。

# 5 粗铅精炼

## 5.1 概述

视生产工艺、处理方法、原料的不同，生产的粗铅都含有不同量的杂质，一般杂质含量为2% ~4%，少数也有低于2%或高于5%的。铅需经过精炼才能被广泛地使用。精炼的目的一是除去杂质；二是回收贵金属，尤其是回收银。我国参考了一些国外精铅的标准，根据国内外铅用户的要求，制订了我国的精铅国家标准现行的GB/T469—2005中的铅的标准。铅锭的化学成分见表2-5-1。

表2-5-1　铅锭的化学成分

| 牌　号 | 化学成分（质量分数）/% | | | | | | | | | | | |
|---|---|---|---|---|---|---|---|---|---|---|---|---|
| | Pb不低于 | 杂质　不大于 | | | | | | | | | | |
| | | Ag | Cu | Bi | As | Sb | Sn | Zn | Fe | Ni | Cd | 总和 |
| Pb99.994 | 99.994 | 0.0005 | 0.0007 | 0.003 | 0.0003 | 0.0007 | 0.0005 | 0.0003 | 0.0004 | — | — | 0.006 |
| Pb99.99 | 99.99 | 0.001 | 0.0008 | 0.008 | 0.0003 | 0.0007 | 0.0005 | 0.0003 | 0.0008 | 0.0002 | 0.0002 | 0.01 |
| Pb99.985 | 99.985 | 0.002 | 0.0008 | 0.01 | 0.0003 | 0.0007 | 0.0005 | 0.0003 | 0.0008 | 0.0002 | 0.0002 | 0.015 |

粗铅精炼方法有火法和电解法两种。目前世界上采用火法精炼的厂家较多，约占世界精铅产量的70%，只有加拿大、秘鲁、日本和我国的一些炼铅厂采用电解精炼。火法精炼是利用杂质金属与主金属（铅）在高温熔体中物理性质或化学性质方面的差异，形成与熔融主金属不同的新相（如精炼渣），并将杂质富集于其中，从而达到精炼的目的。

## 5.2 粗铅除铜

### 5.2.1 熔析除铜

粗铅熔析除铜是根据铜在铅中的溶解度随温度下降而减小的原理。当含铜高的铅液冷却时，铜以固溶体状态析出，由于其密度较铅液小，便以浮渣形式浮在铅液表面而被除去。

Cu - Pb相图含少量Cu的部分如图2-5-1所示。粗铅火法精炼生产工艺流程如图2-5-2所示。

当粗铅中含有一定量的砷、锑、硫时，能形成难溶于铅的砷化铜和锑化铜等，因而有利于铜的除去。熔析除铜能使含铜量降至0.06%以下，熔析温度对铅中含铜量有重大影响，一般操作温度为330 ~350℃。

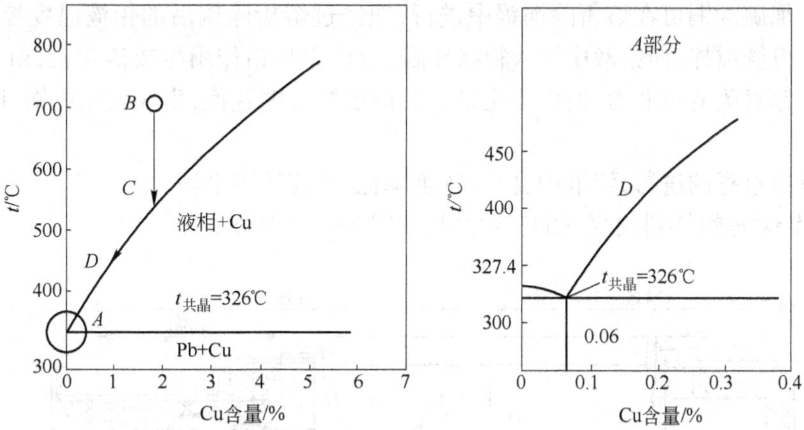


图 2-5-1 Cu - Pb 相图含少量铜的部分

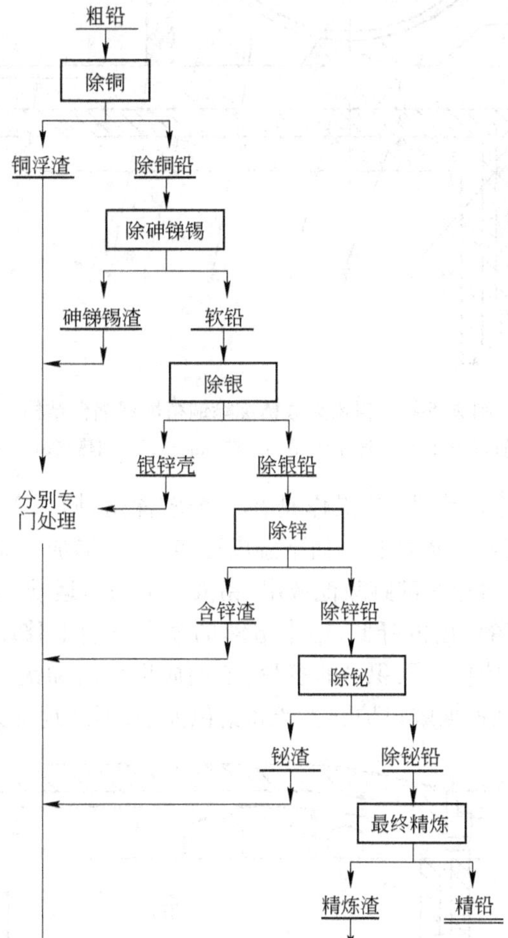


图 2-5-2 粗铅火法精炼生产工艺流程

### 5.2.2 加硫除铜

经过熔析除铜后的铅液,实际上往往含有 0.1% 左右的铜,为了进一步除去铜,须采用加硫除铜。加硫除铜可在熔析除铜锅中进行，把经过熔析除铜后的铅液温度控制在 330 ~ 350℃，借助机械搅拌，向铅液中加入粉状硫磺，硫首先与铅作用生成硫化铅，由于铜对硫的亲和力大于铅对硫的亲和力，所以硫化铅中的铅很快被铜置换，生成硫化亚铜：$PbS + 2Cu = Pb + Cu_2S$。

随着反应过程的进行，铅液中含 Cu 浓度降低，反应达到平衡。

50 t 粗铅精炼锅燃料用煤气的锅台结构如图 2-5-3 所示。

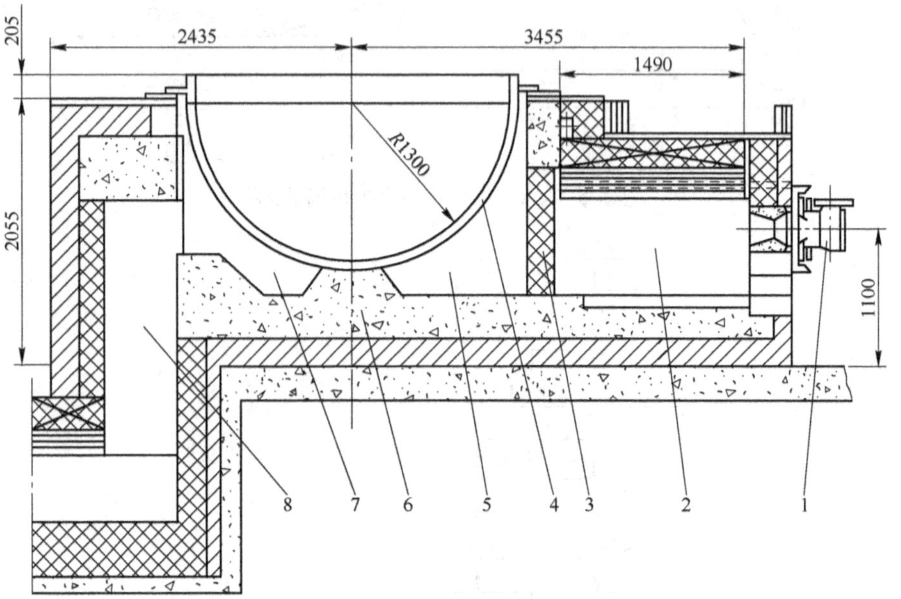


图 2-5-3　粗铅火法精炼除铜精炼锅锅台结构

1—煤气喷嘴装置；2—燃烧室；3—挡火墙；4—精炼锅；5，7—加热室；6—支撑座；8—烟道

有的工厂采用连续除铜作业，其操作是在一个较深熔池（1.2 ~ 1.8 m）的炉中进行的（见图 2-5-4）。在深熔池中，熔体自上而下温度逐步降低，形成一定的温度梯度，粗铅液加入熔池上部，低温铅液自熔池底部虹吸池放出，铅液自上而下运动，温度逐步降低，底层温度控制在 400 ~ 450℃。随着温度的降低，铅中溶解的铜自下而上移动，浮到熔池上层被加入的硫化剂硫化形成铜锍，依据其聚积量的多少，定期放出炉渣和锍。放锍前加入铁屑，以降低锍中含铅量。粗铅液则根据鼓风炉的生产和铅包大小，不断地加入炉内。自底部放出的

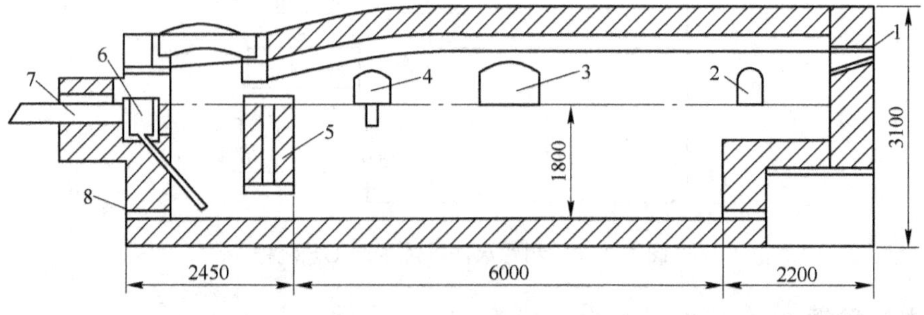


图 2-5-4　粗铅连续脱铜炉

1—烧嘴；2—粗铅进口；3—操作门；4—渣、锍放出口；5—挡墙；6—放铅槽；7—放铅溜子；8—测温孔

含铜量低的低温铅液则视下道工序的需要定期放出。须保持炉内铅液液面大致稳定,可在300 mm 范围内波动。因此,可以认为,粗铅连续脱铜炉是把处理铜浮渣的反射炉置于熔铅锅上方的联合冶金装置。

### 5.2.3 铜浮渣的处理

所谓"浮渣",一般都是指火法精炼过程中浮在熔融(主)金属表面上,由精炼过程形成的杂质化合物及机械夹带的主金属液滴(块)所组成的固体物质。熔析除铜产出的浮渣一般含 Cu10% ~20%,含 Pb60% ~80%。

配入苏打是为了降低炉渣和锍的熔点,形成钠锍,降低渣含铅并使砷、锑形成砷酸钠、锑酸钠造渣,脱除部分砷、锑。反应如下:

$$4PbS + 4Na_2CO_3 = 4Pb + 3Na_2S + Na_2SO_4 + 4CO_2$$

$$As_2O_5 + 3Na_2CO_3 = 2Na_3AsO_4 + 3CO_2$$

$$Sb_2O_5 + 3Na_2CO_3 = 2Na_3SbO_4 + 3CO_2$$

配入焦炭是为了维持炉内有一定的还原气氛,防止硫化物氧化,以保证造锍有足够的硫,并有还原 PbO 的作用。配入 PbO 可使部分砷挥发,减少黄渣的生成,提高铅回收率,当浮渣含砷、硫低时可不加 PbO。铁屑是不配入炉料中的,一般是在放渣后分批加入铁屑,并搅拌,使其与锍充分反应,降低锍中含铅量,加入量以加入的铁屑不再发生作用为止。

国内铅厂处理铜浮渣大多用反射炉。浮渣反射炉燃料可用块煤或粉煤。炉膛面积为 $9.8\,m^2$,熔炼作业包括加料、升温熔化、放渣、加铁屑置换、沉淀分离、放锍、加部分料降温、出铅,整个作业时间为 14 ~20 h。炉子烟气经降温后用布袋收尘,烟尘率 3% ~5%。粗铅中的铟在熔析除铜过程中大部分进入浮渣,浮渣处理时,它主要进入烟尘,该烟尘作为铅厂回收铟的原料。

铁屑苏打法处理铜浮渣,铅的回收率高达 95% ~98%,铜回收率可达 85% ~90%,产出的铅锍含铅低,$m(Cu)/m(Pb)$ 比高达 4 ~8。

国外已有工厂采用湿法酸浸或氨浸处理铜浮渣,能有效地分离铅与铜,还有利于减少对环境的污染,改善劳动条件。

## 5.3 碱性精炼除硒、碲、砷、锡、锑

在 800 ~900℃的氧化气氛下,这些杂质对氧的亲和力大小依次是锡,砷,锑和铅,所以锡,砷,锑能优先氧化被从铅中除去,但优先氧化法的铅损失大,直接回收率低,作业时间长且锑不能除去彻底,劳动条件差而污染环境,故现代炼铅厂均不采用,都为碱性精炼法所取代。

碱性精炼是基于在较低的温度(450℃)下,硒、碲能与金属钠或 NaOH 作用,生成不溶于铅液的硒、碲酸钠和硒、碲化物;而砷,锡,锑则在强氧化剂 $NaNO_3$(硝石)的作用下,被氧化为高价氧化物,再与 NaOH 作用生成相应的钠盐。这些硒,碲,砷,锡,锑的钠盐和硒、碲化物的密度比铅小,熔点又较高,便以固态渣浮于铅液面上而与铅分离。

粗铅一般含硒、碲较少,碲含量为 0.005% ~0.1%,硒更少,并且在火法精炼过程中易分散于各种精炼渣中,难以富集回收。当粗铅含碲高于 0.01%时,应在碱性精炼除砷,硒和锑之前,增加一道碱性精炼除碲,使其富集在专门的碲渣中以便回收。

### 5.3.1　碱性精炼除硒、碲

除碲是基于碲和 NaOH 或金属钠反应生成实际上不溶于铅液的碲化物：$Na_2TeO_3$，$Na_2Te$ 和 $Na_2Te_{(x+1)}$。其密度比铅小得多，熔点也比较高，形成的碲渣浮在铅液表面而除去，其反应为：

$$3Te + 6NaOH \xlongequal{} 2Na_2Te + Na_2TeO_3 + 3H_2O$$

$$Te + 2Na \xlongequal{} Na_2Te$$

$$xTe + Na_2Te \xlongequal{} Na_2Te_{(x+1)}$$

德国一铅厂采用加 NaOH 除碲：加硫除铜后的铅液在 460℃ 利用铅泵循环通过 NaOH 熔体层，反应 45 min，90% 的碲与碱反应生成碲渣，渣含碲 15% ~17%，1 kg 碲消耗 5 ~6 kg NaOH。除碲过程可利用哈里斯反应或搅拌机在精炼锅中进行。

美国 Omaha 铅厂则采用加铅钠合金（含 3% Na）的办法除碲，每 1 kg 碲折算加入相当于铅钠合金 0.45 kg，并加入铅量 0.04% 的 NaOH，粗铋中有时含碲量高达 0.5% ~1.5%，同铅一样是加入 1.5% ~2% 的 NaOH 在 500 ~520℃ 下鼓风氧化除碲，使碲含量可以降到 0.05% 以下。碲渣在专门的锅中进行熔析除去机械夹带的铅，得到富碲渣送至碲工段回收碲。

### 5.3.2　粗铅碱性精炼除砷、锡、锑

其原理是基于在温度 450℃ 条件下，与 $NaNO_3$ 的强氧化剂作用，砷，锡，锑被氧化为高价氧化物，并与 NaOH 形成相应的钠盐与铅分离，反应速度快且完全，铅中其残留量都比较低。主要化学反应为：

$$2NaNO_3 \xlongequal{} Na_2O + N_2 + 2O_2$$

$$2As + 4NaOH + 2NaNO_3 \xlongequal{} 2Na_3AsO_4 + N_2 + 2H_2O$$

$$5Sn + 6NaOH + 4NaNO_3 \xlongequal{} 5Na_2SnO_3 + 2N_2 + 3H_2O$$

$$2Sb + 4NaOH + 2NaNO_3 \xlongequal{} 2Na_3SbO_4 + N_2 + 2H_2O$$

铅也发生反应生成 $Na_2PbO_2$，但其中的 Pb 会被 As，Sn，Sb 置换出来，反应为：

$$Pb + 2NaOH + NaNO_3 \xlongequal{} Na_2PbO_2 + NaNO_2 + H_2O$$

$$2As + 5Na_2PbO_2 + 2H_2O \xlongequal{} 2Na_3AsO_4 + 4NaOH + 5Pb$$

$$Sn + 2Na_2PbO_2 + H_2O \xlongequal{} Na_2SnO_3 + 2NaOH + 2Pb$$

$$2Sb + 5Na_2PbO_2 + 2H_2O \xlongequal{} 2Na_3SbO_4 + 4NaOH + 5Pb$$

由于上述反应的发生，碱性渣中含铅量很低。过程中还加入 NaCl，它虽不起化学反应但能降低渣的熔点和黏度。

每除去 1 公斤砷，锡，锑消耗的各种试剂量见表 2-5-2。

**表 2-5-2　粗铅碱性精炼试剂消耗**　　（kg）

| 杂　质 | NaOH | $NaNO_3$ | NaCl |
|---|---|---|---|
| As | 2.90 | 1.00 | 1.1 |
| Sn | 1.92 | 0.59 | 0.52 |
| Sb | 1.50 | 0.50 | 0.63 |

过程是在精炼锅上放置一台称为哈利斯的反应器(图 2-5-5)中进行,试剂从上部加入反应器,铅泵从锅中将铅液扬至反应筒与试剂反应,反应后从筒下部流回锅中,如此反复循环,反应筒中还装有搅拌机,使铅液与试剂有更良好的接触,以加快反应。当渣子变黏稠,铅试样发亮蓝色,说明过程已到终点,关闭反应筒底部的阀门,吊出反应器,卸出渣子,铅液扬至除银锅进行加锌除银作业。反应时间决定于粗铅中杂质含量,通常每除去 1 t 锑需 10 h,每除去 1 t 砷或锡需 17 h。由于反应是放热的,精炼过程不需外加热。

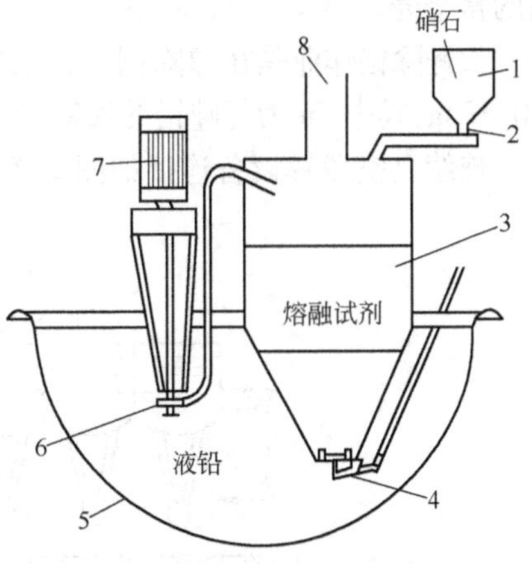

图 2-5-5 间断操作的粗铅碱性精炼设备
1—硝石料斗;2—分配器;3—碱性反应器;4—阀门;5—精炼锅;6—离心泵;7—电机;8—吸气道

碱性精炼渣处理的目的是再生回收 NaOH 和 NaCl 以及砷,锡,锑,其理论依据是:砷酸钠易溶于碱性水溶液中,随温度升高溶解度增加;锑酸钠不溶于被 NaCl 饱和的 NaOH 溶液中,随温度变化很小;锡酸钠溶于水,但溶解度随温度上升和 NaOH 浓度升高而降低。

### 5.3.3 加锌除银精炼

在重金属的精炼过程中,常加入另一种金属,使其与杂质金属发生反应,生成一种金属间化合物,这种化合物既不溶于金属中,且密度小而浮于主金属液面上被除去。使用这种方法的有粗铅、粗铋的加锌除银,锡的加铝除砷,铅的加钙除铋等。

在作业温度下,金属锌能与铅(铋)中的金银形成一些化合物,它们不溶于铅(铋),而以含银(金)浮渣(常称银锌壳)形态析出而与铅(铋)分离。锌与金形成 AuZn, $Au_3Zn$, $AuZn_3$,其熔点分别为 725℃,644℃,475℃。Zn 与 Ag 生成 $Ag_2Zn_3$, $Ag_2Zn_3$ 的熔点为 665℃。Zn 与 Ag 还形成 $\alpha$ 固溶体(含 0% ~26.6% Zn)和 $\beta$ 固溶体(含 26.6% ~47.6% Zn),其反应见表 2-5-3。铅中的铜、砷、锡和锑均能与锌反应形成化合物,所以除银前要尽可能将这些杂质除净,以免影响除银效果和增加锌的消耗。锌与银的反应可归结如下式表示:

$$Ag + \alpha Zn = AgZn_{\alpha}$$

**表 2-5-3 反应 $Ag + \alpha Zn = AgZn_{\alpha}$**

| 温度/℃ | 500 | 475 | 450 | 425 | 400 | 375 | 350 | 330 |
|---|---|---|---|---|---|---|---|---|
| $\alpha$ | 1.8 | 2.22 | 2.60 | 3.10 | 3.15 | 3.55 | 3.91 | 4.33 |
| $K_c$ | 0.710 | 0.407 | 0.214 | 0.085 | 0.028 | 0.0087 | 0.0017 | 0.00026 |

反应达到平衡时,

$$\frac{[AgZn_{\alpha}]}{[Ag][Zn]_{\alpha}} = K_c$$

式中,$K_c$ 为平衡常数。

不同温度下,银锌共存时若铅含 Ag 0.15%,加入含 0.03% Ag,含 4% Zn 的返壳,合金成分 Ag 0.24%,在 375℃呈均相,若加入 1.5% Zn 并加热到 490℃,降温冷却至 400℃,得到富壳,继续降温至 330℃得到贫壳,相应的铅液含 Ag 显著降低。

金和锌的相互反应比银和锌更为强烈，加少量的锌便能使金与锌优先反应得到含金较高的富金壳。

加锌除银作业是在像除铜一样的精炼锅中进行。加锌量按经验公式计算：Zn = 10.39 + 0.0039Ag，式中 Zn 为每吨铅的加锌量(kg)，Ag 为每吨铅含银量(g)。

连续真空脱锌设备连接如图 2-5-6 所示。

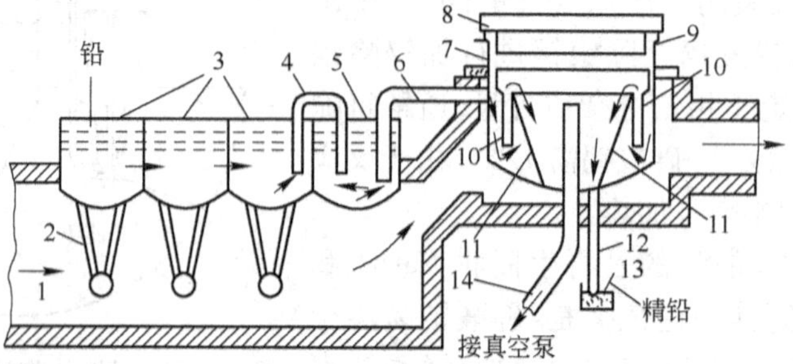


图 2-5-6　连续真空脱锌设备连接图

1—重油燃烧器；2—加热铅用的管；3—加热铅用的锅；4—虹吸管；5—给料锅；6—供铅管；7—真空精炼锅；8—冷凝器；9—橡皮密封；10—分配管；11—表面蒸发器；12—放精铅的管；13—铅封；14—接真空管

粗铅连续除银是在专门较深的除银锅中进行。含银铅连续从锅上部流入，从锅底部连续虹吸放出低银铅，铅液随之下降，且通过锌壳温度逐渐降低，银进入锌壳，锌在铅液中的溶解度降低，不断地析出上浮，锅的底部控温 330℃，产出的铅液含 Ag 可降至 1 g/t，连续放出送下道工序。锅的上部维持 650 ~ 700℃，定期(1 次/12 h)捞出锌壳，锌壳含 Ag 15% ~ 20%，Pb 15%，Zn 65%，送下道作业分别回收银和锌。这样连续除银作业是合理的，一定意义上说是将三段作业变成了无数段或多段作业，不仅最终产品含银低，且吨铅锌的消耗仅 7.5 kg，生产效率高达 30 t/锅 · h，劳动条件好，节约人力。Port Pirie 铅厂的连续除银锅结构如图 2-5-7 所示。

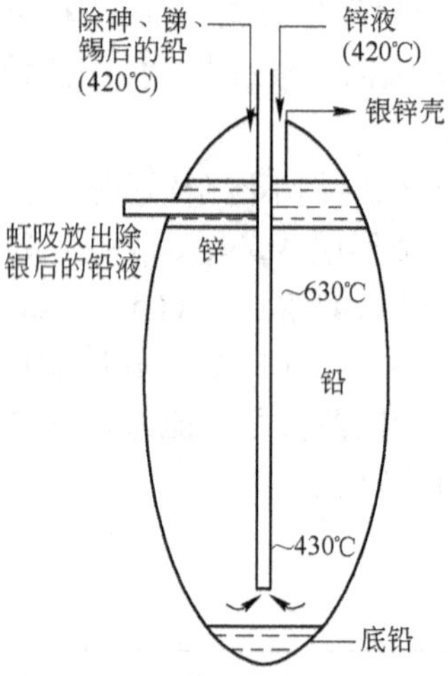


图 2-5-7　粗铅连续除银锅结构示意图

银锌壳的处理是根据锌的沸点 907℃，银 1935℃，铅 1527℃，在熔析除去夹带的金属铅后，进行蒸馏回收锌，锌蒸气冷凝后得到液体锌返回除银作业使用，余下的蒸馏渣含锌仅 0.5% ~ 1.0%，主要成分为银和铅，称为贵铅，将贵铅进行吹灰除铅，即为我国处理阳极泥时在分银炉中氧化铅除去贵铅中的铅和少量铜铋锑等杂质的过程，产出的金银合金铸成银阳极进行电解精炼，分别回收金和银。

加锌除银后的铅中含有 0.5% ~ 0.6% Zn，脱除残留的锌可采用碱性精炼法或真空蒸馏 - 碱性精炼联合法。

铅液碱性精炼法除锌与粗铅碱性法除砷、锡、锑，基本上是相同的，其差别是用空气代硝石作氧化剂，因为锌更容易被氧化不必用强氧化剂，在空气搅拌下只加 NaOH 和 NaCl 就够了,可将铅中含锌降至0.0005%以下。精炼过程不需加热,可维持450℃下进行,每除去一吨锌约需12 h,消耗NaOH 1 t,NaCl 0.75 t。产生的$Na_2ZnO_2$浮渣,水浸后蒸发结晶得到NaOH与NaCl可返回使用,锌以ZnO形式回收。

由于碱性精炼除锌不能直接以金属锌回收返回使用,便产生了真空蒸馏-碱性精炼联合除锌,即在碱性精炼除锌之前增加一道真空蒸馏工序,使铅中大部分(80%~90%)锌先以金属态蒸发出来,直接冷凝得到金属锌返回精炼使用。铅中残锌量达到0.05%以下,进一步真空脱除比较困难,然后再用碱性精炼法将锌脱至所要求的水平(0.001%)。

### 5.3.4 加钙除铋精炼

铅精矿中一般含铋在0.4%以下,在熔炼过程中,几乎所有的铋都进入粗铅。许多工厂产出的粗铅含铋在0.005%以下,便可以不设除铋过程,经除锌后的铅便可浇铸成锭出厂。

粗铅火法精炼除铋是一个比较困难的过程,粗铅含铋高时,选用电解法精炼比较适宜。火法精炼通用的是加Ca,Mg及Sb除铋法,还有加K,Mg除铋法。

加钙镁除铋的基本原理是Ca,Mg与铅液中的Bi生成不溶于铅液的化合物$Bi_2Ca_3$,其熔点为928℃;$Bi_3Ca$在570℃分解成$Bi_2Mg_3$,其熔点为823℃,这些化合物密度比铅小,应上浮至铅液表面而与铅分离,但由于这些化合物呈微细颗粒悬浮于铅液中,不易除去,影响除铋效果。若加入适量的锑,由于锑和Ca,Mg分别形成易上浮的$Sb_2Ca_3$,$Sb_2Mg_3$和$Mg_2CaSb_2$颗粒,能将悬浮的微粒$Mg_2CaBi_2$带浮至表面而被除去。

由于钙极易氧化,实际上加含约5% Ca的铅钙合金,钙在合金中呈$Pb_3Ca$形式,则反应为:

$$Pb_3Ca + 3Bi \xlongequal{\quad} Bi_3Ca + 3Pb$$

反应达到平衡时则:

$$\frac{[Pb]_3[Bi_3Ca]}{[Pb_3Ca][Bi]_3} = K_c$$

式中,[Pb]和[$Bi_3Ca$]可以认为是不变的,则有:

$$[Pb_3Ca][Bi]^3 = k_1$$

铋与镁的反应为:

$$3Mg + 2Bi \xlongequal{\quad} Bi_2Mg_3$$

则有

$$[Mg]^3[Bi]^2 = k_2$$

钙、镁同时存在,有如下反应:$Ca + 2Mg + 2Bi \xlongequal{\quad} Bi_2CaMg_2$

实际上是$\frac{1}{3}\ Bi_2Ca_3 \cdot \frac{2}{3}\ Bi_2Mg_3$

则有:$\frac{[Bi_2CaMg_2]}{[Ca][Mg]_2[Bi]_2} = K_c$; $[Ca][Mg]^2[Bi]^2 = k_3$

除铋作业在精炼锅中进行,作业时间依锅容量而定,150t锅作业周期为8~10h,260t锅则为12h。过程温度控制在350℃左右,加钙镁时360℃,捞铋渣时330~340℃。

粗铅经加钙铋后,粗铅中的Cu,Te,As,Sn,Sb,Ag,Zn和Bi等杂质含量,能达到产品标准要求,可能还残留一些加入的试剂如Ca,Mg,Sb,K,Na等。为了确保产品质量要求,在产品铸锭之前进行最终精炼,即在原精炼锅中加入铅量0.3%左右的NaOH和0.2%左右的$NaNO_3$,搅拌2~4 h进行碱性精炼,捞完渣后,即可浇铸成精铅锭。也可采用加钙镁和镁钠两种试剂除去粗锡中的铋。

## 5.4 粗铅电解精炼

我国炼铅厂的粗铅精炼大都采用粗铅火法精炼—电解精炼的联合工艺流程，初步火法精炼产出的阳极粗铅一般含 98% ~98.5% Pb、1.5% ~2.0% 的杂质，阴极板是利用析出铅（纯铅）熔化制作的始极片（阴极），按一定的间距装入盛有电解液的电解槽中，电解液由硅氟酸和硅氟酸铅的水溶液组成。将电解槽接通直流电，铅自阳极溶解进入电解液，并在阴极放电析出。

### 5.4.1 铅电解工艺原理

（1）电极和电极反应。在外电场作用下，金属导体中的自由电子定向运动，电解液中的阴、阳离子分别向阳、阴极移动，电极反应方程式：

在阳极： $Pb - 2e = Pb^{2+}$ （铅阳极溶解）

在阴极： $Pb^{2+} + 2e = Pb$ （阴极析出铅）

（2）电流效率。所谓电流效率主要是指阴极电流效率，可定义为在阴极上实际析出的金属量与上述按法拉第定律进行理论计算的理论析出量之比（以百分数表示）。实际电解条件是，除了主金属离子的析出反应外，还可能有其他副反应而析出另外一些物质（元素或低价离子），相应也消耗了一部分电量。此外，工业生产中的短路、断路和漏电都是降低电流效率的重要因素。

（3）电极极化与超电压。当有电流通过电极时，电极电位偏离平衡电位的现象称为电极的极化；电极电位的偏离值就称为超电压，或又称过电位。将由于电化学反应速度缓慢而引起的电极极化现象称为电化学极化。

### 5.4.2 杂质在电解过程中的行为

在粗铅阳极中，通常含有金、银、铜、锑、砷、锡、铋等杂质，杂质在阳极中除以单质存在外，还以固溶体、金属间化合物、氧化物和硫化物等形态存在。阳极中的杂质在电解过程中的行为是很复杂的，按其标准电位可将阳极中的杂质分为三类：

（1）Zn、Fe、Cd、Co、Ni 等较铅负电性金属。

（2）Sb、Bi、As、Cu、Ag、Au 等较铅正电性金属。

（3）电位与铅相近的金属，如 Sn。

第（1）类杂质金属能与铅一道从阳极溶解进入电解液，由于其析出电位较铅负，故在正常情况下不会在阴极上放电析出。

第（2）类杂质金属很少进入电解液，而残留在阳极泥中，当阳极泥散碎或脱落时，这些杂质将被带入电解液中，并随着电解液的流动而被黏附和夹杂在阴极析出铅中，对阴极质量影响很大。尤其是铜、锑、银和铋显著，下面将分别叙述。

1）铜。阳极中铜的活性很小，在没有氧的参与下，不会呈离子状态进入电解液中，所以在电解液中含量很少。阳极中铜的存在严重影响阳极泥的物理性质。当阳极含铜超过 0.06% 时，阳极泥将显著地变硬和致密，以致阻碍铅的正常溶解，并使槽电压升高而引起杂质的溶解和析出。因此，电解前粗铅必须先进行火法精炼，将铜降至 0.06% 以下。

2）锑。Sb 在阳极中呈固溶体的形态存在。由于其标准电位较正，在电解过程中很少进入电解液，而是留在阳极泥中。但锑能在阳极表面的阳极泥中形成坚固而又疏松多孔的网状结构，包裹阳极泥使之具有适当的附着强度而不脱落。当阳极含锑量高于1.2%时，阳极泥会变得坚硬而难以刷下。当阳极含锑量低于0.3%时，阳极泥容易散碎脱落，电解液浑浊，贵金属损失严重，析出铅质量难以保证。因此，生产中阳极含锑量一般控制在0.4%~0.8%。

3）砷。在电解过程中砷与锑的性质相似，难溶于电解液。阳极中As的含量一般不大于0.4%。砷和锑都具有增大阳极泥强度的效果。工厂实践证明，控制阳极中Sb+As总含量高于0.8%，可以确保阳极泥不掉落。

4）铋。铋和砷一样，标准电位比锑还正，在电解过程中不会呈离子状态进入电解液，而是保留在阳极泥中，所以用电解法分离铅铋是最彻底的。

5）银。银通常是粗铅阳极中含量较高的杂质金属，也是阳极泥中回收价值最大的贵金属。电解时银和铋一样绝大部分保留在阳极泥中，在阳极泥中得到富集而有利于贵金属回收。

第(3)类杂质金属是锡。当阳极中含锡量低于0.01%时，可获得合格的阴极铅。锡的标准析出电位是-0.14V，与铅的电位非常接近，理论上锡与铅一道从阳极溶解并在阴极析出。在工厂实践中，锡并不完全溶解和析出，仍有部分保留在电解液和阳极泥中，这是由于阳极中有部分杂质金属与锡构成金属间化合物，使锡的溶解电位升高，因而保留在阳极泥中。

### 5.4.3 铅电解技术条件及其控制

#### 5.4.3.1 电解液成分

电解液由硅氟酸铅和硅氟酸的水溶液组成，正常含量为$Pb^{2+}$ 60~120g/L，游离硅氟酸$H_2SiF_6$ 60~100g/L，总硅氟酸根$SiF_6$ 100~160g/L。Pb浓度太低影响阴极析出铅的结晶质量，适当提高$Pb^{2+}$浓度有利于获得光滑致密而又坚固的析出铅。但$Pb^{2+}$量太高会使电解液的电导率下降，并可能造成泥层中的$Pb^{2+}$量过高，引起$PbSiF_6$的水解或过饱和。游离酸主要是增加电解液的导电性，提高其分散能力，改善析出铅结晶质量，并降低槽电压，节约电能。根据工厂普遍经验，随着电流密度的提高，电解液中的铅和酸的浓度都应相应的提高。生产中一般都采用酸度较高的电解液，但当游离$H_2SiF_6$浓度超过120g/L以后，电解液比电阻降低不大，而酸的损失则随着酸度升高而增大。

在电解过程中，由于阴极电流效率较阳极电流效率稍低，加上铅的化学溶解等原因，电解液中的$Pb^{2+}$浓度一般随着电解过程的进行而逐渐升高。只有当阳极铅品位过低，电解液游离$H_2SiF_6$含量较少时，Pb浓度才会逐渐下降，此时，需要补充大量的$H_2SiF_6$与$PbSiF_6$，同时降低电流密度。如果电解液含$Pb^{2+}$浓度过高，则需要脱除多余的铅，其方法有两种：

（1）硫酸沉淀法。往洗液或抽出的部分电解液中加入$H_2SO_4$，使铅生成不溶解的$PbSO_4$沉淀下来，同时使硅氟酸再生，化学反应式为：

$$PbSiF_6 + H_2SO_4 = PbSO_4 + H_2SiF_6$$

加硫酸脱铅操作简单，脱铅速度快，但产出的硫酸铅要过滤干燥，处理麻烦。

（2）电积法。在电解生产车间，利用其中几个电解槽，以不溶性石墨作为阳极，用一般的始极片作为阴极，进行电解。电积过程的总反应式为：

$$PbSiF_6 + H_2O = Pb + H_2SiF_6 + \frac{1}{2}O_2\uparrow$$

电积法脱铅的优点是能破坏电解液中残留的有害有机物成分。

有的阳极含铅量太低，$Pb^{2+}$ 浓度逐渐下降，需要向电解液中补充 $Pb^{2+}$。

#### 5.4.3.2　电解液循环

铅电解过程中的两极间的浓差极化，不但使槽电压升高，增加电耗，而且阴极铅的质量也不稳定。电解液循环是使电解槽内电解液成分保持均匀，克服浓差极化。

#### 5.4.3.3　电解液温度

铅电解过程可在较大范围的温度（10～50℃）下正常进行，但最佳温度范围是 30～40℃。温度高时虽然导电性良好，但电解液蒸发和酸分解损失大，车间劳动条件恶化。对于采用沥青胶泥作衬里的电解槽，电解液温度高时，衬里容易软化、鼓泡，严重影响使用寿命。温度太低电解液电阻升高，影响电解液的分散能力，也使电耗增加。影响电解液温度的主要因素是电流密度和当地气温，其关系示于图 2-5-8。

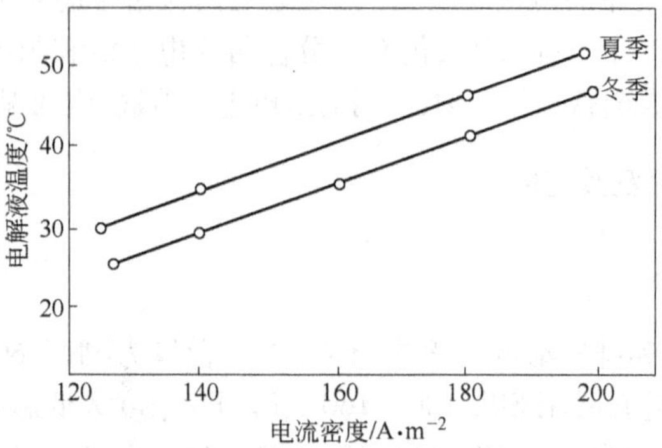


图 2-5-8　电流密度对电解液温度的影响

从图 2-5-8 可见，夏季尽可能采用较低的电流密度，冬季则反之。但由于市场变化，如果在夏季电铅产品需求旺盛或售价高，就应该提高电流密度多产铅，这时应在循环槽、高位槽设置蛇形铜管通水冷却。在冬季才通蒸汽加温。

#### 5.4.3.4　电流密度

电流密度是指单位电极面积上通过的电流强度。铅电解厂所采用的电流密度为 160～200 $A/m^2$。电流密度的选择决定于阳极杂质的含量和性质以及阴、阳极操作周期。

#### 5.4.3.5　电解周期与极间距离

在残极刷洗未实现机械化之前，阴阳极的电解周期是相同的，都是 2～3 天，阳极较薄，每块重在 70kg 以下，同极中心距为 80mm。在残极刷洗机械化和阳极铸型机械化以后，阳极周期比阴极周期长 1 倍，多为阴极周期 2～3 天，阳极周期 4～6 天，极距也增加到 90～100mm。国外有的工厂把阴极周期延长到 5～7 天。有人把电流密度与电解周期的乘积即“通电 A·h”的概念用做过程控制的条件，相当于以阳极泥层厚度来调整电流密度与周期的关系。随着“通电 A·h”的增加，泥层加厚，槽电压升高，析出铅含杂质量升高。生产中一般不超过 15kA·h/

$m^2$,国外个别工厂也有达到25~30kA·h/$m^2$的。

5.4.3.6 添加剂

为改变阴极结晶状态,要向电解液中加入较大量的添加剂,常用的是骨胶、木质磺酸钠(钙)和β-萘酚。将阴极析出铅制成始极片,阳极板和阴极板(始极片)相隔一定间距依次装入电解槽进行电解,电解产出的阴极铅,用水洗涤后进行熔化,并视所含杂质情况进行氧化精炼或碱性精炼以除净残留的锡、砷、锑,然后铸成锭出售。残阳极取出后,洗净附着的阳极泥,送往熔铅锅重新熔化铸成阳极板。为了降低阳极泥中酸、铅含量,阳极泥需经压滤、洗滤。滤后阳极泥送稀、贵金属回收工序,洗水经澄清后返回电解系统。粗铅电解精炼的工艺流程如图2-5-9。

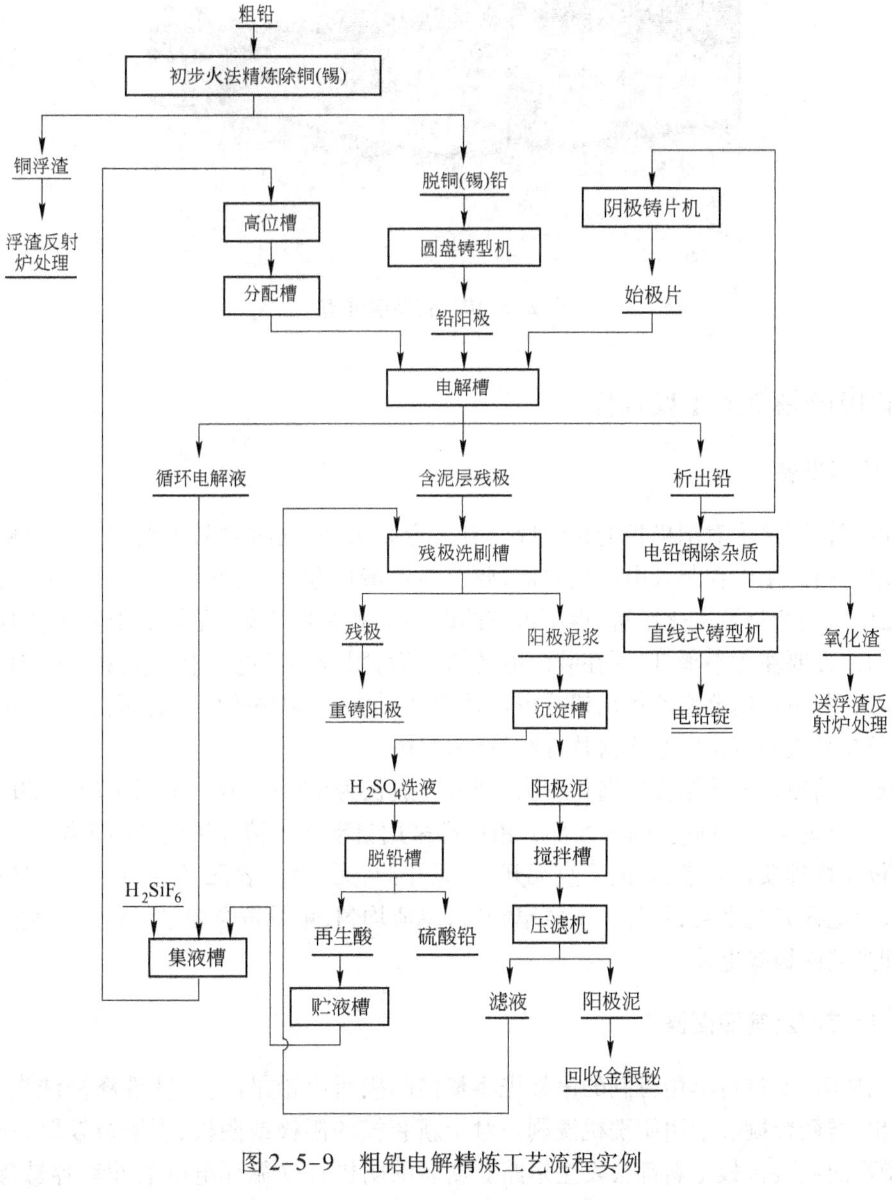


图2-5-9 粗铅电解精炼工艺流程实例

粗铅经初步火法精炼后浇铸成阳极板，根据设计需要，衬少部分水泥，现在则为衬5 mm 厚的软聚氯乙烯塑料。电解槽寿命可达50 年以上，关键是制作要保证质量，使用时要精心维护、及时修理。还有整体注塑成的聚乙烯塑料槽，厚5 mm，以它作为浇制钢筋混凝土槽体的内模板浇灌混凝土，经养护脱模后，即成为外部是钢筋混凝土、内部是整体防腐衬里的电解槽。这种电解槽只要施工方法合理，焊缝紧密无气孔和夹渣，维修也较简单。现在，浙江三耐研发的新型电解槽（图 2-5-10）已成功用于贵溪冶炼厂。

图 2-5-10　新型电解槽

## 5.5　铅电解精炼的主要操作

### 5.5.1　阳极准备

铅电解精炼除了对阳极板的化学成分有一定要求外，同时对阳极板的物理规格也有严格的要求。因此阳极在装入电解槽以前，要求经过清理和平整，并清除飞边毛刺，表面平整光滑，无任何夹杂物及氧化铅渣，也不可有凸凹不平和歪斜之处，尤其对于阳极挂耳和导电棒接触的地方要注意平滑，以便在装入电解槽以后，阳极和导电棒有较大的接触面积，减少接触电阻。阴极是用合格的析出铅或电铅铸成，它是在电解精炼中作为阴极，并使电解液中的铅离子在其表面析出的基底薄片，故又称为始极片。

电解的始极片要比阳极制造得稍大一些，一般长为900 ~ 1300 mm，宽670 ~ 800 mm，厚1 ~ 2 mm，质量为11 ~ 13 kg。国内大部分铅厂都采用自动连续铸片机生产阴极始极片。

始极片物理质量要求：表面平直无开口、无孔洞、无卷角；表面光滑不带渣，切口折好包紧；阴极导电棒光亮平直；每片上下宽窄相符，厚薄均匀，重量符合要求。始极片制造还包括光棒，即光洁阴极导电棒。

### 5.5.2　出装槽及其槽面操作

在出槽时，通过行车用特制的吊架先将整槽阴极析出铅吊出，送往洗涤槽洗涤，然后将残极吊出，送残极刷洗槽用刷洗机洗刷。对于新装槽的阳极或阴极，因阳极较厚，在极距小时，稍微弯曲或装极板歪斜都会发生短路。新装的阴极片受循环电解液冲动容易弯曲而与阳极接触。

### 5.5.3 析出铅的熔化与铸锭

电解后所获得的析出铅的纯度一般在99.99%左右，其中所含的微量杂质如As、Sb、Sn等需要进一步除去，以获得国家规定的电铅标准中较高级的产品，并将这种强度较低的析出铅浇铸成适合市场销售的电铅锭。待析出铅熔化后，将铅液温度升高到500~520℃，开动搅拌机搅拌铅液。搅拌机转速为140r/min左右，约经1~2h后，铅液中的杂质金属及少部分铅在搅拌过程中被空气氧化成氧化物，悬浮于铅液表面形成浮渣，由于析出铅夹带少量的阳极泥，该浮渣呈黑色。用捞渣机将浮渣捞出，送精炼锅（熔铅锅）处理。

如果析出铅杂质含量较高，在熔铅捞浮渣后，可用鼓入压缩空气或加碱的方法进一步除杂质。碱性法除杂质反应速度快，铅的氧化挥发少，为较多工厂所采用。电铅铸锭大都采用直线式铸型机。铸锭铅液温度为450~480℃。定量浇铸，自动完成浇铸、刮渣、打印、脱模、码垛、打包和输送作业。

### 5.5.4 阳极泥的洗滤

阳极泥是在电解精炼中附着于残阳极表面或沉淀于电解槽底的泥状物。随阳极泥厚度和致密度的增加而升高，其中总硅氟酸和$Pb^{2+}$均可达300g/L以上。

## 5.6 铅电解的主要技术经济指标

（1）电流密度。在冶金生产中，电解过程的产品主要是阴极析出物，故电流密度常指阴极电流密度。

（2）槽电压。对一个电解槽来说，为使电解反应能够进行所必需的外加电压称为槽电压，其电压一般波动在0.35~0.55V之间。电解液比电阻与游离硅氟酸浓度的关系如图2-5-11所示。

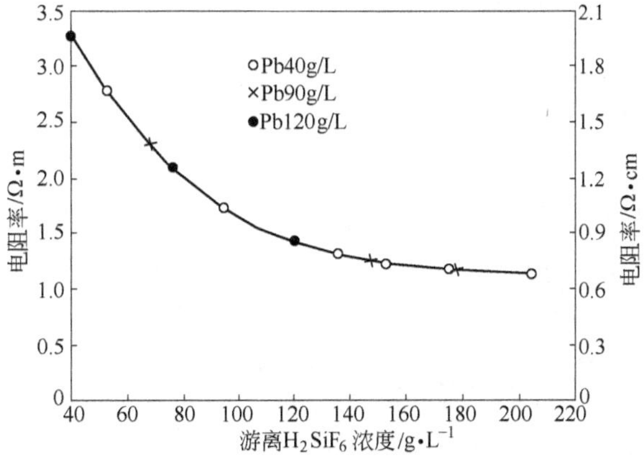


图2-5-11 电解液比电阻与游离硅氟酸浓度的关系

由图2-5-10可见，控制电解液含游离酸80~100g/L，其电阻较小，而继续提高游离酸浓度对电解液电阻的影响不大，但酸的分解损失增大。

（3）电流效率。电解过程中阴极上实际析出的金属量与理论析出量之比称为电流效率,以百分数表示。理论析出量是按法拉第定律计算出来的，在工业生产上,实际的析出产量总是小于理论析出量。铅电解电流效率一般为93% ~96%。

电流效率小于100%的主要原因有：

1）短路。由于极板放置不正,阴、阳极掉落到槽底以及阴极上长粒子而引起阴阳极短路。

2）漏电。由于电解槽与电解槽之间、电解槽与地面、导电板电路系统以及溶液循环系统等绝缘不良而使电流流入大地,造成漏电。

3）副反应。氢离子在阴极上放电析出;铁离子分别在阴、阳极上周而复始地进行还原 - 氧化反应( $Fe^{3+} + e \rightarrow Fe^{2+}$ ),无效地消耗电流。

4）化学溶解。由于电解液温度、游离酸和铅离子浓度等技术条件控制不当而造成析出铅反溶。

（4）电能消耗。电能消耗是指电解过程中阴极析出单位重量金属所耗掉的电能量。通常用产出1 t阴极金属所消耗的直流电能表示,也称直流电耗。电能消耗与槽电压成正比,与电流效率成反比。因此,凡有利于降低槽电压、提高电流效率的因素,均能起到降低电能消耗的作用。

# 6 从废铅蓄电池生产再生铅

## 6.1 概述

目前世界再生铅（又称二次铅）的产量已超过原生铅（又称矿产铅）的产量，作为生产再生铅的二次原料，与矿铅原料（精矿）相比，它含铅量高（85% ~94% Pb）；金属赋存状态较简单，铅多呈金属和合金（Pb - Sb 合金）状态，以化合物形态的主要是呈膏泥状的氧化物（如 PbO、$PbO_2$）、硫酸铅（如 $PbSO_4$）和少量氯化物（如 $PbCl_2$）；金属成分除主金属铅和合金元素锑（3% ~8% Sb）外，常见的杂质金属主要是 Sn、Cu、Bi 等，其总量仅为 0.1% 左右。除上述组成外，它还夹杂有塑料、橡胶等有机物和废硫酸。按组成铅蓄电池的物质划分，整个铅蓄电池是由四类物质组成的。

（1）正、负极栅板，各种连接头、条，化学成分为铅及铅 - 锑合金，质量占 35% ~40%（按排尽电解液后的质量计，下同），平均密度 9.4 $g/cm^3$。

（2）正、负极填料，化学成分较复杂，主要是铅及其氧化物、硫酸盐，质量占 40%，平均密度 3.3 $g/cm^3$。

（3）有机物质，包括壳体与隔板。壳体有聚丙烯塑料的，也有硬橡胶的，隔板主要是聚氯乙烯塑料。有机物的质量占 20% ~25%，平均密度 1.44 $g/cm^3$。

（4）电解液，是一定浓度的硫酸溶液。

由此看来，组成这么复杂的物料，如果不进行预处理，直接让它进入冶金过程，既会造成严重环境污染，又会使冶金过程复杂化，还得不到好的技术经济指标。

（1）金属回收率低。一般为 70% ~85%，与国外 95% 的回收率相比，每年有一万多吨铅流失。

（2）综合回收率低。大部分厂家废蓄电池未经分选处理或与其他原料熔炼，一部分有价金属进入炉渣。

（3）能源消耗高。一般水平为吨铅 400 ~500 kg 标煤，而国外一般水平为吨铅 150 ~200 kg 标煤。

（4）环境污染严重。废酸没有有效收集而渗入土壤形成污染，铅蒸气或二氧化硫超国家标准大量排放，已形成严重的社会公害。

（5）再生铅原料和生产集中度低。废旧铅原料的回收大多数集中于私营或个体企业，又没有有效的法律监管，导致再生铅资源以就地回收交易、落后工艺处理为主的生产格局。

铅在所有金属中再生率最高，回收废铅物料与从矿石中提取铅相比，前者成本低为 38%，劳动生产率高 1.9 倍，能耗少 1/3。

## 6.2 含铅废料的回收工艺

含铅废料根据废料的组成，可采用坩埚炉、反射炉、鼓风炉、SB 炉、短窑和电炉等进行火法熔炼得到再生铅或铅合金,也可搭配原生铅原料一起处理。当废料含有铅的氧化物时,也可用湿法处理生产电铅或铅化工产品。

## 6.2.1 含铅废料的反射炉熔炼

### 6.2.1.1 熔炼原理

在1100～1200℃熔炼温度下,铅锑化合物的挥发顺序为:$Sb_2O_3 > Sb_2S_3 > PbS > Sb > Pb$。

为将硫酸铅转变为碳酸铅,通过碳酸钠浸泡脱硫法,硫转化率可达95%以上,碳酸铅加温分解后通过还原剂作用还原为铅。所不同的是,从PbO—$Sb_2O_3$状态图可以看出,$Sb_2O_3$的存在能降低炉渣的熔点,故含锡铅氧化物的炉渣是液态。锡的氧化物有铅存在时发生置换反应,锡大部分进入炉渣。铅、锑、锡的氧化物在反射炉熔炼作用中易被还原。但还原熔炼所产出的是合金而不是粗铅。

### 6.2.1.2 主要产物及金属分布

反射炉熔炼作业方法有不加还原剂和加还原剂两种,两种不同方法的效果见表2-6-1和表2-6-2。

**表2-6-1 无还原剂反射炉熔炼产品的成分(质量分数,%)和金属分布**

| 投入产出 | 比率/% | Pb | | Sb | | Sn | | Cu | |
|---|---|---|---|---|---|---|---|---|---|
| | | 含量 | 分配率 | 含量 | 分配率 | 含量 | 分配率 | 含量 | 分配率 |
| 装入:蓄电池废料 | 100 | 77.2 | 3.51 | 100 | 0.52 | 100 | 0.26 | 100 | |
| 产出:硬铅 | 37.1 | — | 47.7 | 0.32 | 3.4 | 0.01 | 0.8 | 0.13 | 21.8 |
| 难熔浮渣 | 11.6 | 87.0 | 13.1 | 2.64 | 8.8 | 0.32 | 7.1 | 0.87 | 44.9 |
| 炉　渣 | 19.7 | 83.1 | 21.2 | 5.42 | 30.6 | 0.57 | 21.9 | 0.57 | 49.0 |
| 炉　气 | 31.6 | — | 18.0 | — | 57.2 | — | 70.0 | — | — |

**表2-6-2 加还原剂反射炉熔炼产品的成分(质量分数,%)和金属分布**

| 投入产出 | 比率/% | Pb | | Sb | Sn | Cu |
|---|---|---|---|---|---|---|
| | | 含　量 | 分配率 | 含　量 | 含　量 | 含　量 |
| 装入:蓄电池废料 | 100 | 73.9 | 100 | | | |
| 产出:硬铅 | 43.3 | — | 57.3 | 2.7 | 0.15 | 0.29 |
| 难熔浮渣 | 19.1 | 90.2 | 23.4 | 3.7 | 0.52 | 1.33 |
| 炉　渣 | 16.0 | 44.2 | 9.3 | 9.6 | 3.40 | 0.53 |
| 炉　气 | 21.1 | — | 10.0 | — | — | — |

## 6.2.2 含铅废料的电炉熔炼

用电炉处理含铅废料是较好的方法。它的优点是焦炭消耗少,炉料中加入碳仅作为还原剂,熔炼时生产铅和锑的烟气量少,大大简化了烟气净化系统并降低了费用。含铅废料的电炉熔炼化学反应,除相似于反射炉中进行的还原和造渣反应外,还发生以下反应:

$$PbO + Na_2CO_3 + C \longrightarrow Pb + Na_2O + CO_2 + CO$$

$$PbSO_4 + Na_2CO_3 + 3C \longrightarrow Pb + Na_2S + 3CO_2 + CO$$

$$3PbO + Na_2S \longrightarrow 3Pb + Na_2O + SO_2$$

$$PbS + Fe \longrightarrow Pb + FeS$$

$$Sb_2S_3 + 3Fe \longrightarrow 2Sb + 3FeS$$

为降低炉渣熔点和提高电导率，炉料中配入苏打，与氧化硅、氧化钙发生反应，产出炉渣成分为：28% ~42% $SiO_2$，<20% $Na_2O$，15% ~24% CaO，10% ~12% FeO。

### 6.2.3　含铅废料的其他冶金炉熔炼方法特点介绍

（1）短窑熔炼。含铅废料短窑熔炼可控性较强，可采用能源种类较多，因而可采用两段熔炼。第一段熔炼产出锑0.2%，产出铅99.5%的粗铅；第二段加入碎焦、苏打产出含锑量高的硬铅（Pb95%，Sb3% ~4.5%）。

（2）SB炉熔炼。含铅废料经制备，经烧结进入鼓风炉，产出含铅93%以上的粗铅和铅铜。或直接将物料加入鼓风炉预热区进行熔炼。

（3）Kivcet炉熔炼。含铅废料经"破碎—湿法筛分—重介质分选"，干燥后进入Kivcet炉熔炼。

（4）Ausmelt熔炼。将含水量10%以下的铅膏与4%粒级小于50 mm的焦丁连同烟尘返料一起加入炉内进行熔炼。

（5）低温碱性熔炼。将再生铅原料与硫化铅矿粉混合，缓慢加入氢氧化钠熔体中，产出粗铅、贵铅和碱性炉渣。特别适宜于处理含贵金属高的含铅废料。

## 6.3　用含铅废料生产铅合金

将比较集中的含铅废料熔炼后测定其成分，再根据市场需要生产不同的合金。

### 6.3.1　铅的主要合金产品

铅的合金产品主要成分见表2-6-3 ~ 表2-6-5。可根据熔炼制成合金的成分选择性生产以下产品。

**表2-6-3　铅锡合金化学成分**（质量分数）　（%）

| 牌　号 | 主要成分 | | 杂质含量（不大于） | | | | | | | |
|---|---|---|---|---|---|---|---|---|---|---|
| | Pb | Sn | Sb | As | Bi | Fe | Zn | Mg | Ca + Na | 总和 |
| PbSn2 | 余量 | 1.2 ~ 2.5 | 0.01 | 0.005 | 0.06 | 0.005 | 0.005 | 0.01 | 0.04 | 0.50 |
| PbSn4 | — | 3.5 ~ 4.5 | — | — | — | — | — | — | — | — |
| PbSn6 | — | 5.5 ~ 6.5 | — | — | — | — | — | — | — | — |
| PbSn8 | — | 7.5 ~ 8.5 | — | — | — | — | — | — | — | — |
| PbSn10 | — | 9.5 ~ 11 | — | — | — | — | — | — | — | — |
| PbSn12 | — | 12 ~ 15 | — | — | — | — | — | — | — | — |

**表2-6-4　铅锑合金化学成分**（质量分数）　（%）

| 牌　号 | 主要成分 | | 杂质含量（不大于） | | | | | | |
|---|---|---|---|---|---|---|---|---|---|
| | Pb | Sb | Sn | As | Bi | Fe | Zn | Ca + Na | 总和 |
| PbSb0.5 | 余量 | 0.3 ~ 0.8 | 0.008 | 0.005 | 0.06 | 0.005 | 0.005 | 0.03 | 0.15 |
| PbSb2 | — | 1.5 ~ 2.5 | 0.008 | 0.01 | 0.06 | 0.005 | 0.005 | 0.03 | 0.02 |

续表 2-6-4

| 牌 号 | 主要成分 | | 杂质含量(不大于) | | | | | | |
|---|---|---|---|---|---|---|---|---|---|
| | Pb | Sb | Sn | As | Bi | Fe | Zn | Ca + Na | 总和 |
| PbSb4 | — | 3.5 ~ 4.5 | 0.008 | 0.01 | 0.06 | 0.005 | 0.005 | 0.03 | 0.03 |
| PbSb6 | — | 5.5 ~ 6.5 | 0.01 | 0.015 | 0.08 | 0.01 | 0.01 | 0.05 | 0.03 |
| PbSb8 | — | 7.5 ~ 8.5 | 0.01 | 0.015 | 0.08 | 0.01 | 0.01 | 0.05 | 0.03 |
| PbSb10 | — | 9.5 ~ 11 | 0.01 | 0.015 | 0.08 | 0.01 | 0.01 | 0.05 | 0.03 |
| PbSb12 | — | 10 ~ 14 | 0.01 | 0.015 | 0.08 | 0.01 | 0.01 | 0.05 | 0.03 |

**表 2-6-5 铅砷合金化学成分**(质量分数) (%)

| 牌 号 | Pb | 化学成分 | | | | | |
|---|---|---|---|---|---|---|---|
| | | As | Cu | 杂质含量(不大于) | | | |
| | | | | Bi | Zn | Fe | Co |
| Pb - As - 1 | 余量 | 4 ~ 5 | | 0.003 | 0.005 | 0.005 | 0.005 |
| Pb - As - 2 | 余量 | 5 ~ 7 | | 0.003 | 0.005 | 0.005 | 0.005 |
| Pb - As - 3 | 余量 | 4 ~ 5 | 0.2 ~ 0.5 | 0.003 | 0.005 | 0.005 | 0.005 |

### 6.3.2 含铅废料生产合金的方法

#### 6.3.2.1 铅锡巴比合金的生产

此类合金主要用于浇铸轴承或轴瓦,所采用的铅废料要求含锡量不低于 0.2%,含铅量不低于 0.3%。其作业过程有两个基本方法:加料和调整合金成分。如生产 B16(其化学成分,%)为:Sb15 ~ 17,Cu1.5 ~ 2,Sn15 ~ 17,余量为铅,配料后浇铸温度在 360 ~ 400℃,并保证合金成分均匀。

#### 6.3.2.2 钙巴比合金的生产

钙巴比合金的化学成分(质量分数,%)为:CaO 0.85 ~ 1.15,$Na_2O$ 0.6 ~ 0.9,余量为铅。此类合金生产要求原料含锑量不超过 0.3%,其主要生产方法见表 2-6-6。

**表 2-6-6 钙巴比合金主要生产方法**

| 合金名称 | 生产方法 | 生产设备 |
|---|---|---|
| 氯化钙巴比合金 | 将氯化钙加入融熔合金中,金属钠加入反应锅中 | 反射炉 |
| 金属钙巴比合金 | 将金属钙加入融熔铅中,然后加入金属钠 | 精炼锅 |

## 6.4 湿法冶金处理废蓄电池

火法冶金处理废蓄电池,冶炼温度一般大于 800℃,熔炼时产生大量的铅蒸气或二氧化硫,造成环境污染,能源相对也较高。为此,工业发达国家开展了湿法处理废蓄电池的研究与实验,但主要是针对蓄电池分离后的铅膏部分。主要有三类工艺:第一类,电解和电积法;

第二类,固相电解还原法;第三类,制取铅化合物。

电解和电积法:废铅蓄电池经破碎分选后,金属部分可铸成阳极,在硅氟酸溶液中进行电解生产纯铅;铅膏部分经转化后进行电积生产铅。

固相电解还原法:阴极固相电解还原法处理铅膏,就是以不锈钢、钛板、镍板及其他耐电解液腐蚀的金属材料作为阴阳极,电解时把铅膏涂敷装填在阴极板上,然后放入装有氢氧化钠溶液的电解槽内,其主要电积是:

阳极: $2OH^- - 2e \longrightarrow H_2O + \frac{1}{2}O_2\uparrow$

阴极: $PbSO_4 + 2e \longrightarrow Pb + SO_4{}^{2-}$

$$PbO_2 + H_2O + 2e \longrightarrow PbO + 2OH^-$$

$$PbO + H_2O + 2e \longrightarrow Pb + 2OH^-$$

制取铅化合物:处理铅膏,可用来生产铅盐化合物产品,如 $Pb(NO_3)_2$、三盐基硫酸铅($3PbO \cdot PbSO_4 \cdot H_2O$)、红黄丹等。工艺方法与上述两种原理完全一致。

# 7 铅冶金技术发展

近30年来,铅的冶金技术充分利用了硫化铅精矿氧化产生的热能,强化了冶金过程的传质和传热速率。在采用新设备,集成控制技术等方面进行了研究和工艺优化。并建成了强化熔炼技术的多个工程化工厂。主要体现在:

(1) 以提高氧气浓度,实现自动控制的直接炼铅工艺实现了历史性突破。直接熔炼从根本上解决了烧结低浓度 $SO_2$ 的污染和治理问题,减少了返粉的处理,其技术经济指标大都优于传统炼铅方法,这是炼铅技术的最大进步和历史性突破。直接炼铅新工艺取代传统的烧结—鼓风炉熔炼是未来铅冶炼技术发展的必然方向。

(2) 以强化熔炼技术为主的铅锌联合冶炼生产企业具有较大的竞争优势。例如,基夫赛特法在铅锌联合企业不仅回收了浸出渣中的有价金属,而且可消除浸出渣及其处理过程中的环境污染。其他几种方法也能处理废蓄电池、铅烟尘等铅废料。由此可以拓宽原料来源,减少原料压力,减少含铅废料所造成的环境污染。

(3) 随着人们对铅危害性的进一步认识,在铅的冶炼过程中环境保护要求日趋严格,要求炼铅方法具有广泛的原料适应性,能处理各种含铅废料,可靠的烟气处理技术在铅冶炼行业的作用突出。如云锡采用 CANSOLV 再生胺脱硫技术处理铅冶炼烟气,$SO_2$ 的排放浓度设计指标为 $400\ mg/m^3$,社会效益明显。

(4) 铅电解的生产技术向长周期、大型化、自动化发展,以增大阳极电流密度的电解工艺探索尚未见有工程化的报道。

第三篇

# 锌 冶 金

## 1 概 述

### 1.1 锌的主要性质

锌是一种银白色重金属，断面呈金属光泽，元素符号 Zn，在元素周期表中位于第二周期，第二副族，原子序数 30，相对原子质量 65.38，密排六方晶体，常见化合价为 +2。

锌有 3 种结晶状态：α - Zn，β - Zn 和 γ - Zn，其同质异性变化温度为 170℃ 和 330℃。液态锌的蒸气压随温度升高而迅速增大，到 907℃ 时达到 10132.5Pa，火法炼锌就是利用了锌的这一特点。

锌在干燥空气或氧气中很稳定，但在潮湿空气中形成碱式碳酸锌（$ZnCO_3 \cdot 3Zn(OH)_2$），这样可以保护锌免被进一步腐蚀。熔融的锌能与铁形成化合物，可使钢铁免受腐蚀，镀锌工业利用了锌的这一特点。

锌在室温下性脆，加热到 100 ~ 150℃ 变软，能压片、抽丝。但到 200℃ 以上又变脆，易碎为粉末，加热至 225℃ 后氧化剧烈，燃烧时呈蓝绿色火焰。加温时锌同氟、氯、溴、硫作用生成化合物。锌属负电势金属（$E^{\ominus} = -0.763$ V），易溶于酸，也易从溶液中置换某些金属，如金、银、铜、镉等。

锌的主要物理性质见表 3-1-1。

表 3-1-1 锌的主要物理性质

| | |
|---|---|
| 密度(20℃)/$g \cdot cm^{-3}$ | 7.14 |
| 熔点/℃ | 419.5 |
| 沸点/℃ | 907 |
| 平均比热容(0 ~ 100℃)/$J \cdot (kg \cdot K)^{-1}$ | 394 |
| 熔化热/$kJ \cdot mol^{-1}$ | 7.38 |
| 气化热/$kJ \cdot mol^{-1}$ | 114.77 |
| 热导率(0 ~ 100℃)/$W \cdot (m \cdot K)^{-1}$ | 119.1 |
| 电阻率(20℃)/$\mu\Omega \cdot cm$ | 5.96 |

## 1.2　锌的主要化合物

锌的重要化合物有硫化锌（ZnS）、氧化锌（ZnO）、硫酸锌（$ZnSO_4$）、氯化锌（$ZnCl_2$）。

### 1.2.1　硫化锌（ZnS）

ZnS 是炼锌的主要原料，在自然界中以闪锌矿的形态存在。熔点 1923 K，1473 K 下升华。在空气中 753 K 下缓慢氧化，在 873 K 以上时剧烈氧化。

$$ZnS + \frac{3}{2}O_2 = ZnO + SO_2$$

在 1373 K 下，与 CaO 反应生成 CaS 和 ZnO。

$$ZnS + CaO = CaS + ZnO$$

硫化锌在酸中可氧化分解，目前利用这一点已研究开发了高压氧酸浸法处理硫化锌精矿的新工艺。

### 1.2.2　氧化锌（ZnO）

无天然矿物。熔点 2273 K，1473 K 下有微量升华，1673 K 时显著升华。ZnO 可被 C、CO 和 $H_2$ 还原，其中被 CO 还原的反应在 1073 K 下十分剧烈。

$$ZnO(s) + CO(g) = Zn(g) + CO_2(g)$$

在 823 K 以上，与 $Fe_2O_3$ 形成铁酸锌。

### 1.2.3　硫酸锌（$ZnSO_4$）

无天然矿物。易溶于水，密度为 3.474 g/cm$^3$，受热分解，在 1123 K 左右温度下分解压达到 10132.5 Pa。

$$ZnSO_4 = ZnO + SO_2 + \frac{1}{2}O_2$$

在 973 K 以上温度下，ZnO 易与 $Fe_2O_3$ 生成铁酸锌，所以加速上述分解反应的进行。

### 1.2.4　氯化锌（$ZnCl_2$）

熔点 591 K，沸点 1003 K，773 K 下显著升华，氯化锌的这一特点是挥发锌并得以富集的依据。氯化锌易溶于水。

## 1.3　锌的主要用途

（1）镀锌。用作防腐蚀的镀层（如镀锌板），广泛用于汽车、建筑、船舶、轻工等行业，约占锌用量的 40%。

（2）铸造锌合金。主要为压铸件，用于汽车、轻工等行业，约占 16.9%。

（3）制造铜合金。用于汽车制造和机械行业，约占 15.2%。

（4）制造干电池。以锌饼、锌板形式，约占 13.2%。

（5）制造氧化锌。用于橡胶、涂料、搪瓷、医药、印刷、纤维等工业，约占 11.4%。

（6）锌粉、锌材及其他行业。在锌湿法冶炼的净化过程中，通常用锌粉除去铜、镉等杂质，在提取粗铅中的贵金属时也用到锌，此外锌粉还用于油漆等化工行业，约占3.2%。

## 1.4 炼锌的原料

锌矿石按其所含锌矿物不同分为硫化矿与氧化矿两种。在硫化矿中锌呈闪锌矿或铁闪锌矿状态存在。最多的是闪锌矿（ZnS）。在氧化矿中锌多呈菱锌矿（$ZnCO_3$）与硅锌矿（$ZnO \cdot SiO_2$）状态存在。氧化矿是硫化矿经长期风化转变形成的。单一的锌矿床发现的很少，一般多与其他金属硫化矿共生，最常见的有铅锌矿、铜锌矿、铜铅锌矿等，还常与黄铁矿伴生。

选矿后的硫化锌精矿含锌为38%～62%，Zn、Fe、S总和为90%～95%。锌精矿中还含有$SiO_2$、$Al_2O_3$、$CaCO_3$和$MgCO_3$以及Co、In、Ga、Ge、Tl等稀有金属。因此处理锌精矿提炼锌时，必须充分回收其中的有价金属。除了矿物之外，冶金工业中产生的含锌烟灰、熔铸锌时产出的浮渣和一些氧化锌，也可作为炼锌原料。

## 1.5 锌的冶炼方法

现代锌的冶炼方法分为火法与湿法两大类。火法炼锌有竖罐炼锌、ISP鼓风炉炼锌、电炉炼锌。湿法炼锌即为电解法。传统的火法炼锌或湿法炼锌工艺中硫化锌精矿均必须先焙烧，氧压浸出新工艺取消了硫化锌精矿焙烧，真正实现了全湿法炼锌流程。

无论火法炼锌或湿法炼锌，生产流程皆较复杂，在选择工艺时应根据原材料性质，力求技术先进可行，经济合理，耗能少，环境保护好，成本低，并符合减少污染，降低能耗，节约成本和提高有价金属回收率的锌冶炼技术发展方向和《铅锌行业准入标准》等国家相关产业政策。

# 2 硫化锌精矿的焙烧

## 2.1　硫化锌精矿焙烧的目的

从硫化锌精矿中提取锌，传统的火法炼锌或湿法炼锌工艺中硫化锌精矿均必须先焙烧，使焙烧产物适合下一步冶炼要求，因此焙烧是生产锌的第一个冶金过程，但随采用的生产流程不同，对焙烧过程的要求也不同。

（1）竖罐炼锌、电炉炼锌：1）通过焙烧力求除去全部硫和绝大部分的铅、镉，获得主要以金属氧化物组成的多孔度的焙烧矿，这样可使蒸馏过程强化，且得到较纯的锌；2）电收尘部分烟尘作为提铅、镉的原料；3）得到 $SO_2$ 浓度高的烟气，用以制造硫酸。

（2）ISP 鼓风炉炼锌：1）通过烧结机进行焙烧，要求脱硫、结块，还要控制铅的挥发；2）为回收精矿中的铜，根据含铜高低，还要适当残留一部分硫，以便在熔炼中制造冰铜。

（3）湿法炼锌：在高温（930～950℃）下采用流态化技术，使硫化锌和空气中的氧发生化学反应生成氧化锌。湿法炼锌对焙烧的具体要求是：1）尽可能完全地氧化金属硫化物，并在焙烧矿中得到氧化物及少量硫酸盐；2）使砷、锑氧化，并以挥发物状态从精矿中除去；3）焙烧时，尽可能地减少铁酸锌，以便提高锌直收率；4）得到 $SO_2$ 浓度高的烟气，用以制造硫酸；5）得到细小粒状焙烧矿，以利浸出进行。

由上述可知，硫化锌精矿焙烧的具体要求是将硫化锌矿转变为氧化锌，并脱出精矿中的部分伴生元素，以利于下一步的冶炼过程。尽管火法炼锌、湿法炼锌随采用的生产流程不同，工艺多种多样，对焙烧过程的要求也不同，但近年来的发展趋势是，尽可能提高焙烧温度，强化生产，加强硫化锌氧化反应速度，降低焙烧残硫量，提高焙烧矿的质量。

## 2.2　硫化锌精矿焙烧的热力学

### 2.2.1　Zn－S－O 系等温平衡状态图

焙烧过程中的 Zn－S－O 系等温状态图如图 3-2-1 所示。

由图 3-2-1 可知：当焙烧温度一定时，焙烧过程中锌的存在形态取决于 $p_{SO_2}$ 和 $p_{O_2}$。如图 3-2-1 中 $A$ 点和 $B$ 点。当气相组成不变，改变焙烧温度时，也可改变焙烧产物中锌存在的形态。如图 3-2-1 中粗实线所示。当温度升高时，ZnO 区域扩大，$ZnSO_4$ 稳定区缩小。

在实际的锌精矿焙烧过程中，就是通过控制焙烧温度和气相组成来控制焙烧产物中锌的存在形态。生产中通过控制供风量（空气过剩系数）来调节气相组成。

火法炼锌的焙烧温度一般控制在 1273 K 以上，有的达到 1340～1370 K。空气过剩系数为 1.05～1.10。

湿法炼锌的焙烧温度一般控制在 1143～1193 K，有的达到 1293 K。空气过剩系数为 1.20～1.30。

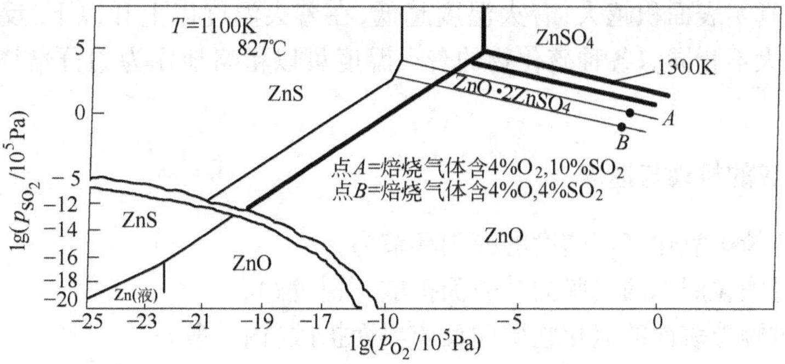


图 3-2-1 焙烧过程中的 Zn - S - O 系等温状态图

### 2.2.2 铁酸锌($ZnO \cdot Fe_2O_3$)和硅酸锌($ZnO \cdot SiO_2$)的生成

由于锌精矿中含有 FeS 或(Zn,Fe)S,焙烧过程中铁酸锌的生成是不可避免的。铁酸锌的生成对湿法炼锌的影响较大。利用图 3-2-2 的 Zn - Fe - S - O 系平衡状态图,可以了解生成铁酸锌的焙烧条件和减少铁酸锌生成的措施。

由图 3-2-2 可知:焙烧过程中只要减少 $Fe_2O_3$的生成,就可以减少铁酸锌的生成。从图中可以看到,当焙烧温度一定时,$\lg p_{O_2} < -6.0$ 时,$Fe_2O_3$分解为 $Fe_3O_4$,这样可以减少产物中铁酸锌的生成。提高焙烧温度可使 $Fe_3O_4$的稳定区域扩大,也减少铁酸锌的生成。因此,焙烧过程中一定要维持低氧分压和适当提高焙烧温度。

生产实践表明,随着温度的升高,接触良好,接触时间的延长,以及铅的存在会导致硅酸锌($ZnO \cdot SiO_2$)的生成量增加。硅酸锌($ZnO \cdot SiO_2$)的生成量对湿法炼锌有一定的影响,但对火法炼锌不需特别注意。

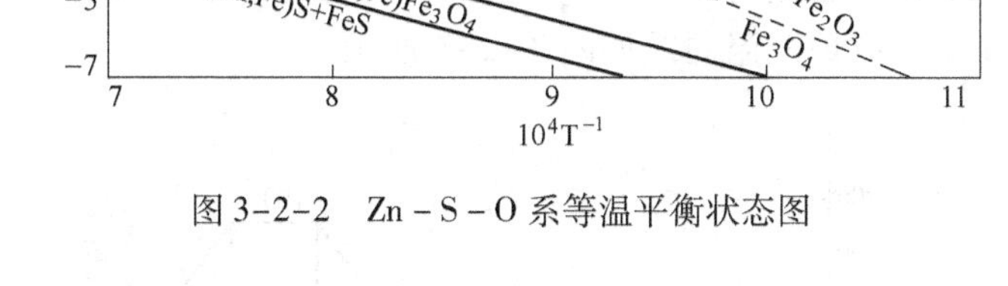


图 3-2-2 Zn - S - O 系等温平衡状态图

## 2.3 硫化锌精矿焙烧动力学

### 2.3.1 硫化锌精矿的着火温度

在某一温度下,硫化物氧化所放出的热量足以使氧化过程自发地扩展到全部物料并使反应加速进行,此温度即为着火温度,各种硫化物具有自己的着火温度,着火温度取决于硫化物的物理性质与化学性质以及外界因素。

粒度越小,真实表面积越大,着火温度越低,在着火温度以上和以下,反应速度相差较大,控制环节也大不相同。各种硫化物的着火温度可以粗略地作为划分焙烧反应速度和控制环节的标志。

### 2.3.2 焙烧反应的机理与速度

决定硫化锌精矿氧化焙烧速度的控制环节为:

(1) 氧通过颗粒周围的气膜向其表面扩散(外扩散);

(2) 氧通过颗粒表面的氧化物层向反应界面扩散(内扩散);

(3) 在反应界面上进行化学反应;

(4) 反应的产物 $SO_2$ 向着与氧相反方向的扩散。

反应速度是由以上四个环节中最慢的环节来决定,硫化锌矿氧化生成的氧化锌层比较疏松,对氧和 $SO_2$ 的扩散阻力不大,因此决定反应速度的环节是气膜中氧的扩散和界面反应。在830℃以下,界面反应的阻力占主要地位,880℃以上,气膜传质的阻力占绝对优势。颗粒粒度的减小有利于界面反应,也有利于扩散过程,但不能过小,否则增加烟尘率。

## 2.4 焙烧生产实践

硫化锌精矿的焙烧大都采用沸腾炉焙烧,有的还采用多膛炉焙烧或悬浮焙烧。

沸腾炉焙烧是在焙烧过程中使空气自下而上地吹过固体炉料层,使固体颗粒相互分离,不停地翻动,有效地进行硫化物氧化反应的强化焙烧过程。沸腾炉所用设备简单,易于实现自动化控制。沸腾焙烧的应用是从1944年开始,首先用于硫铁矿的焙烧,1952年才应用到炼锌工业中。我国于1957年末建成第一座工业沸腾焙烧炉并投入生产,且在后来新建的炼锌厂都采用了沸腾焙烧。

沸腾焙烧炉主要有带前室的直筒形炉,无前室道尔型直型炉和鲁奇扩大型炉三种类型。

### 2.4.1 沸腾焙烧炉开炉与停炉

(1)烘炉。新砌炉和炉体大修后都需要烘炉。烘炉的方法有在炉底上铺上铁板投入木柴燃烧烘炉,在水套口砌筑燃煤火炉引热气进入炉内烘炉,燃烧煤气或重油烘炉等。新建炉的烘炉一般与锅炉煮炉一起进行。

沸腾焙烧炉烘炉与煮炉升温曲线如图3-2-3所示。

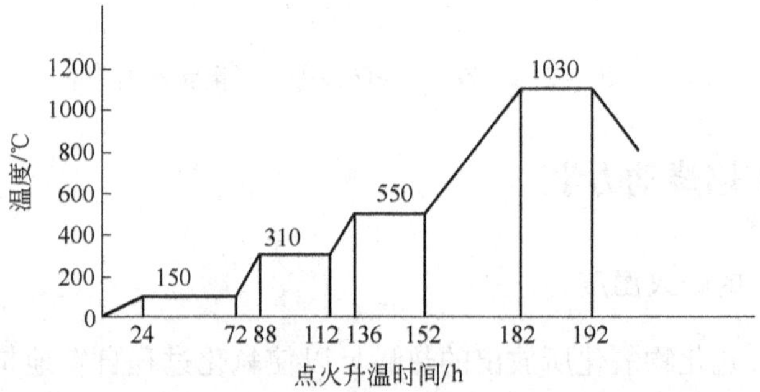


图3-2-3 沸腾焙烧炉烘炉与煮炉升温曲线

（2）开炉。在炉底铺500～600mm厚焙砂，鼓风冷却20～30min，使整个料层均匀平整。如发现不平整应查明原因后妥善处理好后再鼓风冷却，直至整个料层均匀平整。根据各地情况，可用木柴、木炭、锯木屑、煤气、柴油和重油等升温。现以柴油升温开炉为例：冷却整个料层均匀平整后，在炉内架设少量木柴作为柴油的引燃物，点燃木柴，架好油枪，控制适宜的流量向炉内喷油，当沸腾层达到一定温度（150～200℃）时，鼓小风保证料层呈微沸腾，当沸腾层温度达到600～650℃时，可加入适量煤粉加速沸腾层温度的上升，并逐步调整鼓风量，当沸腾层温度达到850～930℃时开始加料，调整鼓风量到正常指标，转入正常操作。

（3）停炉。停炉分计划停炉和临时停炉。计划停炉：当接到停炉指令后，先停止进料，继续鼓风至沸腾层冷却，待炉料完全冷却（沸腾层温度不高于65℃）后停止鼓风，打开炉门进行清理。临时停炉：当接到停炉指令后，先停止进料，继续鼓风至沸腾层温度达到800～850℃时，停止鼓风，这样可避免炉料发生黏结，一般停风16h内，恢复鼓风能继续生产。

### 2.4.2 沸腾焙烧的正常操作

沸腾焙烧正常操作的原则：根据原料组成确定焙烧温度和风量，调整进料量控制温度（即定温、定风、调整料量）。对沸腾焙烧来说，稳定的鼓风量、适宜的温度和炉底压力保持在8～12kPa，是保证生产正常的必要条件，其中沸腾层温度的控制尤为重要。在实际生产中，为了保持温度的稳定，通常要做到“三个稳定”，即沸腾炉鼓风量、矿石组成和投矿量稳定。

沸腾炉鼓风量的控制：适宜的沸腾炉鼓风量，是保证沸腾层稳定性的必要条件，而且对炉气中$SO_2$浓度、沸腾层温度也有直接影响。对于一定面积的炉子而言，在一定粒径的锌精矿条件下，其鼓风量，即直线速度的下限值是一定的，实际操作的沸腾炉鼓风量是使其直线速度介于临界速度与最大速度之间，在理论上有较大的范围。但实际上，由于锌矿的粒径大小不同，在一定的直线速度下，有的粒子达到了最大速度形成了烟尘，有的粒子未达到临界速度。由于烟尘粒度较细，含硫量较高，冶炼要求其生成量尽量少。因此，对于一定的炉子和一定范围粒径的锌精矿而言，沸腾炉鼓风量的调整余地并不大。如某企业19$m^3$沸腾炉鼓风量控制在8500～9000$m^3/h$（447～474$m^3/(m^2 \cdot h)$）。

沸腾层温度的控制：一般认为，对于含铅和二氧化硅量相对较高的锌原料，应采用低温硫酸化焙烧（温度控制为870～900℃），以期得到含硅酸锌较少的焙砂和烟尘，便于浸出工序易于操作控制。但实际上，在此温度条件下，硅酸锌的形成已无法避免，而且由于温度控制较低，当外围条件变化时，炉子温度下降较快，沸腾层平均温度实际上仅能达到830～850℃，致使焙砂、烟尘残硫量较高，酸溶锌率低于90%，锌冶炼湿法直收率较低，呈ZnS状态的这部分浸出渣中锌金属，无论是火法处理，还是湿法处理，均回收率低，严重影响企业经济效益。

提高沸腾层温度，并与适当的鼓风量相配合，不但可以强化沸腾焙烧过程，而且有利于硫的回收，提高焙砂和烟尘质量，提高酸溶锌率。但温度的提高又受到物料本身性质，以及炉子耐火材料承受温度能力的限制。

综合上述因素，沸腾层温度控制在930～950℃，且温度低于850℃不允许进料升温的操作较为适宜。在这种条件下，焙砂和烟尘酸溶锌率可达93%～94%，对提高锌冶炼直收率和改善浸出条件均较有利。

## 2.5　沸腾焙烧的主要技术经济指标

（1）床能率（又称焙烧强度）。沸腾炉床能率是指单位面积每天处理的干精矿量。一般为5.5～7.0t/($m^2$·d)，采用高温焙烧时为6.5～8.0t/($m^2$·d)。

（2）脱硫率。焙烧脱硫率是指精矿在焙烧过程中氧化脱出进入烟气的硫量占精矿中硫量的百分数。一般为86%～95%，采用高温焙烧时为95%～98%。

（3）焙砂产出率与烟尘率。焙砂产出率是指焙砂产量占加入干精矿量的百分数。一般为50%～60%，采用高温焙烧时为65%～70%。

烟尘率是指产出烟尘量占焙烧矿量的百分数。一般为40%～50%，采用高温焙烧时为18%～25%。

（4）焙烧矿产出率。焙烧矿产出率又称烧成率，指焙烧矿（焙砂和烟尘量）量占加入干精矿量的百分数。一般为86%～92%，采用高温焙烧时为86%～88%。

（5）可溶锌率。可溶锌率是湿法炼锌中焙烧工序的一项重要生产指标，指焙烧矿中可溶于稀硫酸的锌量占总锌量的百分数。一般为90%～95%。

# 3 湿法炼锌

## 3.1 锌焙砂的浸出

### 3.1.1 浸出的目的

(1) 使物料中的 Zn 尽可能地全部溶解到浸出液中,得到高浸出率;

(2) 使有害杂质尽可能地进入渣中,达到与锌分离的目的。

浸出过程分为中性浸出、酸性浸出和 ZnO 粉浸出。中性浸出过程中为了使铁和砷、锑等杂质进入浸出渣,终点 pH 值控制在 5.0~5.2 左右。此时浸出渣中有大量的锌焙砂存在(含锌 20% 左右),所以中性浸出渣必须进行酸性浸出。

### 3.1.2 浸出过程的热力学基础

锌焙砂的浸出过程是焙烧矿氧化物用稀硫酸溶解和硫酸盐的水溶解过程。锌、铜、铁、钴、镍和镉的氧化物均能有效地溶解,而 CaO 和 PbO 则生成难溶的硫酸盐沉淀。

$$CaO + H_2SO_4 = CaSO_4 \downarrow + H_2O$$

$$PbO + H_2SO_4 = PbSO_4 \downarrow + H_2O$$

实际生产中中性浸出终点 pH 值控制在 5.2~5.4,从而除去浸出液中的铁、砷和锑,如果高于此值,就会生成 $Zn(OH)_2$沉淀,降低锌的浸出率。

从图 3-3-1 氧化物的稳定区域图中可以看出:要使焙砂 ZnO 完全溶解,并想得到 $a_{Zn}^{2+}$ 的溶液,必须控制浸出的 pH 值在 5.5 以下。$Al_2O_3$在酸浸时仅少量溶解,大部分不溶进入渣中;$Fe_2O_3$在中浸时不溶,在酸浸时部分溶解,进入溶液的铁主要以低价铁存在,在一般酸浸(终点 pH 值控制在 2~3 时)条件下,约有 10% ~20% 的进入溶液,其余进入渣中;CuO 在中浸时不溶,在酸浸时部分溶解,约有 50% 的进入溶液其余进入渣中;砷、锑氧化物,因具有两性氧化物性质,可以亚砷(锑)酸、亚砷(锑)酸盐、砷(锑)酸的形态进入溶液。

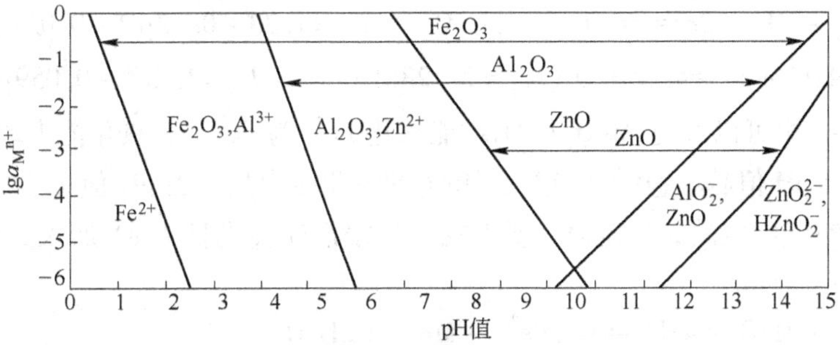


图 3-3-1 氧化物的稳定区域图

从图 3-3-2 可以看出:分离酸性溶液中的金属离子的最简单的方法是中和沉淀法。浸出时生成的 $Fe_2(SO_4)_3$、$Al_2(SO_4)_3$、$As_2(SO_4)_3$、$Sb_2(SO_4)_3$及锗、镓、铟的硫酸盐在中性浸出时发生水解而进入渣中。

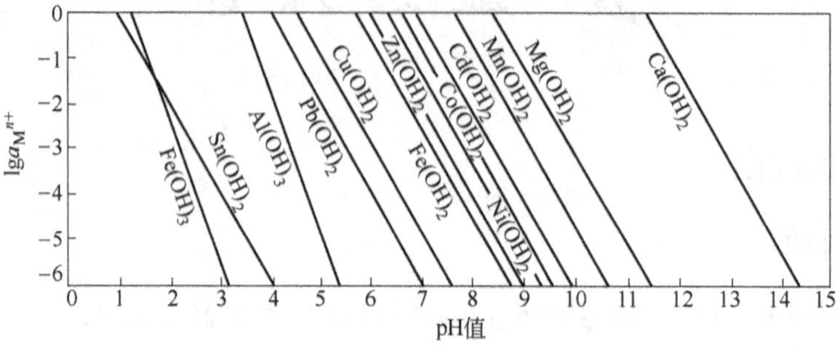


图 3-3-2 298 K 下各种氢氧化物的 $\lg a_{M}^{n+}$ – pH 关系图

### 3.1.3 中性浸出中 $Fe^{2+}$的氧化及 $Fe^{3+}$与 As、Sb 的共沉淀

pH = 5.0 ~ 5.2 时, $Fe^{3+}$可完全除去,但 $Fe^{2+}$除不去,为此必须把 $Fe^{2+}$氧化为 $Fe^{3+}$方能除去。实际生产中加软锰矿($MnO_2$)来氧化 $Fe^{2+}$。氧化原理可以从图 3-3-3 中性浸出中 $Fe^{2+}$氧化为 $Fe^{3+}$的电位 – pH 图看出。

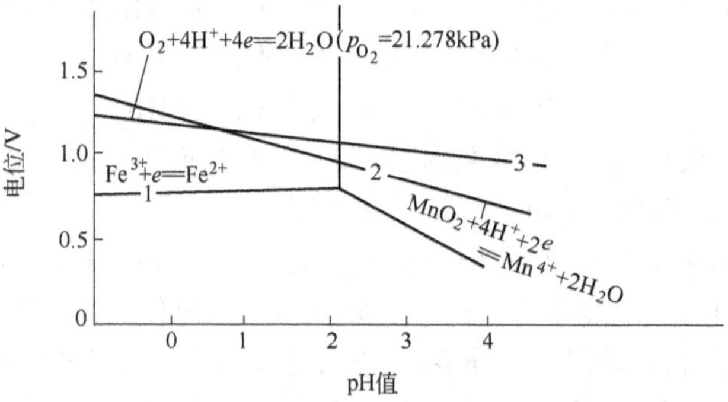


图 3-3-3 中性浸出中 $Fe^{2+}$氧化为 $Fe^{3+}$的电位 – pH 图

(1) $Fe^{3+} + e = Fe^{2+}$  $E_1 = 0.77 + 0.059\lg(a_{Fe^{3+}}/a_{Fe^{2+}})$

(2) $MnO_2 + 4H^+ + 2e = Mn^{2+} + 2H_2O$  $E_2 = 1.23 - 0.12pH - 0.031\lg a_{Mn^{2+}}$

(3) $O_2 + 4H^+ + 4e = 2H_2O$ ($p_{O_2} = 21.28kPa$)  $E_3 = 1.224 - 0.059pH$

从图 3-3-3 中可以看到,$MnO_2$和 $O_2$均能氧化 $Fe^{2+}$为 $Fe^{3+}$,其氧化能力取决于 $E_2$、$E_3$与 $E_1$的差值大小。pH 值越小,其差值越大,$MnO_2$的氧化能力强。当 pH 值小于 0.5 时 $MnO_2$的氧化能力大于空气中氧的氧化能力。所以在中性浸出时要先把 $MnO_2$加入到矿浆中。其氧化反应可写成:

(4) $2Fe^{2+} + MnO_2 + 4H^+ = 2Fe^{3+} + Mn^{2+} + 2H_2O$

$E_4 = E_2 - E_1 = 0.46 + 0.12pH - 0.031\lg(a_{Mn^{2+}} \cdot a_{2Fe^{3+}}/a_{2Fe^{2+}})$

在实际生产中,中性浸出前期 pH≈1, $Mn^{2+}$ = 3 ~ 5 g/L, $a_{Mn^{2+}} \approx 1.82 \times 10^{-2}$,代入上式

可求得，$a_{Fe^{2+}}/a_{Fe^{3+}}=1.6\times10^{-5}$，即$Fe^{2+}$氧化很完全。

在中性浸出过程中，采用鼓风搅拌的方法，也是为了利用空气中的氧来氧化二价铁。

浸出液中的砷、锑、锗与铁共沉淀，所以当浸出液中这三种杂质含量较高时，必须保证浸出液中有足够多的铁离子。通常铁含量应为砷和锑总量的10~20倍。

铁与砷、锑共沉淀的机理，基于下列原理：

(1) 在$Fe(OH)_3$胶体的絮凝过程中，具有很高的吸附能力，这时砷和锑的氢氧化物被吸附共沉；

(2) 浸出液中形成的$Fe(OH)_3$胶体与$As^{3+}$发生下列反应

$$4Fe(OH)_3+H_3AsO_3 = Fe_4O_5(OH)_5As\downarrow+5H_2O$$

锑也有类似的反应。

### 3.1.4 浸出过程的速度及其影响因素

锌焙砂浸出过程是属于液-固之间的多相反应。反应速度受酸浓度和温度影响外，还与反应物接触的表面积、液体黏度和溶质的物理化学性质有关。控制反应速度环节主要是液相边界层的扩散过程和界面反应过程。

(1) 扩散过程控制。酸浓度越大，反应速度越快，所以实际生产中要适当提高反应液酸度(170~200 g/L)。提高搅拌强度，也能加快反应速度。还有颗粒越细或提高反应温度，降低介质黏度都能增大扩散系数，也能提高反应速度。

(2) 界面反应过程控制。当搅拌强度达到一定程度后，扩散过程能够比较顺利地进行，这时氧化锌的溶解速度取决于界面反应速度。研究表明，此时影响反应速度的主要因素为反应温度。

### 3.1.5 高温高酸浸出黄钾铁矾法沉淀工艺原理

经中性浸出和酸性浸出后的浸出渣含锌仍在17%~20%左右。分析表明，渣中锌的主要形态为$ZnFe_2O_4$(60%~90%)和ZnS(10%~16%)。

研究表明，铁酸锌在85~95℃的高温下，硫酸浓度为200 g/L时能有效地溶出，浸出率达到95%以上。

热酸浸出时有95%~96%的锌被溶解出来，但同时也有90%的铁被溶解出来。如果用通常的水解法沉铁，由于有大量的胶状铁质生成，难以进行沉淀过滤。而当溶液中有碱金属硫酸盐存在时，在pH值为0.5~3、温度为90℃以上的情况下，会生成一种过滤性十分良好的结晶-碱式复式盐沉淀。

经X射线衍射分析，得知此种结晶与天然的黄钾铁矾结构非常相似，所以把这种复式盐通称为黄钾铁矾结晶。生成黄钾铁矾结晶的反应为：

$$3Fe_2(SO_4)_3+2(A)OH+10H_2O = 2(A)Fe_3(SO_4)_2(OH)_6+5H_2SO_4$$

式中，A为$K^+$、$Na^+$、$NH_4^+$、$Ag^+$、$H_3O^+$和$\frac{1}{2}Pb^{2+}$。这几种碱金属离子中$K^+$的作用最佳，$Na^+$稍差。溶液中的一部分$Fe^{2+}$需氧化成$Fe^{3+}$，氧化剂可用$MnO_2$。

黄钾铁矾法的优点是：

(1) 生成的黄钾铁矾为晶体，易过滤洗涤；

（2）铁矾中只含少量的 Na、K、$NH_4$ 等，所以试剂消耗量少；

（3）铁矾沉铁过程中产生的硫酸比生成氢氧化铁或氧化铁时的少，所以中和剂用量少，对有硫酸积累的工厂有利。

但是黄钾铁矾法有生产流程比较长的缺点。芬兰科科拉电锌厂提出了铁酸锌的浸出和沉铁结合起来的一种处理方法，其反应如下：

$$3MO \cdot Fe_2O_3(s) + 12H_2SO_4(l) = 3MSO_4(l) + 3Fe_2(SO_4)_3(l) + 12H_2O$$

$$3Fe_2(SO_4)_3(l) + xA_2SO_4(l) + (14-2x)H_2O$$
$$= 2A_x(H_3O)(1-x)[Fe_3(SO_4)_2(OH)_6](s) + (5+x)H_2SO_4(l)$$

两式相加得：

$$3MO \cdot Fe_2O_3(s) + (7-x)H_2SO_4(l) + xA_2SO_4(l) + (2-2x)H_2O$$
$$= 2A_x(H_3O)(1-x)[Fe_3(SO_4)_2(OH)_6](s) + 3MSO_4(l)$$

式中，M 代表 Zn、Cu、Cd；A 代表 $Na^+$、$K^+$、$NH^{4+}$ 等。

用此法处理含铁 12% 的焙砂时，锌浸出率达到 99%，铁矾渣中含锌 1.5%，而且不含铁酸锌。此法只能用于处理含铅和银量低的原料，因为此法不能像黄钾铁矾法一样分离出 Pb - Ag 渣。

### 3.1.6 热酸浸出针铁矿法沉铁新工艺

从图 3-3-4 Fe - $H_2O$ 系电位 - pH 图中可以看出：$Fe^{3+}$ 的沉淀过程受温度的影响。低温下，控制一定的 pH 值和温度可生成 $Fe(OH)_3$ 沉淀，当温度升高到 90℃ 以上时，控制一定的 pH 值可生成 FeOOH（针铁矿），当温度升高到 150℃ 时，可生成 $Fe_2O_3$（赤铁矿）。

针铁矿法沉铁反应为：

$$Fe_2(SO_4)_3 + ZnS + \frac{1}{2}O_2 + 3H_2O = ZnSO_4 + 2FeOOH\downarrow + 2H_2SO_4 + S$$

针铁矿法沉铁条件是：

（1）溶液中 $Fe^{3+}$ 浓度要 <2 g/L；

（2）溶液 pH 值控制在 3 ~ 4；

（3）溶液温度高于 90℃。

实际的热酸浸出液中 $Fe^{3+}$ 为 20 g/L 以上，有的高达 30 ~ 40 g/L，显然不能直接沉针铁矿。为此实际生产中采用以下两种方法：

（1）用 ZnS 还原 $Fe^{3+}$ 的方法。其反应为：

$$Fe_2(SO_4)_3 + ZnS = 2FeSO_4 + ZnSO_4 + S$$

结果使 $Fe^{3+}$ 浓度低于 2 g/L，这时开始鼓入空气，不断氧化 $Fe^{2+}$ 为 $Fe^{3+}$，同时中和溶液，控制 pH 值在 3 ~ 4，就可连续生成针铁矿。生成针铁矿的速度足以保证 $Fe^{3+}$ 的浓度一直小于 2 g/L。

（2）通 $SO_2$ 方法。在热酸浸出过程中就通入 $SO_2$ 气体进行还原，直接得到 $Fe^{2+}$ 溶液，这样在沉铁过程中就不用再还原 $Fe^{3+}$ 了。

针铁矿除铁法的优点是：

（1）沉铁较完全，沉铁后溶液中含铁小于 1 g/L；

（2）沉铁得到的针铁矿晶体的过滤性能好；

（3）沉铁过程中不需要加入其他试剂。

缺点是：

（1）溶液中的 $Fe^{3+}$ 的还原和 $Fe^{2+}$ 的氧化过程，操作比较复杂；

（2）在渣的存放过程中，渣中的一些离子（$SO_4^{2-}$），有可能渗漏，造成污染。

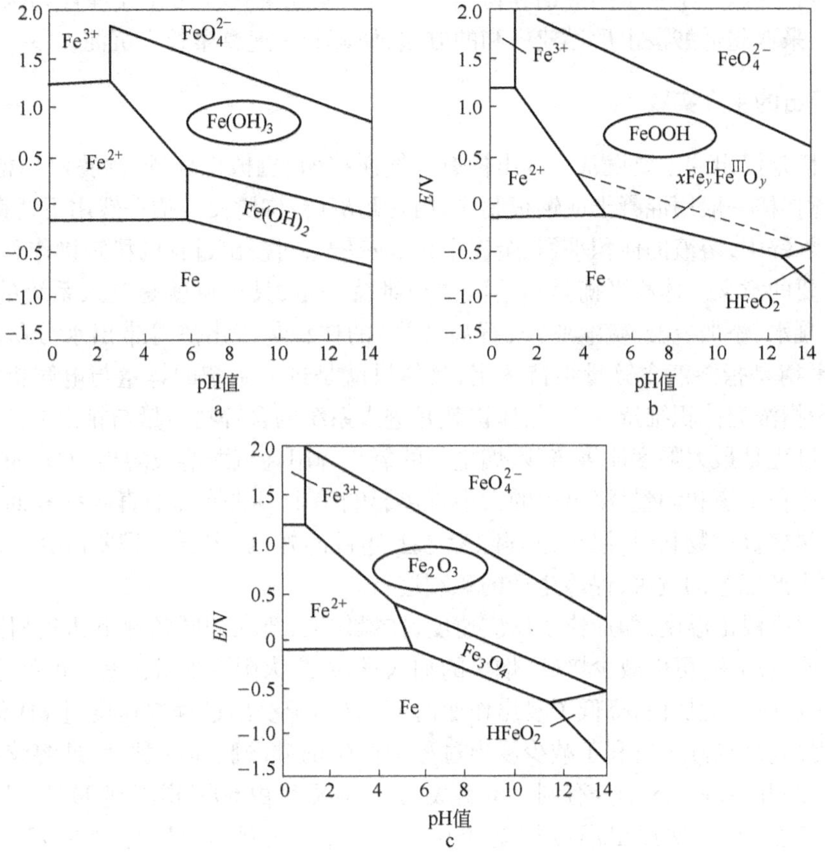


图 3-3-4　Fe－$H_2O$ 系电位－pH 值图

a—25℃；b—100℃；c—150℃

### 3.1.7　赤铁矿法沉铁工艺

赤铁矿法沉铁反应为：

$$Fe_2(SO_4)_3 + 3H_2O = Fe_2O_3 \downarrow + 3H_2SO_4$$

当沉铁温度为 473 K，压力为 1823.85 ~ 2026.5 kPa，在高压釜中反应 3 h，沉铁后液中含铁 1 ~ 2 g/L，沉铁率达 90%。温度越高越有利于赤铁矿的生成。

此法的优点是：赤铁矿中含铁达 58%，可作为炼铁原料；渣的过滤性能好；可从渣中回收镓和铟。

缺点是：设备投资高。

### 3.1.8　硅酸盐在浸出过程中的行为

焙烧矿中 $SiO_2$ 以游离态 $SiO_2$ 和结合态 $MeO \cdot SiO_2$ 形式存在。前者不溶于稀酸，后者可溶于稀酸，分解出不沉淀的胶状 $SiO_2$，在中性浸出过程中，如果少量生成，则与氢氧化物一道沉淀，但可溶硅量高时，导致大量硅胶产生，使矿浆澄清、过滤和洗涤困难。

加热可促使硅胶凝聚胶结，有利于沉淀。也可利用各种絮凝剂加速硅胶的凝聚和沉淀。絮凝剂有丹宁酸、二丁基苯磺酸钠和树脂等。澳大利亚电锌公司在处理含 $SiO_2$30% ~40%的锌矿时，采取先低酸浸出后迅速中和的方法，使硅胶快速凝聚长大沉淀。

### 3.1.9 浸出的生产实践

浸出槽是浸出的主要设备。浸出槽有空气搅拌槽、机械搅拌槽、沸腾浸出槽，空气搅拌槽、机械搅拌槽一般用混凝土或钢板制作，内衬耐酸砖，沸腾浸出槽一般用不锈钢板制作。

湿法炼锌中，溶液的体积平衡、金属平衡、渣平衡，对浸出过程的稳定操作和技术控制具有非常重要的意义。体积平衡是指溶液体积维持一定，具体讲就是进入系统的水（含加热用蒸汽冷凝水、添加硫酸、硫酸亚铁、石灰乳等）的体积与浸出渣等带出水分所占的体积平衡；金属平衡是指溶液含锌量维持一定，具体讲就是进入系统的锌量与电解析出的锌量平衡；渣平衡指浓泥体积维持一定，具体讲就是进入系统的含锌物料量与排出的渣量平衡。

浸出过程是最大限度地将焙砂、烟尘中的氧化锌用稀硫酸溶液溶出，并对整个湿法炼锌系统进行体积平衡和调整，浸出率的大小直接影响整个湿法炼锌的直收率和回收率。在处理含 $SiO_2$量较高的物料时，浸出过程除考虑上述目的外，更主要的是要研究采取措施来降低 $SiO_2$对生产工艺的危害，保障生产的顺利进行。

（1）提高浸出温度：即加快了反应速度，在操作上，要在相同条件下达到相同的 pH 值，由于反应速度加快，可以减少焙砂、烟尘的加入量，并最大限度地溶出其中的锌金属，提高浸出率；由于反应速度加快，降低了浸出作业时间，有利于浸出过程快速度过 pH 值 =3 ~4 的危险区；提高浸出温度，有利于减少浸出过程中产生的硅酸胶体的黏度，且溶胶被破坏进入渣中，对浓缩和过滤工序十分有利。资料表明，矿浆温度由 60℃提高到 90℃，过滤速度增加一倍。如某企业，一次浸出温度控制在 65 ~70℃，二次浸出温度控制在 75 ~80℃，效果较佳。

（2）添加反离子促凝剂（$Fe^{3+}$、$Al^{3+}$ 等）：浸出过程承担着水解净化除 $As^{3+}$、$Sb^{3+}$、$Ge^{4+}$等的任务，$Fe^{3+}$水解沉淀时可吸附 $As^{3+}$、$Sb^{3+}$、$Ge^{4+}$等杂质，形成共沉淀，而且由于溶液中的 $H_4SiO_4$溶胶带负电荷，高电荷阳离子对溶胶起凝聚作用，可改善矿浆的澄清与过滤性能。

（3）控制合理的一次浸出矿浆锌浓度：矿浆锌浓度的升高，意味着增加硫酸和焙砂烟尘的投入量，使溶液含固量增加。当焙砂、烟尘含 $SiO_2$时，由于 $SiO_2$的溶出，使矿浆黏度大幅增加，密度差减少，对浓缩澄清极为不利。某企业根据原料实际，一次浸出矿浆锌浓度控制在 120 ~130 g/L 较为合理。

（4）减少 $SiO_2$在系统中的积累：在酸性浸出时，大部分 $H_4SiO_4$凝块从中性浓密底流中浸出进入溶液，而后进入调浆液。为了避免 $SiO_2$在系统中的积累，必须严格控制二次浸出过程酸为 pH 值 =1.5 ~2.5，终点 pH 值 =2.5 ~3.0。

某企业浸出主要操作技术条件如下：

（1）氧化液制备：温度 40 ~50℃，$H_2SO_4$为 10 ~30 g/L，$Fe_{全}$为 0.8 ~2.5 g/L，$Fe^{2+}\leqslant$ 0.01 g/L，时间 20 ~30 min，根据氧化液化验结果，每 15 min 加锰粉一次（20 ~50 kg/次），进

出液流量 30 ~ 40 $m^3/h$。

（2）沸腾浸出：冲矿液固比（6 ~ 8）∶1，投料量 5.5 ~ 6.5 t/h，一级沸腾槽底部废电解液流量 15 ~ 20 $m^3/h$，一级沸腾槽出口 pH 值 2.5 ~ 3.5，二级沸腾槽出口 pH 值 5.2 ~ 5.4，浸出温度 60 ~ 70℃，浸出时间 12 ~ 15 min。

（3）普通酸性浸出：始酸 50 ~ 100 g/L，浸出液固比（5 ~ 8）∶1，浸出温度 70 ~ 80℃，浸出时间 3 ~ 5 h，浸出终点 pH 值 = 2.0 ~ 3.0。

（4）高温高酸浸出：始酸 80 ~ 120 g/L，浸出液固比（6 ~ 8）∶1，浸出温度 80 ~ 85℃，浸出时间 5 ~ 6 h，终酸 30 ~ 40 g/L，溶液含铁 $Fe_{全}$5 ~ 10 g/L。

### 3.1.10 浸出的主要技术经济指标

（1）锌浸出率。焙烧矿经两段浸出后，进入溶液的锌量与焙烧矿中总锌量的百分数。一般当焙烧矿含锌量为 50% ~ 55%、可溶锌率为 90% ~ 92% 时，锌浸出率一般为 80% ~ 87%，连续浸出为 80% ~ 82%，间断浸出为 86% ~ 87%。近年来，各厂通过提高沸腾焙烧温度来提高焙烧矿可溶锌率，采用干式球磨磨矿技术来降低焙烧矿粒度，强化和改进酸浸操作技术条件及渣洗涤等措施，锌浸出率提高到 86% ~ 90%。

（2）浸出渣率。焙烧矿经两段浸出、过滤、干燥后的干渣量与焙烧矿量的百分数。一般当焙烧矿含锌量为 50% ~ 55% 时，其相应的浸出渣率为 50% ~ 55%。近年来，浸出渣率降低到 45% ~ 50%。

（3）渣含锌。焙烧矿经两段浸出、过滤、干燥后的渣中的锌含量。一般为 18% ~ 22%，近年来，渣含锌量降低到 12% ~ 16%。

## 3.2 浸出液的净化

### 3.2.1 净化的目的

（1）将溶液中对电解有害的杂质除至允许的含量；

（2）将这些杂质变为原料进行综合回收。

电解对新液的质量要求见表 3-3-1。

**表 3-3-1 电解对新液的质量要求** (mg/L)

| 元素 | Zn /g · L⁻¹ | Cu | Cd | Co | Ni | Sb | Pb | Ge | F | Cl | Mn /g · L⁻¹ | Fe | As | 固体悬浮物 /g · L⁻¹ |
|---|---|---|---|---|---|---|---|---|---|---|---|---|---|---|
| 成分 | 130 ~ 140 | < 0.5 | < 2 | < 3 | < 1 | < 0.1 | < 0.1 | < 0.1 | < 80 | < 100 | 3 ~ 5 | < 20 | < 0.1 | 1.5 |

### 3.2.2 锌粉置换铜镉

（1）基本原理。利用锌的标准电极电位比铜和镉的电极电位更负的特点，从浸出液中把铜和镉置换出来。

$$Zn + Cu^{2+} = Zn^{2+} + Cu$$

$$Zn + Cd^{2+} = Zn^{2+} + Cd$$

加入的锌粉可置换出氢气。所以要控制在较高的 pH 值（通常为 3 ~ 5）条件下进行。

净液过程中的搅拌均采用机械搅拌，而不用空气搅拌。这是为了防止加入的锌粉被氧化。

锌粉置换原理图如图 3-3-5 所示。

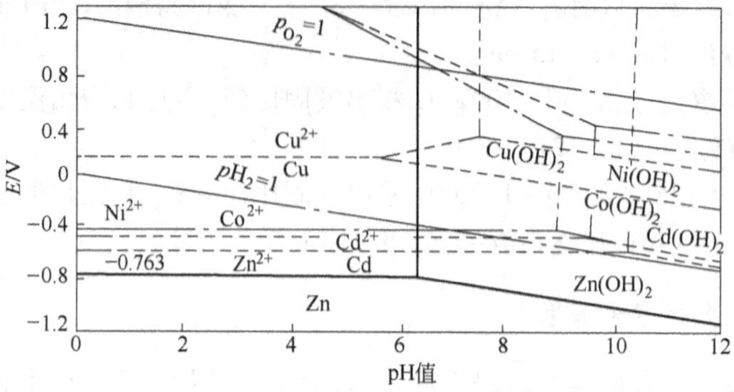


图 3-3-5　锌粉置换原理图

（2）锌粉置换除铜镉的限度。当溶液中锌离子浓度为 150 g/L，并有过量锌粉存在时，其平衡电位为

$$E_{Zn^{2+}/Zn} = E^0 + 0.059\lg a_{Zn^{2+}}/2 = -0.752$$

体系达到平衡时，

$$E_{Cu^{2+}/Cu} = E_{Cd^{2+}/Cd} = E_{Co^{2+}/Co} = E_{Zn^{2+}/Zn} = -0.752$$

从而可以计算出 $Cu^{2+}$、$Cd^{2+}$ 和 $Co^{2+}$ 除去的极限浓度分别为 $3.18\times10^{-35}$ mg/L、$2\times10^{-7}$ mg/L 和 $5\times10^{-12}$ mg/L。可见锌粉置换可使这三种离子除至合格程度。但由于动力学的因素，不能把钴除至合格程度。

（3）影响置换反应的因素。

1）锌粉质量。纯度高，即 ZnO 等杂质含量少和粒度较细（0.149 ~ 0.125 mm 及以下），都会加快反应速度；

2）搅拌速度。增大搅拌速度，可改善置换反应的动力学条件，加快反应速度；

3）置换温度。温度升高可提高置换反应的速度，但不能过高，否则会导致锌粉溶解增多和使镉复溶。因此置换温度要适当，一般为 45 ~ 50℃；

4）中浸液成分。中浸液中锌的含量、酸度、固体悬浮物和添加剂等都会影响置换反应的进行；

5）添加剂。除镉时，如果溶液中没有 $Cu^{2+}$，则除镉效果很差。溶液中 $Cu^{2+}$ 含量应保持在 200 ~ 250 mg/L。除钴时除了 $Cu^{2+}$ 外，还需要其他的添加剂。

### 3.2.3　净化除钴

前已指出，实际上由于动力学因素，除钴达不到合格程度，因此必须有另外的添加剂存在才行。虽然除钴的方法较多，但目前最常用方法为锑盐净化法。

#### 3.2.3.1　砷盐净化法

该法分两步进行。第一步是在 80℃ 温度下，向溶液中加入锌粉的同时，加入铜盐和砷盐，除铜、钴；第二步是加锌粉除镉。其净化原理简述如下：硫酸铜液和 Zn 粉反应，在锌粉表面沉积铜,形成 Cu - Zn 微电池,由于该微电池的电位差比 Co - Zn 微电池的电位差大,因而使钴易于在 Cu - Zn 微电池阴极上放电还原,形成 Zn - Cu - Co 合金。而这时的钴仍不稳定,易复溶。而加入砷盐后,$As^{3+}$也在 Cu - Zn - Co 微电池上还原,形成稳定的 As - Cu - Co - Zn 合金,从而使 $Co^{2+}$降到电解要求的程度。

砷盐净化法的缺点是,在净化过程中产生的 Cu - Co 渣被砷污染,而且还有可能放出有毒的 $AsH_3$气体和 $H_2$。

#### 3.2.3.2 锑盐净化法

锑盐净液的原理与砷盐净液相同,但净化的温度制度与砷盐净液法相反。第一步:在 50 ~60℃较低温度下,加锌除铜、镉,使铜和镉的含量分别小于 0.1 mg/L 和 0.25 mg/L。第二步:在 90℃的高温下,以 3 g/L 的锌量和 0.3 ~0.5 mg/L 的锑量计算,加入锌粉和 $Sb_2O_3$除钴,使钴含量小于 0.3mg/L。实际生产中还可以用含锑锌粉或其他含锑物料,比如酒石酸锑钾、锑酸钠和铅锑合金等。

该法与砷盐净化法相比有以下优点:

(1) 不需要添加铜离子;

(2) 先除铜和镉,后加 Sb 盐除钴效果好;

(3) 净化过程中产生的 $Sb_2O_3$易分解,所以没有剧毒气体产生;

(4) 锑盐的活性比较大,用量比较少。

#### 3.2.3.3 黄药除钴法

此法是在将除铜、镉后的熔液中,添加 $C_2H_5OCSSK$、$C_2H_5OCSSNa$、$C_4H_9OCSSK$、$C_4H_9OCSSNa$ 等黄酸盐,在 $CuSO_4$存在的条件下形成难溶的黄酸钴沉淀而除去。其反应式为:

$$CoSO_4 + CuSO_4 + 4C_2H_5OCSSK = Cu(C_2H_5OCSS)\downarrow + Co(C_2H_5OCSS)_3\downarrow + 2K_2SO_4$$

黄药除钴的条件是:

(1) 除钴温度要控制在 35 ~40℃。温度过低,反应速度慢,温度过高黄药会受热分解;

(2) pH 值应控制在 5.2 ~5.4。过高会增加黄药的消耗,降低操作效率;

由于此法消耗大量的试剂,而且净化后液含钴量较高,黄酸钴不好处理,所以工业上已很少采用。

#### 3.2.3.4 β - 萘酚除钴法

$$13C_{10}H_6ONO^- + 4Co^{2+} + 5H^+ = C_{10}H_6NH_2OH + 4Co(C_{10}H_6ONO)_3\downarrow + H_2O$$

此法虽然除钴效果好,但试剂昂贵,工业上很少采用。

### 3.2.4 净化除氟氯

湿法炼锌过程中,由于要处理其他的一些含锌物料,这些物料会不同程度地带入氟、氯,如不进行处理,对后续的电解过程会带来很多不利影响,如腐蚀电极、降低电锌质量和使剥锌困难等。因此必须事先除去。除氯的有效方法是硫酸银法:

$$Ag_2SO_4 + 2Cl^- = 2AgCl\downarrow + SO_4^{2-}$$

除氯条件:pH 值 =3 ~4;温度 50 ~55℃。

此法虽然除氯效果好,但银盐昂贵,而且再生太低。

另一种方法是利用二段净液除铜镉时得到的铜渣或处理铜镉渣提取镉后的铜渣除氯。此方法要在除铜镉前进行。

$$Cu^{2+} + 2Cl^- + Cu = Cu_2Cl_2 \downarrow$$

除氯条件:温度高于 55℃;铜渣用量:10 ~ 14 g/L。

除氟可用石灰乳法,使氟以难溶的 $CaF_2$形式除去。

### 3.2.5 净化的生产实践

净化槽是净化的主要设备。净化槽有机械搅拌槽、沸腾净化槽,机械搅拌槽一般用混凝土或钢板制作,内衬耐酸砖,沸腾净化槽一般用不锈钢板制作。

正确认识溶液深度净化工作在湿法炼锌中的重要作用至关重要。在锌电解过程中,溶液中的杂质对电解过程的进行具有很大影响,而且电解工序的劳动条件和产品产量、质量都与溶液的杂质密切相关。

溶液中的杂质多达 20 多种,按其对锌电解过程的影响程度可分为三类。第一类杂质对电解过程影响不大,主要有 Na、Mg、K、Ca、Al 等;第二类杂质对电解过程有一定的影响,且影响比较直观,主要有 Mn、Fe、F、Cl 等;第三类杂质对电解过程影响较大,主要有 Cd、Cu、Co、Ni、As、Sb、Ge 等。

在实际生产中,只要浸出工序严格按技术条件操作、控制得当,As、Sb、Ge 等在浸出过程中即能除到要求,净化工序的重点是除去溶液中的 Cd、Cu、Co、Ni 等杂质,确保新液达到深度净化要求。某企业净化采取的主要措施有:

(1) 一次净化温度控制在 80 ~ 85℃。随着温度的提高,Co 析出的超电压随之下降,锌粉能有效地置换溶液中的 Co。

(2) 合理添加降低 Co 析出的超电压的较正电性的金属(Cu、As、Sb 等),对某企业来说是添加 $Sb_2O_3$。

(3) 改善锌粉的物理和化学性质,粒度要求 -200 目大于 60%,含金属锌大于 80%,总锌大于 90%,并含有适量的 Pb、Sb($w(Pb) = 2\% \sim 3\%$、$w(Sb) = 0.1\% \sim 0.2\%$)。

(4) 精心操作,防止 Cd、Co 的复溶。

某企业净化主要操作技术条件如下:

(1) 高温净化除钴:溶液体积 40 ~ 45 $m^3$,作业温度 80 ~ 85℃,锌粉加入量 120 ~ 170 kg/槽,锑白加入量:视溶液含锑量加入,作业时间:45 min。

(2) 低温净化除铜镉:溶液体积 40 ~ 45 $m^3$,作业温度 45 ~ 55℃,锌粉加入量 50 ~ 70 kg/槽,$KMnO_4$加入量:视溶液含铁量加入,作业时间 1 h。

近年来,由于原料杂质含量升高及为进一步提高电流效率,降低能耗,电解对溶液质量的要求日趋严格的原因,各大湿法炼锌企业逐步采用三段逆锑净化工艺代替原两段净化工艺。我国株洲冶炼厂Ⅱ系统净化主要操作技术条件如下:

(1) 第一段除铜镉:作业温度 55 ~ 60℃,pH 值 3.5 ~ 4.5,喷吹锌粉加入量 2 kg/$m^3$,搅拌方式为机械搅拌,作业时间 60 ~ 90 min。

(2) 第二段除钴:作业温度 85 ~ 90℃,pH 值 3.5 ~ 4.5,喷吹锌粉加入量 4 kg/$m^3$,酒石酸锑钾 4 g/$m^3$,搅拌方式为机械搅拌,作业时间 150 ~ 180 min。

(3) 第三段除残镉:作业温度 70 ~ 80℃,pH 值 5.0 ~ 5.4,喷吹锌粉加入量 1 kg/$m^3$,搅拌方式为机械搅拌,作业时间 60 ~ 90 min。

### 3.2.6 净化的主要技术经济指标

(1)吨锌锌粉耗:40 ~ 60 kg;

(2)锌回收率:99.3% ~ 99.5%。

## 3.3 硫酸锌溶液的电沉积

净化得到的新液,通过不溶阳极电解的方法从中提取锌。所用的阳极板为铅-银二元合金板(含银为 0.75% ~ 1%)或铅-银-钙三元合金板(含银为 0.25%)、铅-银-钙-锶四元合金板(含银为 0.25%),阴极板为铝板。其总反应为:

$$2ZnSO_4 + 2H_2O \xlongequal{} 2Zn + 2H_2SO_4 + O_2$$

可见,随着电解的进行,电解液中 $Zn^{2+}$ 含量不断减少,硫酸浓度不断增大。因此必须连续地抽出一部分电解液送到浸出工序,同时要不断地补充已净化的中性浸出液。阴极上析出的锌每隔一个周期(一般为 24 h)取出,将锌片剥下来送熔铸车间铸成锭。阴极铝板清洗后返回电解槽继续电解。

### 3.3.1 电沉积基本原理

#### 3.3.1.1 阳极过程

正常电解时阳极反应为:

$$2H_2O - 4e \xlongequal{} O_2 + 4H^+ \qquad E = 1.229\ V$$

而 $Pb - 2e = Pb^{2+}$,$E = -0.126V$,电位更负,更易溶解。溶解的 $Pb^{2+}$ 与 $SO_4^{2-}$ 反应,在阳极表面形成致密的保护膜,阻止铅板继续溶解。而且会升高阳极电位。当阳极电位接近 0.65V 时,会有下列反应发生:

$$Pb + 2H_2O - 4e \xlongequal{} PbO_2 + 4H^+ \qquad E = 0.655V$$

这样为被覆盖的铅会直接生成 $PbO_2$,形成更致密的保护层。

当电位超过 1.45 V 时,溶液中的 $Pb^{2+}$ 和 $PbSO_4$ 也会氧化成 $PbO_2$。

$$Pb^{2+} + 2H_2O - 2e \xlongequal{} PbO_2 + 4H^+ \qquad E = 1.45\ V$$

$$PbSO_4 + 2H_2O - 2e \xlongequal{} PbO_2 + H_2SO_4 + 2H^+ \qquad E = 1.68\ V$$

在正常电解时,阳极电位达到 1.9 ~ 2.0V 左右,所以阳极表面主要覆盖物应为 $PbO_2$,所以电解过程中阳极反应主要是分解水放出氧气。除此之外,如果电解液中有 $Mn^{2+}$、$Cl^-$ 等离子存在时,会发生下列反应:

$$Mn^{2+} + 2H_2O - 2e \xlongequal{} MnO_2 + 4H^+ \qquad E = 1.25\ V$$

$$Mn^{2+} + 4H_2O - 5e \xlongequal{} MnO_4^- + 8H^+ \qquad E = 1.50\ V$$

$$MnO_2 + 2H_2O - 3e \xlongequal{} MnO_4^- + 4H^+ \qquad E = 1.71\ V$$

$$2Cl^- - 2e \xlongequal{} Cl_2\uparrow \qquad E = 1.35\ V$$

$$Cl^- + 4H_2O - 2e \xlongequal{} ClO_4^- + 8H^+ \qquad E = 1.39\ V$$

当氯离子存在时,析出的氯气会使阳极腐蚀,污染车间。

3.3.1.2 阴极过程

(1) 锌和氢在阴极上的析出。电解液中杂质元素的含量很低时,阴极放电的离子只能是 $Zn^{2+}$ 和 $H^+$。当电解液含 Zn 为 50 g/L,含 $H_2SO_4$ 为 115 g/L 时,在 40℃ 条件下(正常电解时电解液成分范围内):

$$E_{Zn^{2+}/Zn} = -0.763\ V, E_{H^+/H} = 0.000\ V$$

从理论上看,氢离子优先于锌离子放电。但实际上由于氢离子在金属电极上有很高的超电位,而锌离子的产电位很小,所以锌电解的阴极过程主要是 $Zn^{2+}$ 的放电。

当电流密度为 600 A/m² 时,氢离子在锌板上的超电位为 1.554 V,所以氢离子的析出电位 $E_{H实} = 0.0233 - 1.554 = -1.53\ V$,而一般金属的超电位在 0.02 ~ 0.03 V 之间,$E_{Zn实} = -0.7656 - 0.03 = -0.7956\ V$。可见 $E_{Zn实} > E_{H实}$,所以阴极反应主要为 $Zn^{2+}$ 的放电。

(2) 杂质在阴极上的放电析出。杂质的析出不仅影响阴极锌的结晶质量,还影响阴极锌的化学成分。当溶液中杂质浓度低到一定程度时,决定析出速度的因素不是析出电位,而是杂质扩散到阴极表面的速度, 这时析出速度等于扩散速度。

### 3.3.2 电解液中的主要杂质对电解过程的影响

(1) 钴、镍。电解液钴、镍超标时,析出锌呈疏松黑色状,出现孔洞,产生小黑点和孔眼,降低电流效率,工业上称为烧板。一般电解液中钴和镍的含量应分别小于 2 mg/L 和 1 mg/L。

(2) 砷、锑、锗、硒、碲。这些杂质对电沉积危害更大。电解液中砷、锑、锗的含量要低于 0.1 mg/L,硒和碲含量要低于 0.02 ~ 0.03 g/L。其来源是锌精矿和氧化锌烟尘。这些杂质的危害主要有:析出锌呈球苞状、条纹状和疏松状,也产生有毒的 $AsH_3$ 和 $SbH_3$,显著降低电流效率。

(3) 铁、铜、镉、铅对电流效率影响不大。Fe 会在阳极氧化为 $Fe^{3+}$,在阴极上还原为 $Fe^{2+}$,允许铁含量为小于 20 mg/L。铜、镉和铅比锌的电位正,因而会在阴极析出,影响电锌质量,但对电流效率影响不大。

(4) F、Cl。F 离子能腐蚀阴极铝板的表面氧化膜,造成剥锌困难,阴极消耗增加;Cl 离子能腐蚀阳极,阳极消耗增加,并影响析出锌化学质量。一般电解液中的 F、Cl 含量应分别小于 50 mg/L 和 200 mg/L。

### 3.3.3 添加剂的作用与析出锌的质量

析出锌的质量包括化学质量和物理质量。

3.3.3.1 化学质量

化学质量是指锌中杂质含量多少和锌的等级。电锌中 Fe、Cu、Cd 都易达到要求,唯有铅不易达到。所以铅含量是电锌化学质量的关键。电解液中的铅来自铅阳极的溶解。促使阳极溶解的因素是电解液中的含氯量和电解液的温度。

从实践上看,$MnO_2$ 与 $PbO_2$ 共同形成的阳极膜较坚固。锰还能使悬浮的 $PbO_2$ 粒子沉降而不在阴极析出。生产中为了降低电锌含铅,采取定期刷阳极和定期掏槽的措施。

为了降低含铅量还可添加碳酸锶。碳酸锶($SrCO_3$)在电解液中形成硫酸锶。它与硫酸铅的结晶晶格几乎一致。因而形成极不易溶解的混晶沉于槽底。当用量为0.4g/L时,电锌中含铅量可降至0.0038%~0.0045%。

#### 3.3.3.2 物理质量

物理质量不好表现为:产出疏松、色暗有孔的海绵态锌。这种锌表面积大,容易返溶和造成短路,致使电流效率显著下降,电能消耗显著增高。

主要原因为:电解液中杂质多,氢析出的多。其影响的过程如下:杂质在阴极析出→导致氢超电位下降→更多的氢析出,析出锌不紧密→导致阴极层$H^+$浓度下降,严重时产生锌的水解,形成$Zn(OH)_2$包在析出锌上,成为色暗疏松的海绵态锌。

锌电解时还加一些土酒石,目的是使剥锌容易。其原理是:

$$K(SbO)C_4H_4O_6 + H_2SO_4 + 2H_2O = Sb(OH)_3 + H_2C_4H_4O_6 + KHSO_4$$

反应生成的$Sb(OH)_3$为一种冷胶性质的胶体,它在酸性硫酸锌溶液中带正电性,于是移向阴极,并坚固黏在铝板表面形成薄膜,为易剥锌创造了条件。

### 3.3.4 电解的生产实践

锌电解的主要设备有:电解槽、阴极、阳极、供电设备、载流母线、冷却电解液的设备及剥锌机等。

虽然各大炼锌企业在技术上越来越重视溶液深度净化工作,并取得一定成效,但由于矿源复杂,有时难免出现新液成分单项指标达不到深度净化要求的情况。例如,当溶液含Co量大于20mg/L时,要想采用二段净化工艺把溶液中的Co除至小于1mg/L,无论从技术和经济的角度都几乎不可能。因此,电解要根据溶液质量,调整电解操作技术条件,减少杂质对电解过程的影响,解决杂质随电解液温度、电流密度和电解液酸度的提高而显著加剧的现象,使电解操作技术条件与溶液质量相互匹配。

生产实践表明,当新液含Co为1~2mg/L,含Sb≤0.2mg/L时,电流密度控制为460~470A/$m^2$较为适宜,最高不超过490A/$m^2$;当新液含Co≤1mg/L,含Sb≤0.2mg/L时,电流密度控制为490~500A/$m^2$较为适宜,最高不超过520A/$m^2$;当新液含Co>2mg/L,含Sb>0.2mg/L时,电流密度控制为430~450A/$m^2$维持生产,净化工序必须迅速调整操作技术条件,扭转上述被动局面。另外,电解液出口锌控制为45~50g/L,$m(H_2SO_4)/m(Zn)=3.0\sim3.3$,是比较经济合理的控制方法。

某企业电解主要操作技术条件如下:

开工镀膜:在实际生产中,一般均需进行阳极镀膜,使阳极形成更致密的$PbO_2$保护层。其操作条件如下:电流密度60~70A/$m^2$,硫酸70~80g/L,锌60~70g/L,温度20~30℃,底胶加入为正常胶量的1.5倍,碳酸锶加入为正常用量的3倍,时间24h;24h后按1000A/h的速度升到正常控制电流密度。

正常生产技术条件:

电流密度控制:450~490A/$m^2$;大循环比例:新液:废液=1:(10~15);槽温:35~40℃;槽电压:3.2~3.4V,流量:60~70L/(min·槽);同极中心距:60mm;析出周期:24h;添加剂加入:骨胶按吨锌片0.3~0.4kg,平均分成两次加入,出槽后2h加第一次固体胶,12h后加第二次固体胶；碳酸锶按吨锌片 1～2 kg，24 h 均匀加入；平刷板周期：平板 2 天，刷板 3 天；掏槽周期：30～40 天；刮阳极周期：30～40 天；冷却塔降温幅度：≥5℃；清塔周期：90～100 天。

### 3.3.5 电解的主要技术经济指标

（1）电解液成分：通常电解液含 Zn 为 45～55 g/L，含 $H_2SO_4$ 为 130～ 180 g/L。

（2）电流效率：目前实际生产中的电流效率约为 85%～94%。

$$\eta = (\text{实际析出锌量}/\text{理论析出锌量}) \times 100\%$$

$$\text{理论产量} = q \cdot I \cdot t \cdot N$$

式中 $\eta$——电流效率，%；

$q$——电化当量，1.2202 g/(A·h)；

$I$——电流，A；

$t$——电解时间；

$N$——电解槽数。

由于实际生产中 $H^+$ 和杂质元素的放电析出以及锌的二次化学反应：$Zn + \frac{1}{2}O_2 = ZnO$，$ZnO + H_2SO_4 = ZnSO_4 + H_2O$ 和短路、漏电等原因，析出的锌量总是小于理论上计算的析出锌量。

影响电流效率的主要因素有：

1）阴极电流密度。随着电流密度的增加，一般来说提高电流效率是有利的，但一定要有相应的电解液成分和较低的温度条件相配合，否则电流效率不但不能提高，反而会下降。

2）电解液的温度。电解液的温度高，则氢的超电位下降，因而也降低了电流效率。所以要求在较低的温度（30～40℃）下进行电解。电解过程是放热过程，因此工业上要对电解液进行冷却。

3）电解液中的杂质含量。其危害在“电解液中的主要杂质对电解的影响”中已有论述。

4）阴极表面状态的影响。阴极析出锌表面粗糙或呈树枝状就会增大阴极面积，使氢离子在锌板上的超电位下降，会降低电流效率和出现短路，在电解液中适当加入胶有利于改善析出锌表面状况，提高电流效率。

5）析出锌的状态和析出周期。析出表面粗糙意味着表面积增加，电流密度下降，也就是降低了氢的超电位，使电流效率下降。析出周期过长，阴极表面粗糙不平整直至长疙瘩，甚至使阴阳极相互接触，造成短路，电流效率也会下降。工业上析出周期一般为 24 h。

（3）槽电压。槽电压 = 硫酸锌的分解电压 + 电解液电压降 + 导电杆、导电板、接触点等的电压降，槽电压一般为 3.2～3.4 V。生产中要力求降低电解液的电压降以及导电杆、导电板、接触点等这些无用的电压降。

$$V = IR = I\rho L/S$$

式中，$\rho$ 为电解液的比电阻。

提高温度和酸度可使 $\rho$ 降低，但同时电流效率也会下降，所以应综合考虑。

## 3.4 阴极锌的熔铸

### 3.4.1 熔铸的目的和原理

熔铸的目的是将电解锌片在工频炉内熔化浇铸成合格锌锭。

锌锭质量标准见表3-3-2。

表3-3-2 锌锭质量标准(GB/T 470—2008)

| 牌号 | 化学成分(质量分数)/% | | | | | | | |
|---|---|---|---|---|---|---|---|---|
| | 锌(不小于) | 杂质(不大于) | | | | | | |
| | | Pb | Cd | Fe | Cu | Sn | Al | 总和 |
| Zn99.995 | 99.995 | 0.003 | 0.002 | 0.001 | 0.001 | 0.001 | 0.001 | 0.005 |
| Zn99.99 | 99.99 | 0.005 | 0.003 | 0.003 | 0.002 | 0.001 | 0.002 | 0.01 |
| Zn99.95 | 99.95 | 0.030 | 0.01 | 0.02 | 0.002 | 0.001 | 0.01 | 0.05 |
| Zn99.5 | 99.5 | 0.45 | 0.01 | 0.05 | — | — | — | 0.5 |
| Zn98.5 | 98.5 | 1.4 | 0.01 | 0.05 | — | — | — | 1.5 |

熔锌所用的设备有反射炉和工频炉,因反射炉熔炼时锌氧化较工频炉熔炼多,锌冶炼直收率低,现一般采用工频炉。

无论采用哪种熔炼设备都要产生浮渣,其组成为薄膜状的氧化锌包住一些锌液滴,形成小粒状的氧化锌与锌的混合物,这种浮渣含锌在85%左右。为降低浮渣产出率和降低浮渣含锌量,熔铸时加入氯化铵,它的作用在于与浮渣中的氧化锌发生如下反应:

$$2NH_4Cl + ZnO \xlongequal{} ZnCl_2 + 2NH_3 + H_2O$$

生成的$ZnCl_2$熔点低(约318℃),因而破坏了浮渣中的ZnO薄膜,使浮渣颗粒中的锌露出新鲜表面而聚合成锌液。

### 3.4.2 锌熔铸的生产实践

(1) 烘炉。新筑好的炉子应经过7~10天自然干燥。烘炉时,炉子各部分温度应力求一致,以免炉衬因受热不均匀而裂开。严格控制烘炉升温速度,升温速度按表3-3-3执行。

表3-3-3 烘炉升温速度

| 温度/℃ | 室温~50 | 50 | 50~150 | 150 | 150~350 | 350~420 | 420~开炉 |
|---|---|---|---|---|---|---|---|
| 电流升高速度/$A \cdot h^{-1}$ | 0.625 | 0 | 0.625 | 0 | 0.625 | 0.625 | 1.25 |
| 升温时间/h | 24 | — | 24 | — | 24 | 24 | 24 |
| 保温时间/h | — | 24 | — | 24 | — | — | — |

(2) 正常生产操作。正常炉温控制为460~480℃,耙渣温度不低于460℃,最高不超过500℃。熔池液面低于浇铸口30~100mm。工频炉开动后,原则上不允许停电,被迫短时间停电不应超过40min,否则,需采取相应保温措施。

### 3.4.3 熔铸的主要技术经济指标

(1) 熔铸直收率:指合格锌锭含锌量与入炉物料含锌量的百分数,一般为96.5%~97.5%。

(2) 浮渣率:指浮渣产出量与入炉阴极锌量的百分数,一般为4%~7%。

(3) 电耗:吨锌100~120kW·h。

(4) 氯化铵耗:吨锌0.5~1.5kg。

# 4　火法炼锌

## 4.1　火法炼锌的基本原理

ZnO 被碳质还原的过程如下：

$ZnO(s) + CO(g) = Zn(g) + CO_2(g)$　　$\Delta G^{\ominus} = 178020 - 111.67T$ J　　(1)

$C(s) + CO_2(g) = 2CO(g)$　　$\Delta G^{\ominus} = 170460 - 174.43T$ J　　(2)

式(1)+式(2)得　$ZnO(s) + C(s) = Zn(g) + CO(g)$

从上述反应中可知，ZnO 还原成金属锌，需要大量的热量。补充热量的方法有两种，一种是蒸馏法炼锌采用的间接加热法，一种是鼓风炉法采用的直接加热法。由于原料中的铁的化合物对火法炼锌特别是鼓风炉法炼锌的影响较大，所以有必要研究在炼锌过程中的行为。

氧化锌还原过程的气相－温度曲线如图 3-4-1 所示。

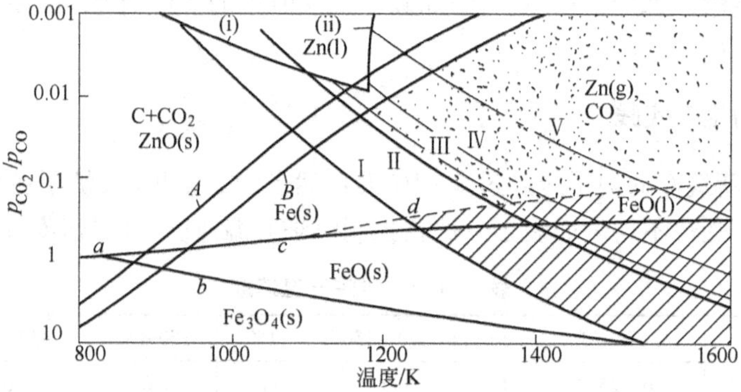


图 3-4-1　氧化锌还原过程的气相－温度曲线

图 3-4-1 中各曲线分别是下列反应在不同条件下平衡的 $p_{CO_2}/p_{CO} - t$ 的关系曲线。

(1)　　$ZnO(s) + CO(g) = Zn(g) + CO_2$

图中Ⅰ、Ⅱ、Ⅲ、Ⅳ、Ⅴ为反应(1)在以下 5 种设定条件下的曲线：

| 曲线 | Ⅰ | Ⅱ | Ⅲ | Ⅳ | Ⅴ |
| --- | --- | --- | --- | --- | --- |
| $a_{ZnO}$ | 1.0 | 1.0 | 0.1 | 0.05 | 0.01 |
| $p_{Zn}$(atm) | 0.06 | 0.45 | 0.06 | 0.06 | 0.06 |

(2)　　$C(s) + CO_2(g) = 2CO(g)$

图中绘出 A、B 两条线，其设定的条件为：

A 线：$p_{CO} + p_{CO_2} = 20265$ Pa

B 线：$p_{CO}+p_{CO_2}=60795$ Pa

(3) 铁氧化物的还原

曲线 a：$Fe_3O_4(s)+4CO(g)=\!=\!=3Fe(l)+4CO_2(g)$

曲线 b：$Fe_3O_4(s)+CO(g)=\!=\!=3FeO(s)+CO_2(g)$

曲线 c：$FeO(s)+CO(g)=\!=\!=Fe(l)+CO_2(g)$

曲线 d：$FeO(l)+CO(g)=\!=\!=Fe(l)+CO_2(g)$

(4) Zn(l)的稳定范围

曲线(ⅰ)：$ZnO(s)+CO(g)=\!=\!=Zn(l)+CO_2(g)$

曲线(ⅱ)：$Zn(l)=\!=\!=Zn(g)$

### 4.1.1 间接加热时锌的还原挥发

间接加热方式是将燃料燃烧产生的气体与 ZnO 还原产生的含锌气体，用罐体分开而进行的火法炼锌过程。所以罐体内的 ZnO 的还原产生的炉气中含锌 45% 左右，含 $CO_2$ 只有 1%，其余为 CO。在正常的熔炼条件下，蒸馏法炼锌区域为图 3-4-1 中的曲线 Ⅱ 和曲线 B 的右侧打点区域。从图中可以看到，氧化锌还原反应为吸热反应，即使 $p_{CO_2}/p_{CO}$ 大，ZnO 仍能被还原。要在大气压下进行还原，温度至少需要 1170K（曲线 Ⅱ 和曲线 B 的交点）。由于罐内气体组成 $p_{CO_2}/p_{CO}$ 低于曲线 c 所示的 FeO 还原反应的平衡组成，所以 FeO 被还原成金属铁，分散在蒸馏残渣中。

### 4.1.2 直接加热时锌的还原挥发

鼓风炉炼锌与蒸馏法炼锌不同，大量的燃烧气体和还原产出的锌蒸气混在一起，从而气相中 Zn 蒸气的浓度比较低，通常只有 5% ~7%。平衡炉气成分在图 3-4-1 中曲线 Ⅰ 与曲线 A 所包围的区域。

鼓风炉炼锌时，锌的还原挥发与残留在炉渣中的 ZnO 活度有关。鼓风炉炼锌产出的是液态炉渣，而从液态炉渣中还原 ZnO 比较困难，要求较强的还原气氛和较高的温度，如图 3-4-1 中的 Ⅲ、Ⅳ、Ⅴ 曲线所示。随着渣中 ZnO 活度的降低，要求 $p_{CO_2}/p_{CO}$ 越来越小，温度越来越高。

在鼓风炉炼锌时，不希望渣中的 FeO 还原成 Fe，因为 Fe 的存在会给操作带来困难。通常鼓风炉渣中 FeO 的活度为 0.4 左右，此时 FeO 还原的平衡反应曲线为图 3-4-1 中的 d 曲线。只有炉内气相组成在 d 曲线以下时，渣中 FeO 才不被还原。因此炉内气氛应控制在 Ⅰ 曲线和 d 曲线所包围的区域内。由于采取低还原性气氛，所以渣含锌比较高，这是鼓风炉炼锌不可避免的缺点。

### 4.1.3 锌蒸气的冷凝

$ZnO+CO=Zn(g)+CO_2$ 为吸热反应，所以当炉气中温度下降时，$CO_2$ 将使产出的锌蒸气再氧化成 ZnO，并包裹在锌液滴的表面，形成蓝粉，降低冷凝效率。为了防止氧化反应的发生，尽可能在高温下直接将锌蒸气导入冷凝器内，使之急冷。如图 3-4-1 中的左上部所示。

鼓风炉炼锌得到的炉气组成与蒸馏法大不相同，产出的是 CO 和 Zn 蒸气浓度低，$CO_2$ 浓度高的炉气，用蒸馏法采用的锌雨冷凝法冷却，得不到液态锌。因此生产中采用高温密闭炉顶和铅雨冷凝的方法。利用铅雨冷凝时，利用锌在液体铅中有一定的溶解度，降低冷凝下来的锌的活度，从而保护锌不被炉气中的 $CO_2$ 所氧化。

## 4.2 火法炼锌的生产实践

### 4.2.1 平罐炼锌

平罐炼锌是20世纪初采用的主要炼锌方法。平罐炼锌时一座蒸馏炉约有300个罐，生产周期为24h，每罐一周期生产20～30kg，残渣中含锌约5%～10%，锌回收率只有80%～90%。平罐炼锌的生产过程简单，基建投资少，但由于罐体容积小，生产能力低，难以实现连续化和机械化生产。而且燃料及耐火材料的消耗大，锌的回收率还很低，所以目前已基本淘汰。

### 4.2.2 竖罐炼锌

竖罐炼锌是20世纪30年代应用于工业生产，经历了70多年，已基本淘汰，但目前在我国的锌生产中仍占一定的地位。它的生产过程包括焙烧、制团、焦结、蒸馏和冷凝5个部分。

竖罐炼锌的原料是从罐顶加入，残渣从罐底排出，还原产出的炉气与炉料逆向运动，从上沿部进入冷凝器。离开炉子上沿部的炉气的组分为Zn 40%、CO 45%、$H_2$ 8%、$N_2$ 7%、几乎不含 $CO_2$。在冷凝器内，锌蒸气被锌雨急剧冷却成为液态锌，冷凝器冷凝效率为95%左右。

竖罐炼锌具有连续性作业，生产率、金属回收率、机械化程度都很高的优点，但存在制团过程复杂、消耗昂贵的碳化硅耐火材料等不足。

### 4.2.3 电炉炼锌

电炉炼锌的特点是直接加热炉料的方法，得到锌蒸气和熔体产物，如冰铜、熔铅和熔渣等。因此此法可处理多金属锌精矿。此法锌的回收率约为90%，吨锌电耗3000～6000kW·h。电炉炼锌由于投资相对较低，属短流程、操作简易、环保没有突出问题，因此在云、贵、川、陕、甘、宁、青海等边远省区，有锌矿资源、电力充足的地方，近十多年来在不断发展。

### 4.2.4 鼓风炉炼锌

鼓风炉（ISP）法炼锌对物料适应性大，可处理成分复杂的铅锌矿以及各种铅锌氧化物残渣和中间物料，而且热效率高，生产成本低。但存在 $SO_2$、铅蒸气和粉尘对环境污染问题。

## 4.3 锌的火法精炼

### 4.3.1 熔析法精炼粗锌

熔析法仅能除去锌中的铅和铁。Pb－Zn系和Fe－Zn系状态图如图3-4-2所示。

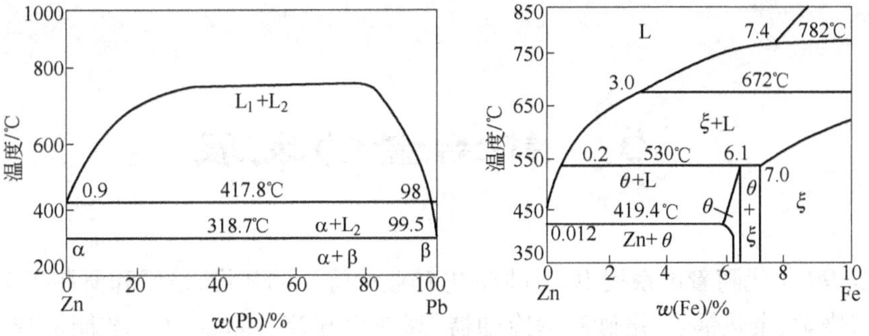


图 3-4-2 Pb - Zn 系和 Fe - Zn 系状态图

在熔融状态下,铅锌能相互部分溶解,熔体分层,上层为含少量铅的锌,下层为含少量锌的铅。从图 3-4-2 中可以看到,随着温度的降低,锌和铅的分离比较完全。

当含铁的粗锌冷却时,化合物 $FeZn_7$ 进行结晶。析出的 $FeZn_7$ 结晶因为较重,沉于锌熔池下面,形成糊状结晶,称作硬锌。

熔析法精炼锌可得含锌约 99% 的精炼锌。锌的回收率仅为 90%。

### 4.3.2 精馏法精炼粗锌

为了较完全地除去锌中的杂质,获得很纯的锌,最好采用精馏法精炼锌。精馏设备是连续作业的精馏塔,包括铅塔和镉塔。铅塔是用来分离沸点较高的 Pb、Cu、Fe 等杂质,镉塔是利用金属沸点和蒸气压的差异,分离锌和镉,两种精馏过程类似,只是铅塔的温度比镉塔高。

此法除了能得到很纯的锌之外,还可得到很多副产物,如镉灰、含铟的铅、含锡的铅等,从这些副产物中可制得镉、铟和焊锡等,从而可以大大降低精馏法的成本。

# 5　锌冶金的发展

20 世纪 90 年代随着单系列 10 万吨/a 电锌业冶炼厂的建设，采用和研制了 109 $m^2$ 的大型沸腾炉焙烧炉、余热锅炉、焙砂沸腾冷却器、高效冷却筒、150 $m^3$ 高效节能搅拌槽、全塑大型电解槽、机械化剥锌片机、40 t 大型低频熔锌感应电炉、自动浇铸 - 码垛 - 打包机等先进设备和锑盐三段深度净液等技术。

在冶炼技术开发方面，目前开发的炼锌新方法有硫化锌精矿的加压浸出、等离子体技术、喷吹炼锌和锌焙烧矿闪速还原等方法。其中硫化锌精矿的氧压浸出方法是目前使用最多的，污染最少的炼锌新方法。在温度为 150 ~ 155℃，硫酸含量为 60% ~ 65% 时，锌的回收率达到 95% ~ 96%。高压浸出在很大程度上克服了常压浸出的放出 $H_2S$ 气体和设备腐蚀严重等缺点。

## 5.1　氧压浸出技术原理

纯闪锌矿在硫酸中直接溶解的过程是非常缓慢的，而在铁存在的条件下，其浸出速率有较大提高。其反应机理如下：

$$ZnS + H_2SO_4 = ZnSO_4 + H_2S$$

$$H_2S + Fe_2(SO_4)_3 = 2FeSO_4 + H_2SO_4 + S^0$$

$$2FeSO_4 + H_2SO_4 + \frac{1}{2}O_2 = Fe_2(SO_4)_3 + H_2O$$

氧压浸出总反应：

$$MeS + \frac{1}{2}O_2 + H_2SO_4 = MeSO_4 + H_2O + S^0$$

闪锌矿的溶解受 $H_2S$ 氧化控制，$H_2S$ 的氧化方式有两种：温度低于 150℃ 时主要是与 $O_2$ 反应；当温度高于 150℃ 时 $H_2S$ 与 $O_2$ 的简单反应和 $H_2S$ 与硫酸的反应平行发生。

$$H_2S + \frac{1}{2}O_2 \longrightarrow S^0 + H_2O$$

$$H_2S + H_2SO_4 \longrightarrow S^0 + H_2SO_3 + H_2O$$

闪锌矿在浸出过程中的浸出速率随时间的延长而放缓，原因并非是形成了铁矾、铅铁矾，而是单质硫对闪锌矿的包裹。

当浸出温度高于单质硫熔点时，由于硫包覆问题导致闪锌矿分解不完全（锌浸出率在 50% ~ 70% 左右）。通过添加表面活性剂的方法解决了上述问题，锌浸出率大于 95%，甚至大于 98%。

## 5.2　氧压浸出在国内外应用与研究现状

科明科是世界上最早应用氧压浸出技术处理锌精矿的工厂。1981 年该厂仅有 1 个高压釜,设计日处理精矿 188 t,锌浸出率 97%,日产硫酸锌 88 t、单质硫 54 t。经对锌精矿分级系统调整料、酸预热处理、单质硫回收区改造后,锌浸出率和单质硫的收率进一步提高,产率远远超过了设计标准,目前经加压浸出工艺生产的锌已占总锌产量的 20%。

特累尔氧压浸出于 1983 年投产。1990 年,该厂为提高高压釜运转率,对高压釜操作进行了大量改进:改进釜内衬,显著降低了铅衬腐蚀速率;通过更换排料管材料,安装备用排料管及改变操作工艺参数等解决了排料管阻塞问题;解决了泵的腐蚀问题,延长了泵的使用寿命;更换垫圈材料,从根本上解决了漏气问题;此外还采取了定期检修维护的措施等。

鲁尔锌厂于 1989 年完成加压浸出工业设计,于 1991 年中期实现了稳定生产。1993 年该厂经加压浸出生产的锌占了总锌产量的 1/3 以上。后由于锌市场问题,该厂的高压釜及部分焙烧炉关闭。

上述三厂加压浸出工艺与传统的焙烧—浸出—电积工艺并存。加压浸出工艺引进传统的湿法炼锌中,对锌厂的酸平衡、硫酸盐平衡带来影响。而且由于铁沉淀量增大,对浸出渣的浓密与过滤工艺提出更高要求。

哈得绅湾矿冶公司是世界上首家完全采用加压浸出工艺处理锌精矿的工厂。1993 年 7 月 2 日起开始启用两级逆流加压浸出工艺,该工艺仅在启动 10 周时间内就取得了额定设计的产率。自完全采用加压浸出工艺以来,该厂 $SO_2$减排约 89 kt/a,锌浸出率一直大于 99%。不仅能量消耗(煤)降低了 $800\times10^{12}$ J/a,而且水平衡、硫酸平衡以及微量元素均一直处于很好的控制之中 。

最近一座工厂已于 2003 年 12 月在哈萨克斯坦巴尔哈什落成投产,由哈萨克斯坦铜业公司引进加拿大科明科公司氧压浸出技术建成,规模为年产 11.5 万吨锌。

国内 20 世纪 80 年代,北京矿冶研究总院与株洲冶炼厂合作,完成了 300L 扩大试验研究。90 年代,北京矿冶研究总院在以下方面取得了突破:

(1) 开发了低温低压浸出工艺。实现了低温低压条件下锌精矿的彻底浸出(110 ~ 140℃,$p_{O_2}<0.5$ MPa),锌浸出率大于 98%,浸出液含铁小于 2 g/L,单质硫生成率大于 85%。

(2) 采用氧压浸出工艺改造传统流程。在国内首次提出采用氧压浸出技术改造传统湿法炼锌流程。取消铁矾除铁工序,利用热酸浸出液的氧压浸出锌精矿(130℃,$p_{O_2}=0.5$ MPa),锌浸出率大于 97%,铁水解后入渣,浸出液(Fe 小于 2 g/L)并入中性浸出。氧压浸出渣选矿分别得到铅银精矿、单质硫和未反应的硫化物。采用废电解液氧压浸出高铁闪锌矿(150℃,$p_{O_2}=0.5$ MPa),锌浸出率 96% 左右,浸出液含铁小于 2 g/L,浸出液净化后送电积。

2005 年国内第一座加压湿法炼锌工厂已由云南冶金集团建成投产。中金岭南集团丹霞冶炼厂正在筹建年产 50 万吨电锌的氧压浸出生产线。于 2008 ~ 2010 年完成一期建设:锌锭 10 万吨,硫磺 5000 t,电镓 30 t,粗二氧化锗 25 t,硫酸 36000 t。二期、三期将分别扩产 20 万吨电锌。

## 5.3　氧压浸出的技术经济分析

氧压浸出对原料适应性强,可处理含 Zn 高于 30% 的硫化锌精矿;铅锌混合精矿;高铁闪锌矿;含稀散金属锌精矿。

该技术既可单独建厂,也可与现有湿法炼锌厂联合使用,对传统流程进行优化改造。特别是目前采用“热酸浸出－铁矾除铁”的工厂，采用该技术可取消整个除铁工序，将除铁与扩产合并在一个单元工序中进行，大大节省了投资，降低了生产成本。

常规回转窑挥发法、高温高酸法、氧压浸出法的特点见表3-5-1。

**表3-5-1 常规回转窑挥发法、高温高酸法、氧压浸出法的特点**

| 序号 | 项 目 | 常规回转窑挥发法 | 高温高酸法 | 氧压浸出法 |
|---|---|---|---|---|
| 1 | 原料 | 适于低含Fe精矿 | 适于高含Fe精矿 | 适于任何锌矿 |
| 2 | 锌回收率/% | 93～95 | 91～93① | 96～97 |
| 3 | 综合利用 | 好 | 较好 | 好 |
| 4 | 吨锌电耗/kW·h | 3900～4000 | 3900～4000 | 3800～3900 |
| 5 | 吨锌焦粉单耗/t | 0.45～0.5 | — | — |
| 6 | 吨锌氧气单耗/kg | — | — | 400～500 |
| 7 | 吨锌蒸汽单耗/t | 3.5 | 4.5 | 2 |
| 8 | 吨锌综合能耗(标煤)/t | 2.29 | 2.28 | 2.0 |
| 9 | 渣处理方式 | 回转窑挥发，渣为无害渣，便于弃置 | 黄钾铁矾沉铁，黏性渣，需设特殊渣场堆存 | 浸出渣用石灰中和固化，为固体废弃物，送渣场堆存 |
| 10 | 吨锌建设投资/万元 | 0.7～1.0 | 低于常规法投资5%～7% | 低于常规法投资12%～15% |
| | 生产成本 | 较高 | 低 | 低 |

①采用高温高酸法，国内锌回收率为91%～93%，国外锌回收率可达97%以上。

与常规回转窑挥发法、高温高酸法相比，氧压浸出法具有锌回收率高，铟、锗等有价元素综合回收好，原料适应性广，生产成本低，综合能耗低，投资省，硫回收形式方便，环境保护好等优点，有很大的市场竞争能力，代表湿法炼锌工艺的发展方向。

第四篇

# 镍 冶 金

## 1 镍冶金的一般知识

### 1.1 概述

镍在世界物质文明发展中具有十分重要的作用。人类发现镍的时间不长，但使用镍的时间可一直追溯到公元前300年左右。我国早在春秋战国时期就已经出现了含镍成分的兵器及合金器皿。古代云南出产的一种“白铜”中，也含有很高的镍。1751年，瑞典科学家克朗斯塔特首次制取到了金属镍，1825～1826年间瑞典开始了镍的工业生产，由于技术条件等因素的限制，镍的生产长期未得到显著的发展，镍被人们视为贵金属，用以制作首饰。直到将镍炼制成合金钢以后，镍工业才有了较快的发展，产量也迅速上升。到19世纪末至20世纪以来，人们发现了镍的多种用途及其在改善钢的性能方面所具有的独特功能，现代镍工业由此诞生并迅速发展。1910年世界镍产量只有2.3万吨，1960年为32.55万吨，1980年为74.28万吨，到2002年世界镍的年产量已达到117.59万吨，镍的消费量也将达到104.7万吨或更多。随着我国经济发展速度的进一步加快和国民经济结构的调整，不锈钢行业、电池、电镀、触媒行业对镍的需求量将进一步增加。

#### 1.1.1 世界镍资源

镍的矿物资源主要有硫化镍矿和氧化镍矿，以及储存于深海底部的含镍锰结核，世界各国所产镍金属中，百分之七十左右来源于硫化镍矿。有关统计资料表明，1990年，全世界已发现的陆地镍储量为5800万吨，储量基础为1.23亿吨，海洋锰结核矿的镍资源若以准边界品位估计，约有689万吨。在全世界镍储量中，硫化镍矿占了30%～40%，氧化镍矿占了60%～70%。主要分布在古巴、加拿大、俄罗斯、新喀里多尼亚、印度尼西亚、南非、澳大利亚、中国、巴西、哥伦比亚、多米尼加、希腊、菲律宾等国。

#### 1.1.2 国内镍资源

我国已探明的镍矿点有70余处，储量为800万吨，储量基础为1000万吨，在世界上占第八位，其中硫化镍矿占总储量的87%，氧化镍矿占13%。主要分布在甘肃，四川，云南，青海，新疆，陕西等15个省、自治区中，其中甘肃最多。金川镍矿已探明的镍储量为548万吨，占全国总储量的68.5%。其次为云南，新疆，吉林和四川，其镍储量分别占全国总储量的9.1%、7.5%、5.2%和4.5%。金川镍矿则由于镍金属储量集中、有价稀贵元素多等特点，成为世界同类矿床中罕见的高品级的硫化镍矿床。

## 1.2 镍及其主要化合物的物理化学性质

镍是元素周期表中第Ⅷ族的元素，其在元素周期表中的位置决定了镍及其化合物的一系列物理化学特性，镍的许多物理化学特性与钴、铁近似；由于与铜毗邻，因此在亲氧和亲硫性方面又较接近铜。

### 1.2.1 镍的主要物理化学性质

#### 1.2.1.1 物理性质

镍是一种银白色的金属，其物理性质与金属钴和铁近似，主要表现在：

(1) 镍的密度：在20℃时为8.908 g/cm$^3$，在熔点(1453℃)时为7.9 g/cm$^3$。

(2) 镍的比热容：在0～1000℃的温度范围内变动于420～620 J/(kg · K)，在居里点或其附近有一显著的高峰，此温度下失去铁磁性。

(3) 镍的电阻：在20℃时按其纯度99.99%～99.8%变动于6.8～9.9 Ω/cm。镍基合金虽然广泛用于热电元件，但由于氧化关系纯镍实际上无此用途。

(4) 镍的热电性：与铁、铜、银、金等金属不同，较铂为负，在冷端的电流由铂流向镍，因此，以镍作为热电元件时可产生高的电动势。

(5) 镍具有磁性，是许多磁性物料(由高磁导率的软磁合金至高矫顽力的永磁合金)的主要组成部分，其含量常为10%～20%。

#### 1.2.1.2 化学性质

金属镍是元素周期表第Ⅷ族铁磁金属之一，原子序数28，相对原子质量58.71，熔点(1453±1)℃，沸点2800℃。天然生成的金属镍有五种稳定的同位素：$^{58}$Ni67.7%，$^{60}$Ni26.2%，$^{61}$Ni1.25%，$^{62}$Ni3.66%，$^{64}$Ni1.66%。其主要化学性质有：

(1) 在大气中不易生锈以及能抵抗苛性碱的腐蚀。大气实验结果，99%纯度的镍在20年内不生锈痕，无论在水溶液或熔盐内镍抵抗苛性碱的能力都很强，在50%沸腾苛性钠溶液中每年的腐蚀性速度不超过25 μm，对盐类溶液只容易受到氧化性盐类(如氯化高铁或次氯酸铁盐)的侵蚀，镍能抵抗所有的有机化合物。

(2) 在空气中或氧气中，镍表面上形成一层NiO薄膜，可防止进一步氧化，含硫的气体对镍有严重腐蚀，尤其在镍与硫化镍$Ni_3S_2$的共晶温度643℃以上时更是如此。在500℃以下时镍对于氯气无显著作用。

(3) 20℃时镍的电极电位为-0.227 V，25℃镍的电极电位为-0.231 V，若溶液中有少量杂质，尤其是有硫存在时，镍即显著钝化。

### 1.2.2 镍的化合物及性质

在自然界镍的化合物有三种基本形态：镍的氧化物，镍的硫化物，镍的砷化物。

1.2.2.1　镍的氧化物

镍有三种氧化物:即氧化亚镍(NiO),四氧化三镍($Ni_3O_4$)及三氧化二镍($Ni_2O_3$)。

$Ni_2O_3$在低温时稳定,加热至400~450℃,离解为$Ni_3O_4$,进一步提高温度最终变成NiO。可形成多种盐类,但只生成两价镍盐,因此,不稳定的$Ni_2O_3$常作为较负电金属(如Co,Fe)的氧化剂,用于镍电解液净化除Co之用。

NiO的熔点为1650~1660℃,很容易被C或CO所还原。NiO与CoO、FeO一样,可形成MeO $SiO_2$和2MeO $SiO_2$两类硅酸盐化合物,但NiO $SiO_2$不稳定。NiO具有触媒作用,可使$SO_2$转变为$SO_3$,而$SO_3$与NiO可形成稳定的硫酸盐,较铜、铁的硫酸盐更稳定,加热到750~800℃才显著离解。NiO能溶于硫酸、亚硫酸、盐酸和硝酸等溶液中形成绿色的两价镍盐。当与石灰乳发生反应时,即形成绿色的氢氧化镍($Ni(OH)_2$)沉淀。

1.2.2.2　镍的硫化物

镍的硫化物有:$NiS_2$,$NiS_5$,$Ni_3S_2$,NiS。

NiS在高温下不稳定,在中性和还原气氛下受热时按下式离解:

$$3NiS = Ni_3S_2 + \frac{1}{2}S_2$$

在冶炼温度下,低硫化镍($Ni_3S_2$)是稳定的,其离解压比FeS小,但比$Cu_2S$大。

1.2.2.3　镍的砷化物

镍的砷化物有砷化镍(NiAs)和二砷化三镍($Ni_3As_2$)。

NiAs在自然界中为红砷镍矿,在中性气氛中可按下式离解:

$$3NiAs = Ni_3As_2 + As$$

在氧化气氛中红砷镍矿的砷一部分形成挥发性的$As_2O_3$,一部分则形成无挥发性的砷酸盐(NiO $As_2O_3$)。为了更完全地脱砷,在氧化焙烧后还必须再进行还原焙烧,使砷酸盐转变为砷化物,进一步氧化焙烧中再使砷呈$As_2O_3$形态挥发,即进行交替的氧化还原焙烧以完成脱砷过程。

## 1.3　镍的用途及其消费量

### 1.3.1　镍的用途

镍与铂、钯相似,具有高度的化学稳定性,加热到700~800℃时仍不氧化。镍在化学试剂(碱液和其他试剂)中稳定。镍是磁性金属,具有良好的韧性,有足够的机械强度,能经受各种类型的机械加工(压延、压磨、焊接等)。

纯镍特别是镍合金在国民经济中获得广泛的应用。镍具有良好的磨光性能,故纯镍用于镀镍技术中。特别值得指出的是纯镍还用在雷达、电视、原子工业、远距离控制等现代新技术中。在火箭技术中,超级的镍或镍合金用作高温结构材料。

镍粉是粉末冶金中制造各种含镍零件的原料,在化学工业中广泛用作催化剂。

镍的化合物也有重要用途。硫酸镍主要用于制备镀镍的电解液,蚁酸镍则用于油脂的氢化,氢氧化亚镍用于制备碱性电池。硝酸镍还可以在陶瓷工业中用作棕色颜料。但是,纯镍金属和镍盐在现代工业用途中消耗不多,而主要是制成合金使用。

概括起来镍的用途可分为六类:

(1) 作金属材料,包括制作不锈钢、耐热合金钢和各种合金等3000多种,占镍消费量的70%以上。

(2) 用于电镀,其用量约占镍消费量的15%。主要用在钢材及其他金属材料的基体上覆盖一层耐用、耐腐蚀的表面层,其防腐性能要比镀锌层高15%~20%。

(3) 在石油化工的氢化过程中作为催化剂。在煤的气化过程中,当用CO和$H_2$合成甲烷时发生下列反应:$CO + 3H_2 \rightarrow CH_4 + H_2O$(温度800℃、催化剂),常用的催化剂为高度分散在氧化铝基体上的镍复合材料(Ni25%~27%)。这种催化剂不易被$H_2S$、$SO_2$所毒化。

(4) 用作化学电源,是制作电池的材料。如工业上已生产的Cd-Ni,Fe-Ni,Zn-Ni电池和$H_2$-Ni密封电池。

(5) 制作颜料和染料,最主要的是组成黄橙色颜料。

(6) 制作陶瓷和铁素体。如陶瓷上常用NiO作为着色剂,还能增加料坯与铁素体间的黏结性,并使料坯表面光洁致密。铁素体是一种较新的陶瓷材料,主要用于高频电器设备。

### 1.3.2 镍的消费量

镍的消费相对比较单一,主要集中在不锈钢、合金钢、电镀、电池、触媒、军工等领域,其中不锈钢行业耗镍量最大,约占整个镍消费量的60%~70%。2001年我国不锈钢产量为75万吨左右,耗镍量约4.5万吨。非钢行业近年来发展迅猛,2001年耗镍量约3万吨,其中电镀及镍行业耗镍最大,约为2万吨,电池行业5000 t,触媒行业1500 t,军工行业2000 t,其他行业1500t,消费量迅猛增长。

我国镍的消费按市场细分原则和区域划分有五大市场区域:

(1) 以上海为中心的华东市场;

(2) 以太钢为重点的华北市场;

(3) 以电镀为重点的珠江三角洲及周边市场;

(4) 以沈阳为中心的东北市场;

(5) 以重庆为重点的西南市场。

## 1.4 镍的生产量及其变化

在金川镍矿被发现前,中国一直被外国视为"贫镍国",一些国家也趁机对我国实行镍封锁,以此制约我国现代工业的发展。20世纪50年代初,上海冶炼厂、沈阳冶炼厂、重庆冶炼厂等主要是在铜电解液中和处理杂铜的过程中提取金属镍,以满足国家对镍的需求。此外,也从古巴进口的氧化镍中制取金属镍。我国使用国内矿产原料提取镍是从四川会理镍矿开始的,1959年四川会理镍矿投入生产。1963年和1964年,金川镍矿和吉林磐石镍矿又相继投入生产,特别是金川镍矿的发现和建成投产,不但使我国的镍资源储量跃居世界前列,而且大大提高了我国镍的产量,为我国现代工业的发展奠定了基础。截止2003年,全国精镍的年生产能力达到6.8万吨,其中:金川公司6万吨,成都电冶厂5000 t,重庆冶炼厂1500t,新疆阜康冶炼厂2000t,但实际产量只达到有6.2万吨(不包括镍盐含镍量)。原料不足是制约达产的最主要因素。我国最大的镍生产企业金川公司近几年经过技术改造和资源控制战略的实施，生产能力大为提高。

## 1.5 炼镍原料及生产方法

### 1.5.1 炼镍原料

镍在地壳中的含量估计约为0.02%，相当于铜、铅、锌三种金属加起来的两倍之多，但富集成可供开采的镍矿床则不多。炼镍原料按冶炼方法不同而略有差异，但无论是镍的何种矿物，大多都必须经过选矿得到镍精矿才能用来冶炼。

#### 1.5.1.1 镍的矿物

镍矿通常分为三类：即硫化镍矿、氧化镍矿和砷化镍矿。砷化镍矿的含镍矿物为红镍矿（NiAs），砷镍矿（$NiAs_2$）、辉砷镍矿（NiAsS），此类矿物只有北非摩洛哥有少量产出。现代镍的生产约有70%产自硫化镍矿，30%产自氧化镍矿。

（1）镍的硫化矿石。自然界广泛存在的镍硫化矿是（Ni，Fe）S，密度为5，硬度为4。其次是针硫镍矿NiS，密度5.3，硬度2.5。另外还有辉铁镍矿3NiS·FeS，密度4.8，硬度4.5，钴镍黄铁矿$(NiCo)_3S_4$或闪锑镍矿（Ni，Sb S）等。

（2）镍的氧化矿石。镍的氧化矿石是由含镍在0.2%的蛇纹石经风化而产生的硅酸盐矿石。与铜矿石不同，一般氧化镍矿并不与硫化矿相连在一起。常见的氧化镍矿物是蛇纹石，滑面暗镍蛇纹石和镍绿泥石，其成分一般可以用$(NiMgO)SiO \cdot nH_2O$表示，氧化矿中几乎不含铜和铂族元素，但常常含有钴，其中镍与钴的比例一般为（25～30）∶1。氧化镍矿的特点之一是矿石中含镍量和脉石成分非常不均匀，由于大量黏土的存在，氧化镍矿的另一特点是含水量很高，通常为20%～25%，最大到40%，氧化镍矿通常含镍量很低，只有0.5%～1.5%，在极少量的富矿中含镍才达到5%～10%。

（3）镍的砷化矿石。含镍砷化矿发现很早（1865年），而且在炼镍史上起过重要作用，但是后来没有发现这一类型的大矿床，因此从含镍砷化矿中提炼镍仅限于个别国家。含镍的砷矿物有红砷镍矿NiAs、砷镍矿（$NiAs_2$）和辉砷镍（NiAsS）。

#### 1.5.1.2 镍精矿

与其他金属冶炼相比，进入镍冶炼厂的精矿品位要低得多，而且脉石成分复杂，因此镍冶炼的技术难度较大。我国最大的镍生产企业金川集团公司冶炼厂所用的原料主要是自产的铜镍精矿，还有部分外购原料作为补充，以满足镍产品产量逐年提高的需要。

A 铜镍精矿的化学成分

金川公司使用的精矿原料成分见表4-1-1。

**表4-1-1 金川公司使用的镍精矿原料成分**

| 金川后期铜镍精矿的化学成分（质量分数）/% | Ni | Cu | Fe | Co | S | $SiO_2$ | CaO | MgO |
|---|---|---|---|---|---|---|---|---|
| 电　炉 | 6.09 | 3.02 | 35.36 | 0.17 | 25.43 | 10.29 | 1.76 | 8.29 |
| 闪速炉 | 6.605 | 2.81 | 39.57 | 0.19 | 27.19 | 8.13 | 1.09 | 6.10 |

B　铜镍硫化精矿的矿物组成

金川公司硫化镍精矿的主要金属矿物成分是镍黄铁矿、磁黄铁矿、黄铜矿、黄铁矿、墨铜矿等；脉石矿物主要为蛇纹石、滑石、绿泥石等。脉石矿物都是高铁镁的硅酸盐类，在电炉或闪速炉熔炼中变为渣相矿物而被废弃。

### 1.5.2　镍的生产方法

#### 1.5.2.1　镍的火法冶炼

A　氧化镍矿火法冶炼

(1) 鼓风炉还原硫化熔炼→吹炼→电炉还原→粗镍锭；

(2) 电炉还原熔炼→镍铁；

(3) 回转窑粒铁熔炼→含镍粒铁；

(4) 高炉熔炼→镍磷铁。

B　硫化镍矿火法冶炼

(1) 鼓风炉熔炼→转炉吹炼→分层熔炼→熔铸→电解精炼 →电镍；

(2) 反射炉熔炼→转炉吹炼→磨浮分离→熔铸→电解精炼 →电镍；

(3) 电炉熔炼→磨浮分离→熔铸→电解精炼→电镍；

(4) 闪速炉熔炼→磨浮分离→熔铸→电解精炼→电镍。

另外，通过上述熔炼方法经氧气顶吹转炉吹炼，利用羰基法可以制取镍丸或镍粉。

#### 1.5.2.2　镍的湿法冶炼

A　氧化矿湿法冶炼

(1) 高压酸浸→硫化氢还原→硫化镍精矿；

(2) 还原焙烧→氨浸出→氢还原→镍粉、镍块。

B　硫化镍矿湿法冶炼

(1) 常压酸浸→还原熔炼→电解精炼→电镍；

(2) 高压氨浸→氢还原→镍粉。

由于镍矿具有品位低、成分复杂、伴生脉石多、属难熔物等特点，所以镍的生产方法比较复杂。根据矿石的种类，品位和用户要求的不同，可以生产多种不同形态的产品，通常有纯镍类：电镍、镍丸、镍块、镍锭、镍粉；非纯镍类：烧结氧化镍和镍铁等。近些年来，由于合金钢冶炼技术的发展，原来大多数采用纯镍类原料生产合金钢和不锈钢的企业，已改用非纯镍类，原因是较为经济。

# 2 造锍熔炼

## 2.1 造锍熔炼概述

造锍熔炼的原理是基于主体金属对硫的化学亲和力大于其对氧的化学亲和力，从而使金属与硫或几种金属硫化物之间相互熔合为锍，造锍反应的目的是将炉料中的待提取的有色金属和贵金属聚集于锍中。

造锍熔炼是有色金属冶炼中一个重要的冶金过程。尤其是铜、镍、钴等金属的火法冶金，一般来说，不能直接从精矿或焙砂中炼出金属，而是需要通过一个造锍的中间过程，即：将硫化物精矿、部分氧化焙烧的焙砂、返料及适量溶剂等物料，在一定的温度下（1200～1300℃）进行熔炼，产出两种互不相熔的液相——熔锍和熔渣，这种熔炼过程称为造锍熔炼。

### 2.1.1 原料

原矿和精矿都可以进行造锍熔炼，但不同炉型进行造锍熔炼时对物料的要求也不同，如：自然炉、鼓风炉可以直接处理原矿，而闪速炉、电炉则需要对原矿进行加工处理。

### 2.1.2 产物

造锍熔炼的产物为低镍锍、炉渣、烟气、烟尘等。

## 2.2 镍锍熔炼的理论基础

### 2.2.1 主要矿物在熔炼过程中发生的主要反应

进行造锍熔炼时，投入熔炼炉的炉料有铜镍硫化矿和溶剂等，如镍黄铁矿[$(Ni,Fe)_9S_8$]，含镍磁黄铁矿[$(Ni,Fe)_7S_8$]，辉铁镍矿（$3NiS\cdot FeS_2$）以及与硫化镍矿伴生的磁黄铁矿（$Fe_7S_8$），黄铜矿（$CuFeS_2$），黄铁矿（$FeS_2$）以及 $Fe_2O_3$，$SiO_2$，MgO，CaO，$Al_2O_3$ 等脉石氧化物。这些物料在炉中发生一系列的物理化学变化，最终形成互不相溶的镍锍或铜镍锍和炉渣。其中主要的化学反应如下。

（1）高价硫化物的分解

$$Fe_7S_8 = 7FeS + \frac{1}{2}S_2(g)$$

$$2CuFeS_2 = Cu_2S + 2FeS + \frac{1}{2}S_2(g)$$

$$3(FeNi)S_2 = 3FeS + Ni_3S_2 + \frac{1}{2}S_2(g)$$

$$(Ni,Fe)_9S_8 = 2Ni_3S_2 + 3FeS + \frac{1}{2}S_2(g)$$

$$FeS_2 = FeS + \frac{1}{2}S_2(g)$$

这些反应的结果，使得物料的组成简单化，生成比较简单而稳定的化合物。生成的金属硫化物即镍锍。

（2）低价硫化物的氧化

$$2FeS + 3O_2 = 2FeO + 2SO_2$$

$$Ni_3S_2 + \frac{7}{2}O_2 = 3NiO + 2SO_2$$

（3）造锍反应

$$3FeS + 3NiO = Ni_3S_2 + 3FeO + \frac{1}{2}S_2(g)$$

（4）造渣反应。炉子中产生的 FeO 在 $SiO_2$ 存在的条件下，将按下列反应形成炉渣：

$$10Fe_2O_3 + FeS = 7Fe_3O_4 + SO_2$$

$$3Fe_3O_4 + FeS + 5SiO_2 = 5(2FeO \cdot SiO_2) + SO_2$$

$$2FeO + SiO_2 = 2FeO \cdot SiO_2$$

$$CaO + SiO_2 = CaO \cdot SiO_2$$

$$MgO + SiO_2 = MgO \cdot SiO_2$$

镍熔炼有关反应的标准自由能如图 4-2-1 所示。

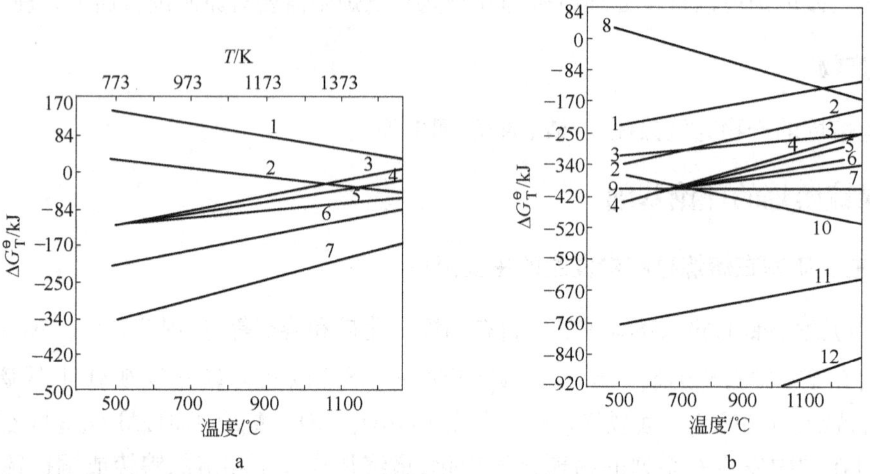


图 4-2-1　镍熔炼有关反应的标准自由能

a 中反应式：1—$\frac{1}{2}Ni_3S_2 + 2NiO \rightarrow \frac{7}{2}Ni(s) + SO_2$；2—$2Cu_2O(s) + Cu_2S(s) \rightarrow 6Cu(s) + SO_2$；3—$\frac{3}{2}Ni(s) + \frac{1}{2}S_2 \rightarrow \frac{1}{2}Ni_3S_2(s)$；4—$Fe(s) + \frac{1}{2}S_2 \rightarrow FeS$；5—$2Cu(s) + \frac{1}{2}S_2 \rightarrow Cu_2S(s)$；6—$4Cu(s) + O_2 \rightarrow 2Cu_2O$；7—$2Ni + O_2 \rightarrow 2NiO$；

b 中反应式：1—$4Cu(s) + O_2 \rightarrow 2Cu_2O$；2—$2Ni + O_2 \rightarrow 2NiO$；3—$\frac{1}{2}S_2(g) + O_2 \rightarrow SO_2(g)$；4—$6FeO + O_2 \rightarrow 2Fe_3O_4$；5—$2CO + O_2 \rightarrow 2CO_2$；6—$2H_2 + O_2 \rightarrow 2H_2O$；7—$2Fe(s) + O_2 \rightarrow 2FeO(s)$；8—$Fe_3O_4 + C \rightarrow 3FeO + CO$；9—$C(s) + O_2(g) \rightarrow CO_2(g)$；10—$2C(s) + O_2(g) \rightarrow 2CO(g)$；11—$Si(s) + O_2(g) \rightarrow SiO_2(s)$；12—$2Mg + O_2 \rightarrow 2MgO$

### 2.2.2 其他少量元素在造锍熔炼过程中的行为

镍精矿中除镍元素外，含有少量的有价金属，如铜、钴及贵金属等，另外还含有杂质金属，如锌、铅、砷、锑等。精矿中铜、钴都以低价硫化物的形式进入镍锍，少部分被氧化成氧化物，这些氧化物在熔炼炉中与铁的硫化物进行交互反应，生成硫化物，进入镍锍。因为有这类反应的存在，才得以将绝大部分的有价金属回收到锍中，实现造锍熔炼的最终目的。

其中　铜：在1350℃的熔炼温度下，$Cu_2O + FeS = Cu_2S + FeO$

钴：$CoO + FeS = CoS + FeO$

锌：原料中总锌量的50%～80%以氧化物形态进入炉渣，8%～10%通过蒸发与炉气一道从炉内排出。其发生的反应为：

$$ZnS + \frac{3}{2}O_2 = ZnO + SO_2$$

$$ZnS + FeO = ZnO + FeS$$

$$ZnO + 2SiO_2 = ZnO \cdot 2SiO_2$$

$$ZnO + SiO_2 = ZnO \cdot SiO_2$$

$$2ZnO + ZnS = 3Zn(g) + SO_2$$

PbS的氧化是在FeS后，而在$Cu_2S$前。生成的PbO容易与$SiO_2$造渣，PbS的挥发性很强，随炉气挥发的铅达到炉料总含铅量的20%。在熔炼精矿时，则大部分铅进入镍锍。

砷和锑：砷和锑在炉料中以硫化物和氧化物的形态存在，硫化锑在焙砂和熔炼时的变化与方铅矿相似，但更易挥发。

金银等贵金属：主要以金属状态溶入镍锍。

实践证明，经造锍熔炼后有99%的金、银、铂等贵金属进入锍中，50%以上的砷、锑、锌等杂质进入渣中，而60%以上的铅、铋、硒、碲等金属以氧化物形式挥发除去。

### 2.2.3 镍锍的组成及其性质

熔炼硫化矿所得各种金属的锍是很复杂的硫化物共熔体，基本上是由金属的低级硫化物所组成，其中富集了所提炼的金属及贵金属。例如镍锍中主要是$Ni_3S_2$、FeS、$Cu_2S$，其所含镍、铁、硫的总和占镍锍总量的80%～90%。

### 2.2.4 镍在炉渣中的损失

（1）化学损失。指镍以$NiO \cdot SiO_2$的形态造渣，在一般情况下，镍以造渣形态的损失是很少的，因为炉料中有足够数量的硫和硫化物存在时，形成镍的氧化物的可能性很小。

（2）物理损失。指镍以$Ni_3S_2$的形态溶解于渣中，这种损失有时很大，正确地选择炉渣成分是减少镍的物理损失的主要措施，为了降低硫化物在炉渣中的溶解度，应尽可能选择酸度较大的炉渣。

（3）机械损失。指镍以镍锍小液珠的形态机械地混入炉渣，在正常熔炼的情况下，机械损失是镍的最大损失，造成这种损失的主要原因是由于镍锍很难与炉渣完全分离。其原因有：

1）炉渣的性质不良；

2）炉渣与镍锍的澄清分离条件不良；

3）操作不当；

4）镍锍珠被 $SO_2$ 气体漂起。

## 2.3　硫化镍矿的造锍熔炼

硫化镍矿的造锍熔炼主要分为闪速炉熔炼与电炉熔炼。

### 2.3.1　闪速炉熔炼

#### 2.3.1.1　闪速炉熔炼概述

闪速炉熔炼是现代火法炼镍比较先进的技术，它克服了传统方法未能充分利用粉状精矿的巨大表面积和熔炼分阶段进行的缺点，大大减少了能源消耗，提高了硫的利用率，改善了环境。闪速熔炼是将经过深度脱水（含水量小于 0.3%）的粉状精矿，在喷嘴中与空气或氧气混合后，以高速度（60 ~ 70 m/s）从反应塔顶部喷入高温（1450 ~ 1550℃）的反应塔内，此时精矿颗粒被气体包围，处于悬浮状态，在 2 ~ 3 s 内就基本上完成了硫化物的分解、氧化和熔化过程。熔融硫化物和氧化物的混合熔体落下到反应塔底部的沉淀池中汇集起来继续完成锍与炉渣的形成过程，并进行沉清分离，炉渣在贫化炉处理后再弃去。

闪速炉熔炼的焙烧与熔炼结合成一个过程，炉料与气体密切接触，在悬浮状态下与气体进行传热和传质，FeS 与 $Fe_3O_4$、FeS 与 $Cu_2O$（NiO）以及其他硫化物与氧化物的交互反应主要是在沉淀池中以液—液接触的方式进行。

闪速炉熔炼工艺具有下列特点：

（1）熔炼强度高，生产能力大。

（2）基本上为自热熔炼，能耗低。

（3）脱硫率高，烟气含 $SO_2$ 稳定在 10% 以上，可用于制酸，硫实收率高，消除对环境的污染。

（4）炉渣含有价金属高，需要经过电炉贫化处理。

（5）烟尘率比较高，一般在 10% 以上，给烟气处理带来一定的困难。

（6）要求炉料成分均匀、粒度细并需经过深度干燥。

闪速炉熔炼有两种基本形式：一种是矿从反应塔顶垂直喷入炉内的（芬兰）奥托昆普闪速炉，另一种是精矿从炉子端墙上的喷嘴水平喷入炉内的（加拿大）闪速炉。

闪速炉系统包括物料制备、闪速熔炼、转炉吹炼等主系统和氧气制备、供水、供风、供电、供油、炉渣贫化和配料系统等。

处理的主要原料是选矿低镁高硫铜镍精矿。

闪速炉产生的烟气 $SO_2$ 浓度为 8% ~ 12%，经余热锅炉，电收尘后制酸。

奥托昆普公司的镍精矿闪速炉熔炼系统如图 4-2-2 所示。闪速炉由反应塔、沉淀池和上升烟道组成。反应塔为竖炉，干燥精矿通过喷嘴用预热空气或富氧空气作为介质喷入反应塔内，矿石和氧在塔内发生强烈的氧化反应并熔化，熔化的颗粒落入沉淀池造锍和造渣并沉淀分离。炉气通过沉淀池上部空间经上升烟道进入废热锅炉，烟气经电收尘后再送硫酸厂制酸。锍从沉淀池放出送往转炉吹炼，闪速炉炉渣含镍量较高，尤其是原料中的钴大部分进入炉渣，需要通过电炉贫化，还原回收镍、钴。

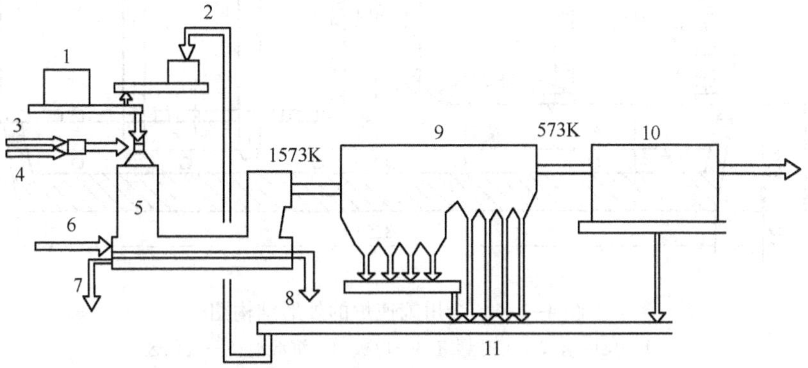


图 4-2-2 奥托昆普公司镍闪速炉熔炼系统

1—精矿仓；2—烟灰仓；3—空气；4—氧；5—反应塔；6—燃料烧嘴；7—镍锍；8—炉渣；9—余热锅炉；10—电收尘器；11—烟灰输送系统

卡尔古利镍冶炼厂不单设炉渣贫化电炉，而是在闪速炉沉淀池尾部设炉渣电热贫化区，如图 4-2-3 所示。

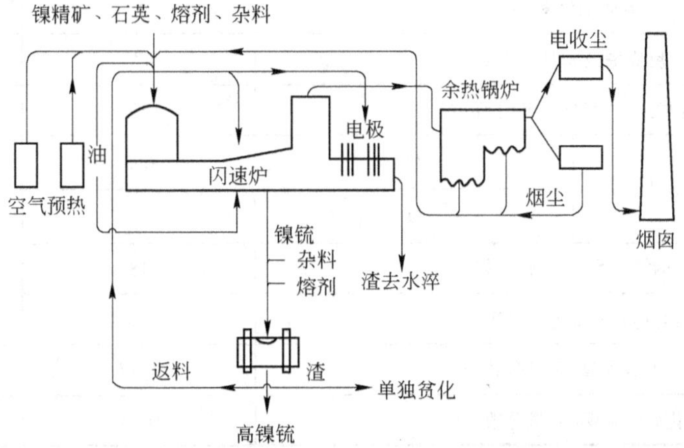


图 4-2-3 卡尔古利镍冶炼厂镍闪速熔炼系统

中国金川有色金属公司的镍闪速炉也是采用卡尔古利镍冶炼厂的生产系统。国际镍公司的闪速熔炼采用卧式炉型，炉膛上部空间为反应区，下部为沉淀区，炉料用工业纯氧喷入炉内。其炉体结构与闪速炼铜所用的相同，如图 4-2-4 所示。

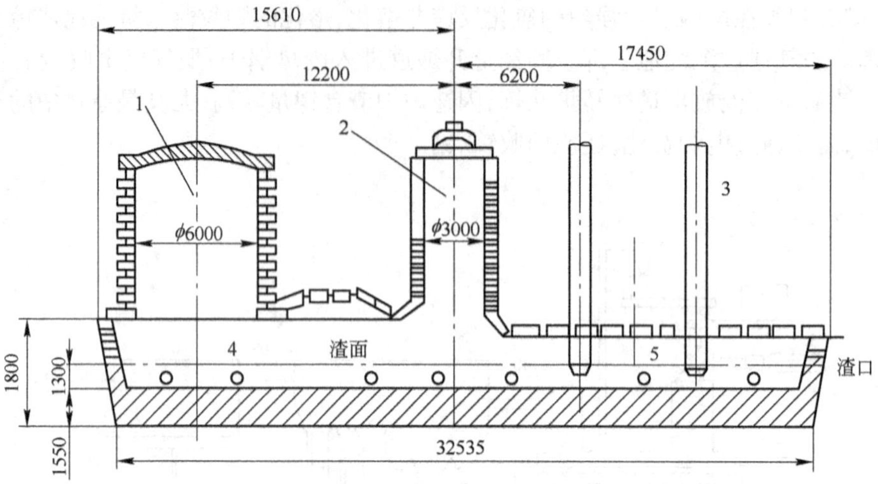


图 4-2-4 金川闪速炉的外形结构图

1—反应塔;2—上升烟道;3—电极;4—沉淀池;5—贫化区

硫化镍矿闪速熔炼的主要技术经济指标见表 4-2-1。诺里尔斯克厂闪速炉测温点位置(a)和炉子相应位置横断面温度分布(b)如图 4-2-5 所示。

**表 4-2-1 硫化镍矿闪速炉熔炼主要技术经济指标**

| 指标 | | 公司或工厂 | |
|---|---|---|---|
| | | 奥托昆普公司 | 卡尔古利镍冶炼厂 |
| 处理能力/$t \cdot d^{-1}$ | | 700 | 1297 |
| 返回烟尘率/% | | 8 | 12 |
| 反应塔鼓风温度 $T$/K | | 473 | 732 |
| 反应塔鼓风含氧(体积分数)/% | | 35 | 23.8 |
| 燃料消耗/$kg \cdot h^{-1}$ | 油 | 650 | 590 |
| | 煤 | | 2500 |
| 出炉烟气含 $SO_2$(体积分数)/% | | 18 | 10 |
| 贫化电炉吨渣电耗/kW · h | | 177 | 108 |
| 闪速炉渣含镍(质量分数)/% | | 1.17 | 1.23 |
| 贫化后渣含镍(质量分数)/% | | 0.11 | 0.39 |

### 2.3.1.2 生产实践

闪速炉的入炉物料一般有干精矿、助溶剂、粉煤、混合烟灰等,铜镍精矿的矿物组成为$(Ni,Fe)_9S_8$、$CuFeS_2$、$Fe_7S_8$、$Fe_3O_4$、$FeS_2$、MgO、$SiO_2$、CaO 等,其中铁的硫化物的质量分数占55% ~85%。各元素质量分数为 Ni 7%,Cu 4%,Co 0.18%,Fe 41%,S 27%,CaO 1%,MgO 6.5%,$SiO_2$ 6.5%。

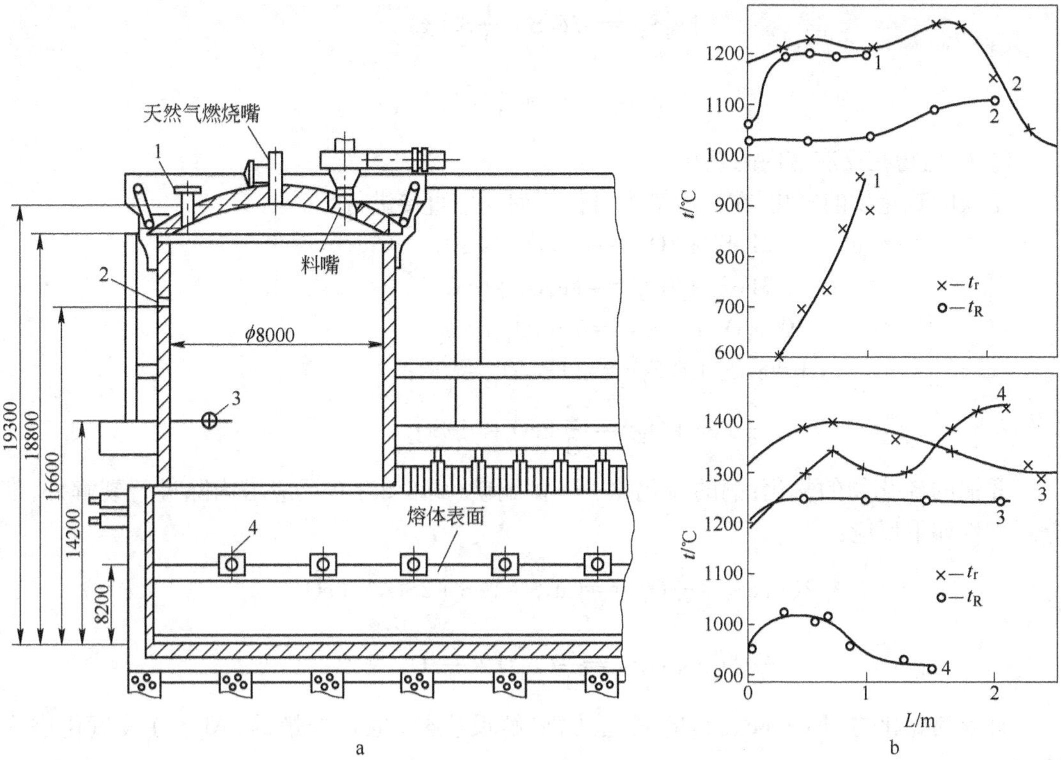


图 4-2-5 诺里尔斯克厂闪速炉测温点位置(a)和炉子相应位置横断面温度分布(b)

$t_r$—热电偶测出;$t_R$—辐射高温计测出

A 物料制备

a 物料干燥精矿

必须干燥到含水分低于 0.3%,当超过 0.5% 时,易使精矿在进入反应塔高温气氛时由于水分的迅速汽化而被水汽膜所包围,阻碍反应的迅速进行,有可能造成生料落入沉淀池。金川公司将含水分 8% ~10% 的硫化铜镍精矿经短窑(设粉煤燃烧室)、鼠笼打散机和气流管三段低温气流快速干燥,得到含水分小于 0.3% 的干精矿。

b 物料细磨

入炉精矿粒度小于 0.074 mm(-200 目)的要大于 80%,因物料具有粒度细、比表面积大、与气体接触面积大、传热、传质速度快的特点,此外,石英砂、煤粉等也要经过处理,去除水分和磨细。

B 闪速熔炼

a 反应塔内的反应

同时在反应塔内完成焙烧和熔炼反应,烟气 $SO_2$ 浓度高,易于回收制酸,环保。

① 硫化物在反应塔内分解

$$(Ni,Fe)_9S_8 = 2Ni_3S_2 + 3FeS + \frac{1}{2}S_2(g)$$

$$2CuFeS_2 = Cu_2S + 2FeS + \frac{1}{2}S_2(g)$$

$$Fe_7S_8 = 7FeS + \frac{1}{2}S_2(g)$$

$$FeS_2 = FeS + \frac{1}{2}S_2(g)$$

② 硫化物在反应塔内的氧化

Ⅰ铁的硫化物的氧化：在反应塔内可依下列反应直接进行。

$$2FeS_2 + 7O_2 = Fe_2O_3 + 4SO_2$$

$$3FeS_2 + 8O_2 = Fe_3O_4 + 6SO_2$$

$$10Fe_2O_3 + FeS = 7Fe_3O_4 + SO_2$$

$$16Fe_2O_3 + FeS_2 = 11Fe_3O_4 + 2SO_2$$

$$\frac{2}{3}FeS + O_2 = \frac{2}{3}FeO + \frac{2}{3}SO_2$$

Ⅱ铜的硫化物的氧化：铜的硫化物——黄铜矿（$CuFeS_2$）在反应塔内除进行裂解外，部分还发生如下反应：

$$2CuFeS_2 + \frac{1}{2}O_2 = Cu_2S + FeS + 2SO_2 + FeO$$

$$\frac{2}{3}Cu_2S + O_2 = \frac{2}{3}Cu_2O + \frac{2}{3}SO_2$$

Ⅲ镍的硫化物（Ni · Fe）$_9S_8$的氧化：除离解反应外，也有少量的（$Ni_3S_2$）被氧化进入渣中。

$$\frac{2}{7}Ni_3S_2(l) + O_2 = \frac{6}{7}NiO(s) + \frac{4}{7}SO_2$$

反应塔中的镍约有5% ~7%以NiO的形式进入沉淀池中，故沉淀池中渣含镍0.8% ~1.2% 。

Ⅳ钴的硫化物$Co_3S_4$的氧化：在反应塔高温和强氧化气氛中有30% ~40%的金属钴被氧化为CoO进入渣中。

$$2Co_3S_4 + 11O_2 = 6CoO + 8SO_2$$

b 沉淀池内反应

各种硫化物与氧化物间的造渣反应和造锍反应主要在沉淀池中以液－液接触的方式进行。

① 造渣反应：铁（FeS，FeO和$Fe_3O_4$），脉石（$MgCa(CO_3)_2$）进入沉淀池内的铁有FeS、FeO和$Fe_3O_4$。FeS在沉淀池内继续氧化，以FeO的形式与加入的石英砂造渣，反应如下：

$$2FeS + 3O_2 = 2FeO + 2SO_2$$

$$2FeO + SiO_2 = 2FeO \cdot SiO_2$$

在反应塔内生成的$Fe_3O_4$，它是$Fe_2O_3$到FeO的中间型，通俗讲就是$FeO + Fe_2O_3$，熔点高，密度大，使炉渣与冰镍分离不好，造成金属损失增加，且易在炉底析出使生产空间减少，使炉子处理能力降低，因此生成的$Fe_3O_4$必须及时造渣排除，增加还原气氛以及在炉子中有适量的石英石是防止生成$Fe_3O_4$的主要手段，当$Fe_3O_4$量过高时可加入生铁还原，发生的反应为：

$$3Fe_3O_4 + FeS = 10FeO + SO_2$$

$$Fe_3O_4 + Fe = 4FeO$$

$$3Fe_3O_4 + FeS + 5SiO_2 = 5(2FeO \cdot SiO_2) + SO_2$$

铜镍精矿中脉石，主要是 $MgCa(CO_3)_2$，在反应塔分解为 MgO、CaO，在沉淀池内造渣，发生如下反应：

$$MgO + SiO_2 = MgO \cdot SiO_2$$

$$CaO + SiO_2 = CaO \cdot SiO_2$$

渣含 MgO，要求不超过 7% 的，每增长 1% 渣温度要提高 9～10℃；超过 8% 的，每增长 1%，渣温就要提高 35～40℃。

② 造锍反应：

$$2FeS(l) + 2NiO(s) = \frac{2}{3} Ni_3S_2(l) + 2FeO(l) + \frac{1}{3}S_2$$

$$FeS(l) + Cu_2O(l) = Cu_2S + FeO(l)$$

$$FeS(l) + CoO(s) = CoS(l) + FeO(l)$$

在反应塔及沉降池内反应生成的 $Ni_3S_2$、$Cu_2S$、CoS 和 FeS 相互溶解生成铜镍锍，其中也溶解有贵金属、金属以及 $Fe_3O_4$。

c 贫化区内反应

贫化区的作用是使渣中的有价金属（氧化物形式存在）更多地还原沉集在镍锍中，以提高金属回收率，同时处理一部分含有价金属的冷料。方法为：用两个电极加热，提高炉渣温度，插入干木棒，使金属氧化物还原为金属，进入镍锍中。

#### 2.3.1.3 闪速熔炼过程控制

A 合理的料比

闪速炉的入炉物料包括从反应塔顶加入的干精矿、石英粉、烟灰及从贫化区加入的返料、石英石、块煤两部分，但是从反应塔顶加入的物料配比对熔炼过程起着决定性作用，其合理料比是根据闪速熔炼工艺所选定的炉渣成分、镍锍品位等目标值和入炉物料的成分通过计算确定的。

B 镍锍温度的控制

闪速炉的操作温度的控制是十分严格的，若操作温度过低，则熔炼产物黏度高，流动性差，渣与镍锍的分层不好，渣中进入的有价金属量增大，最终造成熔体排放困难，有价金属的损失量增大。若操作温度控制过高，则会对炉体的结构造成大的损伤。因此，控制好闪速炉的操作温度是炉子技术控制的关键部分。在实际生产中，是通过稳定镍锍品位，调整闪速炉的重油量，鼓风富氧浓度，鼓风温度等来控制镍锍温度的。

C 镍锍品位的控制

闪速炉镍锍品位越高，在闪速炉内精矿中铁和硫的氧化量越大，获得的热量亦越多，可相应减少闪速炉的重油加入量。镍锍品位越高，镍锍和炉渣的熔点越高，为保持熔体应有的流动性所需要的温度越高，不仅对炉体结构很不利，并且进入渣中的有价金属量越多，损失也越大。闪速炉镍锍品位越低，在闪速炉内铁和硫的氧化量越少，获得的热量亦越少，需相应增加闪速炉的重油加入量。镍锍品位低，镍锍产率相应要增大。转炉吹炼过程中，冷料处理量增大，渣量也要增大。给贫化电炉生产带来困难，生产难以连续均衡进行。在实际生产中，镍锍品位的控制是通过调整每吨精矿耗氧量来进行的。

D 渣型 $m(Fe)/m(SiO_2)$ 的控制

闪速炉熔炼过程要求所产生的炉渣有良好的渣型，具体表现为：

(1)有价金属在渣中溶解度低，即进入渣中的有价金属少；

(2)镍锍与炉渣的分离良好，流动性好，易于排放和堵口。

渣型的控制是通过对渣的 $m(Fe)/m(SiO_2)$ 的控制来实现的，即通过调整熔炼过程中加入的熔剂量来进行控制的。在生产过程中，通常控制渣的 $m(Fe)/m(SiO_2)$ 为 1.15 ~ 1.25，控制反应塔熔剂/精矿量 = 0.23 ~ 0.25，贫化区熔剂量根据返料加入量成分的不同而适当加入。

## 2.3.2 电炉熔炼

### 2.3.2.1 电炉熔炼概述

电炉按电能转换为热能的方式不同，可分为电阻炉、电弧炉、感应炉、复合式电炉（这种炉即有电阻炉的性能，又有电弧炉的特点）。

铜镍冶金中所用的电炉属于复合式电炉，因这种电炉多用于熔炼矿石和精矿，故又称为矿热电炉。

电炉熔炼的优点是：

(1) 熔池温度易于调节，并能获得较高的温度，可处理含难熔物较多的物料，炉渣易于过热，有利于四氧化三铁的还原，渣含有价金属量较低。

(2) 炉气量较小，含尘量较低。完善的电炉密封，可提高烟气二氧化硫浓度，并可加以利用。

(3) 对物料的质量适应范围大，可以处理一些杂料、返料。

(4) 容易控制，便于操作，易于实现机械化和自动化。

(5) 炉气温度低，热利用率达 45% ~60%，炉顶及部分炉墙可以用廉价的耐火黏土砖砌筑。

电炉熔炼的缺点是：

(1) 电能消耗大，需要费用高。

(2) 对炉料含水分要求严格（不高于 3%）。

(3)脱硫率低（16% ~20%），处理含硫量高的物料时，应在熔炼前采取必要的脱硫措施。

### 2.3.2.2 电炉熔炼的基本原理

电炉熔炼实质上可分为两个过程：(1) 热工过程（如电能转换、热能分布等）。(2) 冶炼过程（如炉料熔化、化学反应、锍渣分离等）。

电炉熔炼如图 4-2-6 所示。电炉结构如图 4-2-7 所示。电炉熔炼的典型工艺流程如图 4-2-8 所示。

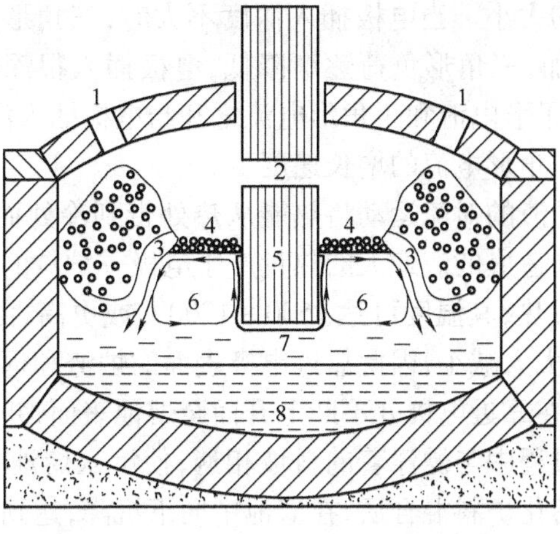


图 4-2-6 电炉熔炼工艺过程示意图

1—炉料入口;2—炉气的运动;3—炉料熔化;4—炉渣被焦炭还原;
5—能量输入、分配和转变;6—炉渣运动和热交换;7—炉渣;8—镍锍

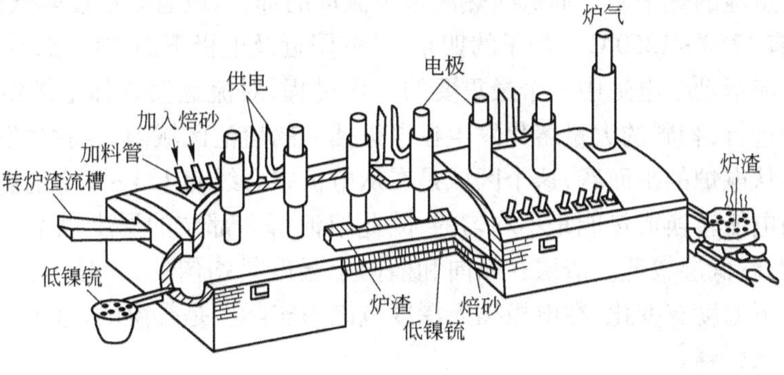


图 4-2-7 电炉结构示意图

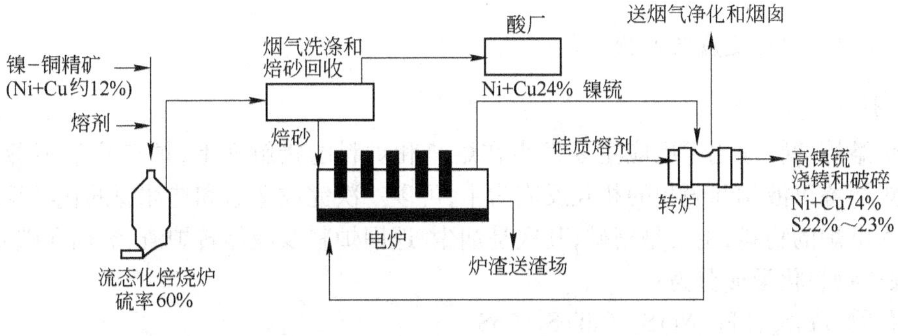


图 4-2-8 电炉熔炼的典型流程

电流通过电炉的线路有两种：

(1) 由电极通过炉渣→冰镍→炉渣→电极,即星形负荷。

(2) 由一根电极通过炉渣流向另一根电极,即三角形负荷。

当电极之间的距离不变时,星形负荷和三角形负荷的大小取决于电极插入渣层的深度,渣层的厚度和炉内料坡的大小。当电极插入深度不大时，三角形负荷可达总负荷的 70%；随着电极插入深度的增加，三角形负荷逐渐降低，电极插入很深时，可达总负荷的 30% ~ 40%。当电极向下插时，星形电流和三角形电流之和与电极插入深度成正比地增加，但是星形电流的增长速度大于三角形电流的增长速度。

热交换作用主要是炉渣的对流运动将热能从热处带到冷处而产生的，炉渣的对流是由于渣池各部分的热量不同造成的。最大的热量产于电极—炉渣的接触区，在此区域内，靠近电极表面的渣层已大为过热，其温度可达 1500 ~ 1700℃或更高，由于渣中含有大量气泡，其膨胀的结果，使它的密度大大减小，因此靠近电极表面的炉渣和远离电极的炉渣密度产生了差别，密度小的过热炉渣在靠近电极处不断上升而至熔池表面，并在熔池表面向四周扩散。

过热炉渣在其运动过程中与漂浮着的料坡相遇，使沉入熔池的料坡下部表面熔化。运动着的炉渣与温度低的熔化炉料混合后，在渣池中向下沉降，达到电极下端附近。一部分炉渣流向电极，在电极—炉渣接触区内被过热，重新上升至熔池表面；另一部分炉渣则继续下降至对流运动非常薄弱的渣池下层，在这里冰镍和炉渣进行分离。

热渣在向远离电极方向的流动过程中，将自己的多余热量传给熔池的较冷部分，从而维持了这一部分熔池的热平衡。而那些热渣很少流动的部位，或者说温度降低的部位，则热量不足，温度只有 1250 ~ 1350℃。炉子的四角、炉壁附近及电极下面的区域，易生成炉结。

炉渣的对流运动是电炉中一个最重要的工作过程，对流运动确保电炉熔池中的热交换和物料熔化的进行，物料的大量熔化发生在电极插入的熔池区域内，也就是发生强烈的对流循环区域内。从电炉的平面看，这个区域是在从电极中心线起 1.5 ~ 2 个电极直径范围内。

在熔池内电能转换成热能是不均匀的，因此熔池每个部位的温度也不一致。靠近熔体上层的温度较高，低层较低。渣层在纵向和横向上温度是均匀的，只是垂直方向有变化，主要是在电极以下温度有变化，在电极插入深度范围内实际上是等温的，这可用其中存在激烈的对流热交换来解释。

因熔池各部分受热情况不同，显然，炉料的熔化速度随着其与电极距离的增大而急剧下降。因此，大部分炉料（80% ~ 90%）在距离电极中心线 1.5 ~ 2 倍电极直径的范围内加入。

#### 2.3.2.3　熔炼反应及产物

##### A　熔炼反应

电炉熔炼的物理化学反应主要发生在熔渣和炉料的接触面上，炉气几乎不参与反应。因此电炉熔炼以液相和固相的相互反应为主，可以一次完成造渣和造冰镍的化学反应。

加入电炉的物料，主要是精矿，其次是烟尘、返回炉料及液体转炉渣、溶剂和碳质还原剂等，铜镍矿物料化学成分为：

硫化物：$Fe_7S_8$、$(Fe,Ni)S_2$、$CuFeS_2$、$CoS$。

氧化物和铁酸盐：$Fe_3O_4$、$NiO$、$CuO$、$Fe_2O_3$、$SiO_2$、$MgO$、$CaO$、$Al_2O_3$等。

硅酸盐：$m\text{MeO} \cdot n\text{SiO}_2$。

物料中还可能含有少量的硫酸盐 $MeSO_4$，碳酸盐 $MeCO_3$，氢氧化物 $Me(OH)_2$ 和贵金属等。

过热炉渣在对流运动中与物料表面相遇时，便将自己多余的热量传给物料。当物料加热至 1000℃时，物料中有复杂硫化物、某些硫酸盐、碳酸盐和氢氧化物的热分解发生：

$$Fe_7S_8 = 7FeS + \frac{1}{2}S_2$$

$$2CuFeS_2 = Cu_2S + 2FeS + \frac{1}{2}S_2$$

$$3(Fe,Ni)S_2 = 3FeS + Ni_3S_2 + \frac{1}{2}S_2$$

$$Me(SO_4) = MeO + SO_3$$

$$MeCO_3 = MeO + CO_2$$

$$Me(OH)_2 = MeO + H_2O$$

这些反应的结果,使物料的组成简单化了,生成比较简单而稳定的化合物。如果入炉物料是焙砂而不是精矿时,以上部分反应已在焙烧时完成。当物料加热到1100～1300℃时,除复杂化合物的热分解反应外,物料中各种化合物之间还有交互反应发生,其中最重要的是硫化物和氧化物之间的反应——造锍反应:

$$Cu_2O + FeS = Cu_2S + FeO$$

$$3NiO + 3FeS = Ni_3S_2 + 3FeO + \frac{1}{2}S_2$$

$$CoO + FeS = CoS + FeO$$

$$2Cu_2O + Cu_2S = 6Cu + SO_2$$

$$2Cu + FeS = Cu_2S + Fe$$

$$CuO \cdot Fe_2O_3 + Cu_2S + FeS = 3Cu + Fe_3O_4 + S_2$$

以上反应生成的$Ni_3S_2$、$Cu_2S$、FeS、CoS的液态混合物即低镍锍,并溶解有少量的$Fe_3O_4$及贵金属。

B 造渣反应

碱性氧化物(FeO、CaO、MgO等)与酸性氧化物($SiO_2$)发生交互反应,生成$m$MeO · $n$$SiO_2$型的各种硅酸盐,这些硅酸盐在熔融状态下互相混合,生成了电炉熔炼的另一种产品——炉渣,其主要化学反应如下:

$$10Fe_2O_3 + FeS = 7Fe_3O_4 + SO_2$$

$$3Fe_3O_4 + FeS + 5SiO_2 = 5(2FeO \cdot SiO_2) + SO_2$$

$$FeO + SiO_2 = 2FeO \cdot SiO_2$$

$$CaO + SiO_2 = CaO \cdot SiO_2$$

$$MgO + SiO_2 = MgO \cdot SiO_2$$

上述反应生成了:$2FeO \cdot SiO_2$、$CaO \cdot SiO_2$、$MgO \cdot SiO_2$以及$Fe_3O_4$熔融混合物即炉渣。

熔融状态的低镍锍和炉渣在熔池中因密度不同而分开。

在物料受热熔化时,除液态产物外,还产生气体产物,大部分气体上升至熔池表面并进入炉膛空间,另一部分气体则包裹在炉渣中,这就是炉渣含有大量气体的原因。在电炉熔炼中由于硫化物的热分解和硫化铁与金属的高价氧化物交互反应,炉料中的硫一部分被脱除。

C 熔炼产物

电炉熔炼硫化铜镍精矿时,其产品有低镍锍、炉渣、烟气和烟尘。低镍锍是冶炼的中间产品。炉渣因含贵金属量很低而废弃。烟气经收尘,制酸后排入大气。收得的烟尘则返回电炉熔炼。

a　低镍锍

低镍锍主要由硫化镍($Ni_3S_2$),硫化铜($Cu_2S$),硫化铁( FeS)所组成,此外低冰镍中还有一部分硫化钴、贵金属和一些游离金属及合金。在低镍锍中还溶解有少量磁性氧化铁,要送至转炉工序进一步富集。

在电炉熔炼过程中,低镍锍与炉渣分离的完全程度,主要取决于它们的密度差,密度差越大,分离得越彻底,而低镍锍的密度取决于组成低镍锍的各种硫化物的含量。每种硫化物的密度是不同的:硫化铁的密度为4.6,硫化镍的密度为5.3,硫化铜的密度为5.7,低镍锍品位越低,也就是含硫化铁越高,则低镍锍密度越小,国内外各厂固体低镍锍密度一般为4.6～5.0,熔融的低镍锍的密度稍小,因为在熔融状态的低镍锍中溶解有一定量的二氧化硫气体,使其体积增大,密度减小,炉渣密度一般在3～4之间。

表4-2-2列出各厂电炉熔炼的低镍锍成分。

**表4-2-2　电炉熔炼产出的低镍锍成分**(质量分数)　　(%)

| 企业名称 | Ni | Cu | Co | Fe | S |
|---|---|---|---|---|---|
| 贝辰加公司 | 7～13 | 4.5～11 | 0.3～0.5 | 50～54 | 25～27 |
| 北镍公司 | 7～13 | 4.5～11 | 0.3～0.5 | 50～53 | 25～27 |
| 诺里尔斯克公司 | 12～16 | 9～12 | 0.4～0.55 | 47～49 | 22～26 |
| 汤普森公司 | 15～17 | 2 | 48～50 | 25～27 | |
| 金川公司 | 12～18 | 6～9 | 0.4 | 46～50 | 24～27 |

从表4-2-2中可以看到,铜镍硫化矿石和精矿电炉熔炼得到的低镍锍,其含镍量波动在7%～18%范围内,电炉熔炼产出低镍锍中各种金属的含量,取决于它们在入炉物料中的含量,低镍锍的产出率以及各种金属在电炉熔炼过程中进入低镍锍的回收率。

低镍锍的产出率取决于入炉物料的含硫量和电炉熔炼过程脱硫率,入炉物料含硫量越高,低冰镍的产率越大,低镍锍中有价金属的含量(低镍锍品位)越低。在电炉熔炼过程中,并不是所有入炉物料中的硫量都生成低冰镍,而是有一部分铁的硫化物同炉料中的"固态"氧相互作用以及高价硫化物的热分解与炉气中的氧反应生成气体$SO_2$被脱除,脱除和溶解在炉渣中的硫量越多,则电炉熔炼过程中脱硫率越高,这时低镍锍的产率越小,低镍锍中有价金属的含量(低镍锍品位)越高。当电炉熔炼未经过焙烧的精矿时,脱硫率为15%～18%。当电炉熔炼经过焙烧的精矿和适当加入还原剂(碳质还原剂)时,则电炉过程的脱硫率要小得多。

低镍锍的熔点同其密度一样,取决于组成低镍锍的各种金属硫化物的含量,硫化镍的熔点为790℃,硫化铜为1120℃,硫化铁为1150℃。最易熔的是硫化镍,最难熔的是硫化铁,各厂低镍锍的熔点,都介于各种硫化物熔点之间。

b　炉渣

电炉熔炼产出的炉渣主要由以下五个主要成分构成:$SiO_2$、FeO、MgO、$Al_2O_3$和CaO,它们的总和约占总量的97%～98%。此外还含有少量$Fe_3O_4$、铁酸盐以及金属的氧化物和硫化物。

渣含金属量(质量分数)取决于渣和低镍锍的性质、渣温和操作技术水平,根据各厂的实际情况,通常为:Ni 0.07%～0.25%,Cu 0.05%～0.10%,Co 0.025%～0.1%。

炉渣成分对炉渣性质及金属损失的影响很大。

渣中含 $SiO_2$ 通常波动于 38% ~45% 的范围内。在相同温度下，随 $SiO_2$ 含量增高，炉渣导电性下降，黏度升高同时热容量增大，炉料熔化的耗电量增加；随着 $SiO_2$ 含量的增高，$Ni_3S_2$、$Cu_2S$ 和 CoS 在炉渣中的溶解度下降，但黏度增加，也加大了机械夹杂损失。因此，在电炉熔炼中，为降低金属损失，炉渣中 $SiO_2$ 含量控制在 38% ~41% 比较合适。

FeO 能大大改变炉渣性质，尤其是导电性，随着 FeO 含量的增高，炉渣的导电性升高，熔点降低（高铁渣流动性好），但是密度大，低镍锍和炉渣界面上的表面张力降低，低镍锍与炉渣分离条件恶化，导致金属损失增加。此外，高铁渣能很好地溶解硫化物，同样会增加金属损失。在熔炼过程中，渣中氧化亚铁的最佳含量为 25% ~32%。

渣含 MgO 高，是硫化铜镍矿电炉熔炼的一个特点。当渣含 MgO 量低于 10% 时，对炉渣性质无很大影响，随着 MgO 含量的增加，当超过 14% 时，炉渣熔点迅速上升，黏度增大，单位电耗增大。当炉渣中含 MgO 高于 22% 时，炉渣电导率增大。随着 MgO 含量的升高和 FeO 含量的下降，渣中含有价金属降低。电炉熔炼的炉渣中氧化镁的最佳含量为 10% ~12%。

电炉渣含 CaO 不高，一般为 3% ~8%，这种含量对炉渣的性质不产生重大影响。随着 CaO 含量增高到 18%，炉渣电导率增大 1 ~2 倍，渣密度和黏度降低，硫化物（特别是 Co）在渣中的溶解度减小。

渣中含 $Al_2O_3$ 为 5% ~12%，如同 CaO 一样，少量的 $Al_2O_3$ 存在对炉渣性质不产生重大影响。随氧化铝含量的增加，炉渣黏度和金属损失量增加。

#### 2.3.2.4　电炉熔炼中的磁性氧化铁

电炉熔炼的炉渣和低冰镍中存在着一定数量的磁性氧化铁（$Fe_3O_4$），其来源主要是焙砂和转炉渣及炉料物理化学反应的化合物。由于电炉熔炼的炉渣过热温度高，炉气中氧的分压较低，以及炉渣在熔池内的剧烈运动，$Fe_3O_4$ 的分解比其他熔炼方式更容易。但是，炉渣在高温区对 $Fe_3O_4$ 的溶解度高，进入静滞区后炉渣温度下降，$Fe_3O_4$ 在渣中溶解度减小，$Fe_3O_4$ 从渣中析出，实践证明，在电炉熔炼时，往往在低镍锍和炉渣之间有一层隔膜，亦称“黏渣层”。这是一种具有较高黏度，似半熔状态的沉积物，影响炉渣与低镍锍的沉淀分离，使炉渣含镍量升高。当低冰镍温度过低时，易从中析出形成隔层，给生产操作带来许多麻烦。

消除 $Fe_3O_4$ 黏渣层可采取以下措施：

（1）降低工作电压，将电极插深，以提高熔池底部温度，增大 $Fe_3O_4$ 在渣中和低镍锍中的溶解度，消除黏渣层。

（2）在炉渣中加入一定量的焦炭粉，使 $Fe_3O_4$ 被碳元素还原：

$$Fe_3O_4 + C = 3FeO + CO$$

$$Fe_3O_4 + CO = 3FeO + CO_2$$

并同时适当提高炉料中二氧化硅的含量，以破坏磁性氧化铁的形成。

（3）配入一定量的高硫精矿，一方面增加炉料中 FeS 的比例，使 $Fe_3O_4$ 易于分解，另一方面，可以降低镍锍品位，提高低镍锍对 $Fe_3O_4$ 的溶解能力。

（4）加入生铁或其他含铁物料，$Fe_3O_4$ 按如下反应进行：$Fe_3O_4 + Fe = 4FeO$，生成的 FeO 与 $SiO_2$ 造渣。

（5）提高炉内功率，升高熔池温度，使 $Fe_3O_4$ 溶解度增大，分解反应易于进行。

上述措施中前两种在生产实践中经常采用，且效果好。采用加生铁还原磁性氧化铁，一般只用来处理炉内局部冻结，至于配入高硫精矿只有在低镍锍品位较高时才使用。

#### 2.3.2.5 转炉渣在电炉内的作用

转炉渣是由硅酸铁、游离二氧化硅、磁性氧化铁及少量的镍铜与铁的硫化物、镍与钴的氧化物等所组成的复杂熔体。转炉渣一般返回电炉，其目的是：回收有价金属；转炉渣在电炉内的各种变化如下：

（1）液体转炉渣注入电炉后，被过热 100 ~ 200℃ 使其黏度降低，因此，有利于机械夹杂的低镍锍颗粒沉清分离。

（2）由于炉内的温度很高及二氧化硅和金属硫化物的大量存在，磁性氧化铁被大量还原并与二氧化硅作用造渣，磁性氧化铁还原越完全，机械夹杂的低镍锍颗粒析出得就越完全。

（3）转炉渣中所含镍有一部分呈 NiO 形态存在，在电炉内与硫化亚铁作用：

$$9NiO + 7FeS = 3Ni_3S_2 + 7FeO + SO_2$$

转炉渣中大部分钴呈 CoO 形态存在，在电炉中发生如下反应：

$$CoO + FeS = CoS + FeO$$

（4）现在为了充分回收转炉渣中的钴，转炉渣一般不直接返回电炉或仅将前期转炉渣返回电炉。

# 3 低镍锍的吹炼

在火法炼镍流程中，电炉、闪速炉等冶炼设备产生的低镍锍，由于其成分组成不能满足精炼工序的处理要求，因此必须进行低镍锍的进一步处理，这一过程大都在卧式转炉中进行。卧式转炉结构如图 4-3-1 所示。氧气顶吹转炉的结构如图 4-3-2 所示。

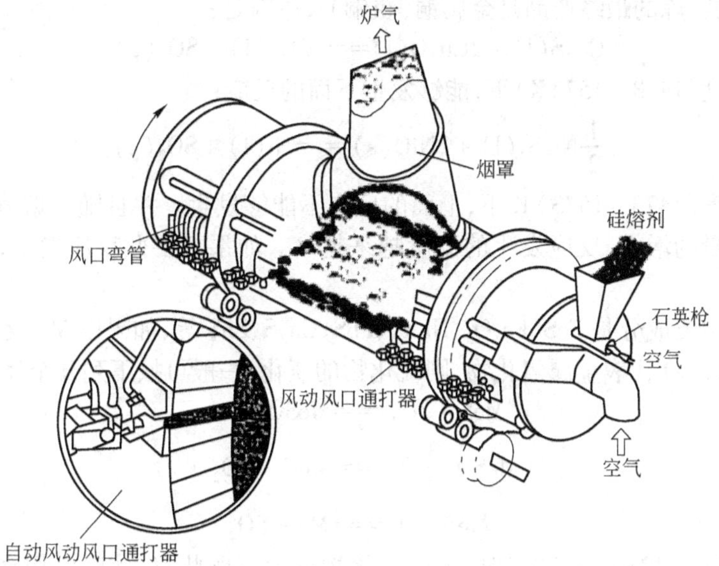


图 4-3-1 卧式侧吹转炉剖视图

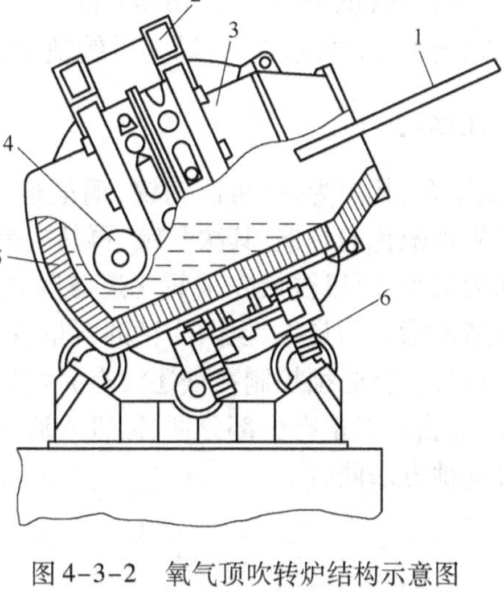


图 4-3-2 氧气顶吹转炉结构示意图

1—水冷氧枪；2—炉体支承架；3—炉壳；4—上推托辊；5—耐火砖；6—电机驱动托辊

吹炼的任务是向转炉内熔体低镍锍中鼓入空气和加入适量的石英熔剂，将低镍锍中的铁以及与之化合的硫和其他杂质被氧化后与石英造渣，部分硫和其他一些挥发性杂质氧化后随烟尘排出，从而得到含有价金属（Ni、Cu、Co 等）量较高的高镍锍和含有价金属量较低的转炉渣。高镍锍和转炉渣由于它们各自的密度不同而进行分层，密度小的转炉渣浮于上层被排除。高镍锍中的 Ni、Cu 大部分仍然以金属硫化物形态存在，少部分金属以合金形态存在，低镍锍中的贵金属和部分钴也进入高镍锍中。

低镍锍吹炼的特点是：低镍锍的吹炼与低铜锍的吹炼不同，只有第一周期，没有明显的第二周期，当低镍锍吹炼到含铁 2% ~4% 时就作为转炉的产出物而倒出，也就是说低镍锍的吹炼只有造渣期，没有造镍期，其最终的产品是 $Ni_3S_2$ 而不是金属镍。这与低铜锍的吹炼不同，低铜锍的吹炼的最终产品是金属铜（粗铜），原因是：

$$Cu_2S(l) + 2Cu_2O(l) = 6Cu(l) + SO_2(g)$$

在吹炼温度（1473 ~1573 K）下，能够发生下面的反应：

$$\frac{1}{2}Ni_3S_2(l) + 2NiO(s) = Ni(l) + SO_2(g)$$

在吹炼温度（1473 ~1573）K 下，上面的反应不能够发生。并且随着熔体中硫元素含量的降低和镍含量的增多，反应发生的温度越来越高。如果想要此反应发生，炉温必须升到 1650℃以上。

低镍锍的主要成分是 FeS、$Fe_2O_3$、$Ni_3S_2$、PbS、$Cu_2S$、ZnS 等，如果以 Me 代表金属，MeS 代表金属硫化物，MeO 代表金属氧化物，则硫化物的氧化，一般可按下列几个反应进行

$$MeS + 2O_2 = MeSO_4 \tag{4-3-1}$$

$$MeS + \frac{3}{2}O_2 = MeO + SO_2 \tag{4-3-2}$$

$$MeS + O_2 = Me + SO_2 \tag{4-3-3}$$

在吹炼温度为 1230 ~1280℃时，金属硫化物皆为熔融状态，此时一切金属硫酸盐的分解压都很大，而且还远远超过一个大气压，因此，硫酸盐在这样的条件下，不能稳定存在，即熔融硫化物根本不会按式（4-3-1）进行氧化反应。这样熔融硫化物的氧化反应只能沿式（4-3-2）或式（4-3-3）进行，因为吹炼金属镍要 1650℃的温度，因此卧式转炉不能吹炼出金属镍，即式（4-3-3）不能完全进行，即式（4-3-2）为低镍锍吹炼的主要反应。

## 3.1 铜、镍、钴、铁的硫化次序

吹炼过程中铁最易与氧结合，其次为钴，再次为镍，铜最难与氧结合。金属的硫化次序与氧化次序正好相反，即首先被硫化的是铜，其次是镍，再其次是钴，最后是铁。由于铁与氧的亲和力最大，与硫的亲和力最小，所以铁最先被氧化造渣除去。在铁氧化造渣除去以后，按氧化和硫化次序，接着被造渣除去的是钴，但因为钴的含量少，在钴氧化除去的时候，镍也开始氧化造渣除去，因此吹炼过程就必须控制在铁还没有完全氧化造渣除去之前，结束造渣吹炼，目的是不让钴、镍造渣除去。但也有少部分钴、镍进入渣中，也就导致了吹炼过程中有价金属的损失，但可以通过其他方法回收。

### 3.1.1 铁的氧化造渣

在转炉中鼓入空气时，首先满足铁的氧化需要，低镍锍中的铁以 FeS 形态存在，与氧发

生反应生成 FeO。

$$FeS+\frac{3}{2}O_2 = FeO+SO_2+Q$$

同时在转炉吹炼过程中，石英石是作为熔剂加入炉内，石英石的主要成分是 $SiO_2$，其含量约为 85% 左右，由于石英石密度较小而浮于熔体表面，主要与被氧化的铁造渣后而被排出。

$$2FeO+SiO_2 = 2FeO\cdot SiO_2+Q$$

### 3.1.2　吹炼后期生成铜镍合金的原因

在吹炼后期有部分铜、镍化合物发生下列反应：

$$Cu_2S+2Cu_2O = 6Cu+SO_2$$

$$4Cu+Ni_3S_2 = 3Ni+2Cu_2S$$

上述反应说明在吹炼后期有少量铜、镍合金生成并进入高镍锍。反应能够进行的原因是铜被氧化的可能性较小，在吹炼后期产生部分金属铜，与金属镍互相溶解，从而生成铜、镍合金。

### 3.1.3　各种元素在吹炼过程中的行为

（1）镍。由低镍锍中金属的氧化次序和硫化次序可知，镍的氧化在铁、钴之后，硫化性能在铁、钴之前，在吹炼前中期大部分镍以硫化物形态存在，少部分被氧化以氧化物形态存在并损失于渣中，在吹炼后期当镍锍含铁量降到 8% 时，镍锍中的 $Ni_3S_2$ 开始剧烈的氧化和造渣，因此，在生产上为了使渣含镍量降低，镍锍含铁吹到不低于 20% 便放渣并接收新的一批镍锍，如此反复进行，直到炉内具有足够数量的富镍锍时，进行筛炉操作，将富镍锍中的铁集中吹到 2% ~4% 后放渣出炉，产生含镍 45% ~50% 的高镍锍。

（2）铜。金属铜由于其硫化物较稳定而不易被氧化，并且在低镍锍中含量较低，在吹炼过程中大部分以金属硫化物形态存在，只有少部分氧化后又被硫化或还原，同时生成少量金属铜，其反应如下：

$$Cu_2S+\frac{3}{2}O_2 = Cu_2O+SO_2$$

$$Cu_2O+FeS = Cu_2S+FeO$$

$$Cu_2S+2Cu_2O = 6Cu+SO_2$$

（3）铁。铁在低镍锍中的含量较高，又易和氧结合，故在吹炼过程中最易氧化。在转炉中鼓入空气时，首先发生下列氧化反应：

$$FeS+\frac{3}{2}O_2 = FeO+SO_2$$

$$2Fe+O_2 = 2FeO$$

由于低镍锍中铁单质含量较少，氧化反应则主要是 FeS 的氧化，但必须是金属铁的氧化反应进行到一定程度后，FeS 的氧化反应才开始进行。由于吹炼过程中熔体的运动，使生成的 FeO 不断被带到熔体表面与密度较小而浮在熔体表面的 $SiO_2$ 化合生成炉渣，这是吹炼的主要反应。其反应式如下：

$$2FeO + SiO_2 = 2FeO \cdot SiO_2$$

同时，由于 FeO 与 $SiO_2$ 接触不完全和熔体的迅速循环，一部分 FeO 不能与 $SiO_2$ 化合而被带到风口附近，继续被鼓入炉内的空气氧化成磁性氧化铁，其反应式为：

$$3FeO + \frac{1}{2}O_2 = Fe_3O_4$$

生成的磁性氧化铁由于其熔点较高（1500℃），不但给吹炼反应带来不利影响，并且进入转炉渣中，使渣型变坏。FeO 氧化成为 $Fe_2O_3$ 没有可能，因为在高温下 $Fe_2O_3$ 不稳定容易分解成为 $Fe_3O_4$，同时 $Fe_2O_3$ 与 FeS 的反应在吹炼温度下也进行得很完全，反应式为：

$$3Fe_2O_3 = 2Fe_3O_4 + \frac{1}{2}O_2$$

$$10Fe_2O_3 + FeS = 7Fe_3O_4 + SO_2$$

磁性氧化铁的生成与炉内石英石的含量和吹炼温度有直接关系，生产和理论研究都表明，渣含 $Fe_3O_4$ 量与渣含 $SiO_2$ 量之间存在一个近似反比的关系，并且渣中 $SiO_2\% + Fe_3O_4\%$ 之和差不多保持不变。因此可以用适当提高渣中 $SiO_2$ 和吹炼温度的方法来降低生成 $Fe_3O_4$ 的不利影响。铁在吹炼过程中的行为对吹炼过程十分重要，特别是对镍、钴的影响尤为重要，因此，控制好不同吹炼时期镍锍中铁的含量至关重要，一般用控制吹炼时间的方法来控制镍锍含铁量。

（4）钴。在低镍锍中 FeS 大量氧化造渣以后，CoS 开始氧化，只是在吹炼前期当镍锍中含铁量较高时，CoS 的氧化程度较小，当镍锍含铁量在 15% 左右时，钴在镍锍中的含量最高，此时钴得到最大程度的富集。但当镍锍含铁量降到 10% 以下时，钴开始剧烈的氧化并进入渣中，因此在生产上为了防止钴过早的剧烈氧化，要求在吹炼中前期控制镍锍含铁量不低于 15%，当炉内具有足够量的富镍锍时，将铁一次吹炼到 2% ~4%，这样可以减少钴在渣中的损失。所以，吹炼过程中铁的氧化程度决定了钴的氧化程度。钴在镍锍和渣中的分配主要取决于镍锍中铁的含量。

（5）硫。硫在低镍锍中与金属结合以化合物的形态存在。转炉鼓入空气时，在金属氧化的同时硫也被氧化生成二氧化硫气体随烟气排出并制酸。低镍锍含硫在 27% 左右，而吹炼后高镍锍含硫在 21% ~22% 之间，将高镍锍含硫降到 19% 以下是不合适的，因为这不仅延长了吹炼时间，增加了有价金属在渣中的损失，同时使高镍锍中的合金含量增加，给以后的高镍锍处理工序带来麻烦。

（6）锌。锌在低镍锍中主要是以硫化锌的形态存在，它的氧化在铁之前，其反应如下：

$$ZnS + \frac{3}{2}O_2 = ZnO + SO_2 + Q$$

$$ZnS + FeO = ZnO + FeS + Q$$

当有 $SiO_2$ 存在时 ZnO 可以造渣，当 $SiO_2$ 不存在时，就和 ZnS 进一步反应生成金属锌。

$$ZnS + 2ZnO = 3Zn + SO_2 + Q$$

此反应只能在上升气流与熔体的界面上发生，不能在熔体内部进行，锌形成蒸气燃烧成氧化锌后进入烟尘。实践证明，锌的除去在不加石英熔剂空吹时容易进行。

（7）铅。铅在低镍锍中以硫化铅的形态存在。铅氧化先于 FeS，因含量少，故同 FeS、ZnS 同时进行，其反应如下

$$PbS + \frac{3}{2}O_2 = PbO + SO_2 + Q$$

$$PbS + 2PbO = 3Pb + SO_2 + Q$$

当 $SiO_2$ 存在时 PbO 可以造渣。也可直接挥发生成金属铅，则进入合金相中。PbS 可直接挥发，正常生产过程中，铅、锌的含量在转炉处理后就能满足电解的要求，这是因为转炉内高温反应剧烈，可以很容易除去铅、锌。

（8）金、银、铂族金属。在低镍锍中，金、银以金属形态存在。一部分以 AuS 或 AuSe、AuTe 存在，铂族以 $Pt_2S$ 形态存在。由于金、银和铂族贵金属的抗氧化性能较强，在吹炼过程中大部分进入高镍锍由以后处理工序提取。

## 3.2 转炉的生产实践

炉子生产的正常操作包括进料、开风、加熔剂、加冷料、排渣，这样反复几次直至达到炉子容量以后吹炼成高镍锍出炉。第一次进料一般加入低镍锍两包约 30 t 左右，转到吹炼位置送风吹炼，转动炉子时应注意在风眼没入熔体前开风，以防止灌死风眼。送风吹炼十几分钟，目的是使镍锍中的铅、锌等杂质氧化挥发，这时炉内的反应生成热很大，能使炉温很快升高，当炉温升到 1200 ~ 1250℃时，就可以加入冷料和石英进行造渣。冷料和石英应错开分批加入，每次加入 4 t 左右。石英、冷料的加入原则是：勤加，少加，均匀加，以保证合适的炉温和良好的渣型。

## 3.3 转炉渣的电炉贫化

前中期与中后期转炉渣比较，铁、镍和钴均无太大变化，而对于后期渣来说，镍、钴大幅度增加，铁有所减少。由于转炉渣中除含有钴外尚含有大量的镍、铜等有价金属，因而对转炉渣进行单独处理，扩大钴、镍等生产和提高其回收率具有重要意义。

（1）从转炉渣中回收有价金属的方法。破坏磁性氧化铁，使镍、钴的氧化物还原硫化的复杂过程，乃是从转炉渣中回收钴、镍、铜等方法的基础。在液体转炉渣贫化过程中，以硫化物形态夹杂在转炉渣中的钴及其他金属，大约在 1325℃时即可沉淀进入冰铜中，而以氧化物形态存在于铁橄榄石和磁铁矿相中的钴等有价金属则需要通过加入还原剂和硫化剂，经过还原硫化，破坏磁铁矿（尤其是 $Fe_3O_4$），生成铁质合金。主要化学反应进行如下：

$$Fe_3O_4 + C = 3FeO + CO$$

$$Fe_3O_4 + FeS = 10FeO + SO_2$$

$$CoO \cdot Fe_2O_3 + FeS = CoS + Fe_3O_4$$

$$FeO + C\ (CO) = Fe + CO(CO_2)$$

$$CoO + C = Co + CO$$

$$CoO + Fe = FeO + Co$$

$$CoO + FeS = CoS + FeO$$

（2）钴的回收。所生成的铁及硫化剂中的硫化亚铁与钴和其他金属的硅酸盐发生如下反应，生成钴和其他金属进入冰铜中。

$$2Fe + Co_2SiO_4 = Fe_2SiO_4 + 2Co \quad (4\text{-}3\text{-}4)$$

$$2FeS + Co_2SiO_4 = Fe_2SiO_4 + 2CoS \quad (4\text{-}3\text{-}5)$$

实践表明，反应(4-3-4)比反应(4-3-5)要容易发生，它们是在冰铜与熔渣界面上发生的。

(3) 贫化转炉渣的设备。转炉渣的贫化可在几种设备中进行，但使用电炉贫化液体转炉渣是较好的方法，这是因为电炉贫化转炉渣时，除有电炉的电极中碳参与还原反应外，可最充分地破坏 $Fe_3O_4$外，并能在相当大的范围内调整冰铜金属化的程度，因而可控制钴的回收率。

(4) 电炉贫化方法。根据其流程可分为一段、两段和多段，应用最广泛的是一段贫化法，这种方法采用浮选精矿或硫化矿石作为硫化剂，与石英熔炼，得到含 $SiO_2$ 32% ~34%、含 Fe 38% ~40% 的炉渣，其操作方法和条件与矿热电炉类似，在贫化电炉冶炼过程中，电能主要是依靠电极送入炉内，通过渣层的电阻转变成热量，其转换形式和矿热电炉相同。

# 4 高镍(铜)锍的磨浮分离

## 4.1 概述

硫化镍矿一般都含有铜,因此硫化镍矿的冶金都有一个铜、镍分离的问题,世界上硫化镍矿提取冶金的铜、镍分离基本上都是以高镍锍为对象。

## 4.2 分离与提取精炼的方法

高镍锍是火法熔炼的主要产品,其铜、镍分离的技术有以下几种。

### 4.2.1 分层熔炼法

基本理论依据是将高镍锍和硫化钠混合熔化,在熔融状态下,硫化铜极易溶解在 $Na_2S$ 中,而硫化镍不易溶解于 $Na_2S$ 中,硫化铜和硫化镍的密度为 5300 ~ 5800 $kg/m^3$,而 $Na_2S$ 的密度仅为 1900 $kg/m^3$。当高镍锍和 $Na_2S$ 混合熔化时,硫化铜大部分进入 $Na_2S$,因其密度小而浮在顶层,而硫化镍因其密度大而留在底层。当温度下降到凝固温度时,二者分离得更彻底,凝固后的顶层和底层很容易分开。为了使硫化铜及硫化镍更好地分离,顶层和底层再分别进行分层熔炼,重新获得分层后的硫化铜和硫化镍,直至满足工艺要求。由于此法工艺过程冗长复杂,劳动条件差,且生产成本高,现已基本淘汰。

### 4.2.2 磨浮分离法

这是 20 世纪 40 年代才发展起来的一种高镍锍铜、镍分离工艺。由于其成本低,效率高,一经问世就备受青睐,并发展成为迄今为止最重要的高镍锍铜、镍分离方法。

其理论依据是,当高镍锍从转炉倒出时,温度由 1205℃降至 927℃过程中,铜、镍和硫在熔体中还完全混熔,当温度降至 920℃时,硫化亚铜($Cu_2S$)首先结晶析出,继续冷却至 800℃时,铂族金属的捕收剂——铜铁镍合金晶体开始析出,$\beta$-$Ni_3S_2$的结晶温度为 725℃,且大部分在共晶点(即所有液相全部凝固的最低温度)575℃时结晶出来,所以总是作为基底矿物以充填的形式分布于枝晶铜矿中,此时 $\beta$-$Ni_3S_2$相含铜约 6%。固体高镍锍继续冷却达到类共晶温度 520℃,$Cu_2S$ 及合金相从固体 $Ni_3S_2$ 中扩散出来,其中铜的溶解度下降为约 2.5%,至 390℃ $Ni_3S_2$中的铜的溶解度则小于 0.5%,在此温度以下,即不再有明显的析出现象发生。此时,$Cu_2S$ 晶体粒径已达几百微米,共晶生成的微粒晶体完全消失,只剩一种粗大的容易解离且易采用普通方法选别的 $Cu_2S$ 晶体。而合金则聚集大到 250 μm,一般为 50 ~ 200 μm,且自形晶体程度较好,光片中多为自形的六面体或八面体出现,呈等粒状,周边平直,容易单体解离,具延展性和强磁性,采用磁选方法就能予以回收。

20 世纪 60 年代以来国外一些工厂根据各自的资源特点或技术专长,发展了几种新型高镍锍湿法处理工艺流程,比较著名的有芬兰奥托昆普公司哈贾伐尔塔精炼厂采用的硫酸选择性浸出法,加拿大鹰桥镍公司克里斯蒂安松精炼厂采用的氯化浸出法和加拿大舍里特-高尔顿公司采用的加压氨浸法,这些方法中以硫酸选择性浸出方法发展较快,此法与镍电解精炼法相比,硫酸选择性浸出法的生产流程比较短,用一个浸出工序代替了缓冷、磨矿、选矿、焙烧、电炉还原熔炼等若干工序。因而基建投资较省,药剂用量少,生产成本也较低。而加压氨浸法则不具选择性,镍、铜、钴均被浸出,甚至某些贵金属也能少量溶解,故其应用受到限制,只适用于含铜低,不含或少含贵金属的高镍锍的处理。

## 4.3 磨浮法

### 4.3.1 高镍锍的缓冷

经过转炉吹炼得到的高镍锍,其主要成分为镍、铜金属硫化物及少量的富含稀贵金属的镍、铜、铁的合金所组成的缺硫共熔体。为进一步提炼镍、铜及贵金属,需要对高镍锍的各组成成分进行进一步的分离。现在普遍采用的高镍锍的缓冷技术,始于1948年加拿大国际镍公司铜崖冶炼厂,即高镍锍由转炉倒出后,在特定的铸模中进行缓慢冷却,高镍锍的各组分在缓冷的过程中成为具有不同化学相的可以进行分离的晶粒,然后用选矿的方法达到分离的目的。该方法具有工艺设备简单,金属回收率高,环境污染小,劳动条件好的特点而被广泛采用。

#### 4.3.1.1 高镍锍的缓冷设备

缓冷用的铸模可以由耐火砖砌筑,捣打料捣打或用耐热铸铁铸成,其容量根据高镍锍的产量可分为几种不等,形状可为方梯形、圆截锥体等,竖壁内表面光滑,高度根据铸锭大小,保温缓冷曲线要求及破碎条件而定,一般为600 mm左右。5 t以下的铸锭可在高镍锍熔体铸入模内并稍许冷却后,在其中心插入用耐火料裹住的圆钢吊钩,使其与高镍锍一起冷却,便于冷却后起吊。大的铸模应设豁口,浇铸高镍锍前用黄泥封死,起吊时取开,以便用夹钳起吊高镍锍块。为达到高镍锍缓冷的目的,铸模上还配有保温盖,保温盖用钢板焊制,内衬保温材料。

#### 4.3.1.2 高镍锍的缓冷操作

高镍锍的缓冷操作很简单,在烘烤或浇铸高镍锍前,将铸模豁口用黄泥封死,并在模内刷洒黄泥浆以便铸锭顺利脱模,然后对铸模进行烘烤,将脱模浆的水分烤干以免遇湿放炮;同时使铸模具有较高的温度,防止铸模在铸入高温液态高锍时,因温度突增而炸裂损坏。对刚起吊出热高锍块的热态铸模连续使用时,可不用烘烤。铸锭时,倾倒高锍熔体应缓慢从事,避免对模底猛烈的冲刷和减少熔体的溅落损失。浇铸完毕后,必须用保温盖将整个铸模盖好,一为进行保温缓冷,二为安全,防止人员不慎踩入而发生严重的烫伤事故。缓冷72 h后,再用吊车吊装夹具或吊钩将铸锭吊起脱模。

#### 4.3.1.3 高镍锍缓冷作业的影响因素

高镍锍缓冷质量的好坏,直接影响铸锭的相变和以后选矿分离的质量。缓冷的质量首先取决于要有足够的冷却保温时间,现场要求保温时间为72 h;其次,影响缓冷质量的因素还有模内高镍锍的冷却速度、铸锭的散热面积、铸锭的质量、保温措施及环境温度等。为控制铸锭的冷却速度及生产安全,现场铸模均埋于厂房地表以下,可视为地坑,且坑的大小一定,埋于地表以下的部分散热其系数可视为一个常数,那么冷却速度的关键因素是保温罩及环境温度。因此要求保温罩的隔离效果要好,放到坑上应稳定,不得有空隙,在冬季应加强浇铸厂房的密封,避免浇铸厂房有对流空气发生。

### 4.3.2 磨浮的产物

(1) 硫化铜精矿:含铜 69% ~71%,含镍 3.4% ~3.7%,送铜冶炼。

(2) 硫化镍精矿:含镍 62% ~63%,含铜 3.3% ~3.6%。经焙烧—还原熔炼铸成金属镍阳极或直接铸成硫化镍阳极。

(3) 铜镍合金:含镍 60%、含铜 17% 和绝大部分贵金属。经磁选后得到一次合金,由于一次合金贵金属品位较低,须将一次合金配入含硫物料中进行硫化熔炼和吹炼,使贵金属进一步富集于二次高镍锍合金中,为贵金属的提取提供了贵金属品位较高的二次合金。

# 5 镍的精炼

为了得到金属镍，高镍锍经磨浮分离后获得的硫化镍精矿：含镍 62% ~63%，含铜 3.3% ~3.6%，还需进行精炼。镍的精炼通常有电解法、羰基法和浸出精炼法。首先介绍镍的电解精炼法。

## 5.1 镍的电解精炼

有色金属的电化学冶金工艺可分为可溶性阳极电解与不可溶性阳极电解。

镍电解精炼阳极有硫化镍、粗镍和镍基合金三种，都属于可溶性阳极电解，电解液多为硫酸镍和氯化镍的混合性弱酸溶液，也有用纯氯化镍弱酸溶液的。

（1）粗镍阳极电解精炼。早在 20 世纪初，粗镍阳极电解精炼，就在工业上广泛应用，该工艺具有阳极杂质含量低、电耗低、阳极液净化流程简单等特点。但是由于粗镍阳极的制备需要进行高镍锍的焙烧与还原熔炼过程，造成整个工艺流程复杂，建设投资大。

（2）硫化镍阳极电解精炼。镍的硫化物阳极电解相对粗镍阳极电解来讲，是一大改革。它起源于 20 世纪五六十年代。由于此工艺取消了高镍锍的焙烧与还原熔炼工艺，从而简化了流程，减少了建厂投资和生产消耗。但是硫化镍阳极含硫量较高（一般含硫 20% ~25%，含镍 65% ~75%），因此电耗大，残极返回量大，阳极板易破裂。同时由于阳极板成分复杂，杂质含量高，因此为获得高质量的电镍，必须采用有别于其他电解精炼的方法，即隔膜电解法。现今硫化镍阳极隔膜电解工艺占我国电镍总产量的 90% 以上。

所谓隔膜电解就是用帆布制作成一个袋，阴极放在袋里，阳极放在袋外。隔膜袋内液面比袋外液面高 50 ~100 mm，这样就可以保证阴极电解液通过隔膜的过滤速度大于在电流的影响下铜、铁等杂质离子从阳极移向阴极的速度。也就是说电解液由阴极区流向阳极区，从而保证了阴极室内电解液的纯度。其结构如图 4-5-1 所示。

阳极区的电解液，我们也叫阳极液，不断从电解槽流出，送去净化，阳极液必须进行深度净化后，才能再送到阴极区——隔膜袋内，进行电解提镍。这是由于镍的平衡电位较负，难以析出，如果不进行深度净化，存在于电解液中的大部分阳离子在阴极区将与镍共同析出，造成电镍含杂质量高，纯度不够。还需要注意的就是，为了避免 $H^+$ 放电析出，必须控制电解液的酸度。

此外，在镍电解过程中，由于阳极电流效率低于阴极电流效率，以及在电解液净化过程中镍随渣损失等。电解液中镍离子浓度逐渐降低，为了保持电解液中镍离子浓度基本稳定，必须在阳极液送去净化前适量补充镍离子，生产上称此工艺为造液工艺。

镍电解精炼的特点是：

（1）隔膜电解；

（2）电解液必须深度净化；

（3）电解液酸度低；

（4）造液补充镍离子。

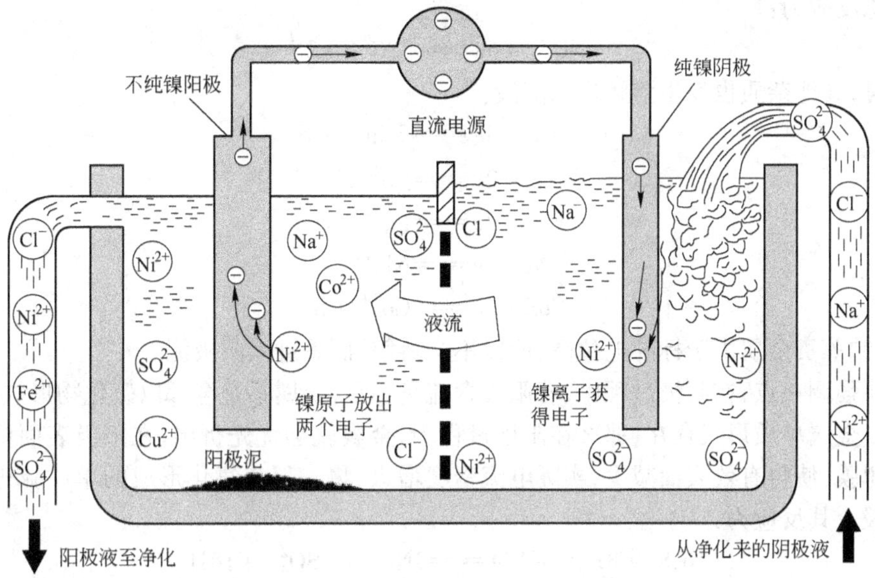


图 4-5-1 镍电解精炼工艺过程示意图

## 5.2 镍电解精炼的工艺流程

### 5.2.1 阳极过程

高冰镍经磨浮分离产出的硫化镍二次精矿，经反射炉熔化、浇注、缓冷等工序制成一定尺寸的阳极板供电解使用。

图 4-5-2 为硫化镍阳极电解槽结构示意图。

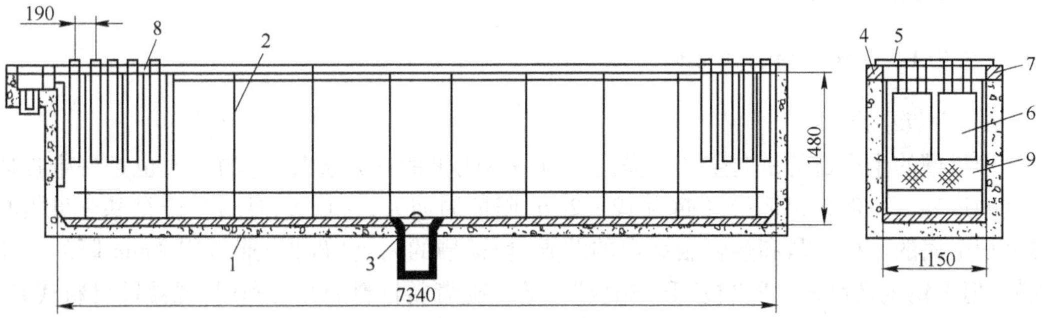


图 4-5-2 硫化镍阳极电解槽结构示意图

1—槽体；2—隔膜架；3—塞子；4—绝缘瓷板；5—阳极棒；6—阳极；7—导电板；8—阴极；9—隔膜袋

硫化镍阳极主要由 $Ni_3S_2$ 组成，此外还含有少量以镍为基础的金属合金相，如 $Cu_2S$ 、FeS、CoS 及贵金属。

电解时，阳极主反应是：

$$Ni_3S_2 - 2e = Ni^{2+} + 2NiS$$

$$2NiS - 4e = 2Ni^{2+} + 2S$$

其总反应为：

$$Ni_3S_2 - 6e = 3Ni^{2+} + 2S$$

同时，其他杂质也发生溶解进入溶液：

$$Cu_2S - 4e = 2Cu^{2+} + S$$

$$Co - 2e = Co^{2+}$$

$$FeS - 2e = Fe^{2+} + S$$

$$Ni - 2e = Ni^{2+}$$

$$CoS - 2e = Co^{2+} + S$$

金、铂等贵金属由于标准电位高，所以不会溶解，而是进入阳极泥。

需要强调一点，在阳极过程中，若阳极含硫量不足，金属不是全部以硫化物形式存在，而是部分以金属单质形式存在，那么在阳极过程中，金属就会优先析出，在阳极表面留下一层硫化物薄膜，使得有效表面减少，实际电流密度增大，将一部分氧化形成的单质硫进一步氧化成硫酸。其反应为：

$$Ni_3S_2 + 8H_2O - 18e = 3Ni^{2+} + 2SO_4^{2-} + 16H^+$$

同时还会发生以下反应：

$$4OH^- - 4e = O_2 + 2H_2O$$

这两个造酸反应消耗阳极电流 5% ~7%，并且使阳极液的酸度增高。

此外，为了得到良好的溶解性，阳极板中各种元素成分都必须控制在一定范围内。因为：阳极板中铜以 $Cu_2S$ 形态存在，当铜量高于 10% 时，$Cu_2S$ 将会优先于 $Ni_3S_2$ 溶解，对硫化镍阳极溶解和阴极镍的质量都有不利影响。阳极板含铁量升高时，阳极极化明显加重，槽电压迅速上升，阳极造酸反应相应增强，严重时会引起阳极钝化。阳极中还含有一定量的钴及微量的铅、锌等，它们含量一般很少，对阳极影响不大，主要是对溶液净化及阴极沉积物的影响。

### 5.2.2 阴极过程

#### 5.2.2.1 始极片的制作与加工

##### A 种板生产

种板槽的生产目的是向生产槽提供作为初始阴极的镍始极片，它的实质也是一个提取冶金的过程。一般来讲阴极周期为 12 ~24 h，阳极周期为 5 ~6 天，种板生产是基于母板与要沉积金属的晶格参数和热膨胀系数的差异，种板槽的阴极（母板）通常用 3 mm 厚的不锈钢板，但不锈钢板易发生“烧板”和“黏板”事故。随着新材料的开发利用，现被钛材料代替，因为钛材耐腐蚀性能好，热膨胀系数大，在一定的温差条件下，始极片易从母板上脱落分离，并且使用周期长，不易发生上述不良事故，一旦发生，经处理后仍可继续使用。为了防止爆皮和黏板现象发生，必须去掉母板表面的油污、灰尘等。因此钛母板每次下槽前要用 65℃ 以上的热水处理。对于使用了 1 个月以上的母板必须进行专门的处理后方可使用，具体办法是在 400 ~700 g/L 的 $H_2SO_4$ 中浸泡 0.5 ~1 min，然后用热水冲洗干净表面即可。为了便于始极片从母板上剥离下来，同时防止形成包边，对种板两侧及底边须进行包边处理。其方法因厂而异，各有千秋。目前金川公司采用的办法是：用刨有凹槽的木条夹底边，用橡胶条夹侧边，虽然操作简单，但过于频繁，且木条消耗大，因此探求一种更为适宜的包边方法势在必行。

B 始极片加工

从钛母板上剥离下来的始极片由于沉积时间短，刚度差，下槽后易于变形，因此下槽前必须进行适当的机械加工及表面处理。始极片剥离首先应在热水槽中烫洗去表面黏附的溶液，剥离下来的始极片经过对辊压纹机进行平压，然后在剪板机上剪成 880 mm × 860 mm 的规格尺寸，剪切成形的始极片再用钉耳机铆上双耳，为了保证下槽后不易翘曲变形，还需经二次压纹以提高其刚度，同时压制出商标标志，最后在浓 HCl（32% ~35%）中浸泡 3 ~5 min 除去表面脏物，再用冷水冲洗后即可下槽。

#### 5.2.2.2 阴极反应

镍电解精炼的目的，是在阴极上沉淀出较纯的电镍，而不析出或尽可能少析出氢。

电解时阴极上主要进行的是还原反应：

$$Ni^{2+} + 2e = Ni$$

镍电解是在微酸性溶液中进行的，溶液中标准电极电位比镍正的氢离子有可能在阴极上放电析出，放出氢气：

$$2H^{+} + 2e = H_2\uparrow$$

在生产条件下，氢的析出电位一般占电流消耗的 0.5% ~1.0%。

$H^+$ 的放电，消耗了大量电能，且引起阴极表面附近的电解液中碱度升高，出现氢氧化镍胶体，这些胶体颗粒易被阴极吸附，阻碍电镍在阴极板上的结晶长大，使得电镍的力学性能变坏。为了阻止 $H^+$ 的放电，我们通常采用提高 pH 值的方法，但是 pH 值也不能提高太大，否则也会有氢氧化镍胶体出现。因此实际操作，电解液的碱度有一个控制范围，通常 pH 值控制在 2.0 ~5.0 之间，pH 值太小，$H^+$ 易放电，pH 值太大，易出现氢氧化镍胶体。

在生产上，为了克服阴极液碱化的影响，通常采用以下几种措施：

（1）加快电解液的循环速度。

（2）加入少量硼酸（$H_3BO_4$），使之与 $Ni(OH)_2$ 形成不带电的 $2H_3BO_4 \cdot Ni(OH)_2$ 胶体粒子。

（3）加入 $NiCl_2$，增加电解液中 $Cl^-$ 浓度，促使 $Ni^{2+}$ 析出更容易。

（4）提高温度，降低 $Ni^{2+}$ 在阴极析出时的极化效应。

镍电解时，除了需要抑制 $H^+$ 的析出外，还要防止电解液中铜、铁、钴、锌等有害杂质离子的析出。其中：

标准电极电位较 $Ni^{2+}$ 正的 $Cu^{2+}$、$Pb^{2+}$ 等离子优先于镍离子还原析出；

标准电极电位较 $Ni^{2+}$ 负的 $Co^{2+}$、$Fe^{2+}$、$Zn^{2+}$ 等离子将不会先于 $Ni^{2+}$ 析出，但由于镍超电压较大，且有些元素能与镍形成固溶体合金，从而使该元素在阴极镍中的活度变得很小，可造成杂质与镍共同析出，杂质析出反应如下：

$$Fe^{2+} + 2e = Fe$$

$$Cu^{2+} + 2e = Cu$$

$$Co^{2+} + 2e = Co$$

$$Zn^{2+} + 2e = Zn$$

$$Pb^{2+} + 2e = Pb$$

因此，电解液中这些杂质离子的浓度必须控制在一定范围内，即电解液必须进行净化。

# 6 镍电解液的净化

在硫化镍阳极的电解过程中，为了防止杂质在阴极上析出，采取隔膜电解的工艺，并对阳极电解液进行净化处理，再返回作为阴极电解液使用。净化过程的目的主要是除去铁、钴、铜、铅、锌等，并保持溶液体积的稳定和溶液钠离子的平衡。

## 6.1 阳极液净化的流程

我国采取的阳极液净化的流程大致是：首先用空气将电解液中 $Fe^{2+}$ 氧化成 $Fe^{3+}$，然后水解沉淀即可除去大部分的铁，滤渣加 $H_2SO_4$、$Na_2CO_3$、$NaClO_3$，采用黄钠铁矾法进一步除铁，所得滤液返回，除铁后的滤液调整 pH 值到 3.5 以下，加镍粉除铜。除铜后的滤液用 $Na_2CO_3$ 调整 pH 值为 4.8，再通氯气作为强氧化剂除钴，使 $Co^{2+}$ 氧化成 $Co^{3+}$，然后水解成氢氧化物沉淀。在氯气氧化除钴的同时，杂质铅、锌可用共沉淀法脱除，即 Pb 也被氧化成 $PbO_2$，还有部分镍被氧化成 $Ni(OH)_3 \cdot PbO_2$ 微粒，$Ni(OH)_3$ 沉淀吸附除去。铅、锌的脱除在我国也采用离子交换法，即利用在含有较多的 $Cl^-$ 的溶液中，使 $Zn^{2+}$ 与 $Cl^-$ 结合生成 $ZnCl_4^{2-}$ 配合物离子，再用 717 阴离子交换树脂可将锌除去，微量的铅也可同时除去。

镍电解的电解液是闭路循环系统，电解液体积会因蒸发、滤渣带走及抽取部分溶液制备碳酸镍而不断减少，而且为了调整电解液的 pH 值，净化时要向电解液中加入 $Na_2CO_3$，所以溶液的钠离子浓度不断提高。因此，净化过程中要定期排出一定的钠盐，方法之一是抽取部分溶液制取碳酸镍，用碳酸镍作中和剂返回电解液循环系统，沉淀出碳酸镍的溶液含有大量的 $Na^+$，将其除去以保持钠离子的平衡。另一种方法是从闭路循环的电解液中抽取部分进行冷却结晶，使钠盐成为结晶排除。

## 6.2 净化方法及流程的选择

镍电解过程的主要杂质为铁、铜、钴三种元素，同时根据阳极原料的不同，有时还含有铅、锌、锰等。但由于这些杂质在阳极中的含量不同，所以阳极液中的含量也不同，采用的净化流程也不同。净化排除铁、铜杂质以及在除钴中通常采用的中和水解法、硫化沉淀法等，其实质就是使上述几种杂质在特定条件下生成沉淀排出系统之外，从而达到净化的目的，此法称为化学沉淀法，该种方法为有渣工艺。随着有机化学的不断发展，各种离子交换树脂及萃取剂不断产生，利用对各种重金属元素交换容量及分配系数的不同，从而就形成了一种无渣净化工艺，此种新净化工艺的特点就在于无渣，工人劳动强度小，自动化程度高，便于控制。

除铁的方法很多，有中和水解法、黄钠（钾）铁矾法、萃取法、离子交换法等，各种方法都有自己的使用范围和条件。一般认为：当溶液含铁离子高于 1 g/L 时，采用黄钠铁钒法除铁较理想；若含铁离子低于 0.1 g/L 时，可采用离子交换法、萃取法等无渣新工艺；或不单独净化铁，而与钴一起除去；对于含铁为 0.1 ~ 1 g/L 的溶液，一般都采用中和水解沉淀法除铁。

在镍电解生产中，阳极液的含铁量通常在0.1～0.5 g/L，因此一般用中和水解沉淀法为好。

氧化中和除铁：具体操作即为将电解液加热到333～343 K，鼓入空气，把$Fe^{2+}$氧化成$Fe^{3+}$，加入$NiCO_3$调节溶液pH值至3.5～4.2，使$Fe^{3+}$水解生成$Fe(OH)_3$沉淀除去。因此除铁过程包括亚铁离子氧化和三价铁水解反应：

$$2Fe^{2+} + O_2 + 2H^+ = 2Fe^{3+} + H_2O \quad (4\text{-}6\text{-}1)$$

$$2Fe^{3+} + 6H_2O = 2Fe(OH)_3\downarrow + 6H^+ \quad (4\text{-}6\text{-}2)$$

其总反应为：

$$2Fe^{2+} + O_2 + 5H_2O = 2Fe(OH)_3\downarrow + 4H^+ \quad (4\text{-}6\text{-}3)$$

除铁过程有$H^+$生成，须在鼓风的同时加入中和剂，以$NiCO_3$作为除铁中和剂：

$$4H^+ + 2NiCO_3 = 2Ni^{2+} + 2CO_2\uparrow + 2H_2O$$

提高反应pH值可以加速除铁反应，但pH值过高会引起渣含镍升高。

溶液中铜离子的存在，可以加速$Fe^{2+}$的氧化反应，这是因为铜离子在$Fe^{2+}$的氧化过程中起传递电子的作用：

$$Cu^+ - e = Cu^{2+}$$

$$Cu^{2+} + Fe^{2+} = Cu^+ + Fe^{3+}$$

净化水解铁渣又可带走溶液中总铜量的1/3～2/5，减轻了除铜负担。

在除铁过程中，由于$Ni^{2+}$、$Co^{2+}$的电位较空气中的氧气的电位正，所以$Ni^{2+}$、$Co^{2+}$不会氧化，但部分$Ni^{2+}$会以复盐的形式水解沉淀：

$$3NiSO_4 + 4NiCO_3 + 4H_2O = 3NiSO_4\cdot Ni(OH)_2\downarrow + 2CO_2\uparrow$$

$Fe(OH)_3$具有很强的吸附性，在除铁过程中，一定量的锌能与$Fe(OH)_3$产生共沉淀而被除去。

同时部分铜也会水解沉淀：

$$3CuSO_4 + 2NiCO_3 + 2H_2O = CuSO_4\cdot Cu(OH)_2\downarrow + 2NiSO_4 + 2CO_2\uparrow$$

反应温度和反应时间也对除铁过程带来一定影响：提高溶液温度，适当延长搅拌时间，都可促使$Fe(OH)_3$沉淀颗粒长大，因而有利于液固分离。

金川公司净化除铁技术操作条件见表4-6-1。

**表4-6-1　金川公司净化除铁技术操作条件**

| 项　　目 | 操作条件 |
|---|---|
| 反应温度/℃ | 65～75 |
| 反应时间/h | 1.5～2 |
| 终点pH值 | 3.5～4.0 |
| 除铁后液含铁/$g\cdot L^{-1}$ | 60 |
| $H_2S$发生器负压值 | $0\sim3\times10^{-2}$ MPa |
| 反应室负压值 | $0\sim2.5\times10^{-2}$ MPa |
| $H_2S$发生器温度/℃ | 33～55 |
| 除Cu前液含Cu/$g\cdot L^{-1}$ | 80 |
| 电解液温度/℃ | 常温，60～65 |
| 同极中心距/mm | 210，190，180 |

# 7 高冰镍的湿法精炼

## 7.1 概述

目前国际上镍精炼工艺大致可分为两类四种：一类是可溶阳极电解精炼，即粗镍阳极电解和硫化镍阳极电解；另一类是高冰镍的选择性浸出—净液—电积的湿法精炼工艺，其介质分为氯化物及硫酸盐两种体系，此类工艺是20世纪70年代以后才兴起的。具有镍的产品质量高、成本大幅降低等特点，尤以高镍锍氯化浸出与硫酸浸出—电积发展最快，成为镍精炼今后发展的方向。

### 7.1.1 硫酸选择性浸出

硫酸选择性浸出的基本过程是，高镍锍经细磨后采用常压和加压相结合的方法进行分段浸出，镍、钴选择性被浸出进入浸出渣中。第一段浸出液富含镍、钴，几乎不含铜、铁等杂质，因而浸出液的净化比较简单，经净化后的浸出液用电解沉积法或氢还原法产出金属镍。与镍电解精炼法相比，硫酸选择性浸出法的生产流程比较短，用一个浸出工序代替了高镍锍磨浮、焙烧、电炉还原熔炼等若干工序，因而基本建设投资较省；由于生产流程短，药剂用量少，生产成本也较低。

### 7.1.2 氯化浸出

氯化浸出是指在水溶液中进行的湿法氯化过程，即通过氯化使高镍锍中的镍、钴、铜等呈氯化物形态溶解的过程。由于氯和氯化物化学活性很高，生成的氯化物溶解度大，对杂质的络合能力又较强，因此在常温、常压下，氯化浸出就能达到在其他介质中必须加温、加压下才能达到的技术指标。根据浸出剂的种类不同，高镍锍氯化浸出分为两种，即盐酸浸出和氯气浸出。

## 7.2 硫酸选择性浸出工艺

硫酸选择性浸出的基本过程是：高镍锍经水淬、细磨后采用常压和加压结合的方法进行分段浸出，镍、钴选择性被浸出进入溶液，铜、铁、贵金属则抑制于浸出渣。第一段浸出液富含镍、钴，几乎不含铜、铁等杂质，因而浸出液的净化作业只需要除钴。由于溶液中不能引入 $Cl^-$，沉钴的氧化剂采用特制的黑镍（NiOOH）。一段浸出液经镍钴分离后，硫酸镍溶液用电解沉积法或氢还原法生产金属镍，硫酸钴溶液进一步净化后，作为提钴原料。经加压浸出，镍、钴、铁基本进入浸出液，经净化除铁，使铁形成开路。浸出终渣主要成分为硫化铜，并富集了所有的贵金属。终渣直接送铜熔炼车间铸成铜阳极板，供铜电解车间生产电解铜。贵金属进一步富集于铜阳极泥，铜阳极泥为提取贵金属的原料。

### 7.2.1 浸出过程的主要化学反应

高镍锍主要由铜镍合金、$Ni_3S_2$和 $Cu_2S$ 三相组成，镍主要存在于合金相和 $Ni_3S_2$相中，铜存在于 $Cu_2S$ 和合金相中，铁和钴存在于合金相中。硫酸选择性浸出由二段常压浸出或一段常压连续浸出与一段加压浸出组成。

7.2.1.1 常压浸出

在常压浸出时，金属相基本上能全部溶解，而 $Ni_3S_2$ 相中的镍部分溶解，$Cu_2S$ 相则不溶解。粉状高镍锍用从铜、镍电解系统返回的废液进行浸出，其主要反应如下：

(1) 合金相中的 Ni，Co。

$$Ni + CuSO_4 \xlongequal{\quad} Cu + NiSO_4$$

$$Ni + H_2SO_4 \xlongequal{\quad} NiSO_4 + H_2 \uparrow$$

$$Ni + H_2SO_4 + \frac{1}{2}O_2 \xlongequal{\quad} NiSO_4 + H_2O$$

合金相中的钴也发生与上述类似的反应。

(2) 合金相中的 Cu。合金相中的铜和上述反应生成的沉淀铜则与浸出时鼓入的氧发生氧化反应，其反应式如下：

$$2Cu + \frac{1}{2}O_2 \xlongequal{\quad} Cu_2O$$

$$Cu_2O + H_2SO_4 \xlongequal{\quad} CuSO_4 + H_2O + Cu$$

生成的 $Cu^{2+}$ 又进一步氧化，溶解合金相中的镍、钴。

(3) $Cu_2S$ 相。$Cu_2S$ 相不溶解。

(4) $Ni_3S_2$相。在有氧存在时，$Ni_3S_2$相与二价铜离子以及硫酸发生下列反应：

$$Ni_3S_2 + 2Cu^{2+} \xlongequal{\quad} 2NiS \downarrow + Ni^{2+} + 2Cu^{+}$$

$$Ni_3S_2 + H_2SO_4 + \frac{1}{2}O_2 \xlongequal{\quad} 2NiS \downarrow + NiSO_4 + H_2O$$

这时 $Ni_3S_2$相中的镍有三分之一被溶解。

(5) 合金相中的铁。合金相中的铁发生以下溶解反应：

$$Fe + H_2SO_4 \xlongequal{\quad} FeSO_4 + H_2 \uparrow$$

$$2FeSO_4 + \frac{1}{2}O_2 + H_2SO_4 \xlongequal{\quad} Fe_2(SO_4)_3 + H_2O$$

当溶液的 pH 值大于 2 时，则生成针铁矿沉淀：

$$Fe_2(SO_4)_3 + 4H_2O \xlongequal{\quad} 2\alpha - FeOOH + 3H_2SO_4$$

当溶液 pH 值大于 3.9 时，水溶液中的铜会按下式生成碱式硫酸铜沉淀：

$$3CuSO_4 + 4H_2O \xlongequal{\quad} CuSO_4 \cdot 2Cu(OH)_2 \downarrow + 2H_2SO_4$$

7.2.1.2 高压浸出

常压浸出后的滤渣再进行高压浸出。加压浸出工序的目的是使镍、钴达到尽可能高的浸出率，同时浸出部分的铜供常压浸出工序使用，而将高镍锍中大部分铜和贵金属抑制于浸出渣中，以实现选择性浸出。加压浸出在加压釜内进行，在氧化气氛下，金属和硫化物发生下列溶解反应：

$$Cu_2S + H_2SO_4 + \frac{1}{2}O_2 = CuS + CuSO_4 + H_2O$$

$$Cu + H_2SO_4 + \frac{1}{2}O_2 = CuSO_4 + H_2O$$

$$Ni_3S_2 + H_2SO_4 + Cu_2O = NiSO_4 + 2NiS + 2Cu + H_2O$$

$$NiS + CuSO_4 = NiSO_4 + CuS$$

$$Cu_2O + NiS + H_2SO_4 = NiSO_4 + Cu_2S + H_2O$$

钴发生的反应，同镍大致相同。

高压浸出的产物为：

(1) 加压浸出液返回到常压浸出段，作为常压浸出段的浸出液。

(2) 浸出渣中残存的镍大部分呈硫化镍形态，并有极少量的未浸出的 NiO 及含镍的碱式硫酸盐，浸出渣中的铜基本上以 $Cu_2S$ 和 CuS 的形式存在。将其送到铜冶炼车间铸成阳极板，供电解车间生产电解铜。

(3) 贵金属则进一步富集于阳极泥中，阳极泥送去提取贵金属。

### 7.2.2 常压浸出液的净化

常压浸出液的净化主要是除铅和钴，除铅可用共沉淀法，即加氢氧化钡使 $PbSO_4$ 和 $BaSO_4$ 一起沉淀；采用黑镍（NiOOH），也就是镍的高价氢氧化物除钴，其原理就是利用 NiOOH 将 $Co^{2+}$ 氧化成 $Co^{3+}$，调节 pH 值，使之形成 $Co(OH)_3$ 沉淀除去。

硫酸镍溶液则利用电积法或氢还原法生产金属镍。

在电积法中：

阴极为镍始极片，主要反应为： $Ni^{2+} + 2e = Ni$

铅为阳极，主要反应为： $2H_2O - 4e = 4H^+ + O_2\uparrow$

### 7.2.3 影响浸出过程的因素

影响浸出过程的主要因素有：高镍锍成分，矿磨细度，搅拌强度，鼓入空气量和浸出温度。

## 7.3 氯化浸出精炼工艺

### 7.3.1 浸出工艺简介

氯化精炼工艺具有以下优点：

(1) 氯气选择性浸出采用常压低酸操作。

(2) 由于氯气的强氧化作用和 $Cu^+/Cu^{2+}$ 的催化作用，化学反应速度快，浸出过程可在沸点下自热进行，能耗低，蒸发水量大，有利于整个工艺的水平衡。

(3) 镍钴的回收率高，富镍液含铜低，一次浸出液可实现铜镍的深度分离。

(4) 镍钴氯化物的溶解度高，所以净化溶液量少，仅为传统净液方法液量的 1/6 ~ 1/10。

浸出液便于采用先进的溶剂萃取净化。各金属分离彻底,操作简便,回收率高,消耗少。

(5) 原料中硫化物的硫被氧化成元素 S,无 $SO_2$ 污染和酸不平衡的问题。

(6) 由于氯化镍溶液电阻率低,镍电积可采用较高的电流密度,槽电压相对较低,电镍质量好,阳极析出的氯气可返回浸出工序循环使用,辅助材料消耗少。

(7) 生产过程可以实现较高的机械化和自动化。

(8) 可以组织多品种生产,如镍圆、镍粒、氧化镍、氯化镍等。

氯气浸出法的实质是,在 110℃ 下通氯气选择性浸出镍,浸出液经置换脱铜,用碳酸镍中和脱铜,溶剂萃取分离镍钴,分别电积得到阴极镍和阴极钴。在阳极上产生的氯气返回浸出,原料中的铜硫几乎全部以 CuS 形态留在浸出渣中。该流程的特点是浸出液中含 $Ni^{2+}$ 高达 230 g/L,总的溶液量较少,阳极析出的氯气返回重复利用,与其他工艺相比,流程较为简化。

### 7.3.2 氯化浸出过程

被浸出的原料和镍电积系统返回的电解废液一起加入浸出槽内,系统回收的氯气由浸出槽的搅拌桨下部送入浸出槽,浸出温度保持在沸点。浸出槽中的主要化学反应如下:

$$Ni_3S_2 + 2Cu^{2+} = 2NiS + Ni^{2+} + 2Cu^{+}$$

$$2Cu^{+} + Cl_2 = 2Cu^{2+} + 2Cl^{-}$$

$$NiS + 2Cu^{2+} = Ni^{2+} + 2Cu^{+} + S$$

$$Cu_2S + S = 2CuS$$

氯气浸出镍精矿的过程,可以认为主要是溶液中二价铜离子与高镍锍中的 $Ni_3S_2$ 之间进行反应。反应结果产生的一价铜离子又被氧化成二价铜离子,二价铜离子再与 $Ni_3S_2$ 和 NiS 进行反应。浸出槽内氧化还原电位的控制,是通过调节氯气和被浸出原料的相对加入速度来实现的。在连续浸出过程中,先固定原料的加入速度,然后通过调节氯气管路上的电动阀门,来保持浸出要求的电位值。

浸出工序包括控电氯化,保温浸镍析铜两个过程。

(1) 控电氯化。浸出过程利用通氯气和加料量来控制溶液电位,电位越高,说明 $Cu^{2+}$ 越高;反之 $Cu^{+}$ 越高,浸出借助铜离子的氧化还原反应来传递电子,加快反应速度,浸出过程中铜和镍没浸完时,过程不产生酸也不消耗酸,因为是选择性浸出,所以浸出液的 pH 值约为 3.5。

(2) 保温浸镍析铜。控制氧化还原电位是最有效、最经济的脱除铜的方法。随着电位的降低,溶液中的铜相应快速减少,过程停止通氯,一段时间后电位开始下降。

### 7.3.3 氯化浸出液的净化

#### 7.3.3.1 化学净化过程

浸出液的净化方法,由鹰桥公司采用中和氧化除铁砷,萃取分离镍钴流程。日本住友公司新居滨采用置换沉淀分离出废液中的铁、钴等杂质,通过氯气使之生成氢氧化物而给以清除的沉淀法和法国勒阿佛尔精炼厂采用 TBP 萃取除 Fe,三异辛胺(T10A)萃取的萃取法,这些方法中沉淀法过程简单,易于控制,工艺成熟,但渣量大,金属损失大,且引进了其他的金属离子。而法国的萃取流程中，除铁萃取剂与镍钴分离萃取剂不相同，一个流程中两种萃取剂，给运行操作和过程衔接增加了麻烦。针对中和法除铁有铁渣过滤，洗涤困难，渣中含镍高等缺点，可采用酸度高，渣量少，过滤洗涤性能好的针铁矿法除铁。由于交换沉铜后的铁大部分为二价铁，适宜于针铁矿法除铁的条件。在针铁矿法除铁过程中，也需要用碳酸镍作为中和剂，保留了制碳酸镍工序，既可以保证全流程的体积平衡，又可以尽量排出硫酸根和钠离子，防止杂质的积累。

#### 7.3.3.2 萃取净化过程

(1) 萃取过程。共萃除杂质选用的是萃取剂 N235，除铁后的氯化镍溶液含有钴、铜、铅和残余的少量铁，除铅而外，采用 N235 共萃将钴、铜、铁一起除去，使其达到净化要求，但除铅效果不明显。

(2) 高钴溶液洗镍。共萃负载有机相除负载有钴、铜、铁外，还含有一定夹带的镍，为保证钴产品的纯度，必须加以洗涤，洗涤剂采用后续反萃后得到的含钴大于 100 g/L 的 $CoCl_2$ 溶液，此洗涤段含有第二个作用，即增加有机相中的钴浓度，以便得到高钴溶液。

(3) 有机相的反萃与再生。有机相的反萃包括两部分，一部分是用水或钴电解阳极液反萃钴，得到高钴含量，高钴镍比的氯化钴溶液；第二部分是用水反萃铁，得到高铁含量，高铁镍比的氯化铁溶液，反萃后有机相用水进一步洗涤再复用。

(4) 除有机物。经萃取净化的氯化物溶液中夹带有少量的有机物，其危害有两条：一是其含量高时，对不溶阳极电解过程中镍板的物理规格及化学组成产生不良影响；二是对后续工序离子交换除铅过程的树脂起到破坏作用。首先经澄清将夹带的有机物大部分分离出来，然后经玻璃毛吸附，最后经活性炭吸附除有机物。

### 7.3.4 氯化镍电积精炼

阴极主要反应为镍的析出： $Ni^{2+} + 2e \xlongequal{} Ni$

阳极主要反应为氯气的放电析出： $2Cl^- + 2e \xlongequal{} Cl_2$

净电池反应为： $NiCl_2 \xlongequal{} Ni + Cl_2$

即理论上只降低溶液中的 $NiCl_2$ 含量，而不消耗水，也不放出酸。

每一块阳极都装在一个密闭的阳极室中，产生的氯气经压缩，返至浸出工序。

## 7.4 高镍锍的加压氨浸工艺

用加压氨浸法从高镍锍中提取镍的工艺特点是，工艺比较简单，环境污染轻，镍、钴、铜的回收率分别达到 90% ~95%、50% ~75%、88% ~92%，还能回收高镍锍中大部分硫。加压氨浸法的主要生产过程包括：加压氨浸、蒸氨除铜、氧化水解、液相氢还原制取镍粉和镍粉压块等工序。

### 7.4.1 加压氨浸

加压氨浸的目的是使高镍锍中的镍、钴、铜能最大限度地溶入氨溶液中。在一定的压力和温度条件下，当有氧存在时，高镍锍中的金属硫化物能与溶解的氧、氨和水起反应，镍、钴、铜等生成可溶性的氨络合物进入溶液；由于铁的络合物很不稳定，转变为不溶的三氧化二铁

留于浸出渣中。金属硫化物中的硫经过一系列的反应最终氧化成硫酸盐和氨基磺酸盐,其主要反应为:

$$2(NH_4)_2S_2O_3 + 2O_2 = (NH_4)_2S_3O_6 + (NH_4)_2SO_4$$

$$(NH_4)_2SO_4 + 2O_2 + 4NH_3 + H_2O = NH_4SO_3 \cdot NH_2 + 2(NH_4)_2SO_4$$

氧氨浸所用的设备为高压氧氨浸釜,其结构如图 4-7-1 所示。

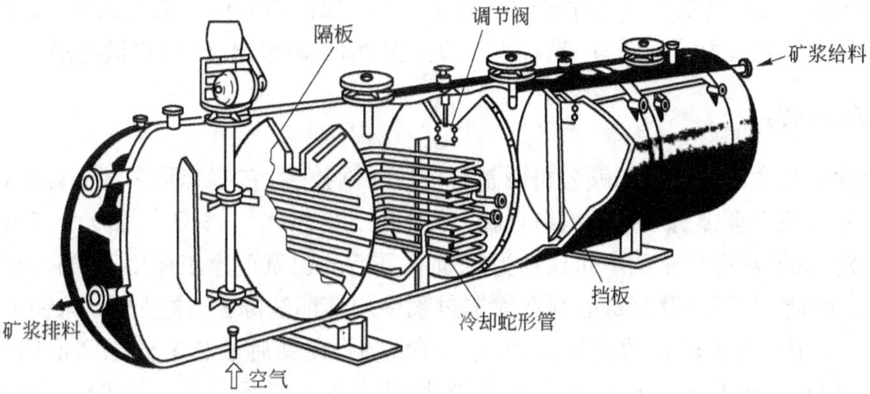


图 4-7-1 高压氧氨浸釜结构剖视图

影响加压氨浸反应速度和浸出率的重要因素,主要有:

(1) 温度的影响。提高温度通常可以增加反应速度,但在加压氨浸过程中,由于系统复杂,能够提高的温度范围极为有限。其原因是:温度升高,氨蒸气和水蒸气的分压增高,就必须用较高的空气压力维持分压所必需的氧分压;而从设备制作和操作观点来看,却是希望尽可能保持较低的空气压力。提高温度还会降低金属氨络合物的稳定性,尤其是钴,当温度超过 100℃时就会水解沉淀,造成不可逆转的损失。此外,由于下一工序蒸氨除铜作业的需要,溶液中还必须有适量未饱和的硫氧离子,以保证沉淀铜所需的硫氧离子;提高浸出温度会加速硫的氧化作用,使未饱和硫氧离子迅速分解,影响沉铜作业进行。因此,为了能保持第一段浸出液中有适量的未饱和硫氧离子,不宜过多地提高浸出温度,通常采用的浸出温度为 75 ~ 85℃。

(2) 氧分压的影响。当浸出刚开始时,矿浆中新的硫化物很多,需要大量的氧来氧化硫化物,使之逐步氧化成硫酸铵及氨基磺酸铵。因此,在浸出初期,氧的溶解速度是反应速度的控制因素,而氧的溶解速度又取决于氧分压。在第一段浸出中,提高氧分压可以明显提高反应速度。但是在浸出后期,氧的需要量减少,控制反应速度的不是氧分压,而是扩散过程等其他因素,因而在第二段浸出中就不宜提高氧分压。

(3) 氨的浓度的影响。在浸出系统中,氨存在于液相和气相中,但只有溶于液相中的氨对浸出是有效的。浸出过程中通入的氨一部分被酸中和生成 $NH_4^+$,一部分形成氨基磺酸盐$(NH_2SO_3)^-$和与镍、铜、钴结合生成络合物;还有部分氨呈游离氨形态留于溶液中。在一定范围内提高游离氨的浓度能提高镍、钴、铜的浸出速度和提高浸出率。

(4) 铜在浸出过程中的影响。溶液中的镍离子即使达到 60 ~ 70 g/L,对浸出速度也没有多大影响。钴和镍相似,也形成氨络合物;但钴络合物不稳定,当温度高于 100℃时会急剧分解,铜在浸出过程中起催化作用,当溶液中缺乏铜离子时,镍的浸出速度下降,铜对溶液中未饱和硫氧离子的氧化反应也有催化作用。

（5）磨矿细度的影响。磨矿细度对浸出速度和浸出率都有一定影响，颗粒较粗，会降低浸出速度，矿浆密度与矿浆黏度直接有关，矿浆密度过大，不仅增大搅拌消耗的功率，也影响浸出的扩散过程。增强搅拌可强化传质过程，提高浸出速度，但过度搅拌会产生太多的微细颗粒，给下一步浓密和过滤操作带来一定的困难。加压氨浸通常采用两段逆流操作，第一段称为“调节”浸出，要求产出的浸出液中含有一定数量的未饱和硫氧离子，如 $S_2O_3{}^{2-}$、$S_3O_6{}^{2-}$、$SO_3NH^{2-}$，以满足下一工序脱铜的需要。第一段浸出后的矿浆经浓密、过滤后，滤饼用新的氨溶液浆化，送入加压釜中进行第二段浸出；第二段浸出又称为“最终浸出”。

### 7.4.2 蒸氨除铜

蒸氨除铜是舍利特·高尔顿公司研制的一种除铜技术，它起着除去部分氨和沉淀铜两种作用。浸出液中含镍、铜、钴的氨络合物，游离氨以及 $S_2O_3{}^{2-}$、$S_3O_6{}^{2-}$、$SO_4{}^{2-}$、$NH_2SO_3{}^{-}$ 等离子，溶液中的游离氨含量的摩尔比约为 7，而在其后的镍氨还原工序则要求将该摩尔比降低约为 2。因此，大部分游离氨必须在除铜过程中用蒸馏法除去，这是蒸氨除铜工序的“蒸氨”过程。由于铜为正电位的金属，溶液中若含有铜，在其后液相氢还原制取镍粉的条件下，铜会与镍粉一起被还原出来，污染了镍粉，因此必须在氢还原之前除去铜。随着蒸氨过程的进行，游离氨逐渐减少，铜离子与未饱和硫氧离子发生反应，生成硫化物沉淀，这是蒸氨除铜工序的“除铜”过程，其主要反应如下：

$$Cu^{2+} + S_3O_6{}^{2-} + 2H_2O = CuS + 4H^+ + 2SO_4{}^{2-}$$

$$Cu^{2+} + S_2O_3{}^{2-} + 2H_2O = CuS + 2H^+ + SO_4{}^{2-}$$

$$8Cu^{2+} + S_2O_3{}^{2-} + 4H_2O = 8Cu^+ + S_3O_6{}^{2-} + SO_4{}^{2-} + 9H^+$$

$$2Cu^+ + S_3O_6{}^{2-} + 2H_2O = Cu_2S + 4H^+ + 2SO_4{}^{2-}$$

$$H^+ + NH_3 = NH_4^+$$

除铜过程的产物是 CuS 和 $Cu_2S$ 的混合物，这种除铜方法的优点是它能从溶液中有效的除去铜，不必往系统中加入专门的沉淀剂，沉淀作用对铜有很好的选择性，沉淀产物通常含镍量小于 1%。

### 7.4.3 氧化水解

氧化水解是指氧化和水解两个化学反应。其目的是使溶液中的未饱和硫氧离子和氨基磺酸盐在液相氢还原制取镍粉的条件下会发生分解，使镍粉含硫升高。因此，蒸氨除铜后的溶液在送往氢还原之前，必须将硫代硫酸根和连多硫酸根氧化成稳定的硫酸根离子，而使氨基磺酸根水解成硫酸根离子。在升温和鼓入空气的条件下，未饱和的硫氧离子很容易氧化成硫酸根离子，其反应为：

$$S_2O_3{}^{2-} + S_3O_6{}^{2-} + 4O_2 + 3H_2O + 6NH_3 = 6NH^{4+} + 5SO_4{}^{2-}$$

氨基磺酸盐水解时，溶液中应保持有一定的硫酸铵浓度，以避免镍基络合物同时发生水解反应。

### 7.4.4 加压液相氢还原

镍的液相氢还原是一个气液固多相反应，通常采用硫酸亚铁作为晶种来提供初始固相表面。硫酸亚铁在氨溶液中能生成分散的 $Fe(OH)_2$ 固体微粒，其反应为：

$$FeSO_4 + 2NH_3 + 2H_2O = Fe(OH)_2 + (NH_4)_2SO_4$$

氢还原过程即以此为核心，镍离子吸附在 $Fe(OH)_2$ 表面，再被还原成金属镍粉。镍粉长大是在晶种制取之后进行的，排出晶种尾液之后，再往还原釜内注入料液，通入氢气，料液与氢气在晶种表面发生反应，镍在晶核上沉淀，镍粉颗粒增大。还原完成后，澄清适当时间，排出尾液，再开始下一循环，这样的过程称为"长大"。经过一个周期的加压氢还原操作之后，约有2%～3%的镍沉积在釜壁，为了清除这些结疤，用一定浓度的硫酸铵溶液在加温、鼓入空气的条件下，把沉积在釜壁上的结疤反溶下来。氢从溶液中还原出金属的反应为：

$$Me^{n+} + \frac{n}{2}H_2 = Me + nH^+$$

上述反应只有当金属的电极电位大于氢电极电位时，氢才能从溶液中还原出金属。对正电性的金属（如铜、银、金），电极电位大于零，这些金属即使在酸性溶液中也可以被氢还原。而对负电性金属（如镍、钴），只有在一定条件下，也就是金属的电极电位大于氢的电极电位的条件下，才能被氢还原，要做到这一点有两条途径：一是提高氢分压或提高溶液的pH值来降低氢电极电位；二是用提高离子浓度来提高金属的电极电位。

镍是负电性金属，要使镍的氢还原反应能够进行，溶液必须有足够高的pH值。但是随着溶液的pH值提高，镍离子在溶液中会产生水解反应，不利于氢还原反应的进行。为此，需要选择一种络合剂，使金属形成一种稳定的络合物。在镍的加压氢还原条件下，最适宜的络合剂是氨，它能与镍生成稳定的镍氨络合物，在较高的pH值条件下也不会水解。氨还能中和还原反应中释放出的酸，使溶液保持稳定的pH值。由于镍的氢还原反应是在固相表面上进行的，因此，镍的还原速度在很大程度上取决于固体催化剂所能提供的表面积。镍在晶核上初始沉积后，新沉积的镍颗粒本身也有催化作用，这种自动催化作用反映出新沉积的镍粒有激活氢的能力，也就是在新沉积的镍粒表面上被吸附的氢和溶解于镍中的氢都是以原子形态存在，并处于活化状态，这种被活化氢饱和的镍粒子，催化活性非常活泼，能够向溶液中的镍络合离子输送电子，促使镍在镍粒表面上沉积，提高氢分压能够提高氢在液相中的溶解度，因而加快还原反应速度。虽然提高氢分压能加快反应速度，但压力太高对设备密封要求更高，经济上并不合理。反应温度不仅影响反应的速度，也影响晶核生成的数量。在加入同样数量的催化剂时，反应温度高，生成的晶核就多，反应速度也快。然而随着反应温度的提高，釜内蒸汽压也随着升高，系统就必须保持更高的总压力，同样存在着设备密封要求更高的问题。在工业实践中，反应温度通常控制在170～180℃。搅拌强度对还原速度也有明显影响，提高搅拌强度，有利于气液固三相的接触，对提高还原速度是有利的。

# 8 羰基法制取高纯镍

羰基法主要用来生产高纯镍，其原料为粗镍，原理为利用各元素与CO形成羰基化合物难易程度的不同以及各羰基化合物的沸点不同，而将粗镍中的杂质除去。具体方法为：利用羰基合成反应，使镍生成羰基镍，进入气相。其反应式为：

$$Ni(s)+4CO(g)=\!=\!=Ni(CO)_4(g)\uparrow$$

而粗镍中的大部分杂质（铜、钴、贵金属）不能进入气相而留在渣中，得到粗羰基化合物，又按沸点的不同进行蒸馏分离（镍和铁的羰基化合物分离），羟基钴可用无水液态氨形成羰基钴氨络合物$[Co(NH_3)_6][Co(CO)_4]_2$，从粗液态羰基镍中沉淀除去，然后再加热分解就可以得到高纯度的金属镍，其反应式为：

$$Ni(CO)_4(g)=\!=\!=Ni(s)+4CO(g)\uparrow$$

# 9 从红土矿提取镍的方法

红土镍矿资源为硫化镍矿岩体风化—淋滤—沉积形成的地表风化壳性矿床,世界上红土镍矿分布在赤道线南北30°以内的热带国家,集中分布在环太平洋的热带—亚热带地区,主要有:美洲的古巴、巴西;东南亚的印度尼西亚、菲律宾;大洋洲的澳大利亚、新喀里多尼亚、巴布亚新几内亚等。近几年,人们对于红土型镍矿资源的利用性能及其类型又有新的认识,现可分为两类:一类称为"湿型",主要分布于近赤道地区,如新喀里东尼亚、印尼、菲律宾、巴布亚新几内亚和加勒比海地区;另一类称为"干型",主要分布于距赤道较远的南半球大陆,以西澳大利亚为代表。

我国镍矿资源储量中70%集中在甘肃,其次分布在新疆、云南、吉林、四川、陕西、青海和湖北7个省,合计保有储量占全国镍资源总储量的27%。我国镍矿类型主要为硫化铜镍矿和红土镍矿。我国的红土镍矿主要从菲律宾进口。由于自1970年起日本与菲律宾开始进行合作,成立合资矿业公司开采含镍量2%以上的高品位镍矿,运送回新日铁和住友商社进行冶炼,导致菲律宾的高品位镍矿砂被日本企业垄断,而我国只能进口镍含量在0.9%~1.1%的低品位镍矿砂。

我国周边国家有镍矿储量1125万吨,只分布在少数国家,包括俄罗斯(660万吨)、印度尼西亚(320万吨)、菲律宾(41万吨)、缅甸(92万吨)和越南(12万吨),但占世界总储量比例较大,约占23%。其中红土镍矿主要分布在印度尼西亚、菲律宾以及缅甸。印度尼西亚镍资源主要为基性、超基性岩体风化壳中的红土镍矿,分布在群岛的东部,矿带可以从中苏拉威西追踪到哈尔马赫拉、奥比、瓦伊格奥群岛,以及伊利安查亚的鸟头半岛的塔纳梅拉地区,由于印度尼西亚超基性岩带风化壳广泛分布,因此其红土型镍钴矿有良好的找矿前景。菲律宾也以红土镍为主,主要分布在诺诺克岛。缅甸也有红土型硅酸镍矿,受印缅山脉超基性岩带控制,分布在中部盆地西缘。俄罗斯的镍资源分布在西伯利亚地台西北缘诺里尔斯克硫化铜镍矿区。越南镍矿为铜镍硫化物型,分布在西北部,已知有山萝省的班福矿床,赋存在黑水河裂谷塔布蛇绿岩带内,有探明储量12万吨。

随着世界20世纪90年代经济发展,占镍用途65%的不锈钢需求增长坚挺,镍需求前5年平均每年增长4%以上,预测今后5~10年,增长率3.5%~4%,其中亚洲的镍需求增长率将是7%。然而,世界可供近期开发的硫化镍资源,除了加拿大的Voiseybay镍矿以外,几乎寥寥无几。全球至今约探获7000万吨镍金属量的资源。其中,硫化镍约3000万吨,占42%。其余均为红土型镍。

目前,世界上的镍虽然产自硫化镍矿床居多,但作为巨大资源潜力的氧化镍矿——红土矿床的开发,日益受到人们的重视。处理不同矿石的工艺流程可归纳为:火法流程、氨浸流程及加压酸浸流程。

## 9.1 氨浸法

氨浸法是基于红土矿中的镍一般与铁结合成铁酸盐状态,经还原焙烧使铁酸镍转变成金属镍或镍铁合金，以便在氨液中溶解；以古巴尼加罗厂为代表，其规模为年处理矿石1780 kt（平均含镍 1.3%，含钴 0.07%），年产烧结氧化镁 16170 t（Ni90%），镍的实收率70.4%，钴浸出率18% ~20%，吨镍氨耗410 kg，吨镍二氧化碳耗量551 kg。

氨浸法流程的优点是：(1)碳铵溶液既能选择性溶解焙砂中的镍、铜、钴，生成稳定的络合物，又能成功地分离回收。而铁、锌、镁等一般溶解度很小，且在此后的生产过程中大部分能水解除去；(2)碳铵溶剂易于回收，返回使用；(3)物料腐蚀性弱，设备多数可用碳钢制造；(4)采用常压浸出，设备结构简单。

氨浸法流程的缺点是：(1)能耗较高：用硫化镍矿生产镍其总能耗约为公斤镍22 kW · h，而用氧化镍矿其总能耗要比硫化矿大1 ~3 倍；(2)镍、钴回收率低：尼加罗厂镍的总回收率为70.4%，钴的浸出率为18% ~20%，并且只富集在烧结氧化镍中；(3)浸出、洗涤作业的液固分离一般采用浓密机，物料在系统中停留时间长（约72 h），设备容积大，占地面积大。

为提高镍钴回收率，美国矿务局最近发展了还原焙烧 - 氨浸法处理红土矿回收镍钴的新流程，简称USBM法。处理含镍1%、钴0.2%的红土矿时，镍、钴的回收率分别为90%和85%。若处理含镍0.53%和含钴0.06%的低品位红土矿时，钴回收率亦能达76%

## 9.2 加压酸浸法处理红土矿

1959年在古巴建成的毛阿湾镍厂，乃是世界上唯一的采用高温高压直接酸浸红土矿提取镍钴的工厂，毛阿湾含镍红土矿属于褐铁矿类型，其典型成分为 Ni 1.35%、Co 0.146%、Cu 0.02%、Zn 0.04%、Fe 47.5%、Mn 0.8%、$Cr_2O_3$ 2.9%、$SiO_2$ 3.7%、MgO 1.7%、$Al_2O_3$ 8.5%、$H_2O$ 12.5%。针对其含氧化镁量低，含钴量相对较高的特点，矿石在浸出前，预热到80℃，然后泵送到4台串联的空气搅拌高压釜内，在压力约4.3 MPa，温度230 ~260℃的条件下，按硫酸与矿石之比约0.25的比例，泵入98%的浓硫酸，浸出1 ~2 h，使镍、钴、铜及锌溶解，而铁则存于渣中，可将95%以上的镍和钴溶解出来。虽然铁的氧化物在硫酸溶液中是溶解的，但在高温下 $Fe^{3+}$ 会水解沉淀成为易过滤的 $Fe_2O_3$，并产生硫酸，这是该工艺的优点。

该厂设有四套并联的浸出系统，每套浸出系统有四个串联的立式高压釜。高压釜直径3 m，高15 m，使用耐酸砖和铅衬里。釜内矿浆的搅拌，是通过喷入过热蒸汽来实现的。浸出矿浆经六段浓密及逆流洗涤后（浓密机直径为62.8 m，深2.7 m），残渣可作为炼铁的原料，其成分（质量分数）为：Ni 0.06%、Co 0.008%、Fe 51%、$Cr_2O_3$ 3.0%、$SiO_2$ 3.5%、MgO 0.7%、$Al_2O_3$ 8.1%。第一段浓密机的富液成分为：Ni 5.95 g/L、CO 0.64 g/L、Cu 0.1 g/L、Zn 0.2 g/L、Fe 0.8 g/L、Mn 2 g/L、Cr 0.3 g/L、$SiO_2$ 2 g/L、Mg 2 g/L 、Al 2.3 g/L 、$SO_4^{2-}$ 4.2 g/L，游离酸28 g/L。富液净化后，用珊瑚泥中和游离酸，固液分离后的含镍钴浸出液，在有硫化物晶种的情况下，往衬有耐酸砖的卧式圆筒形高压釜内通入气态硫化氢，使镍、钴、铜和锌呈硫化物沉淀下来。沉淀作业的条件为：温度118℃，压力为约1 MPa，时间17 min，硫化沉淀率分别为：Ni 99%，Co 98%。沉淀后的产物为镍钴硫化物，其成分（质量分数，%）为：Ni 55.1，Co 50.9，Cu 1，Pb 0.003，Zn 1.7，Fe 0.3，Cr 0.4，Al 0.02，硫化物硫35.6，硫酸盐硫0.04。总回收率分别为：镍96.5%，钴94%。处理每吨干精矿消耗硫酸225 kg，石油113 kg。在古巴毛阿湾厂，红土矿硫酸浸出已经成功地运行了38年，并以它在世界上独特的生产方法使得该设备一直保留至今。

由于下述几方面的重要原因，世界各国正在积极研发红土型镍矿的处理技术。

（1）红土型镍矿资源丰富，全球均有4100万吨镍金属量，勘查成本低，采矿成本极低。

（2）由于硫化镍可供开发资源的明显减少，世界未来十年镍产量的增加将主要来源于红土型镍矿资源的开发。

（3）由于“湿型”红土矿资源具有品位较高、黏土量少、易于处理的优点，与“干型”红土矿资源相比，“湿型”资源的开发项目更具有开发利用的优势。

预计，随着红土镍矿处理技术的发展与不断完善成熟，红土镍矿的开发利用效果必定日趋明显。

第五篇

# 锡 冶 金

# 1 概 述

## 1.1 锡矿的基本知识与锡矿资源

### 1.1.1 锡的地球化学

地壳岩石圈中锡的丰度约为$2\times10^{-6}$,属于含量较低的元素,与其他金属的丰度相比,约为铜的1/27,铅的1/6,锌的1/35,故将锡称为稀有金属。

锡的原子半径为0.158 nm,在自然界中常见价态为+2价和+4价,其离子半径分别为0.093 nm和0.069 nm。由于离子半径、电负性的相似,离子$Sn^{2+}$可与$Ca^{2+}$、$In^{2+}$、$Fe^{2+}$等呈类质同象置换;离子$Sn^{4+}$可与$Fe^{3+}$、$Sc^{3+}$、$In^{3+}$、$Nb^{5+}$、$Ta^{5+}$、$Ti^{4+}$等呈类质同象置换。锡常赋存于钛酸盐和钽酸盐的类质同象混合物中或铌、钽以类质同象形式存在于锡石中。

锡矿床与酸性岩浆岩的关系密切,具有明显的专属性。与锡矿物生成有关的含锡花岗岩岩石成分常具有高硅、高铝、富钾钠、贫钙镁、富氟的特点。

### 1.1.2 锡的矿物

目前世界上已知的锡矿物有50多种,可分为自然元素、金属互化物、硫化物、氧化物(锡石)、氢氧化物、硅酸盐(硅锡矿)、硫锡酸盐(黄锡矿,又叫黝锡矿)、硼酸盐等几类。在地壳岩石圈中的锡矿物主要是以锡石状态存在,常见矿物还有黝锡矿、辉锑锡铅矿、硫锡矿、硫锡铅矿、硫锡银矿、圆柱锡矿、硼钙锡矿、马来亚石、钽锡矿等十余种,其他的锡矿物很少,只有地质学和矿物学的研究意义。锡的工业矿物很少,以现有选冶技术条件,有工业价值的锡矿物仅有锡石和黝锡矿,且以锡石为主。

纯锡石($SnO_2$)含锡78.8%,但由于天然锡石中常含铁、锰、铟、钽、铌、钨、镓、锗、钒、铍和钪等元素,其中以铁最多,所以天然锡石的含锡量仅为70%~77%。纯锡石是无色透明的,天然锡石因含杂质元素的不同而使其颜色不同,一般常见的为褐色和棕色。

锡石的莫氏硬度为6~7,性脆。密度6.8~7.0 g/cm$^3$。锡石矿床在成因上与酸性岩浆岩,尤其是与花岗岩有密切的关系。在各类型锡矿床均有锡石产出,其中以锡石石英脉和热液锡石硫化物矿床最具有工业价值。原生锡石矿经风化破坏后,常形成砂锡矿。

黝锡矿（黄锡矿）分子式为 $Cu_2FeSnS_4$。其化学组成（质量分数,%）为：Cu 29.58、Fe 12.99、Sn 27.61、S 29.82。呈钢灰色。黝锡矿的莫氏硬度为 3 ~ 4，性脆。密度 4.3 ~ 4.5g/cm³。其属热液成因，分布较广，在钨锡石英脉或锡石硫化物矿床中常有产出，但分布数量较锡石少得多。在氧化带中的黝锡矿易氧化、分解，而形成白色非晶质锡的氢氧化物——锡酸矿（$SnO_2 \cdot nH_2O$）。

### 1.1.3 锡矿床及锡矿资源

世界锡矿床分布很不均匀，按全球性锡矿相对集中的部位，将其分布划分为五个主要的锡成矿带，即东亚滨太平洋锡成矿带（该矿带储量约占世界总储量的 23%）、西美滨太平洋锡成矿带（该矿带储量约占世界总储量的 11%）、东南亚 - 东澳大利亚锡成矿带（该矿带储量约占世界总储量的 42%）、欧亚大陆锡成矿带（该矿带储量约占世界总储量的 7.5%）及非洲锡成矿带（该矿带储量约占世界总储量的 8%）。

我国锡矿成矿区受滨太平洋、特提斯 - 喜马拉雅及古亚洲三大巨型深断裂体系控制。锡矿带分布于华南褶皱系、三江褶皱系、大兴安岭褶皱系、北天山脉褶皱系和扬子准地台构筑单元中。根据锡矿所处构造部位和区域分布的关系，大体上可划分为十个锡矿带：东南沿海锡矿带、南岭锡钨矿带、个旧 - 大厂锡矿带、滇西锡矿带、川西锡矿带、川滇锡矿带、桂北锡矿带、赣北锡矿带、内蒙古 - 大兴安岭锡矿带、北天山锡矿带。

根据成矿的原因或开采条件，锡矿床大致可分为两大类：(1) 原生矿床（俗称山锡、脉锡矿床）；(2) 冲积矿床（俗称砂锡矿床）。若根据锡的矿物成分又可分为：(1) 硫化矿床（锡石与重金属硫化物、黄铁矿等相结合）；(2) 氧化矿床（锡石分散在氧化物脉石中）。

我国锡矿资源丰富，现已探明储量居世界前列。同国外产锡国相比，我国锡矿资源有以下特点：(1) 锡矿分布高度集中。主要集中分布于云南、广西、江西、广东、湖南五省（区）占全国已利用储量的 98%。其中云南、广西两省（区）即占 80%。(2) 锡矿床类型以原生脉锡矿为主。原生矿储量约占 90%，砂锡矿仅占 10%。(3) 原生矿以亲硫系列矿床为主。其约占脉锡矿储量的 85%。

## 1.2 锡及其主要化合物的物理化学性质

### 1.2.1 金属锡

锡的元素符号是 Sn，源于拉丁名字 stannum，其英文为 tin。锡的相对原子质量为 118.69，在元素周期表中其原子序数为 50，属第Ⅳ主族的元素，位于同族元素锗和铅之间。故锡的许多性质与铅相似，且易与铅形成合金。

#### 1.2.1.1 金属锡的物理性质

锡是银白色金属，锡锭表面因氧化而会生成一层珍珠色的氧化物薄膜。其表面光泽与杂质含量和浇铸温度有极大的关系，浇铸温度愈低，则锡的表面颜色愈暗，当铸造温度高于 500℃时，锡的表面易氧化生成膜呈现珍珠色光泽。锡中所含的少量杂质，如铅、砷、锑等能使锡的表面结晶形状发生变化，并使其表面颜色发暗。

锡相对较软，具有良好的展性，仅次于金、银、铜，容易辗压成 0.04mm 厚的锡箔，但延性很差，不能拉成丝。锡条在被弯曲时，由于锡的晶结体发生摩擦并被破坏从而发出断裂般响声，称为“锡鸣”。

锡有三个同素异形体：灰锡（α-Sn）、白锡（β-Sn）和脆锡（γ-Sn），其相互转变温度和特性如下：

$$\text{灰锡}(\alpha\text{-Sn}) \xleftrightarrow{13.2℃} \text{白锡}(\beta\text{-Sn}) \xleftrightarrow{161℃} \text{脆锡}(\gamma\text{-Sn}) \xleftrightarrow{232℃} \text{液体锡}$$

| | 灰锡（α-Sn） | 白锡（β-Sn） | 脆锡（γ-Sn） | 液体锡 |
|---|---|---|---|---|
| 晶体结构 | 等轴晶系 | 正方晶系 | 斜方晶系 | |
| 密度/$g \cdot cm^{-3}$ | 5.35 | 7.30 | 6.55 | 6.99 |
| 特 征 | 粉 状 | 块状，有展性 | 块状，易碎 | |

人们平常所见到的是白锡（$\beta$-Sn）。白锡在 13.2 ~ 161℃之间稳定，低于 13.2℃即开始转变为灰锡，但其转变速度很慢，当过冷至 -30℃左右时，转变速度达到最大值。灰锡先是以分散的小斑点出现在白锡表面，随着温度的降低，斑点逐渐扩大布满整个表面，随之块锡碎成粉末，这种现象称为“锡疫”。所以，锡锭在仓库中保管期在一个月以内时，保温应高于 12℃，若保管期在一个月以上时，则保温应高于 20℃，若发现锡锭有腐蚀现象时，应将好的锡锭与腐蚀的锡锭分开堆放，以免“锡疫”的发生和蔓延。另外，在寒冷的冬季，最好不要运输锡。锡若已转变成灰锡而变成粉末，可将其重熔便可复原，在重熔时加入松香和氯化铵可减少过程的氧化损失。

固态锡的密度在 20℃时为 7.3 $g/cm^3$，液态锡的密度随着温度的升高而降低，其具体关系见表 5-1-1。

**表 5-1-1 锡的密度与温度的关系**

| 温度/℃ | 250 | 300 | 500 | 700 | 900 | 1000 | 1200 |
|---|---|---|---|---|---|---|---|
| 密度/$g \cdot cm^{-3}$ | 6.982 | 6.943 | 6.814 | 6.695 | 6.578 | 6.518 | 6.399 |

熔融状态下（320℃），锡的黏度很小，只有 0.001593 Pa·s，所以流动性很好，这给冶炼回收带来一定的困难，故在冶炼作业时，应采取有效措施，防止或减少漏锡，以提高锡的直接回收率和冶炼回收率。

锡的熔点为 231.96℃，沸点为 2270℃。由于其熔点低，所以易于在精炼锅内进行火法精炼；而真空精炼法则是利用其较高沸点的性质来除去粗锡中所含易挥发的铅等杂质元素。

#### 1.2.1.2 金属锡的化学性质

锡有十种稳定的天然同位素，其中$^{120}Sn$、$^{118}Sn$ 和$^{116}Sn$ 的丰度分别为 32.85%、24.03% 和 14.30%，总计为 71.18%。锡原子的价电子层结构为 $5s^25p^2$，容易失去 5p 亚层上的两个电子，此时外层未形成稳定的电子层结构，倾向于再失去 5s 亚层上的两个电子以形成较稳定的结构，所以锡有 +2 和 +4 两种化合价。锡的 +2 价化合物不稳定，容易被氧化成稳定的 +4 价化合物。因此，有时锡的 +2 价化合物可作为还原使用。

常温下锡在空气中稳定，几乎不受空气的影响，这是因为锡的表面生成一层致密的氧化物薄膜，阻止了锡的继续氧化。锡在常温下对许多气体和弱酸或弱碱的耐腐蚀能力均较强，所以在通常环境和受工业污染的腐蚀性环境中，锡都能保持其银白色的外观。因此，锡常被用来制造锡箔和用来镀锡。但当温度高于 150℃时，锡能与空气作用生成 SnO 和 $SnO_2$，在赤热的高温下，锡会迅速氧化挥发。

锡在常温下与水、水蒸气和二氧化碳均无作用。但在610℃以上时，锡会与二氧化碳反应生成二氧化锡。在650℃以上时，锡能分解水蒸气生成$SnO_2$。

常温下锡即与卤素，特别是与氟和氯作用生成相应的卤化物。加热时，锡与硫、硫化氢或二氧化硫作用生成硫化物。

锡的标准电极电位（$Sn^{2+}/Sn$）为 -0.136V，但由于氢在金属锡上的超电位较高，所以锡与稀的无机酸作用缓慢，而与许多有机酸基本不起作用。

在热的浓硫酸中，锡反应生成硫酸锡[$Sn(SO_4)_2$]。

加热时，锡与浓盐酸作用生成$SnCl_2$和氯锡酸（$H_2SnCl_4$和$HSnCl_3$），如果通入氯气，锡可全部变成$SnCl_4$。

锡与浓硝酸反应生成偏锡酸（$H_2SnO_3$）并放出$NH_3$、NO、$NO_2$等气体。

锡与氢氧化钠、氢氧化钾、碳酸钠和碳酸钾稀溶液发生反应（尤其是当加热和有少量氧化剂存在时）生成锡酸盐或亚锡酸盐。饱和氨水不与锡作用，但稀氨水能与锡反应，而且其反应程度与pH值相近的碱液差不多。某些胺也能与锡起作用。

### 1.2.2　锡的主要化合物及其性质

#### 1.2.2.1　锡的氧化物

锡的氧化物最主要的有两种：氧化亚锡（SnO）和二氧化锡（$SnO_2$，又称氧化锡）。

（1）氧化亚锡（SnO）。自然界中未曾发现天然的氧化亚锡。目前只能用人工制造获取，制造的氧化亚锡是具有金属光泽的蓝黑色结晶粉末。

氧化亚锡是四方晶体，含锡88.12%，相对分子质量为134.69，密度为6.446 g/cm$^3$，熔点为1040℃，沸点为1425℃。其在高温下显著挥发。

氧化亚锡在锡精矿的还原熔炼过程是一种过渡性产物，在高温下，其蒸气压很高，此是在熔炼时，造成挥发部分进入烟尘，部分损失掉，从而降低冶炼回收的一个原因。故在熔炼过程中，应引起高度的重视。

氧化亚锡只有在高于1040℃或低于400℃时稳定，在400～1040℃之间会发生歧化反应转变为Sn和$SnO_2$。

氧化亚锡能溶解于许多酸、碱和盐类的水溶液中。它容易和许多无机酸和有机酸作用，因而被用作制造其他锡化合物的中间物料。氧化亚锡和氢氧化钠或氢氧化钾作用生成亚锡酸盐。亚锡酸钠和亚锡酸钾溶液容易分解，生成相应的锡酸盐和锡。

氧化亚锡在高温下呈碱性，能与酸性氧化物结合形成盐类化合物，如与二氧化硅（$SiO_2$）作用生成硅酸盐，这种硅酸盐比SnO难于还原，因此在配料时要注意，炉渣的硅酸度不宜过高，以减少SnO在渣中的损失。

（2）二氧化锡（$SnO_2$，又称氧化锡）。它是锡在自然界存在的主要形态，天然的二氧化锡俗称锡石，是炼锡的主要矿物。天然锡石因其含杂质的不同呈黑色或褐色。工业上有许多方法制备二氧化锡，例如在熔融锡的上方鼓入热空气以直接氧化锡或在室温下用硝酸与粒状金属锡反应，生成偏锡酸再经煅烧都可以制备二氧化锡。人工制造的二氧化锡为白色。

天然的二氧化锡为四方晶体。二氧化锡也可能以斜方晶形和六方晶形存在。其相对分子质量为150.69，其含锡78.7%，密度7.01 g/cm$^3$，莫氏硬度6~7，熔点2000℃，沸点约为2500℃。在熔炼温度下，二氧化锡挥发性很小，但当有金属锡存在时，则显著挥发，这是由于两者相互作用生成SnO。

在高温下，二氧化锡的分解压力很小，是稳定的化合物，但容易被CO和$H_2$等还原，这就是用还原熔炼获得金属锡的理论基础。

二氧化锡呈酸性，在高温下能与碱性氧化物作用生成锡酸盐，常见的有$Na_2SnO_3$、$K_2SnO_3$和$CaSnO_3$等。

二氧化锡是较惰性的，实际上不溶于酸和碱的水溶液中，但是锡精矿中一些杂质却能溶于盐酸中，此性质可用于为提高锡精矿品位，在炼前增设酸浸工序，以除去精矿中可溶于盐酸的杂质元素。

#### 1.2.2.2　锡的硫化物

在自然界中有少量的锡硫化物存在，锡主要有三种硫化物：硫化亚锡（SnS）、二硫化锡（$SnS_2$，也称硫化锡）和三硫化二锡（$Sn_2S_3$）。$SnS_2$只有在520℃以下时才是稳定的，超过此温度时便会分解为$Sn_2S_3$和$S_2$；另外，当$Sn_2S_3$加热到640℃时也会发生分解，其产物为SnS和硫蒸气，这表明在640℃以上，只有SnS是锡的稳定的硫化物。硫化亚锡是锡的三种硫化物中最重要的硫化物。

（1）硫化亚锡（SnS）。将Sn与S在750~800℃无氧气氛中加热制得的SnS为铅灰色细片状晶体。将硫化氢气体（$H_2S$）通入氯化亚锡（$SnCl_2$）的水溶液中生成的SnS为黑色粉末。

其相对分子质量为150.75，密度为5.08 g/cm$^3$，熔点为880℃，沸点为1230℃，其蒸气压较大。硫化亚锡的挥发性很大，在1230℃时便可达到一个大气压，这是烟化炉从熔炼炉渣及低品位含锡物料中硫化挥发回收锡的理论基础。同时，这个性质给锡精矿的熔炼带来不利，因此，还原煤和燃料煤中的含硫量是愈低愈好，这样在熔炼过程可减少、降低锡的硫化挥发损失。

硫化亚锡不易分解，是高温稳定的化合物，SnS和FeS在785℃生成共晶（80% SnS），SnS和PbS在820℃生成共晶（9% SnS）。

在空气中加热，硫化亚锡便会氧化成$SnO_2$，这就是锡在烟化炉产出的烟化尘中是以氧化锡形态存在的道理所在。

（2）二硫化锡（$SnS_2$，又称硫化锡）。一般采用干法制备，例如在500~600℃，加热金属锡、元素硫和氯化铵的混合物即可获得二硫化锡。也可在四价锡盐的弱酸溶液中通入硫化氢而沉淀出$SnS_2$。

无定形的二硫化锡是黄色粉末，结晶为金黄色片状三方晶体，俗称“金箔”。其相对分子质量为182.81，密度为4.51 g/cm$^3$，它仅在低温下稳定，温度高于520℃即会分解为$Sn_2S_3$和硫蒸气。

二硫化锡不挥发，将其焙烧可得到氧化锡。

二硫化锡易溶于碱性硫化物，特别是$Na_2S$中，生成硫代锡酸盐类$Na_2SnS_3$和$Na_4SnS_4$。

（3）三硫化二锡（$Sn_2S_3$）。在中性气流中加热硫化锡可分解为三硫化二锡，但其中亦混杂有少量的硫化锡和硫化亚锡。其相对分子质量为333.56，密度为4.6~4.9g/cm$^3$，它也是只有在低温下才稳定，当温度高于640℃时就分解为SnS和硫蒸气。

#### 1.2.2.3　锡的卤化物

锡可以直接与卤素作用，生成二卤化物（$SnX_2$）和四卤化物（$SnX_4$），但制取$SnX_2$需要控制条件。另外，还有诸如$Sn(Cl_2F_2)$的混合卤化物，$(SnF_3)^-$和$(SnCl_6)^{2-}$的阴离子以及$Sn(BF_4)_2$等化合物的存在。

$SnX_2$在固体状态时生成链型晶格结构，但在气体状态时则是单分子化合物。除$SnF_4$以外，其他$SnX_4$都是可溶于有机溶剂的挥发性共价键化合物。

锡的卤化物主要有以下几种：二氯化锡（$SnCl_2$，又名氯化亚锡）、四氯化锡（$SnCl_4$，又名氯化锡）、氟硼酸亚锡[$Sn(BF_4)_2$]、溴化亚锡（$SnBr_2$）与溴化锡（$SnBr_4$）及碘化亚锡（$SnI_2$）与碘化锡（$SnI_4$）等。

（1）氯化亚锡（$SnCl_2$）。在氯化氢气体中加热金属锡或者采用直接氯化的方法可以制取无水氯化亚锡。用热盐酸溶解金属锡或者氯化亚锡可以制取水合二氯化锡。无水氯化亚锡比其二水合物（$SnCl_2 \cdot 2H_2O$）稳定。

氯化亚锡为无色斜方晶体，相对分子质量为189.60，密度为3.95 g/cm$^3$，熔点为247℃，沸点为670℃。氯化亚锡易溶于水和多种有机溶剂，如乙醇、乙醚、丙酮和冰醋酸等。

二水合物（$SnCl_2 \cdot 2H_2O$）为白色针状结晶，它在空气中会逐渐氧化或风化而失去水分，当加热高于100℃时可获得无水二氯化锡，在有氧的条件下加热则变成$SnO_2$和$SnCl_4$。

在二氯化锡的水溶液中，锡离子容易被更负电性的金属如铝、锌、铁等置换出来生成海绵锡。因此，其水溶液是电解液的一种主要成分。如果二氯化锡水溶液暴露在空气中，则氧化产生$SnOCl_2$沉淀，如隔绝氧将其稀释，则产生$Sn(OH)Cl$沉淀。

氯化亚锡的沸点较低且极易挥发，氯化挥发法从含锡品位较低的贫锡中矿里提取锡就是利用了此性质。

（2）氯化锡（$SnCl_4$）。人工制取氯化锡的方法有两种：一是将氯气通入氯化亚锡的水溶液中；另一种是在110～115℃下将金属锡与氯气直接发生反应制取无水四氯化锡。

氯化锡在常温下为无色液体，相对分子质量为260.5，密度为2.23 g/cm$^3$，熔点为-33℃，沸点为114.1℃。它比氯化亚锡更易挥发，在常温时就会蒸发（这也是氯化冶金得以实现的理论基础），在潮湿的空气中会冒烟，由于水解而变得混浊。

无水四氯化锡同水反应激烈，生成五水四氯化锡。五水四氯化锡是白色单斜晶系结晶体，在19～56℃下稳定，熔点约为60℃，极易潮解，且易溶于水和乙醇中。四氯化锡能与氨反应生成复盐，能与有机物发生反应。

在没有水存在时，四氯化锡对钢无腐蚀作用，因此四氯化锡产品可以装在特殊设计的普通钢制圆桶内。

（3）氟硼酸亚锡[$Sn(BF_4)_2$]。将氧化亚锡溶于氟硼酸中，或者将锡制成锡花，置于反应器中加入氟硼酸，然后通入压缩空气使其反应，均可以制备氟硼酸亚锡。

氟硼酸亚锡含锡量为50%的水溶液即可作为工业产品。它只存在于溶液中，尚未分离出固态形式的氟硼酸亚锡。

氟硼酸亚锡溶液为无色透明液体，微碱性，受热易分解，在空气中长期放置易氧化，具有腐蚀性。

(4) 溴化亚锡($SnBr_2$)与溴化锡($SnBr_4$)。溴化亚锡是将金属锡置于溴化氢气体中加热制得。在加热区附近生成物冷凝成油状液体,冷却后得到固体溴化亚锡。

溴化亚锡是一种浅黄色的盐类,它呈六面柱状结晶,熔点为215.5℃,它和锡的氟化物、氯化物一样,容易溶于水。

溴化锡是一种白色的、发烟的结晶物质。在溴的气氛中燃烧锡可以直接得到溴化锡。它的熔点为31℃,在加热时,它也是很稳定的。

(5) 碘化亚锡($SnI_2$)与碘化锡($SnI_4$)。将磨得很细的金属锡同碘一起加热时,就会生成碘化亚锡和碘化锡的混合物。采用挥发法可将他们分离开,因为碘化锡在180℃下挥发,留下的是碘化亚锡。在密封的管子中,在360℃下延长加热时间,采用金属锡还原碘化锡亦可制取碘化亚锡。

碘化亚锡是一种红色结晶物质,它的熔点为316℃,稍溶于水,易溶于盐酸和氢氧化钾,还溶于氢碘酸的碘化物,生成$HSnI_3$或其盐类。

碘化锡是一种红色结晶固体。

#### 1.2.2.4 锡的无机盐

常见的锡的无机物有以下四种:硫酸亚锡($SnSO_4$)、锡酸钠($Na_2SnO_3$)、锡酸钾($K_2SnO_3$)与锡酸锌($ZnSnO_3$或$Zn_2SnO_4$)。

(1) 硫酸亚锡($SnSO_4$)。硫酸亚锡可由氧化亚锡和硫酸反应制取,也可由金属锡粒和过量的硫酸在100℃下反应若干天制取。但是最好的制备方法还是在硫酸铜水溶液中采用金属锡置换铜的方法。另外,利用锡金属阳极在硫酸电解液中溶解的方法亦可制取硫酸亚锡。

硫酸亚锡为无色斜方晶体,加热至360℃时分解,可溶于水,其溶解度在20℃时为352 g/L,在100℃时降为220 g/L。

(2) 锡酸钠($Na_2SnO_3$)。将二氧化锡与氢氧化钠一起熔化,然后采用浸出的方法制取锡酸钠。工业上通常是以从脱锡溶液中回收的二次锡作为制取锡酸钠的原料。由于锡酸钠常常带有三个结晶水,所以他的分子式也可写成$Na_2SnO_3 \cdot 3H_2O$或$Na_2Sn(OH)_6$,其加热至140℃时失去结晶水,遇酸发生分解。放置于空气中易吸收水分和二氧化碳而变成碳酸钠和氢氧化锡。

锡酸钠为白色结晶粉末,无味,易溶于水,不溶于乙醇、丙酮;其水溶液呈碱性。

(3) 锡酸钾($K_2SnO_3$)。将二氧化锡与碳酸钾一起熔化,然后采用浸出的方法制取锡酸钾。工业上也通常是以从脱锡溶液中回收的二次锡为原料制取锡酸钾。由于常带有三个结晶水,所以其分子式也常写成为$K_2SnO_3 \cdot 3H_2O$或$K_2Sn(OH)_6$。其最重要的用途是配制镀锡及其合金的碱性电解液。

锡酸钾为白色结晶,溶于水,溶液呈碱性,不溶于乙醇和丙酮。

(4) 锡酸锌($ZnSnO_3$或$Zn_2SnO_4$)。即偏锡酸锌,其合成原理是:利用锌盐的络合效应与化学共沉淀制取中间体羟基锡酸锌[$ZnSn(OH)_6$],然后将$ZnSn(OH)_6$在一定条件下热分解即可制得锡酸锌。它主要用于生产无毒的阻燃添加剂(同时具有烟雾抑制作用)和气敏元件的原料。

锡酸锌为白色粉末,密度为3.9 g/cm³,溶解温度大于570℃,毒性很低。

#### 1.2.2.5 锡的有机化合物

锡的有机化合物的定义是至少含有一个直接锡—碳键的化合物，即锡的有机化合物是由锡直接与一个或多个碳原子结合的化合物。在大多数锡的有机化合物中，锡都以 +4 价氧化态存在，但在少数锡的有机化合物中，锡以 +2 价氧化态存在。相对于硅或锗的有机化合物中的硅—碳键或锗—碳键而言，锡—碳键一般较弱并具有更大的极性，与锡相连的有机基团更易脱离。然而，这种相对较高的活性并不意味着锡的有机化合物在通常条件下不稳定。锡—碳键在常温下对水及大气中的氧是稳定的，并且对热是非常稳定的（许多锡的有机化合物可经受减压蒸馏而几乎不分解）。强酸、卤素及其他亲电子试剂易使锡—碳键断裂。在环境条件下，有机锡最终降解为无机物，不对生态构成威胁，而成为使用有机锡的一大优点。

大部分已知的有机锡可分为四类：$R_4Sn$、$R_3SnX$、$R_2SnX_2$ 和 $RSnX_3$，它们的通式为 $R_nSnX_{4-n}$（$n=1,2,3$ 或 4），其中 R 为有机基团，一般为烷基或芳基基团，X 为阴离子基团，如氯化物、氟化物、氧化物或其他功能团。四有机锡化合物 $R_4Sn$ 在温度达到 200℃时仍具有热稳定性，不易与水或空气中的氧起反应，对哺乳动物具有毒性，其主要用于合成其他锡的有机化合物。三有机锡化合物 $R_3SnX$ 具有很强的杀虫性。二有机锡化合物 $R_2SnX_2$ 一般比三有机锡化合物具有更强的化学反应性，但其生物活性比三有机锡化合物的低得多，主要用作塑料的热稳定剂或催化剂。单有机锡化合物 $RSnX_3$ 对哺乳动物毒性很低，主要用作稳定聚氯乙烯的化合添加剂（与二有机锡一起），其次用作酯化催化剂。

## 1.3 锡合金

在元素周期表的元素中，锡能与第Ⅰ族、第Ⅱ族、第Ⅲ族、第Ⅳ族、第Ⅴ族、第Ⅵ族、第Ⅶ族及Ⅷ族的很多元素形成二元和多元合金以及金属间化合物。

锡的二元合金主要有：Sn-Pb 合金、Sn-Sb 合金、Sn-Bi 合金、Sn-Fe 合金、Sn-Cd 合金、Sn-Al 合金、Sn-Au 合金、Sn-In 合金、Sn-Ca 合金、Sn-Co 合金、Sn-Li 合金、Sn-Mg 合金、Sn-Mn 合金、Sn-Cu 合金、Sn-As 合金、Sn-Ag 合金、Sn-Zn 合金、Sn-Ti 合金、Sn-Zr 合金、Sn-Tl 合金、Sn-Ga 合金等。

现常用锡的多元合金主要有：Sn-Pb-Bi 合金、Sn-Pb-Sb 合金、Sn-Sb-Cu 合金、Sn-Pb-Ag 合金、Sn-Pb-Ca 合金等。

锡合金广泛用于工业、农业、国防科技、医学界等各行各业，最常见是用于电子产业，如电子元件、焊料、保险等。

现在很多锡行业企业都加大力度研究锡合金的组成和性质，开展锡的深度加工，这样不仅为研究新的锡合金材料性质、制定热加工工艺方案；开辟锡合金新的应用领域提供了科学依据，而且对锡冶金中的还原熔炼，粗锡火法精炼以及锡的某些金属间化合物在半导体工业、超导材料制备等诸多方面具有重要意义。

锡的金属间化合物：锡易与周期表中的许多金属和非金属元素形成金属间化合物，由于其原子键和晶体结构的多样性，使得这类化合物具有许多特殊的物理化学性质，为寻求锡的新材料和新用途展现了广阔的前景。

## 1.4 锡的用途

锡是人类最早生产和使用的金属之一,它始终与人类的技术进步相联系。从古时的青铜时代到如今的高科技时代,锡的重要性和应用范围不断显现和扩大,成为先进技术中一种不可缺少的材料。

锡具有其他金属不能同时兼有的一些特性,因而在人们的生产和生活中起着重要的作用。锡最重要的特性是:熔点低,能与许多金属形成合金,无毒,耐腐蚀,具有良好的展性以及外表美观等。在人们的日常生活当中,锡主要用于马口铁的生产,它主要用作食品和饮料的包装材料,其用锡占世界锡消费量的30%左右;另外,锡主要用于生产制造合金,锡铅焊料中用锡量占世界锡的消费量已超过30%,由于锡及其合金具有非常好的油膜滞留能力,所以还广泛用于制造锡基轴承合金。

锡能够生成范围很广的无机锡和有机锡两大类化合物。人们在很早以前就认识和使用了无机锡化合物,但是一直到19世纪50年代中期才首次合成有机锡衍生物,而且又过了将近一百年以后有机锡化合物才在工业上获得重要应用。然而从那以后,具有各种用途的有机锡化合物的数量迅速增加,至今其数量已远远超过了应用的无机锡化合物的数量。

锡的化工产品有广泛的工业用途,其中最重要的用途是用于在金属表面上镀锡及其合金,以起保护或装饰作用,并在药剂、塑料、陶瓷、木材防腐、照相、防污剂、涂料、催化剂、农用化学制品、阻燃剂及塑料稳定剂等方面广为应用。

# 2 锡精矿的炼前处理

## 2.1 概述

从自然界开采出的锡矿称为锡原矿。锡原矿的锡品位一般为0.01% ~1.7%。经过选矿处理后，进入锡冶炼厂的锡精矿含锡品位绝大多数为40% ~70%。锡矿资源伴生的铁、砷、锑、硫、铅、铋、钨等矿物杂质，用传统的重选、浮选或磁选等物理方法较难分离除尽，有一部分会以混合物、共晶体或化合物等形式伴随精矿进入锡冶炼厂，当锡精矿含有的上述矿物杂质达到某一数量时，会导致锡冶炼生产中杂质恶性循环，冶炼工艺流程复杂化，冶炼回收率降低，生产经济效益变差，产品质量受影响，或企业周围环境状况恶化等一系列问题。为此，多数锡冶炼企业针对锡精矿中各种杂质的物理或化学性质，运用焙烧、酸浸和烧结等较为经济的工艺方法和与这三种方法搭配使用的精矿磁选精选方法，在精矿入炉熔炼前进行处理，降低或除去锡精矿的杂质，消除或降低杂质对锡熔炼过程的危害因素。锡精矿的炼前处理已经成为现代锡冶炼生产中四个主要工序的一个重要组成部分，即：锡精矿炼前处理、还原熔炼、精炼、烟尘与炉渣的处理等。

在20世纪末至21世纪初，随着全球对环境保护和能源节约的理解和重视程度不断提高，有的工厂将锡精矿的炼前处理与炼后的烟尘与炉渣的处理相结合进行了一些有益的探索。例如：针对单独处理含硫高的精矿与冶炼过程的炉渣时存在大量的热能释放与水耗浪费，导致炉窑烧结，烟道阻塞，环境恶劣；而单独焙烧处理高砷精矿、烟尘时需要燃煤或电能外供热，存在能源和水资源的消费不合理的问题与矛盾，将含砷、硫杂质高的锡精矿与炉渣或烟尘搭配焙烧，为锡冶炼企业节能降耗、提高技术经济指标和改善环境起到事半功倍的效果。

锡精矿的炼前处理通常有以下四类方法：

（1）焙烧法脱除砷、硫、锑或磁化精矿内的铁，或提高其他金属的溶解性。

（2）磁选法脱铁或钨。

（3）浸出法脱钨、铋、砷、锑或其他金属杂质。

（4）烧结法转换钨、铁、铋、铅等杂质的物理或化学性质，提高金属的溶解性与浸出法配套。

为确保入炉混合料的综合杂质品位控制在经济运行范围内，炼锡企业对进入熔炼炉锡原料杂质成分品位的监控一般要求较严：其中硫、砷、锑、铜和铋等杂质元素品位在进入熔炼炉前均需控制在1%以下。

## 2.2 锡精矿的焙烧

### 2.2.1 焙烧的目的和基本原理

锡精矿炼前焙烧处理的目的是：利用焙烧的原理和方法，促使锡精矿固体颗粒中的杂质硫、砷和锑等转变为气态的氧化物，脱离精矿，即除去锡精矿中的硫、砷和锑；避免含杂锡精矿在高温还原熔炼过程中产生 SnS 挥发物，避免砷和锑等以金属形态进入粗锡，形成各种复杂的高于锡金属单质熔点的合金渣锡返回品，例如锡冶炼“硬头渣”、溶析渣、锡精炼渣等，从而提高锡冶炼产品的直接回收率，降低冶炼生产成本。

硫、砷和锑在锡精矿中存在的主要形态为：黄铁矿（$FeS_2$）、毒砂（FeAsS）、砷磁黄铁矿（$FeAsS_2$）、砷铁矿（$FeAs_2$）、辉锑矿（$Sb_2S_3$）、黄锡矿（$Cu_2FeSnS_4$）和方铅矿（PbS）等。这些矿物质在隔氧或中性气氛受热后，到一定温度时会发生热离解反应。例如：

$$FeS_2 = FeS + \frac{1}{2}S_2 \tag{5-2-1}$$

$FeS_2$ 热离解时，硫的蒸气压力（$p_{S_2}$）与温度的关系见表 5-2-1。

**表 5-2-1 硫的蒸气压力（$p_{S_2}$）与温度的关系**

| 温度/℃ | 610 | 625 | 645 | 665 | 680 |
|---|---|---|---|---|---|
| $p_{S_2}$/Pa | 466.55 | 4878.78 | 14196.45 | 33458.3 | 69049.4 |

黄铁矿是较易焙烧的硫化物，受热离解可释放出一半的硫，或使矿粒破碎或使矿粒空隙变多，既增大与氧气的接触面积，又降低了焙烧反应的燃烧点。

$$FeAsS = FeS + \frac{1}{4}As_4 \tag{5-2-2}$$

毒砂和砷磁黄铁矿在 220℃时，就有按式（5-2-2）进行分解的明显反应，400℃时 $As_4$ 的蒸气压是 609.32 Pa；600℃时达到 76664.75 Pa。

其次，一部分硫化物在温度达到一定程度时，会发生相变，由固态物变为气态物，挥发脱离固体精矿。例如：

$As_2S_3$ 的熔点是 320℃；沸点是 565℃。

$As_2S_2$ 的熔点是 310℃；沸点是 717℃。

矿物的热离解和相变挥发，属于吸热反应，需外供热才能实现，杂质脱除不彻底，在焙烧过程中所起的作用为协同作用。

在精矿焙烧过程中起主导作用的是精矿中的物质在一定条件下与空气中的氧发生有效碰撞发生的氧化挥发反应。其氧化反应通式为：

$$2MeS + 3O_2 = 2MeO + 2SO_2 + Q \tag{5-2-3}$$

$Q$ 代表热能，热量法定单位焦耳（J）或千焦（kJ）

$$MeO + nO_2 = MeO_{2n+1} \tag{5-2-4}$$

焙烧常见的氧化反应方程式有：

$$2FeS_2 + 5.5O_2 = Fe_2O_3 + 4SO_2 + 1657.55\,kJ \tag{5-2-5}$$

$$4FeAsS + 10O_2 = 2Fe_2O_3 + As_4O_6 + 4SO_2 \tag{5-2-6}$$

$$4FeAs_2 + 9O_2 = 2Fe_2O_3 + 2As_4O_6 \tag{5-2-7}$$

$$2Sb_2S_3 + 9O_2 = 2Sb_2O_3 + 6SO_2 \tag{5-2-8}$$

$SO_2$ 在常温下为气体；$As_4O_6$ 和 $Sb_2O_3$ 的挥发性很大，它们的蒸气压与温度的关系数据见表 5-2-2 和表 5-2-3。

**表 5-2-2 $As_4O_6$ 的蒸气压与温度的关系数据**

| 温度/℃ | 252 | 282 | 353 | 442 | 456 |
|---|---|---|---|---|---|
| $p_{As_2O_3}$/Pa | 1466.3 | 5465.3 | 19595.1 | 67983 | 101308 |

表 5-2-3 $Sb_2O_3$的蒸气压与温度的关系数据

| 温度/℃ | 600 | 700 | 800 | 900 |
|---|---|---|---|---|
| $p_{Sb_2O_3}$/Pa | 322.586 | 1095.726 | 4236.274 | 8531.2 |

三氧化二砷($As_4O_6$或写为$As_2O_3$)在900℃以下的常控焙烧温度条件下,具有很高的蒸气压,易挥发除去,而$Sb_2O_3$的蒸气压相对较低,挥发率也低。

然而,在三氧化二砷焙烧过程中,会有一部分进一步与氧继续反应,生成难以挥发的五氧化二砷。即:

$$As_2O_3 + O_2 \xlongequal{} As_2O_5 + 570.269\,kJ \quad (5-2-9)$$

五氧化二砷能与 PbO 等金属氧化物发生反应形成稳定性高的砷酸盐,在焙烧温度下,砷酸盐一旦形成就难以分解除去。

在三氧化二锑焙烧过程中,也会与氧发生反应,生成难以挥发的五氧化二锑。

为确保或提高砷和锑的脱出率,生产上一般采用控制炉窑温度低于物料软化点,尽可能不发生物料软化烧结的前提下,提高焙烧温度,降低炉窑内气体含氧量(或称降低炉气中氧的分压)方法,以减少或避免五氧化二砷和五氧化二锑的产生。

焙烧过程中,适当降低炉气的含氧量,可使部分铁在 Fe-FeO-$Fe_3O_4$-$Fe_2O_3$等多元系平衡,移向$Fe_3O_4$比率更多的位置;可磁化精矿,作为炼前磁选脱铁的一种辅助手段。然而在焙烧过程中,磁性铁生成,容易造成窑结或炉结,不仅会影响焙烧生产的正常运行,而且会导致磁选尾矿含锡达10%以上,磁选精矿直接回收率偏低。

经过焙烧的精矿,其中所含的多数金属杂质会由原硫化物或碳酸盐的存在形式变为酸或碱可溶性的氧化物。因为锡石($SnO_2$)的化学稳定性高,是酸碱不溶物,所以焙烧已经成为铋、铜、锑和铅等对锡精炼构成危害的杂质的炼前脱出的一个重要组成部分。

## 2.2.2 锡精矿的焙烧方法

### 2.2.2.1 按化学原理分类

锡精矿的焙烧方法有:氧化焙烧法、氯化焙烧法和氧化还原焙烧法等。

氧化焙烧法是指用炉内流动的空气中的氧与矿料中的硫化物,在一定的条件下,进行氧化还原反应,让精矿中的硫、砷和锑等变为挥发性强的氧化物从精矿中除去的焙烧方法。一般用于高品位精矿的脱硫或将炉窑内的各种物质转化为氧化物或可溶性盐。

氯化焙烧法是指在炉内矿料中加入氯化钙等氯化物,使矿料中的各类物质形成溶解性或挥发性强的氯化物达到相互分离的目的。氯化焙烧法作业成本高,一般用于处理含锡量低和高价值金属共存的矿料。

氧化还原焙烧法与通常说的化学氧化还原反应存在很大区别。氧化还原焙烧是针对矿料中的某一物质元素的化合价而言,例如$FeAs_2$、As、$As_2O_3$和$As_2O_5$等中的砷元素,按其化合价由低到高的顺序有 -1、0、+3 和 +5 等 5 个化合价,因焙烧的目的是要获得挥发性强的$As_2O_3$中间化合价产物,需用入炉空气中的氧气氧化低价态物;另一方面需要避免炉气含氧量过高,形成过度氧化使$As_2O_3$变为不易挥发的$As_2O_5$高价化合价物,或将可能生成的$As_2O_5$高价化合价物用矿或煤燃烧过程中生成的不稳定的硫化物或 CO 等还原剂在有利于$As_2O_3$形成的焙烧条件下进行还原,因该法是针对某一元素采取的既有氧化又有还原的焙烧方法,故称为氧化还原焙烧方法。

#### 2.2.2.2 按采用的焙烧主体设备分类

按采用的焙烧主体设备分类为:回转窑焙烧、多膛炉焙烧和流态化炉焙烧等。多膛炉焙烧、流态化炉焙烧和回转窑焙烧设备的典型示意图分别如图 5-2-1、图 5-2-2 和图 5-2-3 所示。

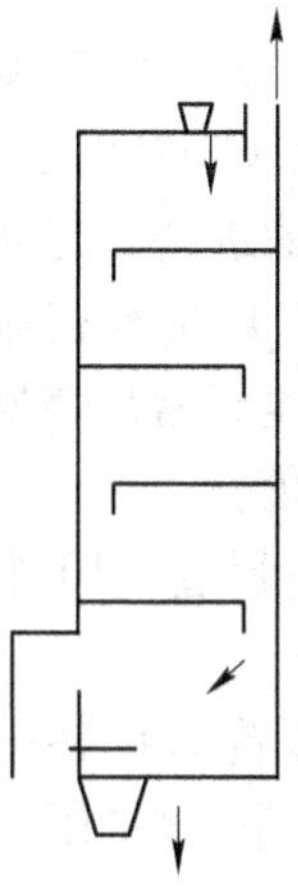

图 5-2-1 多膛炉

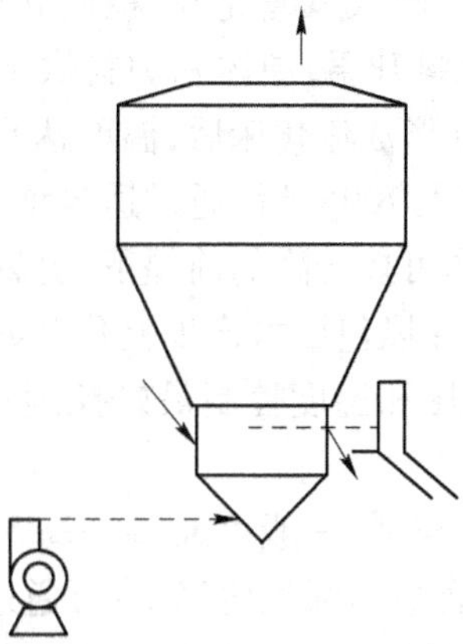

图 5-2-2 流态化炉

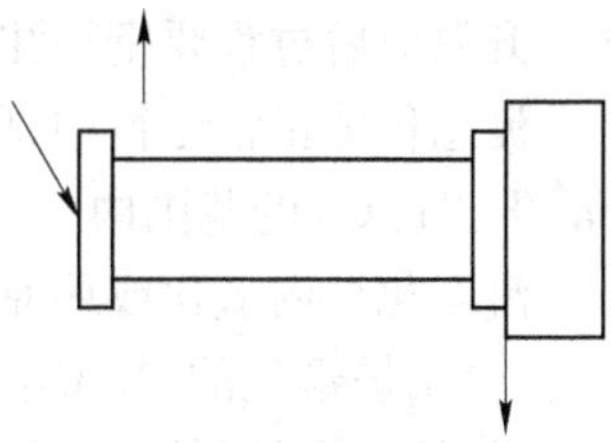

图 5-2-3 回转窑

#### 2.2.2.3 按物料的运动形态划分

按物料的运动形态划分为:固定床焙烧和流态化焙烧等。

固定床焙烧是指炉窑内相对静置的物料与随时流动的炉内气体通过相互碰撞、能量交换、物理化学反应等途径,进行焙烧脱杂质的工艺处理过程或作业方法,如针对多膛炉各层平台上静置物料的焙烧属于典型的固定床焙烧,回转窑内的物料随窑体转动而在窑壁翻动,但仍属于固定床焙烧;流态化焙烧是指物料分散悬浮在向上的气流中进行的焙烧工艺处理过程或作业方法,如悬浮在流态化炉内物料的焙烧作业过程属于典型的流态化焙烧。

### 2.2.3 流态化焙烧主体设备及其操作

#### 2.2.3.1 流态化焙烧炉的结构

目前国内用于锡精矿焙烧的流态化炉的结构如图 5-2-2 所示:自下而上,由风包、炉底、炉体和炉顶四个部分组成,炉的外壳由钢板焊接而成。

炉底为厚 20 mm 以上的水平钢板制作的花板,花板均匀布点钻孔,每平方米钻孔约 80 ~100 个,每个孔平底边,向上垂直插入焊接一根固定风帽用的无缝钢管,管与管之间用耐热炉底土填实,待风帽插装完毕,确认各风帽上风眼都错开方向后,再用耐热炉底土填实固定保护风帽。风帽风眼的总截面积一般为炉内底面积的 1.67%。

炉体和炉顶,内衬耐火砖,耐火砖与钢壳之间一般填有保温材料,炉墙厚 460 mm。炉顶钢制的盖与炉体钢壳一般用螺栓连接,流态化炉大修时才取开顶盖。

炉体内由下向上由流态化床与溢流口和进料口组成的小柱筒体段、下小上大的台形扩散沉尘段，含烟气侧面出口的大柱筒体段组成，炉底风帽到炉顶部烟气出口的高差大多在8 m以上，流化床高度约为0.5～0.85 m，以溢流口底边为准。

炉底正下方为锥体或台体形状的风包，空气由次鼓风机鼓入风包后，经过风帽阻力板，从风眼进入炉内。

### 2.2.3.2 流态化焙烧炉的操作

流态化炉开炉前重点检查风帽，确认风帽完好、稳固和风眼无堵塞。炉底均匀铺设约400 $kg/m^2$ 底料后，用木材或其他燃料升温，炉体和炉料烘干，升温至炉温600℃以上，确认炉料干燥松散后，鼓风至炉料自燃并形成流化床后，温度达680℃以上才能进料。起初升温速度控制在5～20 ℃/min 左右。进入700℃后，通过适当增减料量和入炉风量检查流化床温是否会随之升降，确认炉温在操作可控升降的前提下，提高风量和温度至正常焙烧操作条件。升温前后过程要密切注视并确保风包压力稳步上升至炉料进出平衡值。

流态化炉正常运行中，风量、风压和温度控制最好控制在波动幅度不超过±10个单位（$m^3/h$、Pa、℃）的范围内。

流态化炉内氧化或还原气氛的控制：一般可通过提高入炉风量，减少配入矿料中的煤量，提高出炉烟气的 $O_2$、$CO_2$或 $SO_2$含量增强氧化气氛；可通过减少入炉风量，增加配入料中的煤量，提高入炉料配煤量或提高炉气的CO含量增强还原气氛。精矿含硫量高，一般用氧化气氛；含砷高用弱还原气氛。根据炉内各部分温度的变化观测或调节进行判断或控制，一般情况下，炉顶抽风负压的绝对值小，炉温出现按炉子底部的流态化床、炉中部和炉顶部的烟气温度顺序逐一升高的情况时，表明炉内气氛的控制偏向还原，反之偏向氧化。

### 2.2.3.3 流态化焙烧作业主要控制的技术条件

（1）焙烧温度。对于固态的精矿而言，焙烧温度越高，精矿脱杂率越高。然而，流态化炉焙烧温度的控制受原料软化点的影响很大，因精矿物料颗粒受热升温到某一温度时，会软化变形，相互粘接，物料在该软化点的温度可通过实验测出。而且，流态化床内的物料软化点的温度值一般比固定床测出的要低50～100℃。由于入炉料软化，容易造成炉料结块和死炉，焙烧温度应控制在低于入炉物料的软化点。锡精矿的软化点与矿中的含铅量有一定的关系，见表5-2-4。

**表5-2-4 锡精矿的含铅量及其软化点实例**

| 矿 样 | 矿样1 | 矿样2 | 矿样3 | 矿样4 | 矿样5 |
|---|---|---|---|---|---|
| 含铅量(质量分数)/% | 3.06 | 0.7 | 0.37 | 0.05 | 0.13 |
| 软化点/℃ | 805 | 894 | 909 | 932 | 970 |

（2）流态化层的高度和焙烧矿砂的溢流出口的高度的设置基本相近。流态化层高度的设置对炉子正常运行，炉子的处理能力以及脱杂指标的影响很大：流态化层的高度越高，物料在炉内的停留时间越长，杂质脱除率易高，但硫态化床的阻力越大；流态化层太薄，则气流容易穿透，形成沟流，破坏流态化层的稳定。锡精矿流态化层的高度一般控制在0.5～0.8 m之间，入炉料的平均停留时间一般为1.9～2.5 h。

焙烧温度和气氛对锡精矿脱砷硫的影响如图 5-2-4 所示。

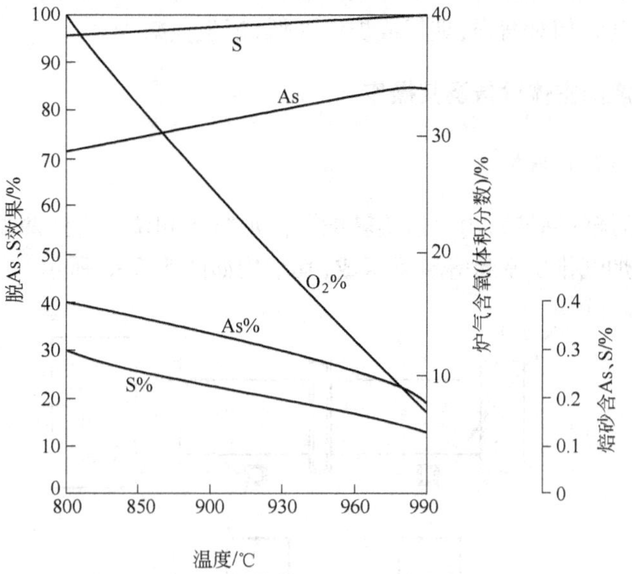


图 5-2-4　焙烧温度和气氛对锡精矿脱砷硫的影响

（3）流态化炉的风包压力主要由炉底空气分布板阻力和流态化层的压力降决定，在同一炉内，形成流态化的物料重量越大，则风包内测出的入炉气体压力越高，反之越低。炉底出现炉结时，风包内气体压力一般会大幅度下降。流态化床的温度升高或降低，会引起风包内气体压力跟随降低或升高。国内锡精矿焙烧设计和控制的流化床，其矿料堆积密度一般在 2.54 ~ 3.12 之间，流化床的载矿量 1.1 ~ 1.5 t/m²，流态化床（层）平均温度 780 ~ 960℃，炉正常运行时风包压力 12 ~ 16 kPa。

（4）入炉气体穿过流态化层的直线速度，直接影响流态化层的稳定性。直线速度低，产生沟流和分层现象，甚至较粗的颗粒会沉于炉底，或引发炉底形成固定床焙烧出现炉结，严重时烧毁风帽；或造成炉底形成固定床的粗粒冷砂堆积，易造成炉温低杂质脱除率低和炉子内熄火。直线速度大，烟尘率大，焙烧砂的产出率低。若烟尘再次返回流态化炉，易造成软化点低、杂质量高的细粒烟尘恶性循环，严重影响炉子正常作业和炉子运行的经济技术以及环保指标。直线速度可按下式计算：

$$v = \frac{Q}{F\left(1 + \frac{t}{273}\right)}$$

式中　$v$——热态下操作的直线速度，m/s；

$Q$——单位时间鼓风量，$m^3/s$；

$F$——炉床面积，$m^2$；

$t$——流态化层的温度，℃。

锡精矿焙烧的直线速度一般控制在 0.17 ~ 0.62 m/s，生产中根据风包压力的是否相对稳定，各段炉温测量值是否理想均衡，烟尘量是否低，焙烧砂产量和质量是否高，脱杂所需的氧化还原气氛是否得到满足等，选择合适的鼓风量或直线速度。

(5) 炉顶气体压力，对稳定控制各段炉温，减少烟尘量，提高焙烧砂产量和质量，有较大的影响。在确保烟气不外泄的前提下一般控制在 −40 ~ 10 Pa。由负压向正压偏移，炉内氧化气氛减弱，还原气氛相对增强；烟气或炉温降低，烟尘量减少。

### 2.2.4 回转窑焙烧的主体设备及其操作

#### 2.2.4.1 回转窑的结构

用于锡精矿焙烧的回转窑由可以旋转的圆筒形窑体和位于窑体两端的供热火仓或其他供热装置与进料、烟气排出密封等装置组成，其结构如图 5-2-5 所示。

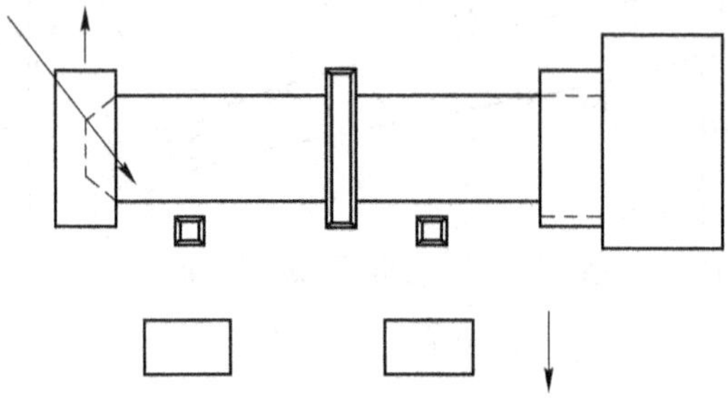

图 5-2-5 回转窑示意图

回转窑外壳由钢板卷制焊接而成，外壳内衬耐温黏土砖。一般情况下，窑体由多组托轮支撑，斜度约 3% ~5%，进料口和烟气出口同在较高一端；焙烧渣出口和供火在较低一端。窑体转动速度 0 ~ 2 r/min；窑体长∶内径约为(10 ~ 16.7)∶1，根据入炉料的焙烧过程中的发热和软化粘结性质以及处理量、窑温等工艺参数控制和清除窑结作业需求等进行综合考虑，借鉴成熟经验也可凭小型试验数据考核推算放大获取。

#### 2.2.4.2 回转窑的操作方法

(1) 通过检查或处理问题后，确认窑内炉砖牢固不松动，密封，冷却水机械和电气设备以及抽风收尘设备完好才可烘窑或加热升温。窑内温度达 200℃ 前必须转动窑体。最好在窑内砖壁受热发红，可满足进料升温焙烧所需温度时才可进料。20 m 以上的回转窑的升温时间一般在 2 ~3 天。

(2) 焙烧作业时，主要控制的技术条件为，窑内焙烧高温段的温度值和高温段的位置，以及窑内烟气出口处的温度；窑的转动速度，烟气出口处的压力以及窑内烟气量的大小和流速；均匀连续进料的料量大小和用火仓燃煤或重油喷火向窑内进行外供补热量的大小。为确保窑内技术条件能稳定控制在理想的作业范围，入炉料的粒度和配煤配料的参数不宜变动过大，最好控制在自热或少量外供热时刚好能维持窑内热平衡的运行状态。为兼顾焙烧质量和控制结窑速度不要过快，延长窑运行周期，窑内温度从进料端到焙烧渣出口端方向应保持稳定提高，在焙烧渣距离窑出口处约(5 ±3) m 处让焙烧渣的脱杂质放热和释放烟气的可观察反应现象逐步减少或消失，或让焙烧进入末期的焙烧渣有 10% ~20% 的窑内降温焙烧行程。

(3) 回转窑技术条件控制的方法：一般情况下，对于料与炉窑内气体逆向的回转窑作业而言，进料量大，产量大，窑进料端温度会有一定程度的下降；窑速快，高温带向出料端移动，抽风加大，烟尘量易增加，高温带易向进料端移动。焙烧精矿常见的控制条件参数为：焙烧温度 900～960℃，烟气出口温度 350～450℃，烟气出口压力 -50～-30 Pa，窑速度 0.25～1.2 r/min。

#### 2.2.4.3 多层焙烧炉的主体设备及其操作

A 多层焙烧炉的结构组成

多层焙烧炉的结构组成见图 5-2-1。多层焙烧炉分人工耙料和机械耙料两种，这两种设备的工作原理基本一致，均为：原料从炉顶料斗落入炉内最高一台堆放，用人工或机械耙平焙烧，停留一段时间后再耙到下一台，最底层与火仓或供风供热设施相接，炉内焙烧温度一般由上向下逐级升高。多层焙烧炉操作方法简单，焙烧气氛容易控制，脱砷等指标容易达到 95% 以上，焙渣含砷量容易低于 0.2%，烟尘量少处理量较低，人工、燃料和机械设备费用损耗大。多层焙烧炉是一种较为古老的焙烧设备，有的厂家目前仍在使用。

B 多层焙烧炉的操作技术条件

多层焙烧炉的操作技术条件主要有：各层温度见表 5-2-5。以不出现炉结取最高温度值；出口烟气一般在 420～450℃，烟气出口压力控制在 -30～50 Pa，需氧化气氛强时，可适当提高。焙烧时间约 8 h/批次，视焙烧砂内的残留杂质含量确定。

**表 5-2-5 多层炉各层温度控制参数**

| 由高至低层 | 第一层 | 第二层 | 第三层 | 第四层 | 第五层 | 第六层 |
|---|---|---|---|---|---|---|
| 温度/℃ | 500 | 520～560 | 560～590 | 600～650 | 680～700 | 710～800 |

### 2.2.5 焙烧的工艺流程

精矿炼前焙烧的原则工艺流程包括备料、配料、焙烧、焙烧渣冷却和烟尘回收与烟气处理等。

备料包括根据精矿、还原煤或燃煤或其他原料的化学成分、粒度大小，含水分情况及其物理化学性质进行识别，分仓堆放或分别处理，以便焙烧作业能顺利运行并获取较好的技术经济指标，确保产品质量。

配料的主要作用是识别分仓，或将经过破碎或制粒筛分控制选出的适宜于焙烧作业粒度条件的矿料，或经过堆滤、风吹晾晒或烘干处理的矿料，按焙烧所需配比条件进行计量搭配混匀。

焙烧包括控制配好的混合料的投入炉窑的料量或投料速度，确保焙烧主体设备和配套工艺设备按规定的条件正常运行并获取满意的焙烧渣质量和技术经济指标。

焙烧后出炉的焙烧渣（砂），温度一般很高，为确保运料安全和方便下道熔炼工序作业，一般需进行冷却处理，冷却的方法有装入铁斗自然堆放冷却，用冷空气或水进行直接或间接热交换冷却，热交换器的种类很多，比较常用的有圆筒冷却器，双轴螺旋增湿混捏机等。其他的例如埋刮板输送机或螺旋输送机在运送过程中有冷却作用，但一般不列入流程图。

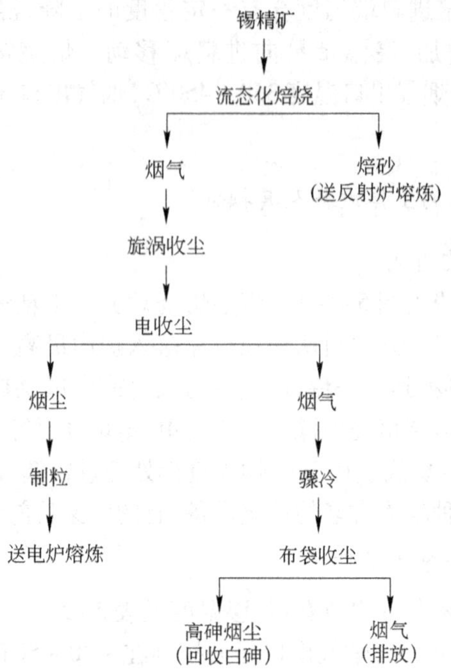


图 5-2-6　流态化焙烧工艺流程图

烟尘回收与烟气处理是确保炼前焙烧回收率指标和环保指标的必须配套工艺。常用的烟尘回收有沉降室、旋风收尘器，静电收尘器和布袋收尘器，常见的烟气处理有用于烟气降温的表面冷却器，和用于吸收 $SO_2$ 的硫酸制取车间或 $SO_2$ 等有害气体的吸收设备，例如淋洗塔、泡沫塔和动力波喷雾器等，焙烧烟气经过处理后达到环保指标要求的一般要用烟囱高空排放。常用的工艺流程如图 5-2-6 所示。

流态化炉设备连接如图 5-2-7 所示，回转窑设备连接如图 5-2-8 所示。

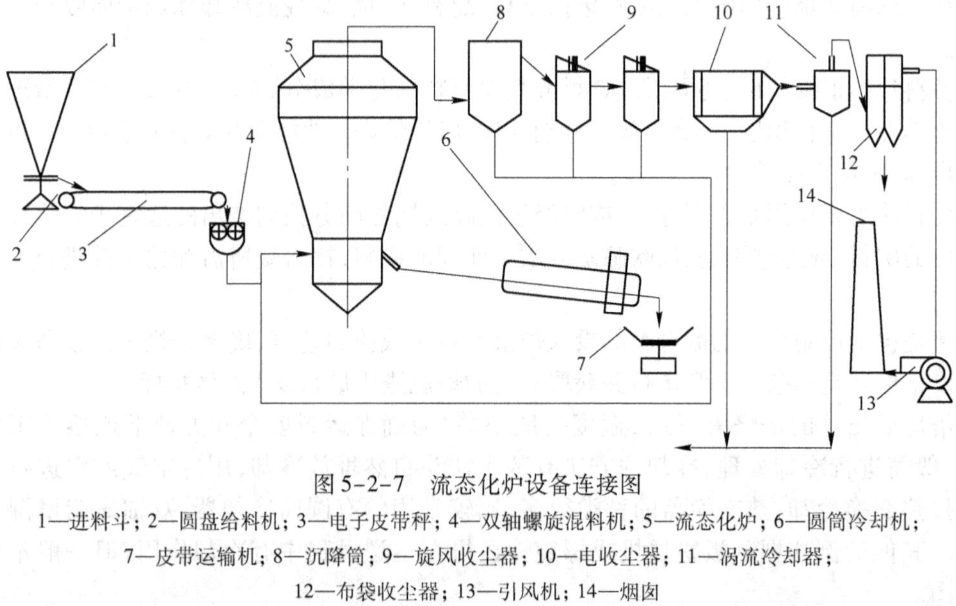


图 5-2-7　流态化炉设备连接图

1—进料斗；2—圆盘给料机；3—电子皮带秤；4—双轴螺旋混料机；5—流态化炉；6—圆筒冷却机；7—皮带运输机；8—沉降筒；9—旋风收尘器；10—电收尘器；11—涡流冷却器；12—布袋收尘器；13—引风机；14—烟囱

### 2.2.6　锡精矿焙烧的技术经济指标

具备可比性的锡精矿焙烧的技术经济指标有：炉床处理能力、焙砂产出率、锡金属直收率、锡金属回收率、脱砷率、脱硫率、还原煤用量与燃煤耗等。

（1）炉床处理能力的计算方法：

1）$流态化炉的处理能力(t/(m^2 \cdot d)) = \dfrac{日处理矿料干量(t/d)}{流态化炉底面积(m^2)}$

2）$回转窑的处理能力(t/(m^3 \cdot d)) = \dfrac{日处理矿料干量(t/d)}{回转窑内空间体积(m^3)}$

3）$多层炉的处理能力(t/(m^2 \cdot d)) = \dfrac{日处理矿料干量(t/d)}{多层炉炉底面积(m^2)}$

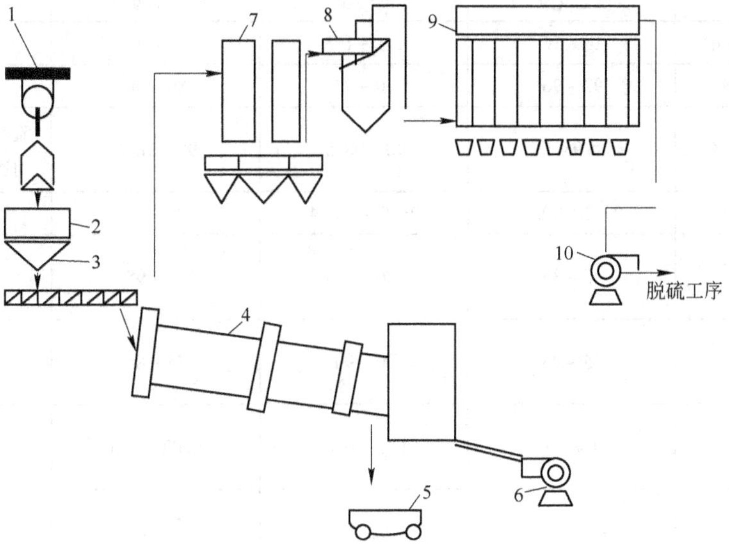


图5-2-8　回转窑设备连接图

1—抓斗吊；2—进料斗；3—螺旋给料机；4—回转窑；5—焙砂车；6—鼓风机；7—表面冷却器；8—旋风收尘器；9—布袋收尘器；10—引风机

（2）焙砂产出率的计算方法：

$$焙砂产出率(\%) = \frac{焙砂产出干量(t)}{投入精矿物料量(t)} \times 100\%（不包括配入还原煤或燃煤）$$

（3）焙砂锡直收率的计算方法：

$$焙砂锡直收率(\%) = \frac{焙砂\ Sn\ 产出量(t)}{投入精矿物料的\ Sn\ 量(t)} \times 100\%$$

（4）锡金属平衡率的计算方法：

$$锡平衡率(\%) = \frac{(焙砂\ Sn\ 产出的质量 + 烟尘\ Sn\ 的质量 + 其他可回收中间品\ Sn\ 的质量)(t)}{投入精矿物料\ Sn\ 的质量(t)} \times 100\%$$

（5）脱砷（硫）率的计算方法：

$$脱砷(硫)率(\%)=100\%-\frac{产出焙砂含As(或S)的质量(t)}{投入精矿物料的含As(或S)的质量(t)}\times 100\%$$

（6）还原煤搭配率的计算方法：

$$还原煤搭配率(\%)=\frac{配入精矿物料中的还原煤的质量(t)}{投入精矿物料的质量(t)}\times 100\%$$

（7）燃煤耗的计算方法：

$$吨矿料燃煤耗(kg煤/t)=\frac{焙烧精矿物料期加入燃煤质量(kg)}{投入精矿物料的质量(t)}$$

（8）锡精矿焙烧技术经济指标参考实践数据（表5-2-6）。

**表5-2-6 锡精矿焙烧技术经济指标参考实践数据**

| 指标名称 | 硫态化炉 | 回转窑 | 多层焙烧炉 | 备　注 |
|---|---|---|---|---|
| 炉床指数/$t\cdot(m^2\cdot d)^{-1}$ | 10～16 | 1.1～1.5 | 2～3 | |
| 焙砂产出率/% | 92～96 | 90～93 | 80～90 | |
| 焙砂锡直收率/% | ≥98.5 | 90～98.5 | 90～98.5 | 流态化炉高温收尘密闭连续返料计入直收 |
| 焙砂锡平衡率/% | 99.2～99.5 | 98.5～99.24 | 98.5～99 | |
| 脱As率/% | 75～85 | 80～92 | 85～95 | 焙烧温度 800～960℃ |
| 脱S率/% | 85～96 | 70～90 | 75～85 | 焙烧温度 800～960℃ |
| 焙砂含As/% | 0.4～1 | 0.3～0.8 | 0.08～0.6 | 焙烧温度 800～960℃ |
| 焙砂含S/% | 0.2～0.6 | 0.3～1 | 0.3～0.8 | 焙烧温度 800～960℃ |

# 3 锡精矿的还原熔炼

## 3.1 概述

不论锡精矿是否经过炼前处理,要想从中获得金属锡,都必须经过还原熔炼。还原熔炼的目的在于在一定的熔炼条件下,尽量使原料中锡的氧化物($SnO_2$)还原成金属加以回收。使锡精矿中的铁生成氧化亚铁($FeO$),其与锡精矿中的脉石成分(如 $SiO_2$、$Al_2O_3$、$CaO$ 等)、固体燃料中的灰分、配入的熔剂等反应,生成以氧化亚铁和二氧化硅为主体的炉渣,与金属锡分离。

还原熔炼是在高温下进行的,为了使锡和渣有效分离,提高锡的直接回收率,还原熔炼时要求炉渣具有黏度小、密度小、流动性好、熔点适当等特点。因此,应根据锡精矿的脉石成分,结合使用的燃料和还原剂等情况,配入适当的熔剂,搞好配料工作,选择适当的渣型。

为了使锡精矿中的氧化锡还原成金属锡,必须在精矿中配入一定量的还原剂。工业上经常使用的碳质还原剂有无烟煤、烟煤、褐煤和木炭。还原剂含固定碳量越高,还原效果越好。

还原熔炼的产品主要有甲粗锡、乙粗锡、硬头和炉渣。粗锡除主要含锡外,还含有铁、砷、铅、锑、铜、铋等杂质金属,必须进行精炼,才能得到不同等级的精锡产品。硬头含锡品位比粗锡低,含砷、铁量较高,必须经过煅烧等处理,回收其中的锡。炉渣含锡通常在 4% ~ 10% 之间,称为富渣,为回收其中的锡,目前一般采用烟化炉处理。

还原熔炼的设备有反射炉、电炉、鼓风炉、转炉和顶吹炉(澳斯麦特炉),鼓风炉和转炉已经很少有厂家使用,反射炉正在快速被淘汰,电炉尚有使用,而顶吹炉熔炼技术正以其诸多的优势成为锡精矿还原熔炼的主要设备,也将成为未来锡冶炼的主要发展方向。目前,锡精矿的富氧还原熔炼技术也已经在顶吹炉还原熔炼上开发成功并得到应用,取得了突飞猛进的技术进步。

对锡精矿的还原熔炼,重点介绍目前尚在使用的电炉熔炼及迅速发展的顶吹炉(澳斯麦特炉)还原熔炼。

## 3.2 还原熔炼的基本原理

### 3.2.1 碳的燃烧反应

在锡精矿的还原熔炼过程中,大都采用固体碳质还原剂,如煤、焦炭等。在熔炼高温下,当这种还原剂与空气中的氧接触时,就会发生碳的燃烧反应,根据反应过程,其反应可分为:

碳的完全燃烧反应:

$$C + O_2 = CO_2 - 393129\ J/mol \qquad (5\text{-}3\text{-}1)$$

碳的不完全燃烧反应:

$$2C + O_2 = 2CO - 220860\ J/mol \qquad (5\text{-}3\text{-}2)$$

碳的气化反应,亦称布多尔反应:

$$C + CO_2 \xlongequal{} 2CO + 172269\ J/mol \quad (5\text{-}3\text{-}3)$$

煤气燃烧反应：

$$2CO + O_2 \xlongequal{} 2CO_2 - 565400\ J/mol \quad (5\text{-}3\text{-}4)$$

这四个反应除反应(5-3-3)外，其余三个反应均为放热反应，但是其热值的大小是不一样的。如果按反应(5-3-1)进行碳的完全燃烧反应，1mol 的碳可以放出 393129J 的热量；如果按反应(5-3-2)进行，即 1mol 的碳不完全燃烧时放出的热量只有 110430J，不到反应(5-3-1)放热量的 1/3，所以从碳的燃烧热能利用来说，应该使碳完全燃烧变为 $CO_2$。这样一来，燃烧炉内只能维持强氧化气氛，即供给充足的氧气才能达到。但对于还原熔炼来说，除了要求碳燃烧放出一定热量维持炉内的高温外，还必须保证有一定的还原气氛，即有一定量的 CO 来还原 $SnO_2$。

温度升高有利于吸热反应从左向右进行，即有利于反应(5-3-3)而不利于反应(5-3-2)向右进行。所以在高温还原熔炼的条件下，必须有足够多的碳存在，以使碳的气化反应(5-3-3)从左向右进行，以保证还原熔炼炉内有一定的 CO 存在，促使 $SnO_2$ 更完全地被还原。

综上所述可知，在锡精矿高温还原熔炼的条件下，碳的燃烧反应应该是反应(5-3-1)与反应(5-3-3)同时进行，才能维持炉内的高温(1000～1200℃)和还原气氛 CO 的浓度(%)。对于不同的熔炼方法，反应(5-3-1)与反应(5-3-3)可以同时在炉内进行，也可以分开进行。例如反射炉喷粉煤燃烧时，反应(5-3-1)主要是在炉的空间进行，而反应(5-3-3)主要是在料堆内进行；电炉熔炼是以电能供热，煤的加入是在料堆内进行碳的气化反应(5-3-3)以供应还原剂 CO。如果采用鼓风炉或澳斯麦特炉炼锡，则碳燃烧反应(5-3-1)与反应(5-3-3)必须同时在炉内风口区或熔池中进行。

### 3.2.2　金属氧化物(MeO)的还原

#### 3.2.2.1　氧化锡的还原

精矿、焙砂原料中的锡主要以 $SnO_2$ 的形态存在，还原熔炼时发生的主要反应为：

$$SnO_2(s) + 2CO(g) \xlongequal{} Sn(l) + 2CO_2(g) \quad (5\text{-}3\text{-}5)$$

$$C(s) + CO_2(g) \xlongequal{} 2CO(g)$$

反应(5-3-5)为固态 $SnO_2$ 被气态 CO 还原产生液态金属锡 Sn(l)和气态 $CO_2(g)$，而大部分 $CO_2(g)$ 被固定碳还原(5-3-3)，产生气态的 CO(g)又成为反应(5-3-5)的气态还原剂去还原固态的 $SnO_2(s)$。如此循环往复，直至这两个反应中的一固相消失为止。所以，只要在炉料中加入过量的还原剂，理论上就可以保证 $SnO_2$ 完全还原。当两个反应各自达到平衡时，其平衡气相中的 CO 与 $CO_2$ 的平衡浓度会维持一定的比值。在还原熔炼的条件下(恒压下)，这个比值主要受温度变化的影响。若将平衡气相中的 CO 和 $CO_2$ 的平衡浓度之和作为 100，则可绘出反应的 CO(%)与温度变化的关系。反应(5-3-5)与反应(5-3-3)的这种变化关系如图 5-3-1 所示。

图中反应(5-3-5)与反应(5-3-3)的两条平衡曲线相交于 *A* 点，与 *A* 点对应的温度约为 630℃，这意味着炉内的温度达到 630℃，若气相中 CO(%)的含量达到 *A* 点，相应的水平约为 21%，两个反应便同时达到平衡。即用固体碳作 $SnO_2$ 的还原剂时，只要炉内维持 *A* 点的温度条件，$SnO_2$就可以开始还原得到金属锡，这个温度（约 630℃）就是 $SnO_2$开始还原的温度，即炉内的温度必须高于 630℃，才能使 $SnO_2$被煤等固体还原剂所还原。

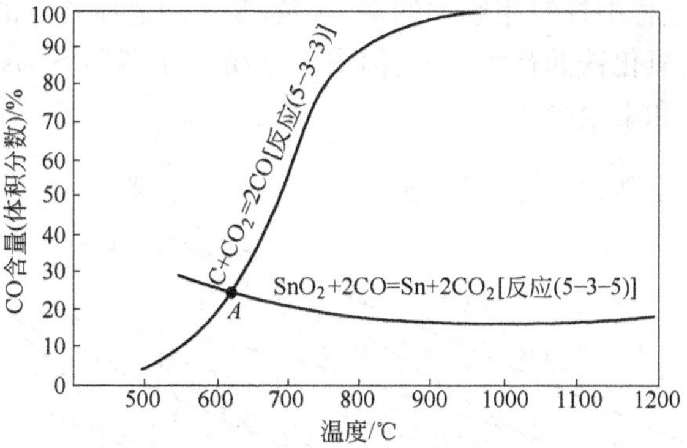


图 5-3-1　用 CO 还原 $SnO_2$时气相组成与温度的关系

当炉内温度从 630℃继续升高时，反应(5-3-3)平衡气相中的 CO(%)含量会进一步升高，远高于反应(5-3-5)平衡气相中 CO(%)的含量，即温度升高有利于反应(5-3-5)从左向右进行，反应(5-3-5)产生的 $CO_2$会被炉料中的还原剂煤所还原变为 CO，以保证反应(5-3-5)继续向右进行。

在生产实践中，所用锡精矿和还原煤不是纯 $SnO_2$和纯固定碳 C，其化学成分复杂，物理状态各异，另外受加热和排气系统等条件的限制，实际的 $SnO_2$被还原温度要比 630℃高许多，往往在 1000℃以上，并且要加入比理论量高 10% ~20% 的还原剂，以保证炉料中的 $SnO_2$能更迅速更充分地被还原。

### 3.2.2.2　锡精矿中其他金属氧化物的行为

可以根据金属氧化物对氧亲和力的大小，来判断或控制其在还原熔炼过程中的变化。图 5-3-2 为氧化物的吉布斯标准自由能变化与温度的关系，从图中可以看出，低于 $SnO_2$线的金属氧化物是第一类对氧的亲和力比锡大的杂质，有 $SiO_2$，$Al_2O_3$，CaO，MgO 以及很少量的 $WO_3$，$TiO_2$，$Nb_2O_5$，$Ta_2O_5$，MnO 等，它们的 $\Delta G^{\ominus}$ 比 $SnO_2$线的 $\Delta G^{\ominus}$ 负得多，即稳定得多，它们被 CO 还原时，要求平衡气相组成中的 CO(%)含量高于 $SnO_2$被还原时 CO 的含量，即其平衡曲线在图 5-3-1 中的位置处于远高于 $SnO_2$的还原平衡曲线（反应(5-3-5)）的上方，只要控制比锡还原条件还低的温度和一定的 CO(%)含量，它们是不会被还原的，仍以 MnO 形态进入渣中。

图 5-3-2 中高于 $SnO_2$线的金属氧化物，包括铜、铅、镍、钴等金属对氧亲和力比锡小的杂质金属的氧化物，其 $\Delta G^{\ominus}$ 较 $SnO_2$负得少些，比 $SnO_2$更不稳定些，是第二类杂质，它们在锡氧化物被还原的条件下，会比 $SnO_2$优先被还原进入粗锡中，给粗锡的精炼带来许多麻烦，应在炼前准备阶段中尽量将其分离。

第三类杂质是铁的氧化物。在图 5-3-2 中，与 $SnO_2$线临近，其 $\Delta G^{\ominus}$ 值相近。生产实践表明，炉料中的铁氧化物部分被还原为金属铁溶入粗锡中，$Fe_2O_3$被还原为 FeO 再与其他脉石 $SiO_2$等造渣而入炉渣中。铁的氧化物还原的这种特性，给锡精矿的还原熔炼过程造成较大的困难。要使炉渣中(SnO)很充分地被还原，得到含锡量低的炉渣，势必要求更高的温度与更强的还原气氛，这就给渣中的(FeO)还原创造了条件，使其被更多地还原而进入粗锡中，使粗锡中的铁含量高达1%以上；当锡中的铁含量达到饱和程度，还会结晶析出 Sn－Fe 化合物，形成熔炼过程中的另一产品——硬头。硬头的处理过程麻烦，并造成锡的损失。所以锡原料在还原熔炼过程中控制粗锡中的 Fe 含量，是控制还原终点的关键。在还原熔炼过程中，氧化锌的行为与氧化铁的行为类似，但由于金属锌在高温下易挥发，因此在实际生产中，锌主要分配在炉渣和烟尘中。

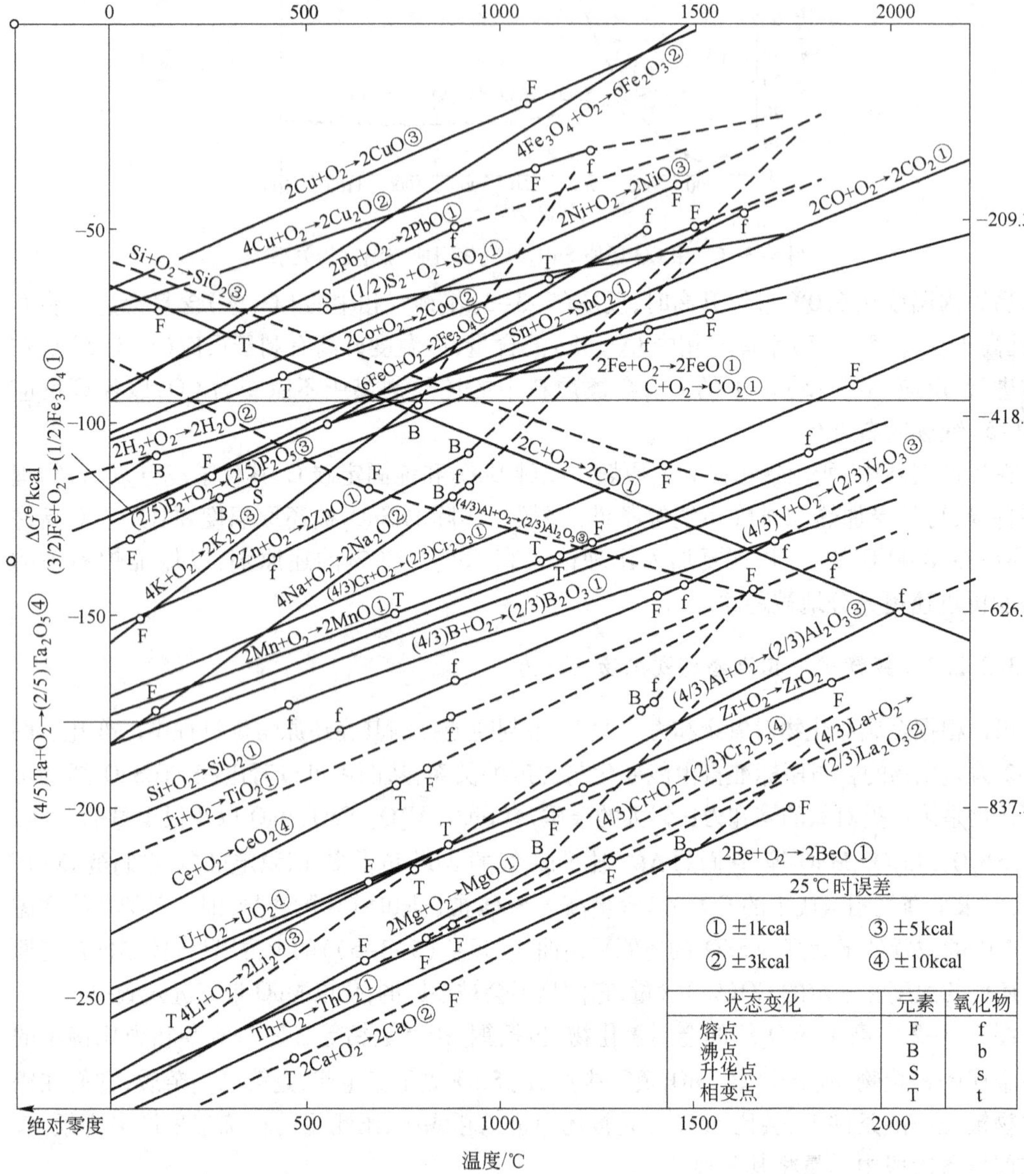


图 5-3-2　氧化物的吉布斯标准自由能变化 $\Delta G^{\ominus}$ 与温度 $T$ 的关系

(1 kcal = 4.1868 kJ)

### 3.2.2.3　影响金属氧化物还原反应速率的因素

锡氧化物被气体还原剂 CO 还原的过程发生在气固两相界面上，属于“局部化学反应”

类型的多相反应。在这种体系中,所形成的固体产物包围着尚未反应的固体反应物,形成固体产物层,如图 5-3-3 所示。随着反应的进行,未反应的核不断地缩小。

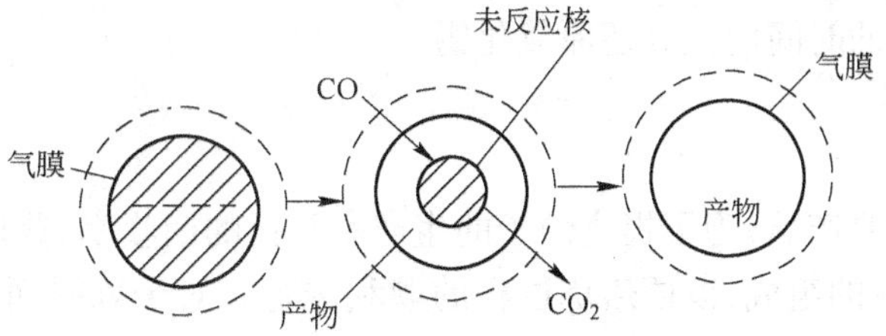


图 5-3-3　氧化物被 CO 还原的过程

从图 5-3-3 可以看出,CO 还原固体氧化锡的过程可以看成是由几个同时发生的或相继发生的步骤组成:

(1) 沿气体流动方向输送气体反应物 CO。

(2) 气体反应物 CO 由流体本体向锡精矿的固体颗粒表面扩散(称外扩散)及气体反应物 CO 通过固体孔隙和裂缝深入到固体内部的扩散(内扩散)。

(3) 气体反应物 CO 在固体产物与未反应核之间的反应界面上发生物理吸附和化学吸附。

(4) 被吸附的 CO 在界面上与 $SnO_2$(SnO)发生还原反应并生成吸附态的产物 $CO_2$。

(5) 气体反应产物 $CO_2$在反应界面上解吸。

(6) 解吸后的气体反应物 $CO_2$在反应界面上解吸。

(7) 气体反应物 $CO_2$沿气流流动方向离开反应空间。

上述各个步骤都具有一定的阻力,并且各步骤的阻力是不同的,所以每一步骤进行的速率一般是不相同的。过程的总阻力等于串联步骤的阻力之和,在由多个步骤组成的串联反应过程中,当某一个步骤的阻力远远大于其余步骤的阻力时,即整个反应主要由这个最大阻力步骤所控制。由于氧化锡的还原熔炼是在高温下进行的,所以反应速率通常是由扩散过程,特别是由内扩散过程控制的。

根据热力学原理,若要氧化锡的还原反应进行,体系中 CO 的实际浓度必须大于平衡时的 CO 浓度。由于氧化锡的还原过程处于扩散区,所以过程的表观速率取决于传质速率,因此 CO 实际浓度与其平衡浓度之差就成为过程的推动力。而化学反应的速率正比于其推动力与阻力之比,因此影响氧化锡还原速率及彻底程度的因素有:

(1) 气流的性质。$SnO_2$的还原反应主要是靠气体还原剂 CO,故气相中的 CO 浓度愈高,反应速率愈快。

(2) 炉料的性质。炉料的物理状态包括颗粒大小与含水量。精矿颗粒的粒度愈小,比表面积愈大,愈有利于与气体还原剂接触。

(3) 温度。锡精矿的还原过程是由一系列步骤组成的,温度对这些步骤的影响各不相同,所以温度对于还原速率的影响呈现复杂的关系。但总的来说,温度升高有几个作用:一是锡还原反应本身是一个吸热反应,温度高对加速反应有利;二是温度高可增加解吸速度,加速 CO、$CO_2$在精矿表面的扩散过程;三是从图 5-3-1 可知,随温度的升高 $SnO_2$的还原反应容易进行；四是随温度的升高可以降低炉渣的黏度，加速扩散过程。

（4）还原剂种类及其加入量。还原剂的种类对还原速率有很大影响，含挥发分量少的碳粉只在850℃时才开始对氧化锡有明显的还原作用，而含挥发分量较多的还原剂可以在较低的温度下或较短的时间内充分还原氧化锡。

### 3.2.3 炼锡炉渣

炉渣是炼锡的重要产品，为了提高炉子的生产率与锡的回收率、获得较好的技术经济指标，必须正确选择炉渣的组成，以便熔炼过程的顺利进行。对于炼锡而言，重要的任务是分离锡与铁，尽量使铁造渣，一般选择 $FeO-SiO_2-CaO$ 渣系，如图 5-3-4 所示。

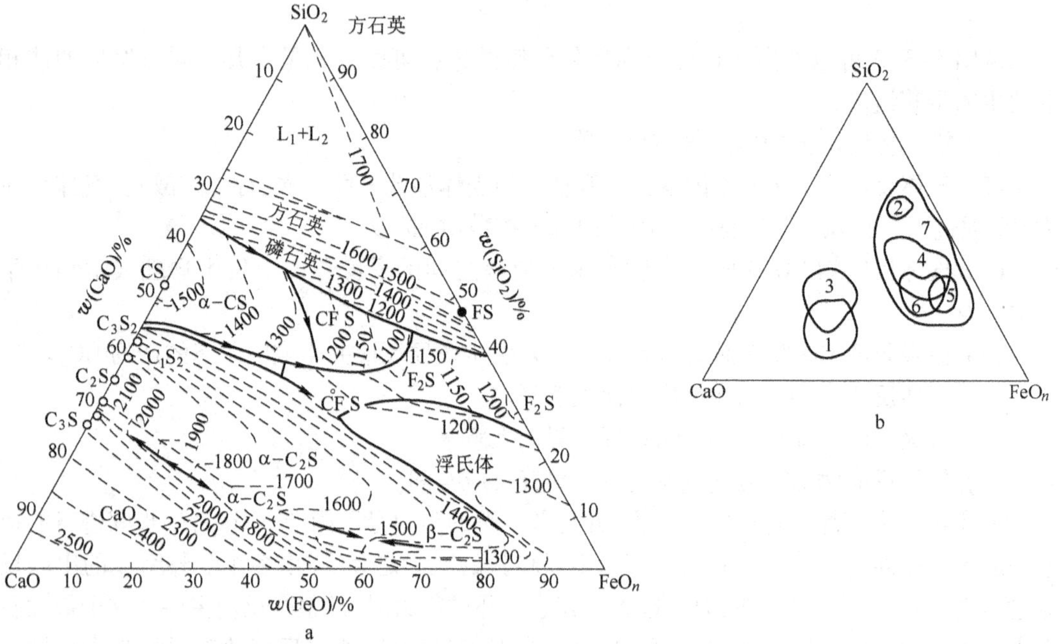


图 5-3-4 $FeO-SiO_2-CaO$ 三元系相图

1—碱性炼钢平炉；2—酸性炼钢平炉；3—碱性氧气转炉；4—铜反射炉；5—铜鼓风炉；6—铅鼓风炉；7—炼锡炉渣

在讨论炉渣的组成和结构时，较成熟的理论是分子与离子共存理论。按照共存理论的观点，熔渣是由简单离子（$Na^+$，$Ca^{2+}$，$Mg^{2+}$，$Mn^{2+}$，$Fe^{2+}$，$O^{2-}$，$S^{2-}$，$F^-$ 等）和 $SiO_2$，硅酸盐，铝酸盐等分子组成。炼锡炉渣可以分为三大类型：

（1）高铁质炉渣，这种炉渣以氧化亚铁和二氧化硅二元组成为主。

（2）低铁质炉渣，这种炉渣以氧化亚铁、二氧化硅和氧化钙三元组成为主。

（3）高钙硅质炉渣，这种炉渣以氧化钙、二氧化硅和三氧化二铝三元组成为主。

以 $FeO-SiO_2-CaO$ 三元系作为锡炉渣的实用代表渣系来讨论炉渣的性质。

#### 3.2.3.1 炉渣熔点

若要求炉渣熔点低于1150℃，则炉渣组成范围为：$SiO_2$ 32% ~46%，FeO35% ~5%，CaO5% ~20%。

#### 3.2.3.2　炉渣黏度

炉渣的黏度影响金属锡与炉渣的分离。实验测出的 $FeO - SiO_2 - CaO$ 三元系炉渣的组成 - 黏度图如图 5-3-5 所示，该图表明，在 $2FeO \cdot SiO_2$ 化合物点附近，适当加入少量的（低于 20%）CaO，炉渣的黏度是最低的。当 $SiO_2$ 含量增加时，炉渣的黏度明显增大。

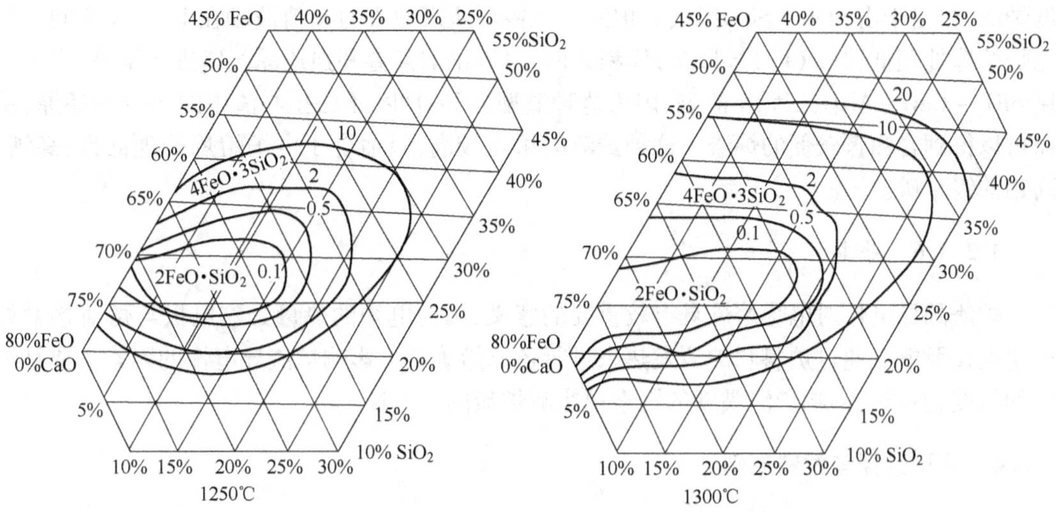


图 5-3-5　$FeO - SiO_2 - CaO$ 三元系中的等黏度线（黏度单位为 $Pa \cdot s \times 10^{-1}$）

#### 3.2.3.3　炉渣密度

炉渣与金属熔体的密度差对炉渣与金属熔体的澄清分层有着决定性的作用。炉渣密度愈小，其与金属熔体的差值愈大，一般其值不应低于 1.5 ~ 2，才有利于两者的澄清分层。FeO 含量愈高的炉渣，密度愈大，不利于炉渣与金属熔体的澄清分层。含 $SiO_2$ 高的酸性炉渣则相反。

#### 3.2.3.4　炉渣的表面张力

炉渣的界面性质主要取决于炉渣的表面张力和锡的表面张力。金属中的氧含量和硫含量对界面张力影响很大，一般随氧含量、硫含量的增加而减小，硫对界面张力的影响不如氧大。金属锡珠能否合并长大并从渣中沉降分离出来，在很大程度上取决于炉渣和金属锡之间的界面张力，界面张力愈大，则能减少炉渣对金属锡的“润湿”能力，有利于锡珠合并长大，能降低渣的含锡量。反之，则不利于锡珠的合并长大和降低渣的含锡量。锡的表面张力随温度的升高而降低。

#### 3.2.3.5　炉渣的硅酸度

大多数炼锡厂采用 $FeO - SiO_2 - CaO$ 系炉渣，基本上是氧化亚铁与氧化钙的硅酸盐，从这种炉渣的分子结构分类,可将其分为碱性氧化物(如 FeO,CaO)和酸性氧化物($SiO_2$)。在生产实践中,将酸性氧化物中的含氧量与碱性氧化物中的含氧量之比值,称为炉渣的硅酸度 $K$,用下式表示:

$$\text{硅酸度}(K)=\frac{\text{酸性氧化物中氧的质量之和}}{\text{碱性氧化物中氧的质量之和}}$$

$K=1$ 称为一硅酸度炉渣,相当于由 $2MeO \cdot SiO_2$ 组成的硅酸盐炉渣。$K=2$ 称为二硅酸度炉渣,相当于由 $MeO \cdot SiO_2$ 组成的炉渣。炼锡厂所产炉渣的 $K$ 值波动在 1 ~ 1.5 之间。当电炉熔炼处理低铁($w(Fe)<15\%$)锡精矿时,可以采取高温和强还原气氛进行熔炼,也可采用 $SiO_2-CaO-Al_2O_3$ 三元系渣型,因为这种渣型含 FeO 少,不必担心渣中的 FeO 被还原,从而可以得到含锡量较低的炉渣。这种炉渣的熔点较高,只适合于电炉熔炼处理低铁、高钙、高铝的锡精矿。

#### 3.2.3.6　导电性

炉渣的导电性对电炉熔炼具有较重要的意义,因为电炉的热量是靠电极与熔渣接触处产生电弧及电流通过炉料和炉渣发热来进行还原熔炼的。影响炉渣导电性的因素主要是炉渣的黏度,所以凡影响炉渣黏度的因素都影响炉渣的导电性。

### 3.2.4　渣型选择与配料原则

#### 3.2.4.1　渣型选择

选择合理的渣型,对熔炼过程的顺利进行并获得较满意的技术经济指标有着很大的意义。在选择炼锡炉渣渣型时考虑的原则有:

(1) 首先应掌握入炉物料的准确成分,选择的渣型应能最大限度溶解精矿中的脉石成分及有害杂质,又很少溶解或夹带金属锡。

(2) 所选渣型的性质应满足熔炼过程的要求。对炼锡炉渣一般要求:熔点要低但要适应熔炼方法的要求,一般控制在 1100 ~ 1200℃。炉渣黏度要小,以不超过 0.2 Pa · s 为好(在 1200℃及 1300℃下,当碱度 >1.5 时,工业炉渣黏度都低于 0.2 Pa · s)。密度应小于 4.0 $g/cm^3$,保证与粗锡的密度差值在 2 以上。金属 - 炉渣的界面张力要大,以利金属液滴汇合与澄清分离。

(3) 根据精矿中的铁与脉石成分配入适当的熔剂,以满足对炉渣性质的要求。

#### 3.2.4.2　配料计算

原则上,选择了合理渣型后就可以开始配料计算,求出需要配入的熔剂量,具体计算方法有综合法与硅酸度法两种。

(1) 综合法。综合法是一种比较准确的配料方法,但计算比较复杂,一般适用于入炉物料成分稳定、批量大的配料,或者需要准确计算时采用。

(2) 硅酸度法。硅酸度法配料是一种比较简单的、经验型的配料方法。它的特点是快速方便,适合复杂多变物料的配料。实践证明用此法计算的结果能满足工业生产的要求,是一种比较实用的配料方法。

## 3.3 锡的反射炉熔炼

锡精矿反射炉熔炼工艺，是将锡精矿、熔剂和还原剂三种物料，经准确的配料与混合均匀后加入炉内，通过燃料燃烧产生的高温（1400℃）烟气，掠过炉子空间，以辐射传热为主加热炉内静态的炉料，在高温与还原剂的作用下进行还原熔炼，产出粗锡与炉渣，经澄清分离后，分别从放锡口和放渣口放出。粗锡流入锡锅自然冷却，于800～900℃下捞出硬头，300～400℃时捞出乙锡，最后得到含铁、砷量较低的甲锡。甲锡与乙锡均送去精炼。产出的炉渣含锡量很高，往往在10%以上，可在反射炉再熔炼，或送烟化炉硫化挥发以回收锡。

现在锡精矿熔炼的反射炉类型繁多，可按生产情况划分。

（1）按燃料种类划分，有燃煤、燃油和燃气三种。

（2）按烟气余热利用划分，有蓄热式反射炉和一般热风反射炉，前者须用重油或天然气作为燃料，后者多用煤作为燃料。

（3）按操作工艺划分，有间断熔炼和连续熔炼。

锡精矿反射炉还原熔炼过程以前均采用两段熔炼法，即先在较弱的还原气氛下控制较低的温度进行弱还原熔炼，便可产出较纯的粗锡和含锡量较高的富渣；放出较纯的粗锡后，再将富渣在更高的温度和更强的还原气氛下进行强还原熔炼，产出硬头和较贫的炉渣，硬头则返回弱还原熔炼阶段。近代由于原矿品位不断下降，为了提高资源利用率，许多选矿厂都产出低品位（40%～50% Sn）的锡精矿，其中铁含量较高往往在10%以上。将这种低品位的锡精矿加入到反射炉进行两段熔炼，会产出更多的硬头产品，在两段熔炼过程中循环，势必造成更多锡的损失及生产费用的提高。为了克服这一缺点，国内外许多采用反射炉熔炼的炼锡厂，大都采用了先进的富渣硫化挥发法来分离锡与铁，取代了原反射炉的强还原熔炼阶段。所以现代的反射炉熔炼不再采用两段熔炼法，而是用硫化挥发法产出$SnO_2$烟尘（含铁量很少）取代硬头（Sn－Fe合金）的返回再熔炼，由于$SnO_2$含铁量很少，还原产出的硬头就不多了，富渣产量就少了，这就为反射炉还原熔炼处理高铁低品位锡精矿创造了有利条件。

锡精矿反射炉熔炼始于18世纪初，距今已有近300年历史，在锡的冶炼史上起过重要作用，其产锡量曾经占世界总产锡量的85%，在冶炼技术上也作了许多改进。由于反射炉熔炼对原料、燃料的适应性强，操作技术条件易于控制，操作简便，加上较适合小规模锡冶炼厂的生产要求，目前许多炼锡厂仍沿用反射炉生产。但其生产效率低、热效率低、燃料消耗大、劳动强度大等一些缺点是难以克服的，其正在迅速地被强化熔炼方法所取代，这里对其实践不再详述。

## 3.4 电炉熔炼

### 3.4.1 电炉的生产工艺流程

炼锡电炉属于矿热电炉（即电弧电阻炉），电炉炼锡工艺，对原料适应性强，除高铁物料外，熔炼其他物料均能达到较好的效果，特别适应一些高熔点的含锡物料，电炉熔炼的工艺流程如图5-3-6所示。

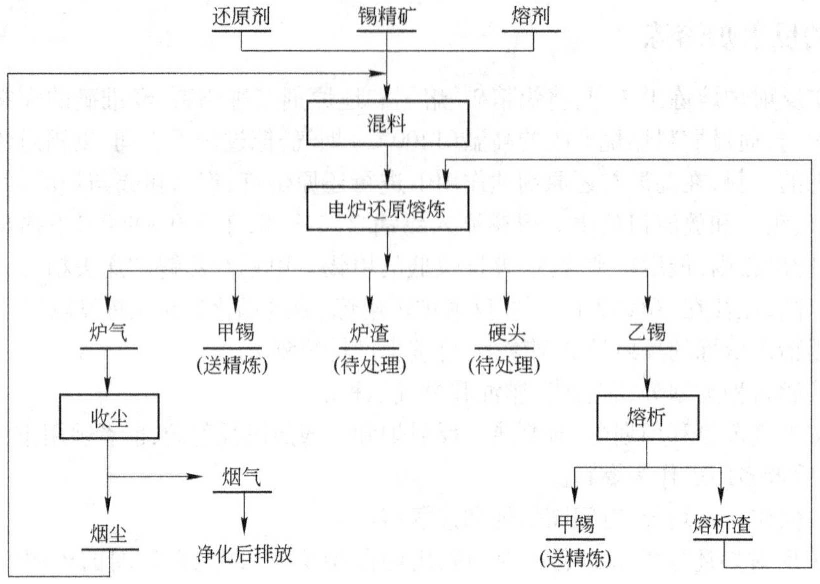


图 5-3-6　电炉熔炼一般工艺流程

### 3.4.2　电炉熔炼的特点

电炉炼锡至今已有 70 多年的历史，随着锡工业的发展，电炉操作制度的改革，特别是电炉对物料的适应性强，投资小，近几年发展较快，炼锡电炉具有以下特点。

（1）可以达到较高的温度（1300 ~ 1500℃），能熔炼难熔物料，对含有钨、钽、铌、三氧化二铝等的锡精矿，更具优越性。

（2）炉气量少，为反射炉的 1/16 ~ 1/18，故挥发损失少，收尘设备投资少。

（3）床能力高，达到 3 ~ 6t/($m^2$ · d)。

（4）热效率高，75% ~ 80%。

（5）占地面积小。

（6）容易操作和控制，劳动条件好，劳动强度小。

（7）由于炉内高温和强还原气氛，对含铁量高的精矿效果不佳，应尽量处理低铁锡精矿。

（8）电耗大，受供电条件限制。

（9）变压器、导电材料等费用高。

### 3.4.3　电炉的熔炼过程

电炉用电由三根电极供给三相交流电，还原熔炼所需热量靠电极与熔渣接触产生电弧和电流通过炉料和炉渣产生，即热量在炉料内部产生，所以炉料受热熔化和化学反应是在炉料内部进行，因此，电炉的熔炼是还原反应和造渣同时进行的，靠近电极的炉渣，由于温度升高和渣中存在反应所产生的气体使其密度降低而沿电极上浮，到达表面后便向四周水平扩散，而温度较低的炉料则吸收过热炉渣的热量而熔化，已熔化的炉料和已降温的炉渣混合在一起，因为其密度增加而下沉，当降到电极插入的深度时，一部分向电极作水平运动而成为连续循环的一部分,而其他的部分则继续沉降到料堆的末端,而沿着炉料下部熔化表面作水平运动,就这样大部分熔体往下落入下部比较平静的渣层,而进行渣和锡的分离。

### 3.4.4　入炉物料

3.4.4.1　原料

电炉熔炼对原料的适应性强,除锡精矿外,还可以处理各种锡渣、烟尘。为了保持操作稳定和较好的技术经济指标,原料需要配料和均化。为防止熔炼中炉料爆喷和减少电耗,炉料含水量一般不超过3%。对于粉状物料,尤其是各类含锡烟尘,入炉前最好先制粒(团)干燥,球团粒度以 $\phi10 \sim 20$ mm 为宜,如果粉料直接入炉,烟尘率高。粉料透气性差,容易产生爆喷塌料现象,入炉锡精矿的成分见表 5-3-1。

**表 5-3-1　电炉熔炼锡精矿成分**(质量分数)　(%)

| Sn | Fe | Pb | Bi | S | As | $WO_3$ | $H_2O$ |
|---|---|---|---|---|---|---|---|
| 50 ~ 65 | 3 ~ 5 | 0.3 ~ 1 | 0.1 ~ 0.3 | 0.1 ~ 0.5 | 0.1 ~ 0.5 | <2 | <3 |

由于近几年原料竞争激烈,高品位锡精矿逐年减少,有时入炉锡品位只能达到 40% ~ 50%,特别是 Fe 含量达到 10% ~ 16%,这样会严重影响电炉作业指标,造成渣率增大,硬头增多,直收率下降。为保证电炉指标,对入炉锡品位及 Fe 的含量应有保证。

3.4.4.2　熔剂

根据原料的不同及渣型的选择,配入的熔剂种类及量也有差异,生产上通常用石灰石、石英等,对熔剂一般要求石灰石含 CaO 量 >50%、石英石含 $SiO_2$ 量 >90%,粒度不超过 6mm,含水量应在 3% 以下。

3.4.4.3　还原剂

电炉熔炼所用还原剂有无烟煤、焦炭、木炭等。焦炭及木炭作为还原剂时,活性及反应能力强,很少或没有生成物,效果较好,但其价格相对较贵,工业上一般不采用。生产上多用无烟煤作为还原剂,这存在着部分挥发物黏附在收尘器内壁上,对收尘有影响,但还是适应生产。一般要求含固定碳 >60%、含 $H_2O$ <3%、含灰分 <25%,粒度以 5 ~ 15mm 为宜。

3.4.4.4　渣型选择

电炉易达到较高的熔炼温度和保持较强的还原气氛,从而可以处理难熔物料;可以产生高熔点的炉渣,渣型选择的范围较宽。电炉熔炼低铁物料时,其渣型一般为:$SiO_2$ 25% ~ 40%、CaO12% ~ 36%、FeO5% ~ 25%、$Al_2O_3$ 7% ~ 20%。

在选择渣型时,还应考虑到熔渣的导电性、密度、黏度、渣量等因素,要有利于渣含锡量低,导电性好,处理量大等技术经济指标。

## 3.5　澳斯麦特炉炼锡

### 3.5.1　澳斯麦特熔炼的一般生产工艺流程

澳斯麦特技术也称为顶吹沉没喷枪熔炼技术。顶吹沉没喷枪熔炼技术是在 20 世纪 70

年代初由澳大利亚联邦科学与工业研究组织(CSIRO)在Floyd博士领导下,为处理低品位锡精矿和复杂含锡物料而开发的,因此,也被称为赛罗熔炼技术(Sirosmelt Technology)。1981年,Floyd博士建立澳斯麦特公司(Ausmelt),将该技术应用于铜、铅和锡的冶炼,因此,该技术又被称为澳斯麦特技术。后来蒙特艾萨公司使用的艾萨炉也是起源于这一技术。

顶吹沉没喷枪熔炼技术是一种典型的喷吹熔池熔炼技术,其基本过程是将一根经过特殊设计的喷枪,由炉顶插入固定垂直放置的圆筒形炉膛内的熔体之中,空气或富氧空气和燃料(可以是粉煤、天然气或油)从喷枪末端直接喷入熔体中,在炉内形成剧烈翻腾的熔池,经加水混捏成团或块状的炉料可由炉顶加料口直接投入炉内熔池。

1996年,秘鲁明苏公司引进澳斯麦特技术,建成世界上第一座采用澳斯麦特技术,年处理30000 t锡精矿,产出15000 t精锡的冶炼厂——冯苏冶炼厂(Funsur Smelter)。1997年达到设计能力,1998年改用富氧鼓风,在炉子尺寸完全不改变的情况下,年处理能力增加到40000 t锡精矿,产出20000 t精锡的水平。1999年,该厂又上了一座澳斯麦特炉,使产锡能力进一步提高,使原来不生产精锡的秘鲁一跃成为世界产锡大国之一。2002年4月,云南锡业股份有限公司建成了世界上第二座炼锡澳斯麦特炉,设计能力为年处理50000 t锡精矿,是目前世界上最大的澳斯麦特炉。

锡精矿经沸腾焙烧脱砷、脱硫,再经磁选,使锡精矿中Sn品位提高至50%以上,$w(As)<0.45\%$,$w(S)<0.5\%$。将其置于料仓内。其他入炉物料还原煤、炭渣,经烟化产出烟化尘及凝析产出的析渣焙烧后也置于各自的料仓内。各种入炉物料经计量配料后,送入双轴混合机进行喷水混捏。混捏后的炉料经计量,用胶带输送机送入澳斯麦特炉内还原熔炼。

还原熔炼过程周期性进行,通常将其分成熔炼、弱还原及强还原三个阶段。熔炼阶段,需6~7 h,熔炼结束后渣含Sn15%左右;弱还原阶段,需20 min,渣含Sn由15%降至5%;强还原阶段,需90 min,渣含Sn由5%降至1%以下。一些工厂强还原作业不在澳斯麦特炉内进行,而将经熔炼和弱还原两个过程得到的含Sn5%左右的贫渣直接送烟化炉处理,这样既可增加熔炼作业时间,又可提高Sn的回收率。

澳斯麦特熔炼炉产出粗锡、贫锡渣和含尘烟气。熔炼炉产出的粗锡进入凝析锅凝析,将液体粗锡降温,铁因溶解度减少,而成固体析出,以降低粗锡中的含铁量。凝析后的粗锡通过锡泵泵入位于电动平板车上的锡包中,运至精炼车间进行精炼。凝析产出的析渣经熔析、焙烧后返回配料。这部分渣称为焙烧熔析渣。

熔炼炉产出的贫渣放入渣包,通过抓推车和抬车,送烟化炉进行硫化烟化处理,得到抛渣和烟化尘,烟化尘经焙烧后返回配料。这部分烟尘称为贫渣焙烧烟化尘。

熔炼炉产出的含尘烟气经余热锅炉回收余热,产出过热蒸汽,然后经冷却器冷却,再经布袋收尘器收尘,收下烟尘经焙烧返回配料入炉。烟气再经洗涤塔脱除$SO_2$后由烟囱排放。澳斯麦特炉的一般生产流程如图5-3-7所示。

澳斯麦特技术与传统炼锡炉相比,最大的特点是通过喷枪形成一个剧烈翻腾的熔池,极大地增强了整个反应过程的传热和传质过程,大大提高了反应速度,有效地提高了反应炉的炉床能力(炉床指数可达18~20 $t/(m^2\cdot d)$),并大幅度地降低燃料的消耗。

在澳斯麦特炉熔炼过程中,燃料随空气通过喷枪直接喷入炉体内部,燃料直接在物料的表面燃烧,高温火焰可以直接接触传热。并且由于熔体不断直接搅动,强化了对流传热,从根本上改变了其他炉型熔炼主要靠辐射传热的状况,从而,大幅度提高了热利用效率,降低了燃料消耗。

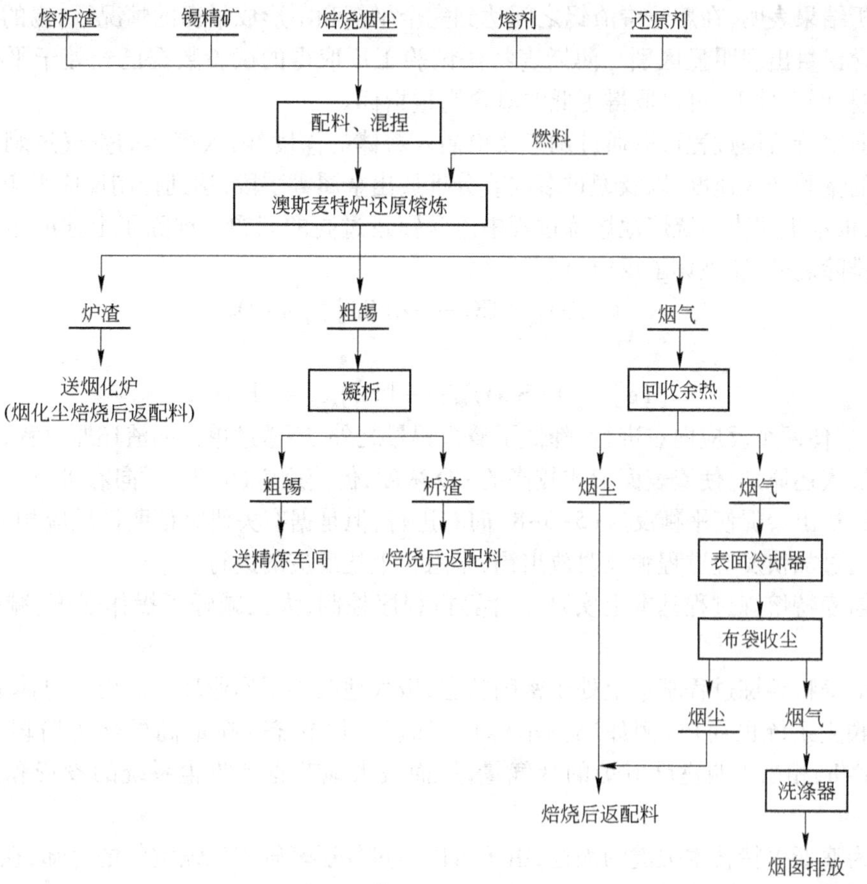


图 5-3-7　澳斯麦特炉炼锡的一般生产工艺流程图

锡精矿还原反应过程主要是$SnO_2$同 CO 之间的气固反应，而控制该反应速度的主要因素是 CO 向精矿表面扩散和$CO_2$向空间的逸散速度和过程。在其他炉型熔炼过程中，物料形成静止料堆，不利于上述过程的进行。而在澳斯麦特熔炼过程中，反应表面受到不断地冲刷以及由于燃料在物料表面直接燃烧的高温可形成更高的 CO 浓度，有力地促进了上述的扩散速度和逸散过程，改善了反应的动力学过程，加快了还原反应的进行。

澳斯麦特熔炼过程可以通过调节喷枪插入深度、喷入熔体的空气过剩量或加入的还原剂的量和加入速度，以及通过及时放出生成的金属等手段，达到控制反应平衡的目的，从而控制铁的还原，制取含铁量较低的粗锡和含锡量较低的炉渣。

由于反射炉等传统熔炼过程中渣相和金属相之间达到平衡，因此，要想得到含铁量较低的粗锡而大幅度降低渣中的含锡量是不可能的，渣中含锡量和金属相中的含铁量成负相关关系，即当平衡情况下，炉渣中的含锡量低于 2% 时，粗锡中的含铁量将急剧上升。

在澳斯麦特熔炼过程中，由于喷枪仅引起渣的搅动，可以形成相对平静的底部金属相，因此可以在熔炼过程中连续或间断地放出金属锡，破坏渣锡之间的反应平衡，

$$SnO_{渣} + Fe_{金属} \longrightarrow FeO_{渣} + Sn_{金属} \qquad (5\text{-}3\text{-}6)$$

迫使上述反应向右进行，从而可以降低渣中的含锡量。Mc Clelland 等的渣还原过程热力学

模型分析结果表明，在熔池中渣锡之间达到完全平衡和不形成平衡的情况下，锡的还原程度和渣中含锡量出现明显区别。澳斯麦特法试验工厂取得的试验数据已经处于平衡曲线以下，即在相同条件下，可以取得更低的渣含锡量指标。

澳斯麦特熔炼过程可以通过调节喷枪插入熔体的深度、喷入熔体的空气过剩量或加入还原剂的量和加入速度，以及通过多次或分批放出金属等手段，达到控制反应平衡和速度的目的，从根本上解决传统熔池熔炼过程中渣含锡量过高的问题。这除了上述的生成金属能够及时排除之外，还破坏了反应

$$(SnO)_{渣} + CO \longrightarrow [Sn]_{金属} + CO_2 \tag{5-3-7}$$

和反应

$$[Fe]_{金属} + (SnO)_{渣} \longrightarrow [Sn]_{金属} + (FeO)_{渣} \tag{5-3-8}$$

的平衡，迫使两个反应向右进行，降低了渣含锡量之外，还通过单独的渣还原过程，提高温度和快速加入还原剂，使渣表面形成较高的 CO 浓度，促使反应(5-3-7)向右进行。尽管随着金属锡的析出会促使平衡反应(5-3-8)向右进行，但是据有关研究证明该反应相应较慢，因此可以通过加快反应进程和及时放出锡，来阻止上述反应的进行。

澳斯麦特熔炼过程基本上实现了计算机程序控制，大大减轻了操作强度，减少了操作人员。

澳斯麦特熔炼过程基本上处于密闭状态，极大地改善了作业环境。由于总体烟气量少，相应的收尘系统也简单，例如冯苏冶炼厂其烟气量(标态)在最高的熔炼阶段也达不到 $30000\,m^3/h$，相当于两座反射炉的烟气量，从而极大地节省了收尘系统的投资和操作维护费用。

作为澳斯麦特技术关键的喷枪，由于可以通过外层套管中压缩空气的冷却，在外壁挂上一层渣，使喷枪不易被烧损，万一被烧损，修补也很方便。

澳斯麦特技术是典型的沉没熔炼技术，它的先进性主要表现在以下几个方面：

(1) 熔炼效率高、熔炼强度强。澳斯麦特技术的核心，是利用一根经特殊设计的喷枪插入熔池，空气和粉煤燃料从喷枪的末端直接喷入熔体中，在炉内形成一个剧烈翻腾的熔池，极大地改善了反应的传热和传质过程，加快了反应速度和提高了热利用率，有极高的熔炼强度。澳斯麦特炉单位熔炼面积的处理量(炉床指数)是反射炉的 10～20 倍。

(2) 处理物料的适应性强。由于澳斯麦特技术的核心是有一个翻腾的熔池，因此，只要控制好适当的渣型，选好熔点和酸碱度，对处理的物料就有较强的适应性。

(3) 热利用率高。由喷枪喷入熔池的燃料直接同熔体接触，直接在熔体表面或内部燃烧，从根本上改变了反射炉主要依靠辐射传热，热量损失大的弊病。炉内烟气经一个出口排出，烟气余热能量得到充分利用，使每吨锡的综合能耗有较大幅度下降。

(4) 环保条件好。由于烟气集中于一个炉子排出，容易解决烟气处理问题。因澳斯麦特炉开口少，整个作业过程处于微负压状态，基本无烟气泄露，无组织排放大幅度减少。此外，由于烟气集中，可以有效地进行 $SO_2$ 脱除处理，从根本上解决对环境的污染。

(5) 自动化程度高。基本上实现了过程计算机控制，操作机械化程度高，可大幅度减少操作人员，提高劳动生产率。

(6) 减少中间返回品占用。澳斯麦特熔炼过程可以通过调节喷枪插入深度、喷入熔体的空气过剩量或加入还原剂的量及加入速度等手段，控制反应平衡，从而控制铁的还原，制

取含铁量较低的粗锡，大大减少了返回品数量。

（7）占地面积小、投资省。炉子主体仅占地数十平方米，主体设备简单，投资省。

### 3.5.2　澳斯麦特炼锡炉及主要附属工艺设备

澳斯麦特炉炼锡系统一般分为熔炼系统、炼前处理系统、配料系统、供风系统、烟气处理系统、余热发电系统和冷却水循环系统等部分，如图5-3-8所示。设备连接如图5-3-9所示。

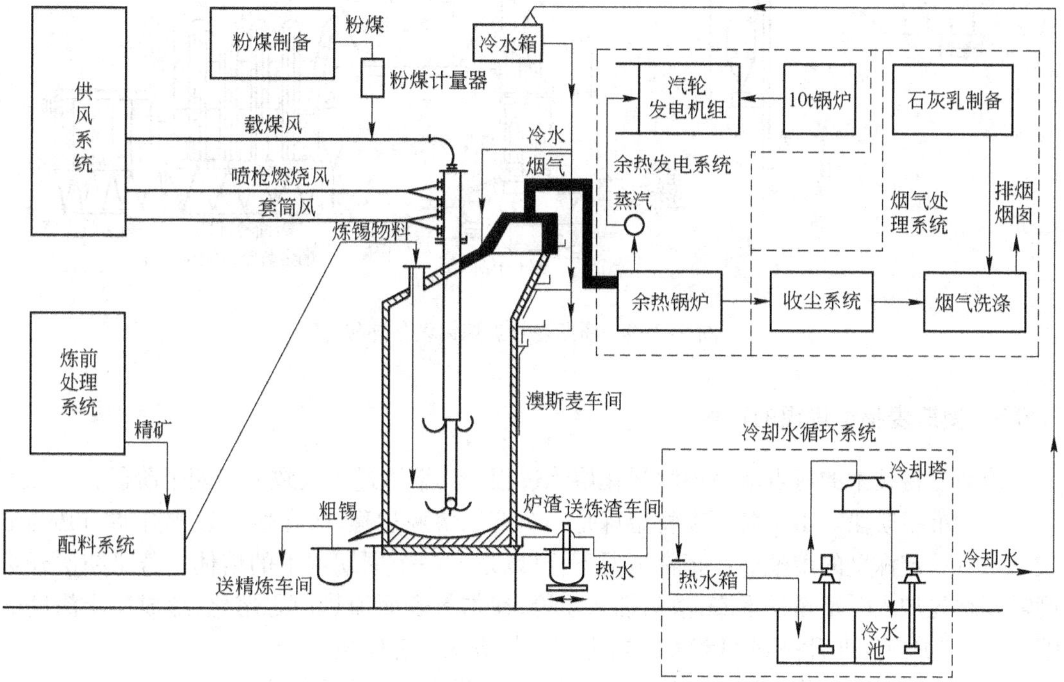


图5-3-8　澳斯麦特炉系统分类图

澳斯麦特炉是一个钢壳圆柱体，上接呈收缩的锥体部分，再通过过渡段与余热锅炉的垂直上升烟道连接，炉子内壁全部衬砌优质镁铬耐火砖。炉顶为倾斜的平板钢壳，内衬带钢纤维的高铝质浇注耐火材料，其上分别开有喷枪口、进料口、备用烧嘴口和取样观察口。在炉子底部则分别开有相互成90°角配置的锡排放口和渣排放口，渣口比锡口高出200 mm。

熔炼过程中，经润湿混捏的物料从炉顶进料口加入，直接跌入熔池，燃料（粉煤）和燃烧空气以及为燃烧过剩的CO、C和SnO、SnS等的二次燃烧（套筒）风均通过插入熔池的喷枪喷入。当更换喷枪或因其他事故需要提起喷枪保持炉温时，则从备用烧嘴口插入、点燃备用烧嘴。备用烧嘴以柴油为燃料。

喷枪是澳斯麦特技术的核心，它由经特殊设计的三层同心套管组成，中心是燃料通道，中间是燃烧空气，最外层是套筒风。喷枪被固定在可沿垂直轨道运行的喷枪架上，工作时随炉况的变化由DCS系统或手动控制上下移动。

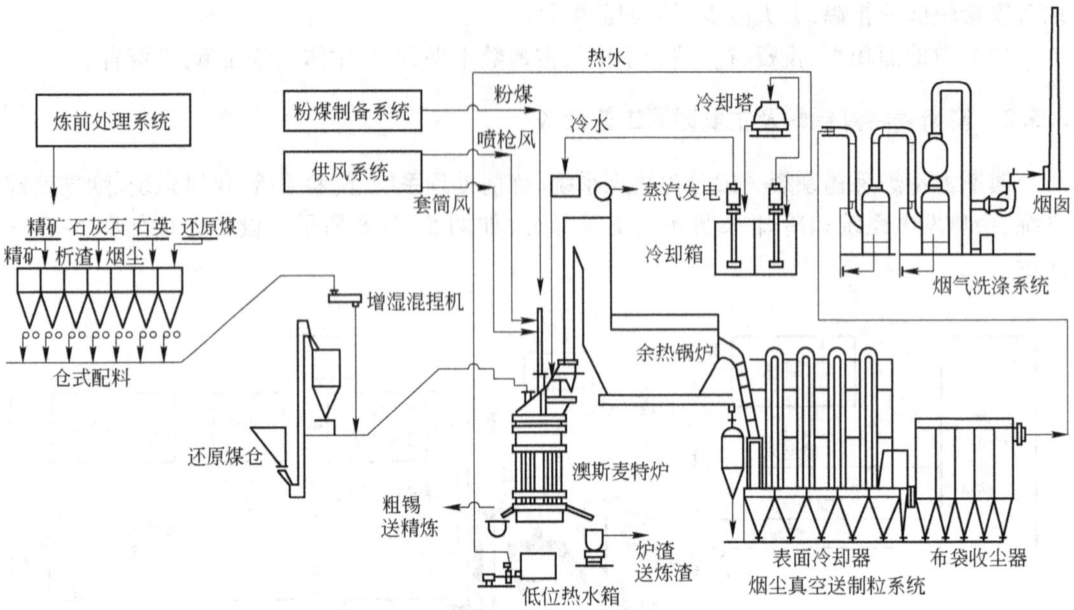


图 5-3-9 澳斯麦特炉炼锡设备连接

### 3.5.3 澳斯麦特炉炼锡的过程

澳斯麦特技术的特点就是熔池强化熔炼过程。其熔炼过程大致分为四个阶段：

(1) 准备阶段。由于澳斯麦特熔炼是一个熔池熔炼过程，故在熔炼过程开始前必须形成一个有一定深度的熔池。在正常情况下，可以是上一个周期留下的熔体。若是初次开炉则需要预先加入一定量的干渣，然后插入喷枪，在物料表面加热使之熔化，形成一定深度的熔池，并使炉内温度升高到1150℃左右即可开始进入熔炼阶段。

(2) 熔炼阶段。将喷枪插入熔池，控制一定的插入深度和压缩空气及燃料量，通过经喷枪末端喷出的燃料和空气造成剧烈翻腾的熔池。然后由上部进料口加入经过配料并加水润湿混捏过的炉料团块，熔炼反应随即开始。

随着熔炼反应的进行，还原反应生成的金属锡在炉底部积聚，形成金属锡层。由于作业时喷枪被保持在上部渣层下一定深度(约 200 mm)，故主要是引起渣层的搅动，从而可以形成相对平静的底部金属层。当金属锡层达到一定深度时，适当提高喷枪的位置，开口放出金属锡，而熔炼过程可以不间断。如此反复，当炉渣层达到一定深度时，停止进料，将底部的金属锡放完，就可以进入渣还原阶段。熔炼阶段耗时 8 ~9 个小时。渣还原阶段根据还原深度的不同分为弱还原阶段和强还原阶段。

(3) 弱还原阶段。弱还原阶段作业的主要目的是对炉渣进行轻度还原，即在不使铁过还原而生成金属铁，产出合格金属锡的条件下，使炉渣含锡从 10% 降低到 4% 左右。为此，这一阶段作业炉温要提高到 1200℃左右。这时要把喷枪定位在熔池的顶部(接近静止液渣表面)，同时快速加入块煤，促进炉渣中 $SnO_2$ 的还原。弱还原阶段作业时间约 20 ~40 min。作业结束后，迅速放出金属锡，即可进入强还原阶段。

(4) 强还原阶段。强还原阶段是对炉渣进一步还原，使渣中含锡量降至 1% 以下，达到可以抛弃的程度。这一阶段炉温要升高到1300℃左右，并继续加入还原煤。由于炉渣中含锡量已经较低，因此，不可避免地有大量铁被还原出来，所以，这一阶段产出的是 Fe - Sn 合金。强还原阶段约持续 2 ~4 h。作业结束后让 Fe - Sn 合金留在炉内放出大部分炉渣经过水淬后丢弃或堆存。炉内留下部分渣和底部的 Fe - Sn 合金，保持一定深度的熔池，作为下一作业周期的初始熔池。残留在炉内的 Fe - Sn 合金中的 Fe 将在下一周期熔炼过程中直接参与同 $SnO_2$或 SnO 的还原反应：

$$SnO_2 + 2Fe \longrightarrow Sn + 2FeO \tag{5-3-9}$$

$$SnO + Fe \longrightarrow Sn + FeO \tag{5-3-10}$$

因此，强还原阶段用于 Fe 的能源消耗而最终转化为用于 Sn 的还原。

### 3.5.4 澳斯麦特炉的富氧还原熔炼

#### 3.5.4.1 富氧熔炼的工艺流程

为进一步提高澳斯麦特炉还原熔炼锡精矿的效率，节约能源，减少排放，提高产量，从2006 年 10 月起，云南锡业股份有限公司冶炼分公司开展了"锡精矿顶吹沉没熔炼炉富氧熔炼工艺技术的开发与应用"项目的实施工作。研究和开发了锡精矿顶吹沉没熔炼炉富氧熔炼工艺技术，并应用这一技术对云南锡业股份有限公司冶炼分公司的澳斯麦特炉锡精矿熔炼系统进行了全面的技术改造，有效地提高了生产效率、降低了烟尘率，提高了锡冶炼回收率，降低了生产作业成本。锡精矿富氧还原熔炼的生产工艺流程如图 5-3-10 所示。

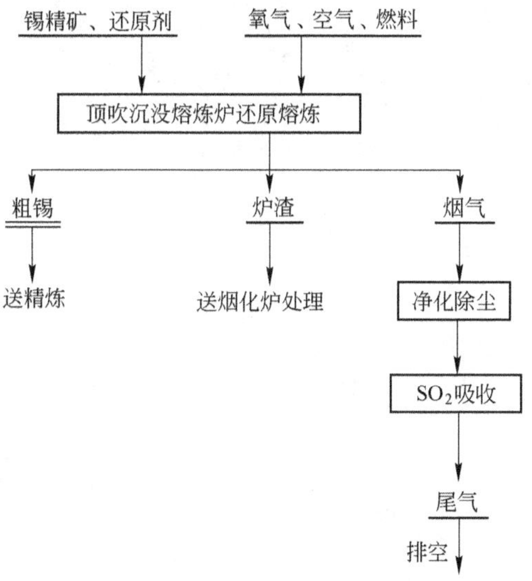


图5-3-10 锡精矿富氧还原熔炼的生产工艺流程

#### 3.5.4.2 锡精矿富氧熔炼的特点

锡精矿的还原熔炼与硫化铅精矿和硫化铜精矿等硫化矿的熔炼不同，由于锡精矿中的锡均以氧化态($SnO_2$)形态存在,因此,锡精矿的熔炼是还原熔炼,其主要反应为前面所述的化学反应(5-3-11)。

$$(SnO)_{渣} + CO = [Sn]_{金属} + CO_2 \quad (5\text{-}3\text{-}11)$$

在富氧熔炼的条件下,由于从喷枪鼓入熔池的气体中氧浓度大幅度提高,要使上述反应顺利进行,气氛的控制就显得非常重要。这也正是锡精矿的还原熔炼多年来未曾尝试过富氧熔炼的原因之一。

云锡在开发锡精矿富氧熔炼技术时,充分考虑了上述因素,在富氧气体与燃料的准确配入与完全燃烧上进行了认真分析和计算,确保在富氧喷入熔池的喷枪头处不出现氧化气氛,使得熔池中始终保持适度的还原气氛,以保证锡精矿的迅速有效还原,同时防止炉渣中的 FeO 氧化为磁性铁而产生泡沫渣的危险。

锡精矿富氧喷枪顶吹沉没熔炼工艺方法的主要优点在于:

(1) 在锡精矿喷枪顶吹沉没熔炼炉中采用富氧熔炼,在喷枪风中混入氧气,在单位时间内投入炉内的总气量不变的情况下,使得单位时间内加入熔池的氧量增加,随之单位时间内投入炉内的燃料量、能量和处理的物料量同步增加,锡产量也随之增加。

(2) 此种工艺方法使得熔炼速度和效率进一步提高,处理单位物料量的烟气量减少,烟尘率也随之降低,锡冶炼回收率进一步提高。

(3) 此种工艺方法,压缩空气与氧气混合后的富氧浓度在 25% ~40% 之间;与空气熔炼相比,处理量增加 20% ~50%,产量增加 20% ~50%,而尾气系统处理的烟气量与空气熔炼相比基本保持不变。

锡精矿富氧熔炼,大幅度提高了生产效率,取得了良好的节能效果、环保效果、资源综合利用效果和经济效果。

# 4 炼锡炉渣及低锡物料的处理

## 4.1 概述

随着锡矿床的不断开采，锡矿石品位逐渐下降，难选矿石逐渐增多，为了提高锡的选矿回收率，国内外都进行了大量的研究工作，对难选锡矿石要提高回收率，必须降低选矿富集比，即在降低精矿品位产出贫锡精矿或产出高品位锡精矿的同时，再产出锡中矿。贫锡精矿和锡中矿大多数是锡铁、锡硫结合致密，难以用物理方法使之分离而将锡富集到适合还原熔炼要求的品位，或因粒度太细，分选效率低，用现行传统的冶炼流程是无法处理的，必须研究适当的火法富集方法，得到适合于还原熔炼的产品。

在烟化炉处理富渣成功之前，是将富渣加石灰进鼓风炉再熔炼，产出铁锡合金和含锡1% ~3%的贫渣，铁锡合金返回和精矿一起熔炼，贫渣丢弃。

硫化挥发法处理锡中矿是在富锡炉渣硫化挥发的基础上发展起来的。硫化挥发法早在20世纪30年代就已经提出来了，各国在生产和试验中先后采用过鼓风炉、反射炉、沸腾焙烧炉、回转窑和悬浮焙烧炉等设备，都因挥发率不高等原因而未获推广。1954年苏联波多尔斯克冶炼厂首先采用烟化炉硫化挥发处理锡贫渣成功。1963年云南锡业公司采用烟化炉硫化挥发处理贫锡炉渣成功后，用烟化炉直接处理富锡炉渣，取代了传统的鼓风炉加石灰再熔炼法。1964年和1972年，云南锡业公司经过工业试验，烟化炉处理富中矿获得成功，取得了锡的挥发率在98%以上，烟尘含锡品位达到50%以上，弃渣含锡少于0.1%，粉煤消耗约22%等较好的技术经济指标。

锡中矿硫化挥发的成功，突破了传统的选矿和冶金技术的局限性，解决了矿山选矿和冶炼中精矿品位与回收率的矛盾，使锡的选冶回收率大幅度提高，是锡选矿和冶金史上的一次重大变革。

从理论到实践证明，硫化挥发法是目前世界上处理锡炉渣、锡中矿、贫锡精矿和低品位含锡物料最有效的手段。它是利用锡的硫化物的挥发性能与炉料中其他组元挥发性能的差别而达到分离和富集的目的。硫化挥发法工艺流程简单，物料的适应性强，锡的挥发效率高，机械化、自动化程度高，处理能力大，生产成本低，并为锡精矿所带入的铁找到了一条较为彻底的去路，避免了铁在冶炼过程中的恶性循环。现在，烟化炉硫化挥发已被世界各国炼锡厂广泛采用，并发展为富氧烟化。

## 4.2 硫化挥发的基本原理

### 4.2.1 硫化挥发的热力学基础

锡中矿硫化挥发是在锡炉渣硫化挥发的基础上发展起来的，理论和实践已经证明，硫化挥发法是目前世界上处理锡中矿、低锡精矿和锡炉渣最有效、最先进的技术。它利用锡化合物的挥发性能与炉渣中其他组元挥发性能的差别而达到分离和富集的目的。

含锡物料中锡可能存在的形态为：锡的氧化物（$SnO_2$、SnO）、锡的硫化物（SnS）和金属锡（Sn）。

锡的沸点很高（2623℃），在烟化炉作业温度（1150～1250℃）条件下，其饱和蒸气压很低，约为0.29～1.05 Pa。二氧化锡的沸点也很高。因此，在挥发过程中锡和二氧化锡的挥发量很少。氧化亚锡和硫化亚锡的沸点较低，在烟化炉作业温度条件下其饱和蒸气压较大，它们在锡的挥发过程中起着重要作用。

#### 4.2.1.1 氧化亚锡的挥发性能

在相同条件下，物质饱和蒸气压大小是衡量物质挥发能力高低的尺度。纯氧化锡的沸点为1430℃，其饱和蒸气压用下式计算：

$$\lg(p^{\ominus}_{SnO}/Pa) = -13161/T + 12.9 \qquad (5-4-1)$$

其饱和蒸气压计算值见表5-4-1。

**表5-4-1 氧化亚锡的饱和蒸气压**

| 温度/K | 1280 | 1350 | 1400 | 1500 | 1600 |
|---|---|---|---|---|---|
| $p^{\ominus}_{SnO}$/Pa | 415 | 1416 | 3157 | 13366 | 47247 |

氧化亚锡（SnO）是一个不稳定的化合物，根据研究，在温度383℃时SnO(s)稳定，在383～1100℃范围内SnO(s)不稳定，而SnO(g)是稳定的，在高于1100℃时，SnO(l)和SnO(g)稳定存在。氧化亚锡挥发能力的大小除与温度有关外，还与熔体中氧化亚锡的活度、气相氧分压有关。

气相氧分压的控制按一氧化碳燃烧反应进行调节：

$$CO + \frac{1}{2}O_2 = CO_2$$

$$\Delta G^{\ominus} = -280960 + 85.23T \quad (J)$$

$$\lg(\%CO_2/\%CO) = 1064.5/T - 0.017 \qquad (5-4-2)$$

式(5-4-2)是氧化亚锡最佳挥发时应控制的$\%CO_2/\%CO$比值条件。其对应的温度、$p_{O_2}$、$\%CO_2/\%CO$、$\%CO_2$和%CO见表5-4-2。

**表5-4-2 氧化亚锡最佳挥发温度与气相组成的关系**

| 温度 $T$/K | $\lg p_{O_2}$ | $\%CO_2/\%CO$ | $\%CO_2$ | %CO |
|---|---|---|---|---|
| 1373 | -5.96 | 5.74 | 84.54 | 15.46 |
| 1473 | -4.61 | 5.08 | 83.55 | 16.45 |
| 1573 | -3.84 | 4.57 | 82.05 | 17.95 |
| 1673 | -2.40 | 4.16 | 80.62 | 19.38 |

实际含锡物料中氧化亚锡的挥发，随着锡品位的不断降低，氧化亚锡的挥发愈来愈困难，加之与渣中的$SiO_2$结合生成$SnO \cdot SiO_2$，氧化亚锡的挥发就更为困难。

#### 4.2.1.2 硫化亚锡的挥发性能

硫化亚锡（SnS）的沸点较低，约为1209℃，其饱和蒸气压与温度的关系为：

$$\lg(p_{(SnS)}/Pa) = -10099/T + 11.822 \qquad (5-4-3)$$

实际测定的硫化亚锡的饱和蒸气压见表5-4-3。

**表 5-4-3　实际测定的硫化亚锡的饱和蒸气压与温度的关系**

| 温度 $T$/K | 1273 | 1373 | 1503 |
|---|---|---|---|
| $p_{(SnS)}$/Pa | 7733 | 30530 | 101323 |

实测沸点比按式(5-4-3)计算的要高一些，主要是由于气态中除了 SnS 单分子存在外，还有部分聚合分子$(SnS)_2$存在，是导致沸点差异的原因。Sn－S 系中有两个稳定的化合物 SnS 和 $SnS_2$，一个不稳定的包晶化合物 $Sn_2S_3$，锡的硫化物与其他多价氧化物和硫化物一样，高温时高价硫化物不稳定，将逐级分解为稳定的低价硫化亚锡。

渣中硫化亚锡的挥发能力与温度有关，还与渣中硫化亚锡的活度有关。渣中硫化亚锡的蒸气压按下式计算：

$$p_{(SnS)} = p^{\ominus}_{(SnS)} \cdot \alpha_{(SnS)} \tag{5-4-4}$$

根据熔体中的反应：

$$[Sn] + \frac{1}{2}S_2 = (SnS) \tag{5-4-5}$$

$$\Delta G^{\ominus}_{\alpha} = -139846 + 64.8T \quad (J)$$

反应的标准自由焓 $\Delta G^{\ominus}_{\alpha}$ 和硫化亚锡的标准分解压 $p^{\ominus}_{S_2,(SnS)}$ 见表 5-4-4。

**表 5-4-4　渣中硫化亚锡的标准生成自由焓和标准分解压**

| 温度 $T$/K | 1000 | 1100 | 1200 | 1300 | 1400 | 1500 |
|---|---|---|---|---|---|---|
| $\Delta G^{\ominus}_{\alpha}$/J | －78986 | －69810 | －62045 | －55446 | －48848 | －43924 |
| $p^{\ominus}_{S_2,(SnS)}$/Pa | $5.7\times10^{-4}$ | $2.4\times10^{-2}$ | 0.4 | 3.6 | 23.2 | 116.3 |

由表 5-4-4 可知，渣中硫化亚锡的标准分解压随温度升高而增大，渣中硫化亚锡的标准分解压是温度和组成的函数：

$$p_{S_2,(SnS)} = p^{\ominus}_{S_2,(SnS)} \cdot \alpha^2(SnS)/\alpha^2[Sn] \tag{5-4-6}$$

恒温时，实际控制气相硫分压 $p_{S_2}$：

$p_{S_2} > p_{S_2,(SnS)}$，(SnS)生成

$p_{S_2} = p_{S_2,(SnS)}$，反应平衡

$p_{S_2} < p_{S_2,(SnS)}$，(SnS)分解

因此，渣中硫化亚锡挥发过程，必须保持气相硫分压 $p_{S_2}$ 大于渣中硫化亚锡的分解压 $p_{S_2,(SnS)}$（平衡压力），硫化亚锡才能稳定存在而挥发，否则，硫化亚锡将分解为 Sn(l) 和 $S_2$，影响锡的硫化挥发。由式(5-4-4)可知，随着渣含锡量的不断降低或金属相中含锡量很低，即 α(Sn) 或 α[Sn] 降低，渣中硫化亚锡的分解压 $p_{S_2,(SnS)}$ 将增大，也即由于溶液的存在，要使渣中的锡（无论什么形态）完全挥发是不可能的，部分锡损失于渣中是不可避免的。

综上所述，渣中硫化亚锡的挥发与氧化亚锡的挥发有相似之处，它们都随温度的升高而升高，其分解压和饱和蒸汽压都增大，有利于锡的挥发；不同之处是硫化亚锡的挥发要求控制气相硫势（$RT\ln p_{S_2}$）大于渣中硫化亚锡的硫势（$RT\ln p_{S_2,(SnS)}$），而渣中氧化亚锡的挥发，要求控制氧势（$RT\ln p_{O_2}$）等于纯二氧化锡的氧势（$RT\ln p^{\ominus}_{O_2,SnO_2}$）；在相同条件下，渣中硫化亚锡的挥发能力比氧化亚锡的挥发能力大得多。

4.2.1.3 锡的硫化反应

目前,烟化炉处理锡中矿和富锡炉渣等含锡物料最常用的硫化剂是黄铁矿($FeS_2$),黄铁矿受热时发生热离解反应:

$$FeS_2(s) = FeS(s) + \frac{1}{2}S_2 \tag{5-4-7}$$

$$\Delta G^{\ominus} = 182004 - 187.65T \quad (J) \quad (903 \sim 1033K)$$

$$FeS(s) = Fe(s) + \frac{1}{2}S_2 \tag{5-4-8}$$

$$\Delta G^{\ominus} = 125078 - 37.54T \quad (J) \quad (598 \sim 1468K)$$

它们的标准分解压见表 5-4-5。

**表 5-4-5 $FeS_2$和 FeS 的标准分解压**

| 温度 $T$/K | 903 | 970 | 1000 | 1033 | 1100 | 1200 | 1300 | 1400 | 1500 |
|---|---|---|---|---|---|---|---|---|---|
| $p^{\ominus}_{S_2,FeS_2}$/Pa | $10^{3.48}$ | $10^{5.00}$ | $10^{6.00}$ | $10^{6.20}$ | | | | | |
| $p^{\ominus}_{S_2,FeS}$/Pa | $10^{-6.96}$ | $10^{-5.96}$ | $10^{-5.17}$ | $10^{-4.69}$ | $10^{-3.60}$ | $10^{-2.44}$ | $10^{-1.39}$ | $10^{-0.59}$ | $10^{-0.22}$ |

凡是分解压比硫化亚锡大的硫化物均能使锡硫化,这种硫化物叫做锡的硫化剂。表 5-4-5中所示,在相同的温度条件下,$FeS_2$的标准分解压比表 5-4-4 中所示的硫化亚锡的标准分解压大得多,故 $FeS_2$是锡的较强的硫化剂;FeS 的标准分解压较低,是锡较弱的硫化剂,尽管 FeS 的标准分解压比硫化亚锡的标准分解压低,但处于熔体中的硫化亚锡的分解压更低,故 FeS 可以硫化熔体中的锡。

在还原气氛条件下,主要的硫化反应是气相硫的硫化反应,特别是气相硫硫化金属形态锡的反应。因此,烟化作业过程中在保证烟化过程正常进行的条件下,应尽可能控制较强的还原气氛,有利于增大反应进行的趋势和反应速度。

### 4.2.2 硫化挥发的动力学基础

要把硫化挥发的可能性变成生产的现实性,还要研究含锡物料硫化挥发的速率。要强化硫化挥发生产过程,提高生产速率,就必须研究反应物是如何变成产物的,即它们所经历的时空 - 反应机理,以及影响含锡物料硫化挥发的速率因素。

含锡物料硫化挥发反应属于多相反应,大部分反应均属多相反应,包括了气 - 固、气 - 液、液 - 液、液 - 固、固 - 固等多相反应。硫化挥发过程的反应之多,反应物和产物可能有多种相态存在,因而整个硫化挥发过程是十分复杂的反应体系。目前,尽管冶金动力学的研究已经有了很大的发展,但对硫化挥发过程的动力学的研究尚不多,还处在大量积累资料的阶段,完善的理论迄今尚未出现。

4.2.2.1 硫化挥发的动力学机理

含锡物料在硫化挥发过程中,由于控制的温度条件不同,反应物与产物的相态不同,其动力学机理也不同。

A 含锡物料在固态下硫化挥发的机理

含锡物料在固态下硫化挥发主要是气 - 固反应类型,如回转窑、短窑、鼓风炉的硫化挥

发,其动力学机理为:

(1) 硫化剂分子 $S_2$ 由气相中向气－固相界面扩散(外扩散)及 $S_2$ 分子通过固体孔隙和裂缝深入到含锡物料颗粒内部的扩散(内扩散),在硫化剂向内扩散的同时,固相反应物中的金属 Sn (包括 $Sn^{2+}$、$Sn^{4+}$)向外扩散。

(2) $S_2$ 分子在相界面上发生物理吸附和化学吸附。

(3) 被吸附的 $S_2$ 在相界面上与 Sn(包括 $Sn^{2+}$、$Sn^{4+}$)发生化学反应,并生成吸附态的 SnS(g)(包括 SnS(g)气核形成等)。

(4) SnS(g)产物的脱附。

(5) SnS(g)通过多孔产物层(脉石或固态渣)的内扩散和固－气边界层 (气膜)的外扩散离开反应界面并向气流本体中扩散。

B 液态含锡物料硫化挥发的动力学机理

在高温下含锡物料呈液态,硫化挥发的反应主要为气－液反应类型,其动力学机理为:

(1) 气相反应物分子 $S_2$ 由气相中向气－液界面扩散,渣相中的反应物 (Sn、$Sn^{2+}$、$Sn^{4+}$、$S^{2-}$)由渣相向液－气界面扩散;扩散阻力往往集中在渣相内部一侧的液膜的边界层内。

(2) 反应物分子 ($S_2$、Sn 等)在气－液界面上发生化学吸附。

(3) 被吸附的分子或原子或离子在气－液界面上发生界面化学反应 (包括 SnS(g)气核形成等)。

(4) 产物分子 SnS(g)在气－液界面上脱附。

(5) 产物分子 SnS(g)离开相界面通过边界层(气膜)向气相本体扩散。

#### 4.2.2.2 影响烟化炉硫化挥发的动力学因素

影响烟化炉硫化挥发的动力学因素主要有温度、物料状态及性质、硫化剂、气氛、气流速度、燃料燃烧等因素。

## 4.3 烟化炉操作实践

### 4.3.1 烟化炉原则生产工艺流程

烟化炉原则工艺流程示意图如图 5-4-1 所示。

### 4.3.2 烟化炉的主要技术操作条件

| | 2.6 $m^2$ 烟化炉 | 4 $m^2$ 烟化炉 |
|---|---|---|
| 进料量/t · 炉$^{-1}$ | 6 ~ 7 | 13 ~ 15 |
| 炉床能力/t · ($m^2$ · d)$^{-1}$ | 21 ~ 27 | 17 ~ 25 |
| 弃渣含锡/% | < 0.02 | < 0.02 |
| 炉温/℃ | 1150 ~ 1250 | 1250 ~ 1350 |
| 冷却出水温/℃ | 60 | 130 ~ 140(汽化温度) |
| 一次风压/Pa | (0.6 ~ 0.7) × $10^5$ | (0.6 ~ 0.7) × $10^5$ |

| | | |
|---|---|---|
| 二次风压/Pa | $(0.9\sim1.1)\times10^5$ | $(0.9\sim1.1)\times10^5$ |
| 风量(标态)/$m^3\cdot h^{-1}$ | 4500～5000 | 7000～8000 |
| 炉内压力/Pa($mmH_2O$) | -30～-100(-3～-10) | -30～-100(-3～-10) |
| 冲渣水压/Pa | $>2\times10^5$ | $>2\times10^5$ |
| 风煤比 | 0.7～0.9 | 0.7～0.9 |

对粉煤的要求：粒度<0.074 mm(-200 目)不小于 80%，水分<1.5%。

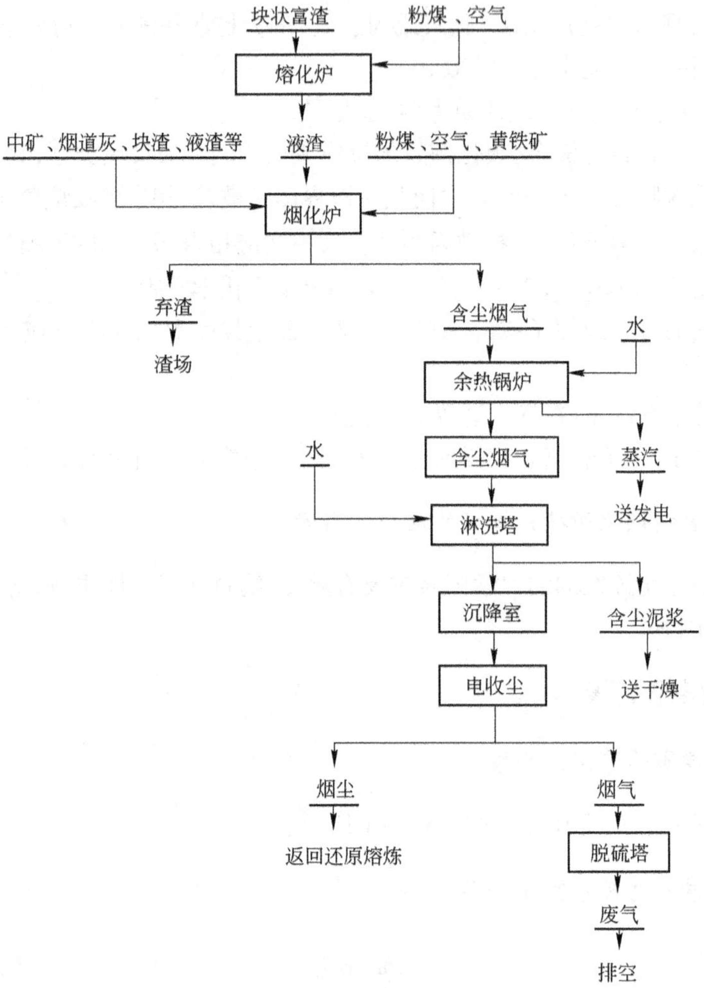


图 5-4-1　烟化炉原则工艺流程示意图

### 4.3.3　烟化炉的构造

各个炼锡厂的烟化炉虽然由于生产规模不同而大小不等，但其构造基本相同，主要包括水套、三次风口、加料口、放渣口、风嘴、风管、煤管、千斤顶、加固装置等。

## 4.4　烟化炉的产物和指标

### 4.4.1　烟化炉的产物

烟化炉硫化挥发的主要产物是含锡烟尘、烟道灰、弃渣和烟气。由于各厂具体工艺的区别,其产物也不同。如果配有淋洗塔,产物还有淋洗尘;如果配有表面冷却器,产物还有表冷尘。烟道灰返回烟化炉处理,弃渣丢弃,烟气经脱出二氧化硫后排空,含锡烟尘返回锡粗炼,淋洗尘、表冷尘等则视其含锡品位选择不同的工艺返回处理。

烟化炉的主要产物含锡烟尘品位很高,一般在50%。我国的含锡烟尘品位一般在45%～50% Sn。

烟化炉产出的废烟气量很大,烟气的废热利用大有潜力,可以预热空气,可以发电,这是国内外已经采用的回收废热以达到综合节能的主要方法。

### 4.4.2　烟化炉的指标

#### 4.4.2.1　床能力

生产中床能力有较大波动,与炉料组成,含锡品位,渣型,弃渣含锡量,煤质和操作水平等诸多因素有关。目前云锡公司2.6 $m^2$ 的烟化炉床能力为28～32 t/($m^2$·d);4 $m^2$ 的烟化炉为23～26 t/($m^2$·d);未配备熔化炉处理锡中矿的床能力:2.6 $m^2$ 的炉子为18～22 t/($m^2$·d);4 $m^2$ 的炉子为16～18 t/($m^2$·d)。

#### 4.4.2.2　燃料消耗和热平衡

国外锡烟化炉燃料用粉煤、燃油、燃气者均有,我国烟化炉所用燃料均为粉煤。燃料的消耗是烟化炉作业费用中最大的一笔,用粉煤作为燃料,要求含水量低于1.5%,粒度为147μm(-100目),其中74μm(-200目)者大于80%。粉煤粒度大小对燃料消耗有影响,粒度大不能充分燃烧,部分被带到烟道燃烧,煤耗增大。

烟化炉的炉气热损失占总热损失的45.9%～60.74%,占燃料发热量的65.6%～71.6%,水冷或蒸汽冷却带走的热量占燃料燃烧发热量的22.7%～56.4%;弃渣带走的热与熔渣带入的热大体平衡。因此,冷却水或蒸汽和炉气大有回收和利用余热的潜力。提高烟化炉设备效率的最大潜力就是充分利用二次热源,使烟化炉成为高效节能设备。如何利用二次能源,国内外都做过多方面的努力,一是在烟化炉后烟道安装余热锅炉,以蒸汽形式回收或用以发电;二是将烟化炉的水冷却改为汽化冷却,成为低压锅炉的一部分,同时可以提高烟化炉炉温;三是利用炉气中的余热预热空气进行吹炼,既可提高炉温,缩短吹炼周期,还可大大降低能耗。弃渣带走的热,目前难以利用,今后有可能被利用。

#### 4.4.2.3　锡的挥发率和弃渣含锡量

锡的挥发率和弃渣含锡量彼此相关。弃渣含锡量规定的标准各厂不一样,国内外一般弃渣含锡量为0.1%～0.3%,其挥发率一般为90%～99%。根据烟化炉处理的物料,弃渣含锡量作一定的控制,挥发率为97%是合理的指标。

#### 4.4.2.4　煤的单耗

煤的消耗费用是烟化炉成本的主要组成部分。因此，在保证锡的挥发率和炉子处理量的前提下，尽可能降低煤耗。

#### 4.4.2.5　黄铁矿单耗

黄铁矿单耗也叫黄铁矿率，指单位重量的炉料所消耗的黄铁矿量。各炼锡厂不一样，这主要取决于炉渣的含锡量、黄铁矿的含硫量高低和加入方式以及操作工人的技术水平等因素。按反应 $S + Sn = SnS$ 计算，1 kg 锡需要加硫 0.27 kg，硫的实际加入量是理论需要量的 2～3倍。黄铁矿量不能过多和过少，过多不但会造成黄铁矿的浪费，增加成本，增加对环境的污染，增加炉渣量，从而增加炉渣带走的锡量，降低锡的回收率，而且会增加炉渣爆炸的可能性；过少会延长吹炼时间，增加煤耗和成本，降低炉床能力，在加黄铁矿期间，要保持良好的抽风，避免锡的无组织排放损失。

#### 4.4.2.6　电的单耗

电的单耗是指处理 1 t 炉料所消耗的电量。电耗的高低取决于一个工厂的机械化、自动化水平和管理水平等因素。除煤以外，电是烟化炉第二大的成本支出，主要为空压机的电耗，所以，应加强烟化炉与空压机的管理，减少空压机的空开时间，提高空压机的效率，尽可能降低电耗。

## 4.5　烟化炉富氧熔炼简介

2007 年，云南锡业股份有限公司冶炼分公司成功开发应用了低锡物料烟化炉富氧侧吹烟化挥发技术。通过自主创新，研究开发了低锡物料烟化炉富氧侧吹烟化工艺技术，攻克了低锡物料烟化炉富氧还原熔炼过程中还原气氛控制的关键技术，并应用于工业生产。在单位时间内投入炉内的总气量不变的情况下，使得加入烟化炉的氧量增加，随之投入炉内的燃料量、能量和处理的物料量同步增加，熔炼速度和效率进一步提高，处理单位物料量的烟气量减少，锡冶炼回收率进一步提高。与原空气还原熔炼相比，处理量增加 46%，而尾气系统处理的烟气量基本保持不变。

通过烟化炉富氧熔炼，有效地发挥了锡烟化炉硫化挥发的效能，提高了烟化炉的炉床能力，解决了炼锡澳斯麦特炉与烟化炉产能不匹配的矛盾，同时也提高了烟化炉的热利用率、增加了发电量，降低了煤耗，能源和资源得到充分利用。

# 5　粗锡的精炼

## 5.1　概述

### 5.1.1　杂质对锡性质的影响

锡精矿还原熔炼产出的粗锡含有许多杂质，即使是从富锡精矿炼出的锡其纯度通常也不能满足工业上的要求。为了达到标准牌号的精锡，总要进行锡的精炼。

粗锡中常见的杂质有铁、砷、锑、铜、铅、铋和硫，对锡的性质影响较大。

（1）铁。含铁量为0% ~0.05%，对锡的腐蚀性和可塑性没有明显的影响；含铁量达到百分之几后，锡中有 $FeSn_2$ 化合物生成，锡的硬度增大。

（2）砷。砷有毒。包装食品和生活用品的锡箔、镀锡薄板用的锡，含砷量限定在0.015%以下。砷引起锡的外观和可塑性变坏，增加锡液的黏度。含有 0.055% As，锡的硬度增至布氏硬度 8.7，锡的脆性也增大，锡的断面成粒状。

（3）锑。含锑量为 0.24%，对锡的硬度和其他力学性能没有显著的影响。含锑量升高到 0.5%，锡的伸长率降低，硬度和抗拉强度增加，但延展性不变。

（4）铜。用作镀层的锡含铜量越少越好，因为铜不仅会形成有毒的化合物，还会降低镀层的稳定性。含有约 0.05% Cu，会增加锡的硬度、抗拉强度和屈服点。

（5）铅。镀层用的锡含铅量不应大于 0.04%，因为铅的化合物有毒性。用于马口铁镀锡的精锡近年要求含铅量更低，最好能低于 0.01%，以保证食品的质量。

（6）铋。含铋量为 0.057% 的锡，抗拉强度极限为 13.72 MPa（纯锡为 18.62 ~20.58 MPa），布氏硬度为 4.6（纯锡为 4.9 ~5.2）。

（7）铝和锌。在镀锡中含铝量或含锌量不应大于 0.002%。含锌量大于 0.24%，锡的硬度增加 3 倍，并降低锡的伸长率。

### 5.1.2　粗锡的一般成分及精锡标准

各冶炼厂生产的粗锡成分波动范围很大，这主要取决于锡精矿的成分、炼前处理作业及处理的工艺流程等。一般而言，粗锡成分大体可分为三类，一类是处理冲积砂矿所获得的很纯的净锡精矿，含锡量在 75% 以上，含杂质很少，采用反射炉两段熔炼，其粗锡含锡量在 99% 以上，只含少量的杂质；第二类是处理脉锡矿所获得的含锡量在 50% 以上的锡精矿，经过炼前处理除去部分杂质后采用一段还原熔炼，其粗锡含锡量 99% 以上，含有较高的杂质元素；第三类是处理脉锡矿所获得的含锡量约为 40% 的锡精矿，其他杂质含量高，又没有炼前处理作业，其粗锡品位在 80% 左右，粗锡中杂质元素含量高。粗锡的一般成分见表 5-5-1。

锡锭的化学成分，应符合表 5-5-2 的规定。

表 5-5-1 粗锡的一般成分(质量分数) (%)

| 编号 | 化学成分 | | | | | | |
|---|---|---|---|---|---|---|---|
| | Sn | Fe | As | Pb | Bi | Sb | Cu |
| Ⅰ | 99.79 | 0.0089 | 0.010 | 0.012 | 0.0025 | 0.005 | 0.002 |
| Ⅱ | 99.83 | 0.0144 | 0.0183 | 0.031 | 0.003 | 0.010 | 0.025 |
| Ⅲ | 94.68 | 1.25 | 1.07 | 1.19 | 0.05 | 1.22 | 0.20 |
| Ⅳ | 96.47 | 0.615 | 0.88 | 1.35 | 0.02 | 0.69 | 0.32 |
| Ⅴ | 79.99 | 3.11 | 3.82 | 9.07 | 0.295 | 0.096 | 1.29 |
| Ⅵ | 81.54 | 3.25 | 3.33 | 9.14 | 0.184 | 0.094 | 1.07 |

表 5-5-2 锡锭的化学成分(质量分数)(GB/T 728—1998) (%)

| 代号 | Sn(不小于) | 杂质(不大于) | | | | | | | | | |
|---|---|---|---|---|---|---|---|---|---|---|---|
| | | As | Fe | Cu | Pb | Bi | Sb | Cd | Zn | Al | 总和 |
| Sn99.99 | 99.99 | 0.0005 | 0.0025 | 0.005 | 0.0035 | 0.0025 | 0.0020 | 0.0003 | 0.0005 | 0.0005 | 0.01 |
| Sn99.95 | 99.95 | 0.003 | 0.004 | 0.004 | 0.010 | 0.006 | 0.014 | 0.0005 | 0.0008 | 0.0008 | 0.05 |
| Sn99.90 | 99.90 | 0.008 | 0.007 | 0.008 | 0.040 | 0.015 | 0.020 | 0.0008 | 0.001 | 0.001 | 0.10 |

### 5.1.3 锡的精炼方法

精炼锡通常采用火法冶金和湿法冶金(电解)两种方法。

火法精炼锡的过程是由一系列的连续作业组成的,其中每一种作业能够除去一种或两种杂质。火法的优点是生产能力较高,并且不使金属长期停滞在生产过程中,积压的锡量少。此外,火法精炼使杂质能够依次地提取出来,并富集于各种精炼渣中,这就为综合回收这些金属提供了条件。

国内外炼锡厂多数厂是以火法精炼为主,辅以电解精炼,少数冶炼厂采用全电解精炼。火法精炼是利用锡与杂质对氧、硫和氯的亲和力的差别,以及与杂质生成不溶于液体锡的化合物的药剂作用,来达到精炼目的。这些工序具有一个共同的特点,即生成的化合物杂质浮在液体锡上,可以固体或黏性产物的形式从金属表面捞去。

## 5.2 锡的火法精炼

### 5.2.1 火法精炼的原则工艺流程

各炼锡厂粗锡所含杂质不同,生产规模不同,以及原料供应及设备条件不一样,因而火法精炼流程也不一样。对于熔炼含杂质少的高品位精矿所产的粗锡,如马来西亚、泰国等,只用1～2道火法精炼作业就能得到高级精锡,精炼回收率达到99.45%。处理粗锡含杂质量高的火法精炼流程比较长。我国某冶炼厂,由于粗锡杂质含量高,采用图5-5-1所示的火法精炼流程,其中每一道作业除去一种或两种杂质,而有的杂质在几道作业中逐步除去。例如砷就在三道作业中相继除去(离心除铁、砷,凝析除铁、砷,加铝除砷、锑)。

### 5.2.2 熔析、凝析法除铁、砷

熔析法、凝析法的理论根据是:铁、砷等杂质在锡液中与锡生成的高熔点金属间化合物

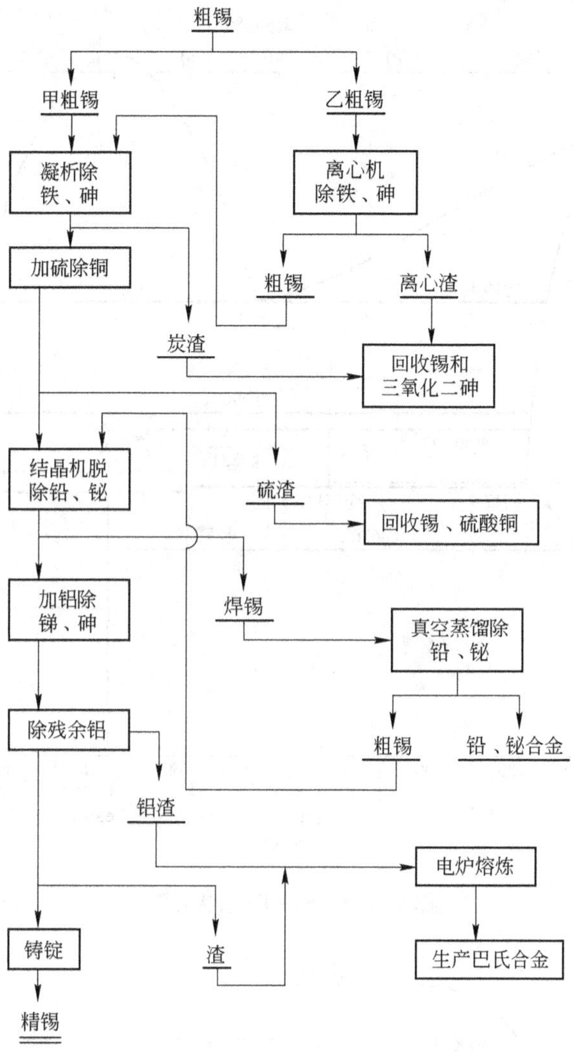


图5-5-1　锡火法精炼原则工艺流程

在锡液中的溶解度随温度的升高而增大。熔析法将含铁、砷量高的固体粗锡(生产中称为乙粗锡),加热到锡的熔点以上,高熔点金属间化合物保持固体状态,而锡熔化成液体,分开固体和液体,从而使锡与铁、砷分离;相反,凝析法是将含铁、砷量低的已熔成液体的粗锡(称为甲粗锡)降温,由于溶解度的降低,铁、砷及其化合物结晶成为固体析出,分离出固体后,得到较纯的液体锡,达到锡与铁、砷分离的目的。

### 5.2.2.1　熔析法、凝析法除铁、砷的原理

锡精矿还原熔炼得到的乙粗锡是以锡为主含铁、砷量较高的粗锡,一般含1.5%~5% As,含1%~10% Fe。根据Sn-Fe系状态图(图5-5-2),锡和铁生成$Fe_3Sn$、$Fe_3Sn_2$、$Fe_{1.3}Sn$、FeSn、$FeSn_2$等金属间化合物。取Sn-Fe系的富锡端部分状态图(图5-5-3)说明加热过程中铁与锡分离的情况,当温度升高到232℃,开始熔析出较纯的液体锡并不断移去,在温度232~496℃间,铁以$FeSn_2$化合物的形式保持固体状态留在粗锡残锭上。当温度由496 ℃

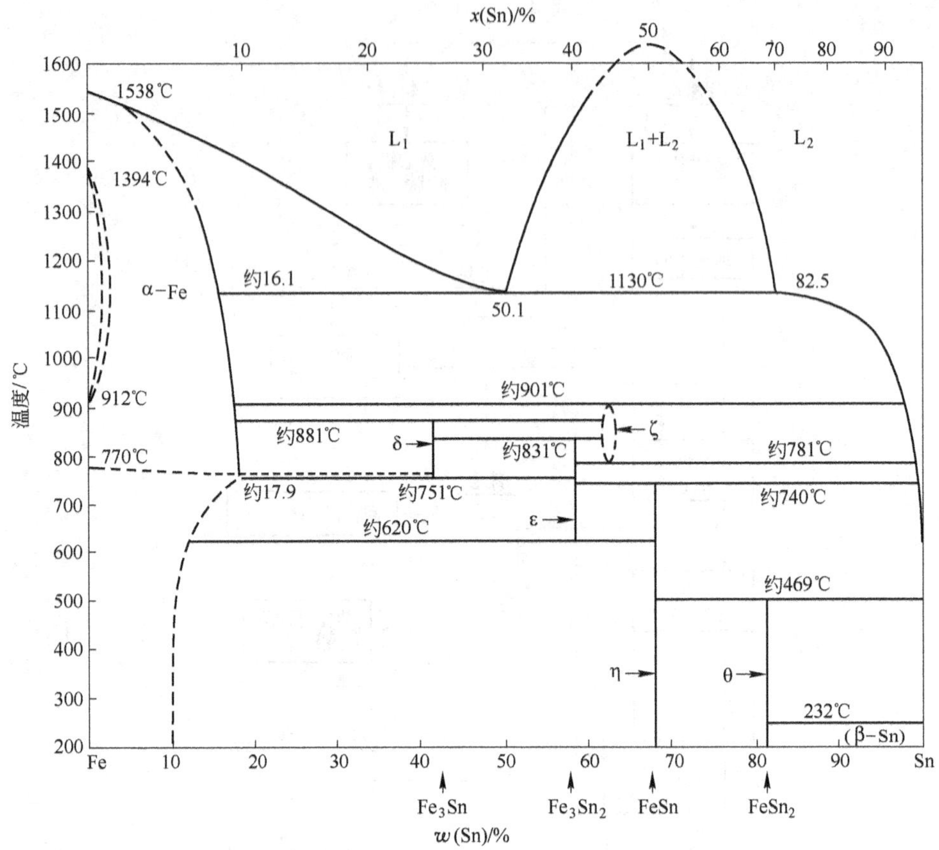


图 5-5-2 Sn - Fe 系状态图

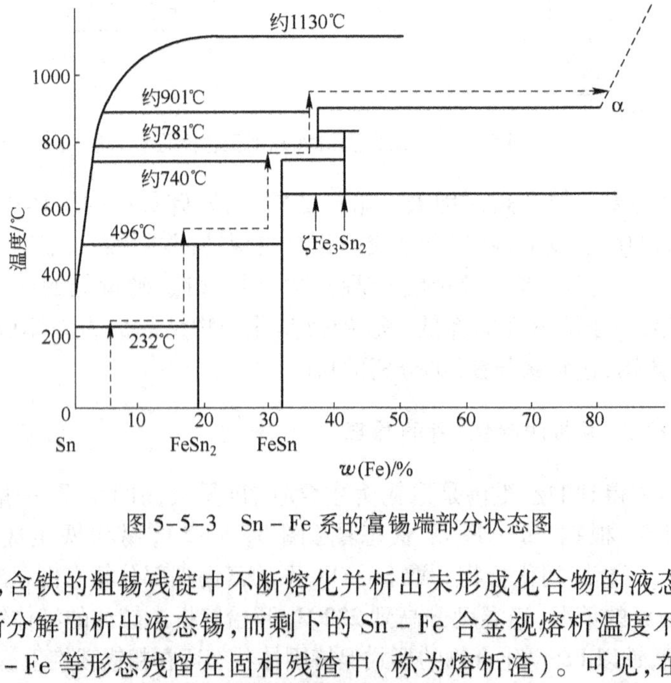


图 5-5-3 Sn - Fe 系的富锡端部分状态图

升高到901℃时，含铁的粗锡残锭中不断熔化并析出未形成化合物的液态残锡外，同时金属间化合物不断分解而析出液态锡，而剩下的 Sn - Fe 合金视熔析温度不同分别以 FeSn、$Fe_3Sn_2$、$Fe_3Sn$、α - Fe 等形态残留在固相残渣中（称为熔析渣）。可见，在升温过程中，固

体渣(熔析渣)含锡量逐渐降低,而含铁量逐渐升高;相反,熔析出的锡随温度升高,含铁量上升,其铁的溶解度值为:

| 温度/℃ | 400 | 500 | 600 | 700 | 800 | 900 |
|---|---|---|---|---|---|---|
| 铁在锡液中的溶解度/% | 0.024 | 0.082 | 0.22 | 0.8 | 1.6 | 2.8 |

从 Sn－As 系状态图(图 5-5-4)富锡端可以看出,砷或 $Sn_3As_2$ 化合物在锡液里的溶解度随温度的上升而增大。熔析温度在 232～596℃时,$Sn_3As_2$ 保持固体状态与锡液分离,当超过 596℃时,$Sn_3As_2$ 将熔化,失去除砷作用,故处理含砷量高而含铁量低的粗锡时,熔析温度应低于 596℃。

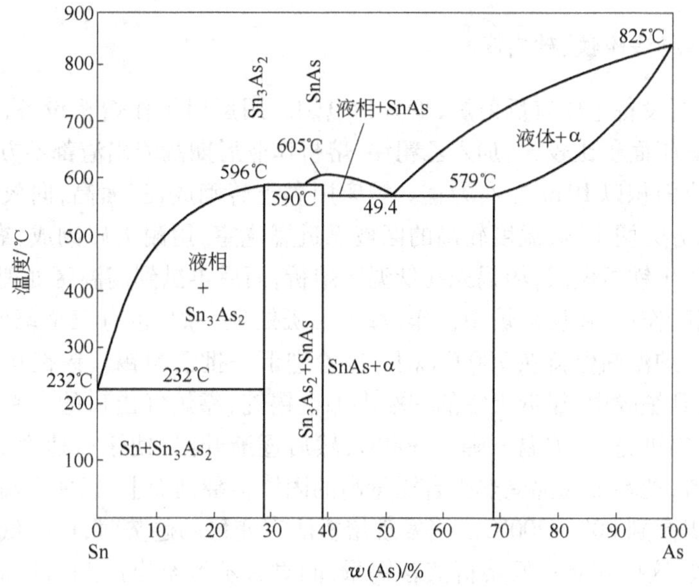


图 5-5-4　Sn－As 系状态图

粗锡中铁、砷同时存在,对熔析除铁、砷有利,因为铁对砷的亲和力大,生成两种化合物 $Fe_2As$(熔点 931℃)和 FeAs(熔点 1031℃),其间还有 ε 相($Fe_3As_2$)包晶化合物。这些化合物和 ε 相的熔点和分解温度都很高,而保留于熔析渣里。

粗锡中存在许多杂质,相互生成一些难熔化合物,表 5-5-3 列出可能存在的化合物,这些化合物在乙粗锡熔析时大部分留在固体渣(熔析渣)中,因此,熔析除铁、砷时,也附带除去一些别的杂质,如硫、锑、铜等。

**表 5-5-3　粗锡中可能存在的化合物**

| 化 合 物 | 熔点/℃ | 化 合 物 | 熔点/℃ |
|---|---|---|---|
| $FeSb_2$ | 729 分解 | $Fe_2As$ | 931 |
| FeS | 1190 | FeAs | 1031 |
| CuS | 1135 | $Cu_3As$ | 827 |
| SnS | 881 | $Cu_2Sb$ | 586 分解 |
| SnAs | 605 | $Cu_3Sb$ | 684 分解 |
| $Sn_3As_2$ | 596 | | |

熔析法可除去粗锡中大部分铁、砷，但不能使其含量达到符合精锡标准，因此，在熔析除铁、砷后粗锡需经凝析法处理。凝析法是将液体精锡降温，铁和砷在锡液中的溶解度减小，达到过饱和状态，形成固体析出而分离。

在锡的熔点232℃时，铁的溶解度为0.001%，在300℃时，铁的溶解度为0.0046%。因此，将粗锡液温度降低到锡的熔点附近，由锡液中凝析出 $FeSn_2$ 的细粒晶体，可使锡含铁量降低到约0.001%，能满足精锡的含铁量要求。

在相同温度下锡液能溶解的砷量比铁多。在232℃时，砷的溶解度为0.14%～0.18%。

锡液中若有铁和砷同时存在，对除砷有利，当温度一定时锡液中的 $m(As)/m(Fe)$ 比值减小时对砷在锡液中溶解度的影响有利。故锡液中有铁存在时有利于凝析除砷。

#### 5.2.2.2　熔析法除铁、砷实践

在炼锡厂熔析设备主要有反射炉，少数为电炉。用反射炉作熔析设备，其炉床为斜底，面积较小，如果炉床面积比较大，加入乙粗锡，熔析作业后期翻渣出渣都不方便，炉内各点温度也不均匀，炉床面积以10 $m^2$ 左右为宜。炉床用黏土砖砌成，三面高，向放锡口方向倾斜。也有的工厂炉床分为两个区，温度较高的区域靠近燃烧室，用耐火砖砌成，靠炉尾一端是温度较低的区域，用生铁板做成，粗锡先在低温区熔析，而后再扒到高温区处理。

熔析法为间断作业，在反射炉中操作，每个工班处理一炉，也有三个班处理四炉的。出完前一炉熔析渣，炉温尚保持在700℃以上，接着进下一批乙粗锡。锡锭从侧墙炉门加入，也有从炉顶加入到炉膛中，靠近火室的一端多加些锡锭，靠炉气出口的一端少些，使乙粗锡受热均匀。乙粗锡进完后，炉温下降至300℃，然后逐渐升温，使熔析速度加快。熔析过程到后期，开始翻渣，把料堆底部受热少含锡量高的固体料翻到面上，以便升高温度，降低含锡量，炉温相应地提高到800～900℃。当发现熔析渣有变稀的趋势时，应降低炉温，避免生成Sn－Fe合金大块，这样才能降低熔析渣含锡量，同时又不致给出渣和清炉造成困难。翻渣操作每炉2～3次。当熔析渣变成红色粒状，表面无锡珠，便可出渣。从开始进料到出渣完毕约4～7 h；但遇到处理含砷量高而含铁量很低的乙粗锡，因熔析温度不允许升得太快和过高（低于600℃），作业时间长达8～9 h。熔析控制的技术条件主要是温度。

#### 5.2.2.3　凝析法除铁、砷实践

火法精炼中凝析除铁、砷，加铝除锑、砷和加硫除铜所用的设备都由精炼锅的搅拌两部分组成。

在操作中，有的工厂采用空气、蒸汽吹炼液体锡。采用这种方法时，部分铁与其杂质一起除去。熔锡由沉降桶直接倒入大铸铁锅中，并鼓风或使蒸汽通过熔化的锡，使其“沸腾”。在靠近锅附近的鼓风管或蒸汽管内安装聚水器，因为液态水的任何“液滴”，若被鼓入熔融锡内，将引起猛烈爆炸。在金属表面上有糊状的浮渣生成，捞去浮渣。此外，有的炼锡厂，由于铅、砷、锑在焙烧时除去，铜、铋含量极少，需要除去的杂质只有铁，因此，只需将反射炉精锡冷却至300℃，用浮渣笼取去表面渣，吹入0.49 MPa的压缩空气保持温度400℃，扒渣两次，即得到精锡，全部过程只用3.5～5 h。

凝析除铁、砷，采取加锯木屑促使晶体悬浮物与液体锡达到分离。粗锡装锅后，锡液的温度为280～300℃，观察有无砷、铁化合物结晶析出。如果锡液的温度高，看不到砷、铁化

合物结晶析出时,则应降温搅拌,加入适量的锯木屑,捞去浮渣(炭渣),呈现洁净的锡液面。随着温度的逐步降低,砷、铁化合物结晶析出逐渐增多,如果粗锡含砷量多,含铁量很少,$Sn_3As_2$结晶析出,锡液面上有砂粒状耀眼的粒子,这时降温凝析、搅拌凝聚,投进锯木屑吸附,投入量以不影响旋涡正常为适度,并捞去浮渣。要多次降温、搅拌、加锯木屑、捞去浮渣,重复操作。粗锡含铁、砷量相等或含铁量比含砷量多的情况下,液态粗锡降温冷却时,铁和砷优先结合,生成 Fe - As 固体化合物。它们的密度小于锡液的密度,上浮在锡液表面,再加上它们凝聚性强,凝聚成非常黏稠的浮渣。这时开始搅拌并加入锯木屑,促使晶粒凝聚和上浮,锯木屑也增加这些浮渣的孔隙度,有助于锡液滴汇聚增大,穿过浮渣层回到锡液中。上述作业也要反复多次进行,直到将温度降至锡液熔点附近,强烈搅拌而不再析出渣子,则铁已除到 0.003% 以下,砷达到 0.03% 以下,完成凝析作业。

利用砷和铁的性质曾做过生产实验。粗锡中的砷除到 0.2% 以下时,往锡液中加入一些含铁量高的粗锡,而后凝析加锯木屑,可进一步降低砷在锡中的含量。但粗锡含砷量在 0.2% 以上时,补加铁就没有意义了。此时,没有铁的存在,砷不仅能以 $Sn_3As_2$的形式结晶析出,而且产出的晶体粒子相互碰撞而长大,无黏稠性。所产生的炭渣机械带走的锡很少。

### 5.2.3 离心机除铁、砷

无论是熔析法还是凝析法除铁、砷,其实质都是在一定的温度下,铁、砷和锡互相间生成不溶于液体锡的杂质结晶化合物,呈固体或浮渣状,用人工或简单机械从锡液表面捞去,达到除铁、砷的目的。人工捞渣,劳动强度大,作业环境差而且浮渣中残留大量的机械夹杂的锡,这既会给一步处理浮渣带来困难,也影响锡的回收率。

分离液、固相最有效方法之一为离心过滤法。但要在火法冶金中采用离心机技术,要解决许多工艺上的困难,首先是制造离心机的材料应能承受很高的温度,而且要具有很好的耐蚀性,其次设备结构要适用于液体锡与浮渣的分离。

第一台金属液离心机是 20 世纪 30 年代由维克托 · 杰 · 斯特伦斯在英国泰国河畔的纽卡斯尔设计制造的,用来旋转干燥精炼焊锡时得到的金属互化物浮渣。此设备的主要特点是在垂直钢轴的下端,固定有边缘略成锯齿形的圆形钢底板构件,与金属底板靠紧并锁定,也能在排料时向上移开底板。

苏联科学院会同新西伯利亚炼锡厂最初制定了工业性离心过滤机的第一个方案,此过滤机为一液压传动的固定装置,作为含大量铁、砷和铜杂质的粗锡净化设备。锡用机械手从两个 5t 的精炼锅送到离心机中。固定式离心机的缺点是过滤后粗锡的成分取决于过滤温度,但过滤温度又与原粗锡成分有关,为了有效脱除铁、砷,就需经过多次离心过滤,而且要在较低的温度下进行,需要的时间长,增加了金属损失和能源消耗。

从 1970 年开始,苏联进行了沉没式离心机的研究。沉没式离心机的转鼓在运转时,处于被精炼的粗锡中,这样就带来许多优点:不需要专门的加料装置,因为在转鼓旋转时,锡渣形成旋涡,自动流入离心机内没有飞溅现象,减少了锡的氧化损失;最主要的是在沉没式离心机内可以在降低粗锡温度的情况下进行,也就是随着杂质从粗锡中的除去,锡液温度不断下降,杂质呈不溶化合物形态较完全的脱除。

云锡研制的 YT - CC - I 型离心机,主要由转鼓、离心机悬臂和油压系统组成。该公司使用这种离心机处理乙粗锡,以代替熔析炉除铁、砷,效果比传统除铁、砷法显著。

### 5.2.4　加硫除铜

#### 5.2.4.1　加硫除铜的原理

利用铜对硫的亲和力大于锡对硫的亲和力，当硫磺加入粗锡后，硫与铜化合生成硫化铜（$Cu_2S$），其熔点高（1130℃），密度小（5.6 g/cm³），不溶于锡液中，并且比锡轻，浮在锡表面成为硫渣（也称作铜渣）。由于锡液的浓度大，加入的硫绝大部分先溶解于锡液中，然后再与铜反应：

$$Sn + S = SnS + 22.2kcal \quad (1kcal = 4.1868J) \tag{5-5-1}$$

$$2Cu + SnS = Cu_2S + Sn - 3.1kcal \tag{5-5-2}$$

通常简化为：

$$2Cu + S = Cu_2S + 18.9kcal \tag{5-5-3}$$

#### 5.2.4.2　加硫除铜的生产实践

凝析法除砷、铁之后，将锡液升温至 240 ~ 250℃，搅拌至行成旋涡，用铁铲将硫磺沿旋涡缓缓加入。加硫量根据粗锡的含铜量和化学反应：

$$2Cu + S = Cu_2S \tag{5-5-4}$$

而定，从反应式中可以得知，$m(Cu):m(S) = 4:1$，考虑到一部分杂质消耗硫和燃烧损失，实际加硫量比理论加硫量过量23% ~30%。生产实践中通常按 $m(Cu):m(S) = 3.5:1$ 计算加入硫磺。

如果粗锡含 Cu 高于0.5%，应先加硫除铜，再凝析法除砷、铁，若粗锡含铜量过高，需要加入的硫量较多，一次加入后将造成渣量过多，影响搅拌，并使锡液温度迅速升高，硫大量燃烧损失，故应分次加入，每次加入硫磺量不应超过 100 kg。

先加硫除铜，对下一步凝析除砷有利。若粗锡含铁量高，又将反过来影响加硫除铜效果，因此要排除铁的影响。当铁完全溶解于锡液中时，对除铜没有影响，铁含量超过溶解度，过量的铁便会结晶析出，变成黏稠的浮渣，把没有和铜反应的硫包裹起来，影响 $Cu_2S$ 的生成。另外，还会增加硫渣的黏性而难以搅散成粉状渣，使渣含锡量升高。解决的办法：一是升高锡液温度，使铁完全溶解于锡；二是加完硫继续搅拌时补加锯末，使凝析出来的固体粒子吸附在锯末上变成炭渣，防止铁对加硫除铜的干扰，得到的硫渣实际上是硫渣和炭渣的混合物。

加硫除铜的技术指标如下：硫渣率 2% ~4%；锡直收率 97% ~99%；耗硫量为处理 1 t 粗锡用硫 0.24 kg；硫渣成分（%）为：Sn 55 ~56，Cu 10 ~22，Fe 0.5 ~2，As 1 ~2，S 3 ~6，除铜效率大于 96%。

### 5.2.5　连续结晶机除铅、铋

粗锡中一般含有铅和铋。粗锡火法精炼除铅，国外在 20 世纪 70 年代前采用氯化法，即于 300℃下使 Pb 生成 $PbCl_2$ 除去。氯化法除铅，不但消耗大量的试剂，产出大量的浮渣，而且除铅效率低，劳动条件差，对含铅量高于 5% 以上的粗锡用此法更不适宜。国外有些工厂加钙镁除铋，国内均不采用。

我国炼锡厂的粗锡历来含铅、铋量均较高。因此一直采取了熔析、结晶法除铅、铋。

结晶放液法在生产中使用了20多年，也作过多次改进，但是结晶、放液是间断进行的，大量是手工操作，生产率低，劳动强度大，难以达到高质量锡的要求。如何使熔析结晶法连续化机械化，引起了国内外炼锡专家的广泛注意。

我国冶金工作者经过多年的研究试验，对结晶机的结构和温度的合理分布及自动控制均作了改进，取得了满意的效果，成为现今用于生产的电热连续结晶机。这一设备不仅在国内各个炼锡厂使用，而且已推广到美洲、亚洲、西欧等十多个炼锡厂，是我国炼锡工业的独特创造。

### 5.2.5.1　连续结晶，熔析除铅、铋的基本原理

从Sn－Pb系二元相图（图5-5-5）可见，在富锡端，设某一成分的合金，其成分为$C_0$，当加热到232℃以上而缓慢冷却产出固相（晶体）时，溶质金属铅在晶体中的浓度$C_1$与在未结晶的液相（液体）中的浓度$C_2$之比称为平衡分配系数$K_0$，其方程式为：

$$K_0 = C_1/C_2 \tag{5-5-5}$$

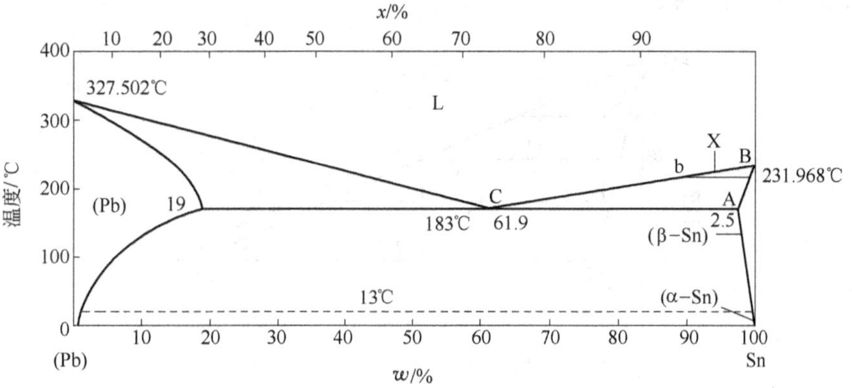


图5-5-5　Sn－Pb系二元相图

若$K_0<1$，表明铅在晶体中的浓度小于其在相应的液体中的浓度，则晶体得到提纯；若$K_0>1$，表明液体得到提纯。为了求出Sn－Pb系富锡端溶质金属铅的平衡分配系数，可列出固相线AB和液相线BC的方程，以$y$表示温度（纵坐标），$C_1$和$C_2$分别表示平衡晶体和液体的含铅量（横坐标），在假设固相线和液相线为近似直线时，其斜率分别为：18.84，1.280。

固相线方程
$$y_1 = 232 - 18.84C_1 \tag{5-5-6}$$

液相线方程
$$y_2 = 232 - 1.280C_2 \tag{5-5-7}$$

两相达到平衡，温度相等，$y_1 = y_2$

则
$$232 - 1.280C_2 = 232 - 18.84C_1$$
$$K_0 = C_1/C_2 = 1.28/18.84 = 0.068$$

由此看出，溶质金属铅的平衡分配系数小于1，说明在晶体中的铅量比在液体中的铅量低得多，只要晶体和液体能够分离，晶体便能得到提纯。

要在一台设备内，达到连续结晶、熔析除铅的目的，首要的条件是在设备的两端，严格控制由锡、铅共晶熔点183℃至精锡熔点232℃之间的温度梯度；其次必须保证在183～232℃

之间连续结晶、熔析过程中晶体和液体的分离；此外，在连续进料的同时，必须达到进料和出料的平衡。在设备结构上，采用电加热控制所需的温度，采用槽体倾斜和螺旋搅拌提升的方法实现结晶、熔析过程中产出的晶体和液体的分离，满足除铅工艺的要求。

为了说明结晶、熔析除铅的具体过程，取 Sn－Pb 合金相图富锡端绘制成晶体和液体成分随温度变化关系示意图5-5-6。任一时刻，任一成分的合金，在冷却时产生晶体，在螺旋器的作用下，逐渐向温度升高的区域移动；相反，残留的液体靠重力和结晶槽坡度向低温区回流。温度上升后，原有晶体和流体间的平衡关系受到破坏，而在新的温度条件下将建立新的平衡，在高温下熔析液体在低温下将发生结晶。熔析时将分别熔出 $L_1, L_2, \cdots, L_n$液体，晶体熔析的结晶使晶体本身锡的纯度逐渐升高，熔出的液体向低温回流，必然结晶出晶体 $\beta_1$，$\beta_2, \cdots, \beta_n$才能建立新的平衡。结晶的结果液体中锡的纯度降低。这些与晶体逆向运行的液体，不仅与下一级晶体进行热交换，同时也进行质交换。由此看出，由于电热连续结晶机内形成温度梯度和螺旋器的作用，而又重新不断建立晶体和液体之间新的平衡，这种晶体和液体间平衡的破坏和建立的对应统一，使得结晶、熔析过程连续进行。当晶体达到结晶机高温出料端时，产出含铅量低于0.04%的产品锡，液体到达低温焊锡放出口时，得到含锡量低于67%的锡、铅焊料合金。

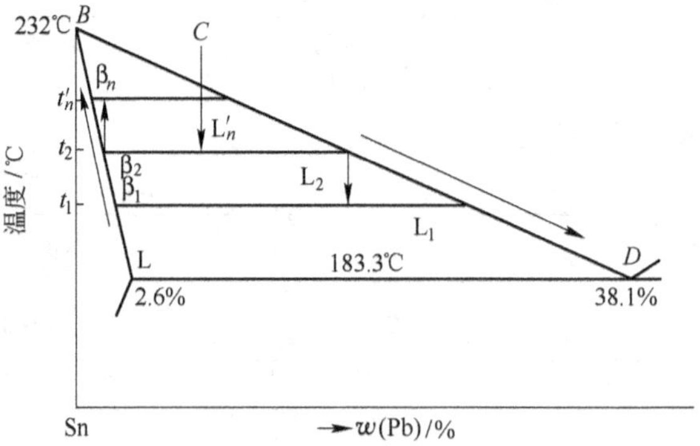


图5-5-6　晶体和液体成分随温度变化示意图

从 Sn－Bi 系相图（图5-5-7）可见，在富锡端液体粗锡降温结晶出 α 相固溶体（晶体），含铋量减少，而平衡的液体合金中含铋量升高，故粗锡中的铋也和铅一样，一同进入焊锡。对于含铅量高而含铋量低的合金，采用结晶、熔析法除铅、除铋效果均好；而对于含铅量低而含铋量高的粗锡，采用结晶、熔析法除铅效果好，但除铋效果差。为了达到除铋效果，必须加铅到粗锡中，再用连续结晶、熔析法处理。分析其原因：比较 Sn－Pb（图5-5-5）、Sn－Bi（图5-5-7）、Pb－Bi（图5-5-8）系状态图可知，都存在有限固液体，但前两个中间没有化合物，Bi－Pb 系则有包晶化合物 $BiPb_3$存在，因此，锡、铅、铋原子间相互结合的能力应该是 Pb－Bi 大于 Sn－Bi 和 Sn－Pb，在含铋粗锡中配入适量比例的铅，铋被铅带入焊锡。结晶、熔析法除了达到除铅、铋外，由于铟、银与锡均能形成低熔点共晶体，故还可将粗锡中的铟、银富集到焊锡中。

#### 5.2.5.2　连续结晶机的结构

连续结晶机主要由螺旋器、电炉体、温度控制和传动机构等组成。螺旋器由扇形叶片交

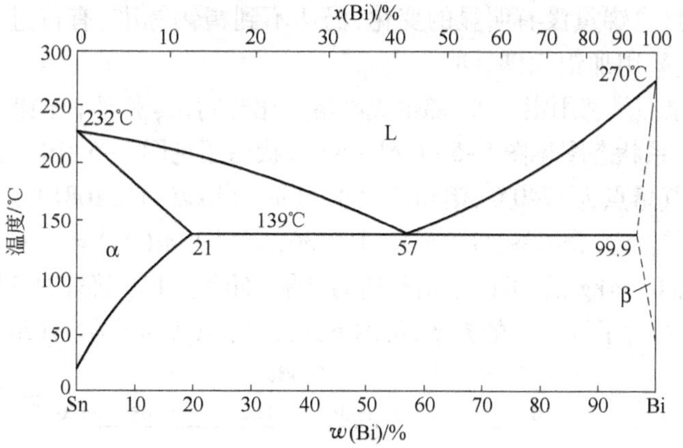


图 5-5-7 Sn - Bi 系相图

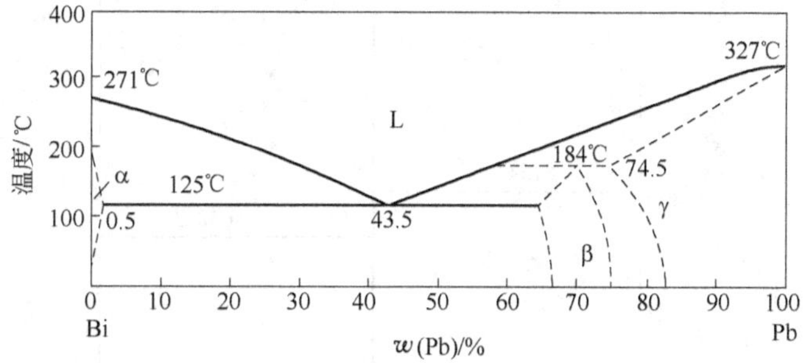


图 5-5-8 Pb - Bi 系相图

错焊接在无缝钢管的螺旋轴上而成。每片扇形夹角 120°,三片绕轴一周,焊接在螺旋轴上。扇形叶片之间的距离各不相同,在进料口部位,冷却结晶产出的量大,扇形叶片之间的距离要大些,进料口上端的叶片距离小些,扇形叶片还与轴向成一定的交角。螺旋器是结晶机的主要部件,它有三个作用:搅拌合金,减少扩散层厚度,加速热交换和质交换,提高铅、铋和锡的分离效率;提升晶体,将结晶产出的晶体不断地向温度高的方向提升,使晶体与液体形成逆向运动;由于螺旋叶片有一定的后倾角,可把晶体压入液体,进行热交换和质交换。电炉体由内槽、外槽、电阻丝、保温材料等组成。内槽是断面为 U 形的敞开槽,整个精炼在内槽进行。敞开槽便于观察和检修,同时也便于喷水冷却结晶,用 12 mm 厚的钢板卷制而成,生产能力大,内槽的断面就大。外槽也用钢板卷制而成,用于承受保温和耐火材料,电阻丝安放在耐火材料的刻槽内。电阻丝布置十分重要,分为固定常开负载和调节负载。固定常开负载,即通电后不断电,作为基本供热的电源,容量为 25 ~ 35 kW。调节负载,即在生产过程中根据温度的需要,电功率可以调节。这样布置,宏观上将电炉体分为多个不同温度带,但由于对流和传导传热,实际上从电炉体的尾部(焊锡排放口)到电炉体的端部(精锡出口)形成一个稳定的温度梯度,从而满足了工艺要求。

### 5.2.6 加铝除砷、锑

#### 5.2.6.1 加铝除砷、锑的基本原理

粗锡经过凝析除砷、铁后,虽然大部分砷已除去,但锡中含砷量仍有 0.15% 左右,使用

凝析法处理粗锡时,含锑量没有明显的变化,仍达不到精锡标准,有待进一步除去。目前国内外炼锡厂仍普遍采用加铝除砷、锑。

加铝除砷、锑原理是利用铝和砷、锑生成高熔点化合物,其密度小于锡,能从锡液中结晶析出的原理。As - Al 系状态图见图 5-5-9,Al - Sb 系状态图见图 5-5-10。从图中可以看出,铝和砷生成 As - Al,其熔点为 1740℃,铝和锑生成 AlSb,其熔点约为 1081℃。这两种化合物的成分按化学式计量(质量比),$m(As):m(Al) \approx 1:0.36$,$m(Sb):m(Al)=1:0.22$。在生产实践中,加铝除砷,1 kg 砷加 0.36 kg 铝,可以达到预期的结果,而除去 1 kg 锑需加 1 kg 铝。生产上遇到砷、锑要同时除去时,为了计算上的方便,可用下式计算:$m(As+Sb):m(Al)=(1\sim1.5):1$。

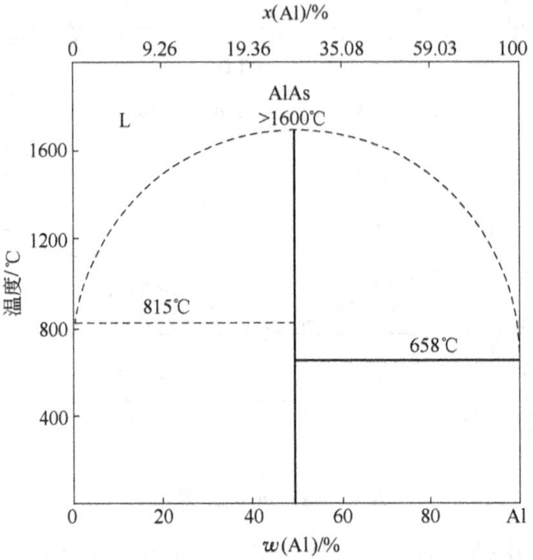


图 5-5-9　As - Al 系相图

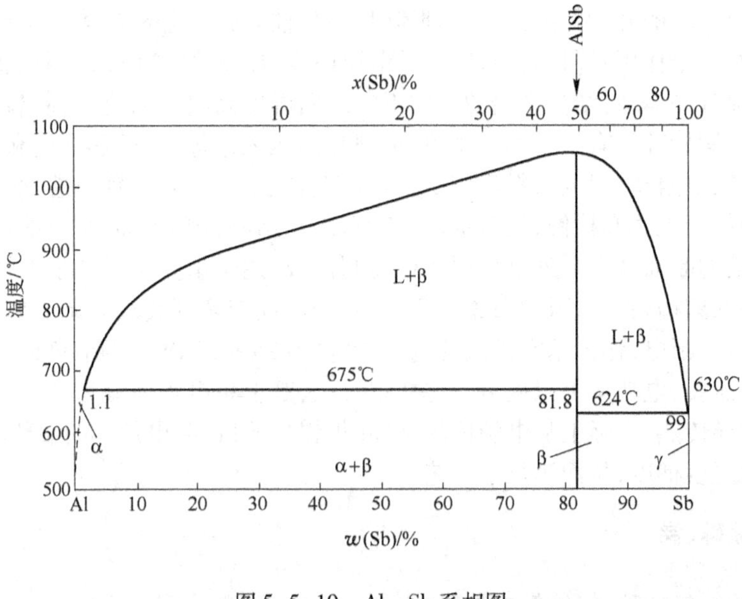


图 5-5-10　Al - Sb 系相图

加铝除砷、锑在火法精炼流程中可以在结晶、熔析除铅、铋之前或在其后进行,但对除砷、锑的效果相同。对生产实践来讲各有利弊，前者的优点是砷、锑脱除达到标准后，在连续结晶机除铅、铋时，内槽中的晶体硬度和黏度较小，可减轻螺旋器的负荷，晶体和液体的分离条件得到改善，有利于除铅、铋。同时在加铝除砷、锑后，残余铝如果操作不仔细，残留下来的铝也会在结晶机内槽中继续氧化造渣而除去。缺点是，要求除锑的程度低于标准含量，否则结晶提纯时，锑会在结晶体中富集，可能使含锑量合格的锡在结晶处理后反而不合格。加铝除砷、锑放在结晶、熔析除铅、铋之后的优点是，加铝除锑只需达到精锡标准即可。

#### 5.2.6.2 加铝除砷、锑的实践

加铝除锑和加铝除砷的操作技术条件有所不同，加铝除锑的技术对除砷有同样的效果，但加铝除砷的技术条件对除锑没有明显作用，现分述如下。

A 加铝除锑

将需要除锑的锡升温到380～400℃。根据 $m(Sb):m(Al)=1:1$ 计算用铝量。铝片先加工成厚1～2mm，宽10～20mm，长小于50mm的薄片，搅拌锡液产生旋涡，铝片投入旋涡，投入量应不影响旋涡的正常存在，铝片很快熔入锡液便和锑化合成AlSb。

铝片加完后，继续搅拌20～30min待作业完成，然后按精炼锅外围水套降温规程进行降温到230～235℃，使高熔点的AlSb冷凝析出。接着开始加 $NH_4Cl$，使铝渣疏松多孔，降低铝渣含锡量，且继续搅拌，当渣子变成黑色粉渣时，便开始捞渣。

根据Sn－Al系状态图(图5-5-11)可知，Sn－Al合金有一个低熔共晶点，共晶温度为228.3℃，共晶成分含Al 0.5%。因此，除锑后熔于锡中的剩余铝需要除去，有两种方法：第一种为空气氧化法，将锡升温到300℃以上，强烈搅拌锡液，增加空气与锡液中的铝接触，使铝氧化造渣，同时加入锯木屑以促进捞渣，观察锡液表面的颜色，由灰白逐渐变红，最后恢复到锡的本色和光泽为止；第二种方法是加 $NH_4Cl$ 除去剩余的铝。温度控制在300～310℃，搅拌，加入 $NH_4Cl$，每吨锡加1.8～2.5kg，此时渣子很稀，不便捞渣，每吨锡再加入0.5～0.8kg煤粉或0.15～0.2kg $Na_2CO_3$，使渣变稠后捞去，可多次除剩余铝，直到含铝量降到0.002%以下为止。

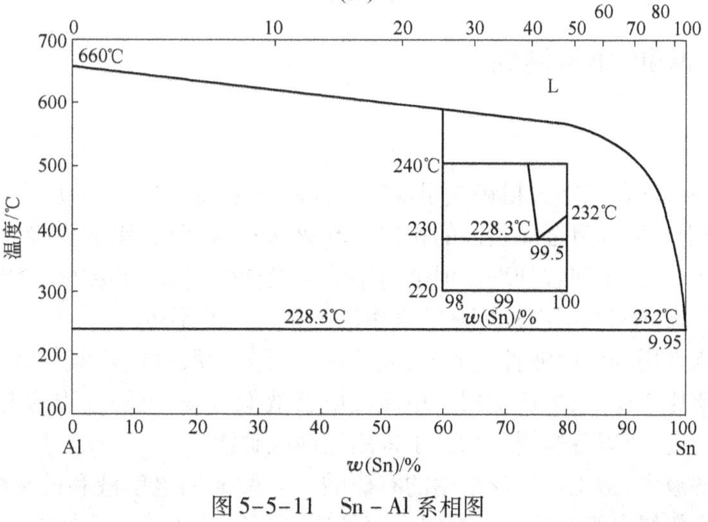


图5-5-11 Sn－Al系相图

B 加铝除砷

加铝除砷的操作温度、加铝量和造渣与加铝除锑有所不同。将锡液温度升到280～320℃后，根据$m(As):m(Al)=3:1$计算用铝量，加铝操作和除锑相同，铝加完后继续搅拌15～20 min。接着加锯木屑搅渣和除剩余铝，两者同时进行，至铝渣搅散成粉末状，剩余铝也除去了。经过这样的处理，质量可达到Sn99.90的标准。

C 加铝除砷、锑

生产精锡时都必须加铝除去砷、锑。可采用上述方法分段处理，也可将砷、锑同时除去，这完全取决于加铝数量。加铝量的计算根据砷和锑的含量不同而有所区别，对于(As + Sb)质量分数低于0.2%的锡液，取$m(As+Sb):m(Al)=1:1$；对于(As + Sb)质量分数高于0.2%的锡液，取$m(As+Sb):m(Al)=1.51$。

### 5.2.7 粗锡的其他火法精炼方法简介

#### 5.2.7.1 碱金属除铋

由于钙、镁也能除砷、锑，为了节约试剂，加钙、镁除铋一般在精炼的最后一步来完成。如果前面工序除砷、锑不完全，加钙、镁产出的铋渣遇水也会生成$AsH_3$剧毒气体。加钙、镁除铋也是基于铋和这些碱金属生成较难溶的化合物，这些化合物实际不溶于锡，而密度又较小，故上浮在锡表面上，以渣的形式除去。

#### 5.2.7.2 氯化亚锡($SnCl_2$)除铅

氯化亚锡除铅的实质是利用锡和铅对氯的亲和力在不同的温度下不同，从而通过控制作业温度来达到除铅的目的。

#### 5.2.7.3 真空蒸馏法除铅、铋

粗锡和焊锡中的锡和所含的杂质具有不同的沸点，控制温度在锡的沸点以下，在杂质元素的沸点以上，可使杂质挥发除去。这一方法在真空下运用更有效，常用来除去锡当中的铅、铋等。

## 5.3 粗锡和焊锡的电解精炼

### 5.3.1 概述

电解精炼一次作业能除去粗锡或粗焊锡中大部分杂质，并产出纯度很高的精锡或精焊锡，特别适于处理含铋和贵金属量高的粗锡。与火法精炼相比，锡的直接回收率高，有价杂质元素的富集比高，易于回收处理。但电解精炼的投资费用大，在电解过程中有大量金属被积压，故其发展受到限制，国内外炼锡厂采用电解精炼法的不多。

锡电解精炼采用的电解液种类繁多，概括起来可分为酸性电解液与碱性电解液。由于酸性电解液性质比较稳定，生产费用比用碱性电解液低许多，电解过程的电耗也低，容易控制阴极产品的纯度，所以各炼锡厂均乐于采用酸性电解液。

在酸性电解液中，被工厂广泛采用的有硫酸－硫酸亚锡电解液和硅氟酸电解液。锡的电解精炼可分为粗锡电解精炼与粗焊锡电解精炼，前者产出粗锡，后者产出精焊锡。两者的

差别主要是使用的电解液不同，但均可使粗原料中的铅进入阳极泥而不污染精锡，或者与锡一道在阴极析出，得到较纯的阴极锡－铅合金——精焊锡。

### 5.3.2　电解的原理

电解即在一定的温度和直流电流作用下，利用各种元素电极电位的不同，在一定溶液中使主体金属与其他杂质元素分离提纯的电化学过程。在电解过程中，主金属等在阳极上失去电子而被氧化，从阳极上溶解进入电解液，依靠扩散和电迁移向阴极移动，主金属离子在阴极上获得电子而析出；带负电的离子向正极移动，在阳极上失去电子而被还原。图5-5-12为电解示意图。

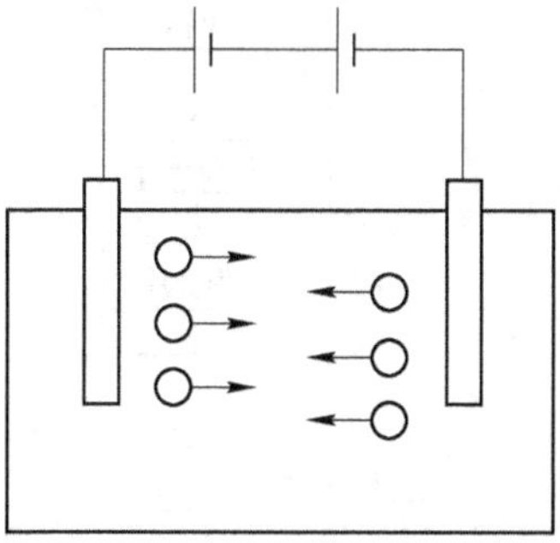

图5-5-12　电解示意图

### 5.3.3　粗锡电解

（1）粗锡的成分。电解的原料为粗锡，其成分见表5-5-4。粗锡电解在盐酸介质中进行也行，在硅氟酸介质中进行也可。

**表5-5-4　粗锡的成分**（质量分数）　（%）

| Sn | Pb | Bi | Cu | As | Sb | Fe |
|---|---|---|---|---|---|---|
| 97.5～99 | 0.5～1.2 | 0.5 | 0.1 | 0.1 | 0.2 | 0.1 |

（2）阴极锡成分。

粗锡电解产出的阴极锡成分见表5-5-5。

**表5-5-5　阴极锡的成分**（质量分数）　（%）

| Sn | Pb | Bi | Cu | As | Sb | Fe |
|---|---|---|---|---|---|---|
| 99.85～99.97 | 0.05～0.0017 | 0.001～0.04 | 0.0004～0.02 | 0.0003～0.015 | 0.003～0.02 | 0.001～0.015 |

由于锡铅的电极电位相当接近，在电解过程中铅易和锡一起在阴极上析出，因此在选择电解液时要充分考虑铅的去向，并控制阳极中铅的含量。

粗锡硫酸盐水溶液电解生产工艺流程如图5-5-13所示。

### 5.3.4　焊锡电解

锡铅焊料具有良好的润湿性能和黏附性能而成为一种广泛使用的焊接剂，用于电器，机械等工业。随着社会的进步，人们的环保意识不断增强，焊料也在向无铅焊料方向发展。

焊锡硅氟酸电解工艺流程图如图5-5-14所示。

#### 5.3.4.1　焊锡电解基本原理

电解就是在一定的温度和直流电流作用下，利用各种元素电极电位的不同，在一定的溶液中使主体金属与其他杂质元素分离提纯的电化学过程。在焊锡硅氟酸电解中，由于电解质是硅氟酸，原料的主金属是锡铅合金，因此把这个电化学过程看成一个原电池，即：

粗合金 SnPb │$SnSiF_6$、$PbSiF_6$、$H_2SiF_6$、$H_2O$│精合金 SnPb。也就是说，在电解过程中，阳

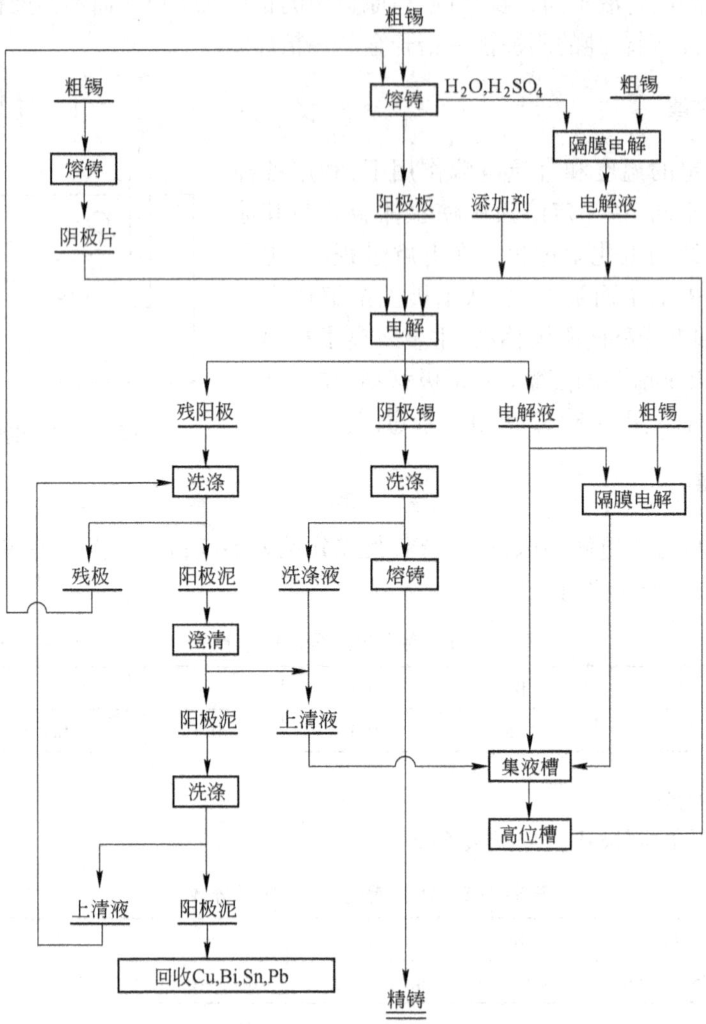


图 5-5-13 粗锡硫酸盐水溶液电解生产工艺流程

极上的锡、铅及电位较负的杂质铁、铟与硅氟酸反应,形成硅氟酸锡、硅氟酸铅等进入溶液。

即:

$$Sn + H_2SiF_6 \xlongequal{} SnSiF_6 + 2H^+ \tag{5-5-8}$$

$$Pb + H_2SiF_6 \xlongequal{} PbSiF_6 + 2H^+ \tag{5-5-9}$$

$$Me + H_2SiF_6 \xlongequal{} MeSiF_6 + 2H^+ \tag{5-5-10}$$

Me 代表部分杂质元素。

在电解液中硅氟酸盐离解成离子状态。液中的铅、锡离子依靠扩散和电迁移向阴极移动,在阴极上获得电子,金属析出。

即:

$$Sn^{2+} + 2e \xlongequal{} Sn \tag{5-5-11}$$

$$Pb^{2+} + 2e \xlongequal{} Pb \tag{5-5-12}$$

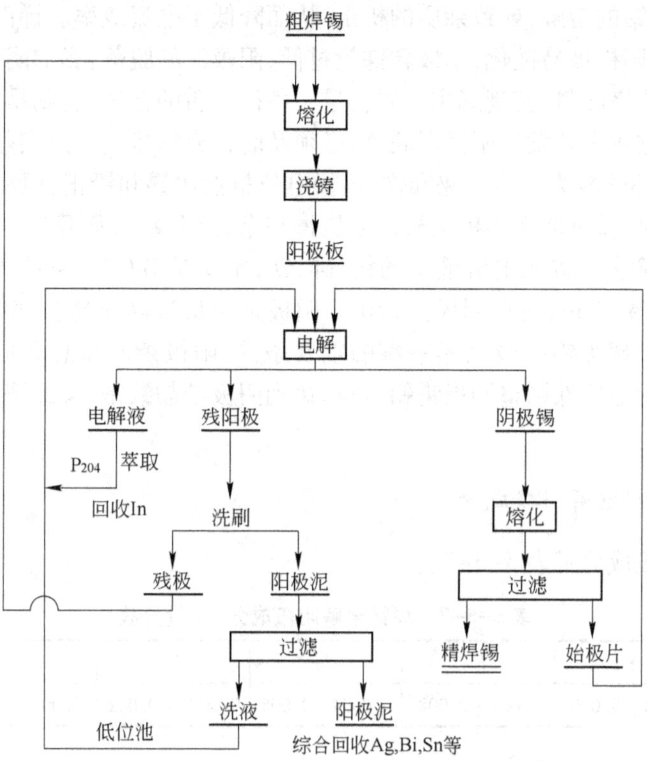


图 5-5-14　焊锡硅氟酸电解工艺流程图

### 5.3.4.2　焊锡电解阳极成分

在生产中,凡是火法难处理的物料实际上多数都交湿法处理。焊锡电解阳极成分见表 5-5-6。

**表 5-5-6　阳极成分**(质量分数)　　(%)

| Sn | Pb | Bi | Cu | As | Sb | In | Ag |
|---|---|---|---|---|---|---|---|
| 56～82 | 15～40 | 0.1～1.0 | 0.1～0.5 | 0.1～0.5 | 0.2～0.8 | 0.02 | 0.01 |

从表 5-5-6 可看出,焊锡阳极中除了主金属锡和铅外,还有其他一些杂质,电解时这些杂质何去何从,根据各元素的电极电位,将这些杂质分为两类:

第一类:标准电极电位比锡和铅负的元素,这类杂质有锌、铁和铟,这些杂质在电解时比锡铅先氧化成阳离子进入电解液,但由于其浓度低,根据能斯特方程达不到其析出电位,故而不在阴极上析出,而是在电解液中富集。当液中的铟富集到 2 g/L 左右时就可以作为提铟的原料,即从硅氟酸焊锡电解液里提取铟。

铁在电解液中发生 $Fe^{2+} \leftrightarrow Fe^{3+}$ 变化,降低了电流效率。

第二类杂质,标准电位比锡铅更正的元素,包括锑、砷、铋、铜、银等。电解时,这些杂质在阳极不易被氧化进入电解液,而是以合金或不溶化合物的形态继续留在阳极板上成为阳极泥。

第二类杂质含量过高,势必造成阳极泥性质、阴极结晶恶化,特别是铜和锑,将造成阳极钝化，阻碍了锡和铅的溶解，导致杂质的析出，从而降低了电流效率。锑由于其特殊性质，即阳极含锑量过高，阳极极易钝化；阳极含锑量过低，阳极泥易脱落，影响阴极质量。因此在焊锡生产过程中要严格配料，控制好主金属含量和各种杂质的含量，否则易使阴极含铋量超过控制标准。生产过程中若发现阳极泥脱落，必须及时补充锑量。生产实际表明，阳极含锑量控制在 0.1% ~0.8% 较为合适。铋和锑，电极电位虽然比锡和铅正，但相差不大，所以当电解技术控制不好时，就可能在阴极上析出或机械夹杂在阴极中，而且铋一旦进入阴极，就很难用火法的方法除去。进入电解液中的铋、砷、锑，主要是 $BiO^+$、$AsO^+$、$SbO^+$ 形态，其标准电极电位 $E^0$ 均比锡、铅正，易在阴极上析出。阳极杂质量过高还易长海绵状结晶。控制适当的阳极成分是实现焊锡阴极结晶平整的重要条件，阳极杂质量总和应控制在 3% 以下。同时根据电解液的适应性调整阳极锡铅含量，达到阴极结晶致密，又经济地满足市场需要的目的。

#### 5.3.4.3 焊锡电解阴极成分

焊锡电解阴极成分见表 5-5-7。

**表 5-5-7 焊锡电解阴极成分**（质量分数） （%）

| Sn | S | Bi | Cu | As | Sb | Fe |
|---|---|---|---|---|---|---|
| 56 ~ 80 | 0.0001 ~ 0.0005 | 0.001 ~ 0.008 | 0.0004 ~ 0.005 | 0.0003 ~ 0.002 | 0.001 ~ 0.006 | 0.0001 ~ 0.001 |

如果电解技术条件控制不好，阴极产物含杂质量会升高，不得不重新除杂。

# 6 锡冶炼过程中间产物的处理

## 6.1 概述

由于锡矿石多是复杂的多金属矿，除锡石外，往往还伴生着其他一些有价金属矿物，所以选矿厂所生产的锡精矿成分比较复杂，如我国某炼锡厂所处理的锡精矿未经炼前处理时其成分（质量分数，%）为：Sn 34.32 ~ 60.11，Pb 0.14 ~ 11.67，Zn 0.37 ~ 0.488，Cu 0.034 ~ 0.49，As 0.18 ~ 2.82，Sb 0.0016 ~ 0.545，S 0.04 ~ 3.713，Bi 0.007 ~ 0.46，Ag 0.001 ~ 0.0068，In 0.002 ~ 0.0085，Ga 0.00085 ~ 0.002，Fe 2.92 ~ 25.82，MgO 0.025 ~ 0.596，$SiO_2$ 0.89 ~ 17.15，CaO 0.06 ~ 1.01，F 0.004 ~ 0.152。虽然有的锡冶炼厂锡精矿进行过炼前处理，但也只能除去其中某些杂质中的一部分，处理后的精矿成分仍较复杂。由于这些杂质元素的影响，在还原熔炼过程中除产出粗锡与炉渣外，还附带产出部分硬头。粗锡中含有一定量的杂质元素，所以粗锡又分为一级粗锡和次粗锡两类（常称甲粗锡、乙粗锡）。乙粗锡再经熔析精炼或经离心机处理产出离熔甲粗锡与离熔析渣；而各甲粗锡中仍还含有一定量的杂质元素，在火法精炼除杂质过程中，会产出炭渣、硫渣、铝渣等中间产物。

80%以上的铜、铅、铋、锑以及约60%的砷进入到粗锡中，导致粗锡在火法精炼时要产出各种精炼渣，精炼渣的产出率与粗锡中杂质的含量有很大的关系。必须对这些中间产品进行处理，以提高冶炼过程中锡的回收率，并综合回收其中的有价金属。

## 6.2 硬头的处理

### 6.2.1 硬头的生成机理和成分

由于铁的低价氧化物（FeO）和锡的氧化物（$SnO_2$和 SnO）以及它们的硅酸盐标准生成自由能接近，因此，在还原熔炼时有一部分铁不可避免地和锡同时被还原出来溶入粗锡。还原气氛越强，铁被还原出来的越多，特别是当精矿含铁量高时，这种现象更为突出。铁溶解在锡中形成液态合金，溶解度随温度的升高而增大，在1128℃时为20%，当液态合金冷却时，铁在锡中的溶解度降低，过饱和的那部分铁会析出来成为晶体，晶体的成分随着析出温度的不同而不同，温度越高，晶体含铁量越高。另外，砷与铁的亲和力大，能生成稳定的化合物，所以砷的存在能促进硬头的形成，精矿含砷铁量越高，硬头的产出率也就越高。

由此可知，硬头的成分以铁和锡为主并含有较高的砷。处理硬头的目的就是回收其中的锡并脱除砷，以消除砷在流程中的循环。我国某炼锡厂处理的精矿平均成分含铁18%左右，含砷0.78%左右，硬头产出率（硬头的重量占所处理的物料重量的百分数）为1.41%，入硬头的锡占入炉物料所含锡的1.14%。

根据硬头的物理化学性质，已知的硬头处理方法可分为两类：一类属于氧化过程，另一类是根据铁、锡在铅、硅中溶解有限的原理制定的方法。

### 6.2.2 烟化法处理硬头

采用该法处理硬头是将含锡量在30%以下的硬头,搭配富渣及富中矿投入到烟化炉中一起硫化挥发处理,在吹炼时硬头中的砷以$As_2O_3$的形式、锡主要以SnS的形式少量以SnO的形式挥发进入烟尘,而铁以FeO的形式进入炉渣。

在操作过程中,当烟化炉中炉料全部熔化后才开始加入硬头,一般控制硬头的加入量占入炉渣重量的3%~4%,其加入量可视炉渣的硅酸度情况适时调整,当炉渣硅酸度高时可多加,反之则少加,尤其是过碱性的炉渣在操作时要慎重处理。加入硬头的块度不能太大,其粒度应控制在小于100mm,且一次加入硬头数量不能过多,应分批几次加入,以免沉入炉底,造成炉底与炉缸结瘤,导致炉子发生故障和影响烟化挥发的效果。

这种方法的优点是:硬头中的锡和铁能得到彻底的分离,避免铁在冶炼过程中恶性循环。其缺点是:

(1) 硬头中的砷绝大部分与锡一道挥发进入烟尘,使烟尘变得不纯,这些烟尘重新返回还原熔炼时,砷又溶解进入粗锡,促使硬头的产生。

(2) 硬头的密度大,控制不好易沉入炉底,形成炉底炉结,另由于硬头中含砷、锡、铁量均较高,在作业过程中对炉底水箱有一定的腐蚀性。

### 6.2.3 硅铁法处理硬头

硅铁法处理硬头在国外炼锡厂中普遍使用,国内企业未见相关报道。这种方法的实质是在电炉或其他设备中,加入硬头和含硅量较高的硅铁,在1400℃以上的高温下及强还原气氛中,硬头和硅铁作用的结果,出现两个液相层。一层是含硅铁量较高、含锡量较少的硅铁层;另一层是含硅铁量极少、含锡量较高的锡液层。这样就基本上使硬头中的铁进入了硅铁层,使锡和铁得到较好的分离。研究结果还证明,当硅铁层中硅的含量大于16%时,则硅铁层的含锡量小于3%,所以加入的高硅铁含硅量要经过计算必须满足需要量,否则,锡和铁的分离就不彻底。另外,为了取得理想的分离效果,分离过程必须在1400℃以上的高温条件下和强还原气氛中进行,因为温度高才能使物料熔化速度加快,反应彻底,分层和分离较好,还原气氛强,才能防止铁和硅被氧化。

为了降低成本,有的工厂曾用二氧化硅($SiO_2$)来代替硅铁,因为在强还原条件下,$SiO_2$中的元素硅被还原出来就和硬头中的铁生成硅铁层和锡分离。

硬头经过硅铁法处理后,产出的锡再进一步精炼处理,而硅铁用作选矿介质,回收其中的铁和锡。

此法的优点是回收硬头中的锡较为彻底,缺点是要在1400℃以上的高温下进行,一般只有电炉才能满足此要求,因此只有在电力充足且电价便宜的地方才适合使用,另外,作业成本相对较高。

### 6.2.4 加铅提取法处理硬头

俄罗斯梁赞有色金属冶炼厂对含砷、铁量高含锡量低的硬头采用了加铅提取工艺,即用$Na_2SO_4$和$CaSO_4$作为助熔剂使硬头中的铁氧化造渣,砷进入砷锍,然后用铅从炉渣和金属熔体中提取锡。

### 6.2.5 先加热熔析后焙烧处理硬头

此种方法是将硬头先加到小反射炉中加热，当温度升到500℃以上时，硬头中所含的部分锡就会呈液态析出流入炉子底部，该部分锡的成分随炉温高低不同而改变，炉温较低时，则液锡中含锡量高、含铁量低，该部分液态锡析出后就会和固体硬头分开，随着炉温的不断升高，硬头中所含的锡也将陆续析出，炉温越高析出的液锡中含铁量越高、含锡量越低。随着硬头中的锡不断析出，固体硬头中的含锡量就不断降低，而含铁量则不断增高。还原熔炼过程中产出的硬头一般含锡量为30%～35%，经熔析处理后最后留下的固体硬头含锡量波动在25%～28%之间。

这部分硬头要趁热破碎，使块度小于50mm，不然冷却后就很难破碎。值得注意的是，从炉内排出的热硬头严禁接触水，否则会产生砷化氢剧毒气体。液体粗锡从炉内流出后先铸成锡锭，然后再送去精炼。而破碎后的硬头则送到回转窑工序和乙锡的熔析渣一道加入到回转窑中进行焙烧脱砷，在收尘系统中收集到含$As_2O_3$量高的烟尘，可作为提炼白砷($As_2O_3$)的原料。从窑头排出的硬头窑渣铁已氧化为$Fe_2O_3$与FeO，锡也大部分被氧化为$SnO_2$和SnO。这种硬头窑渣可返回还原熔炼炉，与精矿一道进行熔炼。

## 6.3 熔析渣、离心析渣和炭渣的处理

### 6.3.1 熔析渣、离心析渣和炭渣的成分

熔析渣和离心析渣同为熔析炉或离心机处理乙粗锡和精炼锅渣回收其中一部分锡以后的残渣，除含锡量较高外，含铁、砷量均较高，同时还含有一定量的硫。由于它们的处理设备的不同，锡和砷、铁分离的方式也就不同，故冠以不同的名称加以区别，但两者的物理性质和化学成分却大致相近。炭渣则是一级粗锡在火法精炼过程中加锯木屑除铁、砷时产出的浮渣，除含锡外，其杂质成分主要也是铁和砷，但含硫量较低(微量)。

熔析渣、离心析渣及炭渣的主要成分是锡，主要杂质是铁和砷，为消除砷在还原熔炼过程中的恶性循环，应将它们经过处理脱砷后再返回熔炼配料。熔析渣和离心析渣一般都是利用回转窑焙烧的方式，将其中的砷、硫等杂质大部脱除。由于炭渣的粒度细，加上炭渣中锡和砷的化合物熔点较低(仅600℃)，若将其也用回转窑焙烧的方式脱砷的话，焙烧时易黏结窑壁影响正常运转，故炭渣不经焙烧脱砷，而是直接返回熔炼配料，或是经过别的途径脱除其中的砷。

### 6.3.2 熔析渣焙烧脱砷、硫

熔析渣焙烧的目的是脱除渣中的砷、硫等有害杂质元素，再作为炼锡原料返回熔炼，根据其性质和砷挥发的特点，在渣中配入2%～2.5%的还原煤，以控制焙烧气氛。焙烧脱砷、硫的主要反应为：

$$4Fe_2As + 9O_2 = 4Fe_2O_3 + 2As_2O_3\uparrow \quad (5-6-1)$$

$$4FeAs + 6O_2 = 2Fe_2O_3 + 2As_2O_3\uparrow \quad (5-6-2)$$

$$As_2O_3 + O_2 = As_2O_5 \quad (5-6-3)$$

$$As_2O_5 + C = As_2O_3\uparrow + CO_2 \quad (5-6-4)$$

$$As_2O_5 + 2CO \xlongequal{\quad} As_2O_3 + 2CO_2 \qquad (5-6-5)$$

$$2MS + 3O_2 \xlongequal{\quad} 2MO + 2SO_2 \qquad (5-6-6)$$

焙烧熔析渣与焙烧锡精矿有所不同，在熔析渣中砷和铁呈化合物形态存在，随着物料从低温向高温段逐渐移动，这些化合物会发生热分解，当物料温度达到615℃以上时，分解出来的砷开始沸腾，产生砷蒸气，在窑内氧化气氛的作用下，生成的$As_2O_3$被炉气带走；熔析渣中还有一部分硫会与锡、铁等结合生成锡铜锍，造成焙烧脱硫困难，因此熔析焙烧的脱硫率不高。某厂焙烧作业是在规格为1.6 m×20 m的回转窑中进行，其水平倾角20°，窑转速0.17～0.51 r/min。

### 6.3.3　离心析渣焙烧脱砷、硫

离心析渣比熔析渣含锡、铅、硫量均要高些，含铁量稍低，金属锡和Sn－Pb合金含量之和超过50%，因此其软化黏结温度仅为770～800℃。处理方法为在回转窑中按焙烧熔析的技术条件和工艺操作来处理离心析渣。由于该物料容易熔融结块，窑作业率偏低，每处理一次离心析渣，焙烧有效运转周期仅为15～20天便会出现窑结死，需停窑清理窑结，工人劳动强度很大，作业成本费用较高，且在焙烧过程中除杂的效果不佳。

离心析渣的焙烧均搭配熔炼系统与烟化炉系统产出的烟尘等物料一并焙烧，焙烧过程易控制，焙烧效果良好。

### 6.3.4　离心析渣、炭渣真空蒸馏脱砷

根据渣中锡、铁和砷的物理、化学性质，采用固体物料直接真空蒸馏分离砷。即在高温及真空条件下，物料中砷化物热分解析出的元素砷具有很高的蒸气压易从物料中挥发出来，而物料中的铁和锡在相同条件下蒸气压很小难挥发仍留在物料中，从而达到锡、铁与砷分离的目的。

## 6.4　硫渣的处理

### 6.4.1　硫渣的成分

硫渣是粗锡火法精炼加硫除铜的副产品，呈黑色粉末状。硫渣含锡量和含铜量均较高，锡主要以金属形态存在，少部分以硫化物存在，铜则主要以硫化物存在，少量以金属形态存在。硫渣含锡量一般都在55%以上，积压了大量的锡，而主要杂质是铜和硫，所以处理流程的选择应以有效回收锡和铜为依据。20世纪80年代云锡公司曾做了大量的试验，先后采用过硫渣硫酸化焙烧—酸浸、氧化焙烧—酸浸、氧化焙烧—氨浸、造锍熔炼、三氯化铁浸出、碱性熔炼—电解、隔膜电解—氧化焙烧—酸浸等流程，下面重点介绍当前生产使用的流程。

### 6.4.2　硫渣隔膜电解—氧化焙烧—硫酸浸出生产硫酸铜

它主要由隔膜电解、氧化焙烧和酸浸三个工序组成。

#### 6.4.2.1　硫渣隔膜电解

硫渣中主要金属的物相组成锡为约97%以上、铅几乎100%以金属或合金形态存在，其

他杂质,如铁的电极电位比锡、铅呈负电性,但由于其含量低,而且多以化合物形态存在,电解时其溶解量亦有限。铜、铋、砷、锑等及其化合物因电极电位比锡、铅呈正电性,电解时不发生溶解而残留于阳极泥中。因此硫渣电解时,阳极上主要是锡、铅氧化电化溶解,而后在阴极析出锡与铅。

由于硫渣是粉状物料,因此采用隔膜电解。硫渣经预处理使其粒度小于10 mm,装入化纤袋,外用塑料框架支撑,内插阳极导电板,制成电解阳极。始极板(阴极)用精锡或焊锡浇铸而成。阳极和阴极装入用聚乙烯硬塑料板制成的电解槽中电解。阴极产物熔化后直接配制成各种商品焊料出售。

6.4.2.2 *阳极泥焙烧脱硫*

硫渣经隔膜电解,回收了其中大部分的锡和铅,得到的隔膜电解阳极泥的熔点会升高,这样为氧化焙烧脱硫创造了有利条件。将处理后的物料投入到回转窑内焙烧,焙烧温度730～760℃,窑尾负压 -10～-30 Pa,窑转速1～1.2 r/min。也可在反射炉中焙烧,控制焙烧温度为700～800℃,每炉焙烧时间6 h。焙烧脱硫率一般都在90%以上。

6.4.2.3 *焙砂酸浸生产硫酸铜*

经过氧化焙烧后得到的焙砂中的铜呈氧化铜形态,用硫酸浸出铜进入溶液中,将浸出液浓缩结晶后即可得到硫酸铜产品,达到硫渣脱铜的目的,消除了铜在锡冶炼中的恶性循环。浸出作业在3 $m^3$的圆形槽内进行,浸出槽配有搅拌装置,并有蛇形管加热器加热浸出液,浸出时浸出槽中可适量注入返回的洗液或清水,每次需补加工业硫酸250 kg,每次处理焙砂量为600 kg,浸出时的液固比为3∶1,浸出温度控制在80℃,浸出时间1.5 h。铜的浸出率在95%以上。

该流程由于锡、铅进入锡铅产品的回收率较高,脱铜率在80%以上,且硫渣中的铜经过硫酸浸出得到硫酸铜产品,因此经济效益较好;目前各炼锡厂大多采用该流程来处理粗锡火法精炼过程产出的硫渣。

### 6.4.3 硫渣浮选—氧化焙烧—硫酸浸出生产硫酸铜

该工艺首先对硫渣进行筛分,得到大于20 mm 的块状硫渣,因其中夹带大量的锡,直接送熔炼系统入炉熔炼。小于20 mm 的粉状硫渣送浮选处理。浮选时控制矿浆浓度为20%～22%,pH 值为8～8.5,分别用丁基黄药作为捕收剂,松节油作为起泡剂,碳酸钠作为调整剂。

浮选获得的铜精矿通过氧化焙烧脱硫,产出焙砂用硫酸浸出后即生产硫酸铜。浸出渣通过洗涤后亦为炼锡原料。在流程中锡的回收率为95%,工艺流程中锡的机械损失较大,主要是因为筛分、磨矿操作程序多,导致飞扬损失。铜的回收率在80%以上,仅有少部分铜返回锡冶炼流程。

### 6.4.4 硫渣处理的焙烧—浸出—电积法

对于含砷、锑较高的硫渣,大多采用两次焙烧法来进行作业。第一次焙烧控制温度在700℃,使硫渣中的金属氧化物提高其熔点,避免过早形成窑结,还可预先脱除一部分硫、砷、锑。第二次焙烧控制温度在900℃，进一步除去焙砂中的硫和砷，以利于在浸出作业过程中分离锡与铜。第二次焙烧后的焙砂中含硫量在1.5%，含砷量在0.8%以下，铜主要变成氧化铜。焙砂用硫酸浸出产出的浸出液采用电积法生产电解铜。浸出渣含铜量为1%～1.5%，铜的脱除率大于80%。产出的电积铜含Cu99.8%。此法与浮选作业法相比，减少了选矿作业，但增加了一次焙烧作业，而硫酸循环使用，成本较低，浸出渣含铜量亦较低，适宜返回熔炼系统再次还原熔炼。

## 6.5　铝渣的处理

铝渣是粗锡火法精炼加铝除砷、锑产出的浮渣。铝渣含锡量较高，大致与硫渣相近，锡主要以金属状态存在。除锡以外，主要杂质元素是铝、砷和锑。在处理铝渣过程中除了回收锡以外，还应考虑综合回收其中的锑，同时消除砷和铝。目前各炼锡企业在铝渣处理上主要是采用以下两种生产工艺流程。

### 6.5.1　苏打焙烧—溶浸—电炉熔炼

在焙烧前将苏打拌入铝渣中，主要是使铝渣中的砷及难溶的$Al_2O_3$生成易溶于水的钠盐；然后在反射炉内进行焙烧，控制的技术条件为：

| | |
|---|---|
| 焙烧温度/℃ | 700～800 |
| 焙烧时间/h | 6～6.5 |
| 苏打配入率（质量分数）/% | 10～30 |
| 铝渣粒度/mm | <2 |

在此条件下进行焙烧，锡的直接回收率较高，但焙烧作业的炉床能力很低仅为0.224t/($m^2$·d)，导致焙烧1t铝渣需耗煤1.5～2t。焙砂自然冷却后，在2台容积为1.25$m^3$带有搅拌机装置的浸出槽内进行水浸。经浸出后，过程脱砷率为80%，脱铝率为64%，锡直收率达99%以上。浸出得到的浸出渣含砷1.2%～1.3%，含铝1.3%～2.7%。浸出液经回收$Na_2CO_3$后，经处理再排放。浸出渣自然干燥后，送电炉熔炼。

### 6.5.2　铝渣直接电炉熔炼—粗锡火法精炼配制轴承合金

苏打焙烧—溶浸—电炉熔炼的生产流程由于苏打价格较高，且用量较大，使得生产成本较高。为了降低成本，现工厂中一般都采用铝渣直接投入到电炉中进行熔炼，产出的电炉粗锡经火法精炼脱杂后配制轴承合金。

## 参 考 文 献

[1] 彭容秋．铅冶金[M]．湖南：中南工业大学出版社，2004.
[2] 彭容秋．重金属冶金学[M]．湖南：中南工业大学出版社，2003.
[3] 余继燮．重金属冶金学[M]．北京：冶金工业出版社，1981.
[4] 张乐如．铅锌冶炼新技术[M]．湖南：湖南科学技术出版社，2006.
[5]《铅锌冶金学》编委会．铅锌冶金学[M]．北京：科学出版社，2003.
[6] 乐颂光，鲁君乐，何静．再生有色金属生产[M]．湖南：中南大学出版社，2006.
[7] 李松瑞，田荣璋．铅及铅合金[M]．湖南：中南工业大学出版社，1996.
[8] 徐鑫坤，魏昶．锌冶金学[M]．云南：云南科技出版社，1996.
[9] 彭容秋．锌冶金[M]．湖南：中南大学出版社，2005.
[10] 彭容秋．镍冶金[M]．湖南：中南大学出版社，2005.
[11] 彭容秋．铜冶金[M]．湖南：中南大学出版社，2004.
[12] 彭容秋．锡冶金[M]．湖南：中南大学出版社，2005.
[13] 黄位森．锡[M]．北京：冶金工业出版社，2000.

# 冶金工业出版社部分图书推荐



| 书　名 | 作　者 | | 定价(元) |
|---|---|---|---|
| 粉末增塑近净成形技术及致密化基础理论 | 范景莲 | 著 | 66.00 |
| 萃取冶金 | 马荣骏 | 编著 | 185.00 |
| 当代铝熔体处理技术 | 柯东杰　王祝堂 | 编著 | 69.00 |
| 钒冶金 | 杨守志 | 编著 | 45.00 |
| 镓冶金 | 翟秀静　吕子剑 | 编著 | 45.00 |
| 快速凝固粉末铝合金 | 陈振华　陈　鼎 | 编著 | 89.00 |
| 钛材料及其应用 | 日本钛协会 | 编 | 29.00 |
| 钛冶金 | 邓国珠 | 主编 | 69.00 |
| 锑冶金 | 雷　霆 | 著 | 88.00 |
| 稀散金属提取冶金 | 周令治　陈少纯 | 编著 | 79.00 |
| 有色金属分析化学 | 梅恒星 | 编著 | 46.00 |
| 有色金属挤压与拉拔 | 白星良 | 主编 | 32.00 |
| 有色金属塑性加工原理 | 申智华 | 编著 | 18.00 |
| 有色金属冶金学 | 邱竹贤 | 主编 | 48.00 |
| 有色金属真空冶金(第2版) | 戴永年　杨　斌 | 主编 | 36.00 |
| 重有色金属及其合金板带材生产 | 申智华 | 编著 | 30.00 |
| 重有色金属及其合金管棒型线材生产 | 李巧云 | 编著 | 38.00 |